住房和城乡建设领域"十四五"热点培训教材

绿色低碳建筑技术系列丛书

民用建筑全生命周期碳排放分析与预测

王 伟 王景贤 王志霞 主编

中国建筑工业出版社

图书在版编目（CIP）数据

民用建筑全生命周期碳排放分析与预测／王伟，王景贤，王志霞主编. -- 北京：中国建筑工业出版社，2024. 9. --（住房和城乡建设领域"十四五"热点培训教材）（绿色低碳建筑技术系列丛书）. -- ISBN 978-7-112-30089-1

Ⅰ. TU24

中国国家版本馆 CIP 数据核字第 20243WY521 号

在全球气候变化背景下，民用建筑作为能源消耗与碳排放的重要来源，其全生命周期的碳排放管理已成为实现全球碳中和目标的关键环节。本书共 12 章，包括概述、碳排放与生命周期分析基础、民用建筑设计阶段的碳排放分析、施工阶段的碳排放管理、运营阶段的能效与碳排放等内容。本书不仅为建筑领域的专业人士、研究人员提供了翔实的数据与分析工具，也为政策制定者、环境保护组织及广大公众提供了深入理解建筑碳排放问题的窗口，为实现全球气候目标贡献了重要的知识资源与实践指导。

责任编辑：周娟华

责任校对：赵　力

住房和城乡建设领域"十四五"热点培训教材

绿色低碳建筑技术系列丛书

民用建筑全生命周期碳排放分析与预测

王　伟　王景贤　王志霞　主编

*

中国建筑工业出版社出版、发行（北京海淀三里河路9号）

各地新华书店、建筑书店经销

北京龙达新润科技有限公司制版

河北京平诚乾印刷有限公司印刷

*

开本：787 毫米×1092 毫米　1/16　印张：15½　字数：384 千字

2024 年 6 月第一版　　2024 年 6 月第一次印刷

定价：**88.00** 元

ISBN 978-7-112-30089-1

（43490）

前　言

随着全球人口增长、城市化进程加快以及工业化水平的持续提升，民用建筑作为人类活动的主要载体，其建设和运营过程中的能源消耗与温室气体排放问题日益凸显，成为全球碳排放总量中的重要组成部分。因此，对民用建筑全生命周期碳排放进行深入分析与科学预测，不仅是实现全球气候目标的关键路径，也是推动建筑业转型升级、促进可持续发展的必然要求。自工业革命以来，由于化石燃料的大量使用，大气中二氧化碳等温室气体浓度显著上升，导致全球平均温度不断升高，极端天气事件频发，海平面上升，生态系统遭受破坏。根据联合国政府间气候变化专门委员会（IPCC）的报告，若不采取有效行动，全球气温将在 21 世纪末上升超过工业化前水平 2℃，将会带来灾难性的后果。因此，国际社会普遍认识到，控制全球温升并尽快实现碳中和是当前面临的最紧迫任务之一。

建筑行业是全球最大的能源终端消费领域之一，据国际能源署（IEA）数据显示，建筑的建设及运行过程中的能源消耗约占全球总能源消耗的 36%，同时产生约 39% 的全球碳排放量。其中，民用建筑作为建筑领域的重要组成部分，其能源使用和碳排放问题尤为突出。从建筑材料生产、建筑施工、建筑运营到最终的建筑拆除和处理，每个阶段都伴随着大量的碳排放。例如，建筑材料的开采、加工和运输过程中产生的"上游"碳排放；建筑施工期间的现场作业、设备使用所造成的"中游"排放，以及建筑运行中供暖、制冷、照明等能源消耗带来的"下游"排放，共同构成了民用建筑全生命周期的碳足迹。尽管面对着严峻的碳排放挑战，但同时也孕育着转型与创新的机遇。随着绿色建筑理念的普及和技术的进步，如高效节能材料的应用、智能建筑系统的发展、可再生能源的集成等，为降低建筑行业碳排放提供了可能。此外，国际社会对于应对气候变化的共识日益增强，各国政府纷纷出台相关政策与标准，鼓励和支持低碳建筑实践，如巴黎协定设定的"全球温控"目标、欧盟的"绿色协议"、中国的"碳达峰、碳中和"目标等，为建筑行业的绿色转型创造了良好的政策环境。鉴于此，对民用建筑全生命周期碳排放进行系统分析与科学预测，不仅能够揭示建筑活动中的主要碳排放源，评估现有减排措施的有效性，还有助于识别未来减排的关键领域和潜在的技术、政策路径。通过深入研究，可以为建筑设计师、工程师、政策制定者以及相关行业提供科学依据和实践指导，推动建筑行业向低碳、零碳乃至负碳发展，助力全球气候变化目标的实现。

目　录

第1章　概述 ··· 1

1.1　全球气候变化与碳排放挑战 ··· 1

1.2　建筑行业在碳排放中的角色 ··· 2

1.3　研究民用建筑碳排放的重要性 ··· 4

1.4　绿色金融发展对碳排放的影响 ··· 7

第2章　碳排放与生命周期分析基础 ································· 9

2.1　碳排放的基本概念 ··· 9

2.2　生命周期评价（LCA）方法论 ··· 11

2.3　国际碳排放标准与政策框架 ··· 14

2.4　碳足迹计算方法概述 ··· 19

2.5　民用建筑结构设计定义及原则 ··· 22

参考文献 ·· 25

第3章　民用建筑设计阶段的碳排放分析 ···················· 27

3.1　设计理念与碳排放 ··· 29

3.2　材料选择的环境影响 ··· 34

3.3　结构与形态优化的碳效率 ··· 38

3.4　参数化设计与碳排放预测 ··· 43

3.5　民用建筑结构设计存在的问题 ··· 47

3.6　民用建筑结构设计要点优化 ··· 47

参考文献 ·· 48

第4章　施工阶段的碳排放管理 ······································· 49

4.1　施工材料与施工过程的碳排放 ··· 52

4.2　装配式建筑的碳减排优势 ··· 56

4.3　施工废弃物管理 ··· 67

4.4　绿色施工技术与实践 ··· 71

4.5　生态保护 ··· 86

4.6　BIM 技术应用 ··· 86

4.7　"互联网＋"与智能施工 ··· 87

4.8 工人健康与安全 ·· 87

4.9 社区参与 ··· 88

参考文献 ··· 89

第5章 运营阶段的能效与碳排放 ························· 91

5.1 建筑能耗分析 ·· 92

5.2 可再生能源应用 ··· 102

5.3 机电系统优化 ··· 107

5.4 室内环境质量与碳排放 ·································· 114

5.5 建筑与人文意识的协调统一 ······························ 118

参考文献 ·· 121

第6章 维护与改造阶段的碳排放 ······················· 122

6.1 建筑维护的碳排放特点 ·································· 122

6.2 改造升级的碳效益分析 ·································· 128

6.3 全寿命周期设计策略 ···································· 132

参考文献 ·· 140

第7章 民用建筑拆除与材料回收的碳排放 ··············· 142

7.1 建筑拆除的环境影响 ···································· 142

7.2 循环经济与材料再利用 ·································· 147

7.3 拆除废弃物的碳减排路径 ································ 155

7.4 绿色建筑 ··· 160

参考文献 ·· 164

第8章 公共政策与市场机制在碳减排中的作用 ··········· 165

8.1 国内外建筑碳排放政策比较 ······························ 165

8.2 碳交易与碳税激励机制 ·································· 167

8.3 绿色建筑认证与评价体系 ································ 171

第9章 案例研究 ····································· 176

9.1 国内外典型民用建筑碳排放案例分析 ······················ 176

9.2 成功经验与教训总结 ···································· 178

第10章 全生命周期碳排放预测模型 ····················· 186

10.1 预测模型构建原理 ······································ 186

10.2 大数据分析与机器学习应用 ······························ 192

10.3 区域性与类型化预测案例 ································ 197

第 11 章　碳排放减缓与适应策略 ·················· 201

　11.1　碳排放减量技术创新 ····················· 201

　11.2　建筑业碳中和路径规划 ··················· 205

　11.3　社会经济因素对策略实施的影响 ············ 212

第 12 章　结论与展望 ························· 219

　12.1　研究成果总结 ························· 219

　12.2　展望未来 ···························· 223

　12.3　未来发展方向 ························· 234

　12.4　对政策制定者的建议 ··················· 239

　参考文献 ······························· 240

第1章 >>>
概　述

1.1　全球气候变化与碳排放挑战

在全球化的今天，气候变化已成为人类共同面临的最严峻挑战之一。其根源在于人类活动引发的大量温室气体排放，尤其是二氧化碳（CO_2）。这一现象不仅影响着地球的自然生态系统，也深刻地改变着人类社会的经济发展模式、生活方式乃至于生存环境。全球气候变化的现状令人担忧。根据国际权威机构的报告，地球表面温度持续上升，极端天气事件频发，海平面不断上升，冰川融化速度加快。这些变化对人类社会和自然环境造成了巨大的影响。例如，农业生产受到严重影响，水资源短缺问题日益突出，生物多样性丧失速度加快，以及人类健康受到威胁等。面对这一挑战，国际社会已经采取了一系列行动来减缓气候变化的速度。其中最重要的措施就是减少温室气体排放，特别是二氧化碳排放。各国政府纷纷制定了减排目标，并推动清洁能源的发展和应用。同时，国际社会也在加强合作，共同应对气候变化带来的挑战。然而，要实现全球范围内的碳排放减少并非易事。民用建筑作为人类生活的重要组成部分，其全生命周期的碳排放分析与预测成为全球减缓气候变化努力中的关键一环。建筑物在建造、使用和拆除过程中都会消耗大量的能源，并产生大量的二氧化碳排放。因此，对民用建筑的碳排放进行分析和预测，对于制定有效的减排策略具有重要意义。通过对民用建筑全生命周期的碳排放进行分析，我们可以了解不同阶段建筑物的能耗情况和碳排放水平，从而找到节能减排的潜在空间。同时，通过预测未来建筑物的碳排放趋势，我们可以为城市规划和建筑设计提供科学依据并推动绿色建筑的发展。此外，对民用建筑碳排放的分析还可以帮助我们评估现有减排政策的效果，为政策制定者提供决策支持。全球气候变化是一个复杂而紧迫的问题，需要全球共同努力来解决。民用建筑全生命周期的碳排放分析与预测在其中发挥着重要作用，有助于我们更好地理解建筑物对环境的影响，并为制定有效的减排策略提供有力支持。

近年来，全球变暖的趋势越发显著，这一现象体现在极端气候事件的频繁发生、冰川融化速度的加快、海平面的不断上升，以及生物多样性的迅速下降等多个方面。根据国际权威机构发布的数据显示，在过去的世纪里，地球表面的平均温度已经上升了约1℃，而其中的大部分升温都发生在近几十年间。这一变化的速度远远超出了自然变化的范畴，其

1

根本原因在于人类活动中释放的温室气体。在这些温室气体中，二氧化碳是最为关键的一种。它具有吸收并重新辐射地面发出的红外辐射的能力，从而形成所谓的"温室效应"，导致全球气温的升高。随着人类社会的发展，我们对能源的需求不断增加，燃烧化石燃料成为满足这一需求的主要方式。然而，化石燃料的燃烧会产生大量的二氧化碳，加剧了温室效应，使得全球变暖问题日益严重。面对这一全球性的问题，各国政府和国际组织都在采取行动，以减缓全球变暖的速度。例如，我国政府提出了"碳达峰、碳中和"目标，积极发展可再生能源，减少对化石燃料的依赖。此外，提高公众对全球变暖问题的认识，倡导绿色生活方式，也是减缓气候变化的重要手段。只有通过全球合作，采取切实有效的措施，我们才能应对全球变暖带来的挑战，保护我们共同的家园——地球。

碳排放，尤其是化石燃料燃烧产生的二氧化碳排放，是当前气候变化的首要元凶。从能源生产到工业制造，从交通运输到农业活动，人类社会的各个角落几乎都有碳排放的身影。这些活动不仅消耗了大量的能源，还释放了大量的温室气体，对地球的气候系统造成了深远的影响。然而，民用建筑领域的碳排放问题却往往被忽视。事实上，建筑活动，包括材料生产、建设施工、日常运营以及拆除处理，构成了巨大的碳足迹。这些活动不仅消耗了大量能源，还产生了大量温室气体排放。据估计，全球近40％的能源消耗与建筑相关，这直接导致了大约三分之一的全球温室气体排放。民用建筑作为人类生活、工作和娱乐的基础，其规模之大、分布之广，使得其在应对气候变化斗争中的地位举足轻重。随着全球城市化进程的加快，新建建筑数量激增；同时，既有建筑的翻新与扩建也成为常态。这些活动在推动经济增长的同时，也带来了巨大的环境压力。因此，如何在满足居住和商业需求的同时，有效控制并减少建筑领域的碳排放，成为全球范围内亟待解决的问题。这不仅需要政府、企业和公众的共同努力，还需要创新技术和管理策略的支持。例如，推广绿色建筑标准、鼓励使用可再生能源、提高建筑能效等措施，都是减少建筑领域碳排放的有效途径。总之，民用建筑领域的碳排放问题是一个复杂而紧迫的挑战。我们需要认识到建筑活动对气候变化的影响，并采取切实有效的措施来减少其碳足迹。只有这样，我们才能在全球应对气候变化的斗争中取得胜利。

1.2　建筑行业在碳排放中的角色

建筑行业作为全球经济活动的重要组成部分，其在推动社会发展与进步的同时，也扮演着碳排放"主角"的角色。这一角色的形成，根植于建筑活动的广泛性、长期性及其对自然资源的高度依赖，使建筑行业成为全球气候变化讨论中不可忽视的关键环节。

建筑行业的碳排放主要来源于建筑材料的生产和加工、建筑物的施工和运行，以及与之相关的运输和维护等活动。首先，建筑材料的生产和加工是建筑行业碳排放的重要来源。例如，水泥、钢铁和混凝土等建筑材料的生产过程中，需要消耗大量的能源，尤其是化石燃料，导致大量二氧化碳排放。其次，建筑施工和运营也会产生大量的碳排放。建筑施工过程中，需要大量的机械设备和运输工具，其运行所需的能源也主要来自化石燃料。最后，建筑运营过程中，例如供暖、空调、照明等，也需要大量的能源，从而产生大量的碳排放。建筑行业对自然资源的高度依赖，使其在碳排放中扮演着重要角色。然而，随着全球气候变化问题的日益严重，建筑行业的转型已经成为必然。未来，建筑行业需要采取一系列措施，以减少碳排放，实现可持续发展。例如，发展绿色建筑，采用低碳建筑材料，提高能源利用效率，利用可再生能源等。但是，建筑行业的转型面临着一系列挑战。首先，建筑行业的碳排放涉及多个环节，需要全面深化改革，形成统一的碳排放管理体系。其次，建筑行业的转型需要大量的投资和技术创新。最后，建筑行业的转型需要全社会的共同努力，需要政府、企业、科研机构和民众的广泛参与。总之，建筑行业在碳排放中扮演着多重角色，既有直接碳排放，也有间接碳排放。未来，建筑行业的转型具有巨大的潜力，但也面临着一系列挑战。只有通过全社会的共同努力，建筑行业才能实现可持续发展，为全球气候变化问题的解决作出贡献。

直接碳排放是指建筑活动在其整个生命周期内直接产生的温室气体排放，这种排放主要可以分为两个大的方面：建筑材料生产以及建筑运营。首先，建筑材料生产过程中的碳排放主要涉及从原材料的开采、加工、运输到现场施工的每一个环节。在这个过程中，能源的消耗和碳排放是不可避免的。特别是在水泥、钢铁等高耗能材料的生产过程中，能源消耗和碳排放尤为显著。据统计，建筑材料的生产和运输占据了建筑项目总碳排放的11％～28％。这也就意味着，在建筑行业的碳排放问题中，建筑材料的生产和运输是一个重要的碳排放源。其次，建筑运营过程中的碳排放也是一个不容忽视的问题。一旦建筑投入使用，其能源消耗，如供暖、空调、照明等，就会成为持续的碳排放源。在全球范围内，建筑物的运营能耗已经占了总能源消耗的约 30％。这还不包括因建筑维护和修缮过程中使用的额外能源，也就是说，建筑运营过程中的能源消耗，不仅对环境造成了影响，也对全球的能源消耗结构产生了重要影响。总的来说，建筑活动在直接碳排放方面的影响主要体现在建筑材料生产以及建筑运营两个方面。这两个方面的碳排放问题，都需要我们给予足够的重视，并通过技术创新、管理优化等方式，寻找有效的解决方案。

间接碳排放是指由建筑活动引起但在其他行业产生的排放，这种排放类型在应对气候变化时往往被忽视，但它实际上对全球温室气体排放有着重要的影响。间接碳排放主要体现在以下方面：①能源供应是间接碳排放的一个重要方面。建筑物使用的电力和热力往往来源于化石燃料发电厂，这些能源供应过程中产生的排放并不直接发生于建筑场地，但建筑的能源需求无疑是推动这些排放的驱动力。随着建筑物对能源的需求不断增加，尤其是空调、照明和电梯等设施的普及，能源供应过程中的碳排放量也在逐年上升。因此，优化建筑能源使用效率、推广绿色能源和技术成为减少间接碳排放的关键措施。②交通影响也是间接碳排放的一个重要方面。建筑物的位置、布局和设计直接影响周边居民和工作人员的出行方式，进而影响交通运输领域的碳排放。例如，缺乏公共交通接入的郊区住宅区通常会导致更高的私人汽车使用率，从而增加交通领域的碳排放。相反，那些靠近公共交通网络、提供自行车停车设施的建筑则有助于降低交通碳排放。因此，在建筑设计和规划阶段考虑交通因素，可以有效地减少间接碳排放。③除了能源供应和交通影响外，建筑材料的生产、运输和废弃物处理等环节也会产生间接碳排放。建筑材料的生产过程中往往需要消耗大量的能源，并产生一定的碳排放。同时，建筑材料的运输过程中也会释放温室气体。此外，建筑拆除后的废弃物处理过程也会产生碳排放。因此，选择低碳环保型材料、优化材料运输方式以及合理处理建筑废弃物等措施也是减少间接碳排放的重要途径。总之，间接碳排放是建筑活动中不可忽视的重要问题。通过优化能源使用效率、考虑交通因素、选择低碳环保型材料等措施，可以有效地减少建筑活动引起的间接碳排放，为应对气候变化作出积极贡献。

面对全球减碳的压力与挑战，建筑行业首当其冲，成为实现低碳转型的前沿阵地。建筑行业不仅拥有巨大的减排潜力，而且也是推动可持续发展的关键领域。为了实现低碳转型，建筑行业可以从以下几个方面入手：①绿色建筑材料与技术创新是实现建筑行业低碳转型的重要手段。通过发展低碳、可再生或回收利用的建筑材料，可以显著降低建筑全生命周期的碳排放。②提高建筑能效的技术，如被动房屋设计、智能建筑管理系统等，也可以有效降低建筑的能耗和碳排放。这些技术创新不仅有助于减少温室气体排放，还能提高建筑物的舒适度和耐用性。政策引导与市场机制也是推动建筑行业低碳转型的关键因素。③政府可以通过立法、补贴、税收优惠等手段鼓励绿色建筑实践，为建筑行业的减排提供政策支持。同时，建立碳交易市场可以为建筑减排提供经济激励，推动行业向低碳方向转型。通过市场机制的引导，建筑行业可以更加积极地参与到减排行动中来。④公众意识与社会参与也是推动建筑行业低碳转型的重要力量。提升公众对绿色建筑价值的认识，鼓励消费者选择低碳住宅和办公空间，可以形成市场需求导向的减排动力。同时，社会各界也应积极参与到绿色建筑的推广和实践中来，共同推动建筑行业的低碳发展。综上所述，面对全球减碳的压力与挑战，建筑行业作为实现低碳转型的前沿阵地，拥有巨大的减排潜力。通过绿色建筑材料与技术创新、政策引导与市场机制以及公众意识与社会参与等多方面的努力，我们可以共同推动建筑行业的低碳转型，为应对气候变化作出积极贡献。

1.3　研究民用建筑碳排放的重要性

研究民用建筑碳排放的重要性，不仅在于其直接关系全球气候变化这一严峻挑战，还深刻触及经济的可持续性、社会的整体福祉以及环境正义等多个方面，构成了一个复杂而至关重要的议题。

1.3.1　应对全球气候变化的迫切需求

随着全球温度的持续上升，我们正面临着越来越多的气候相关挑战。极端天气事件，如热浪、暴雨、台风和洪水，正在变得越来越频繁和强烈，给人类社会和自然环境带来了巨大的压力。海平面的上升对沿海城市的安全构成了严重威胁，许多岛屿国家和沿海城市都面临着被淹没的危险。在这种背景下，建筑行业的减排效果显得尤为重要。作为碳排放的主要贡献者之一，建筑行业的减排措施对于全球能否成功遏制气候变化趋势具有直接影响。从建筑材料的生产、运输到建筑施工、运营和拆除处理，整个过程中都会产生大量的碳排放。因此，建筑行业必须采取更加环保、低碳的生产方式，以减少其对气候变化的贡献。民用建筑作为建筑活动的主体部分，其碳排放管理对于实现全球气候目标至关重要。为了实现《巴黎协定》中提出的将全球平均温度升幅控制在1.5℃以内的目标，我们必须对民用建筑的碳排放进行严格管理和控制。这包括优化建筑设计、提高能源利用效率、使用可再生能源和绿色建材等措施。通过这些措施，我们可以降低民用建筑的碳排放强度，为全球应对气候变化作出积极贡献。然而，要实现这一目标并不容易。它需要政府、企业、科研机构和公众共同努力，形成合力。政府需要出台相关政策和法规，引导和支持建筑行业的低碳发展；企业需要加大研发投入，创新低碳技术；科研机构需要深入研究建筑行业的减排潜力和方法；公众则需要提高环保意识，积极参与低碳生活方式。总之，随着全球温度的持续上升和极端天气事件的频发，建筑行业的减排效果对于全球应对气候变化具有重要意义。我们必须认识到这一问题的紧迫性，并采取切实有效的措施来推动建筑行业的低碳转型。只有这样，我们才能有望实现全球气候目标，为人类的可持续发展创造一个更加美好的未来。

1.3.2　推动绿色经济与可持续发展

民用建筑的碳排放研究不仅有助于应对气候变化，还能为建筑行业指明向绿色、低碳转型的方向，从而促进绿色经济的发展。优化建筑设计、采用低碳材料、提升能效技术和实施绿色运维策略，这些措施不仅能减轻环境负担，还能激发新的经济增长点。通过推广绿色建筑，我们可以创造大量绿色就业机会，同时推动技术创新和产业升级，实现经济效益与环境效益的双赢。在优化建筑设计方面，我们可以借鉴国际先进经验，结合本地实际情况，制定出适合我国国情的绿色建筑标准和规范。政府应加大对绿色建筑的扶持力度，通过税收优惠、补贴等政策引导企业投资绿色建筑领域。此外，还应加强对绿色建筑的宣传和推广，提高公众对绿色建筑的认知度和接受度。在采用低碳材料方面，我们应鼓励企业加大研发投入，开发新型低碳建筑材料，如木结构、竹结构等。同时，还应加强对传统建材的节能减排改造，降低其碳排放强度。政府可以通过建立低碳建材认证制度，引导市场向低碳建材方向发展。在提升能效技术方面，我们应充分利用现代科技，如物联网、大数据等技术，对建筑物的能耗进行实时监测和分析，找出节能潜力点并进行改进。此外，还应加强对可再生能源的利用，如太阳能、地热能等，降低建筑物对传统能源的依赖。在实施绿色运维策略方面，我们应建立完善的绿色运维体系，包括节能管理、水资源管理、垃圾分类与处理等方面。通过对建筑物的全生命周期进行管理，最大限度地降低建筑物的碳排放。总之，民用建筑的碳排放研究对于推动建筑行业向绿色、低碳转型具有重要意义。通过各种措施的综合应用，我们可以实现建筑行业的可持续发展，为我国经济的绿色转型贡献力量。

1.3.3　保障社会福祉与健康

民用建筑的能效和室内空气质量直接影响着居民的生活质量和健康状况。高效的建筑能效可显著减少能源消耗，降低居民的生活成本，为家庭减轻经济负担。同时，良好的室内环境也有助于预防呼吸系统疾病和其他健康问题，为居民提供一个舒适、健康的居住空间。随着人们环保意识的增强和对生活质量要求的提高，绿色建筑越来越受到市场的青睐。绿色建筑不仅注重环境保护，还关注室内环境质量，通过采用绿色建材、优化建筑设计等方式，提高室内空气质量，减少有害物质的排放。这些措施都有助于提升居民的生活质量和健康状况。此外，绿色建筑还注重资源的节约和循环利用，通过雨水收集、废弃物分类回收等方式，减少资源浪费，实现可持续发展。这些举措不仅有助于保护环境，还能为居民提供更多的绿色生活选择，促进社会的可持续发展。因此，绿色建筑已成为提升社会福祉的重要途径。同时，还应加强对绿色建筑的监管和评估，确保其真正达到绿色、低碳的标准。通过这些努力，我们可以共同推动绿色建筑的发展，为社会福祉的提升贡献力量。

1.3.4 促进资源高效利用与循环经济

对民用建筑碳排放的深入研究与科学管理，不仅是对环境保护和气候行动的积极响应，更是对传统资源利用模式的一次深刻变革，它强有力地推动了建筑业向资源高效利用与循环经济的转型。这一转型过程涵盖多个层面。

材料循环利用：通过研究发现，建筑材料的生产和运输占建筑全生命周期碳排放的比重相当大。因此，鼓励使用再生材料和可循环材料，如回收钢材、再生塑料、竹材等，不仅减少了对原生资源的开采，还降低了废弃物填埋和焚烧带来的环境污染。此外，推动建材的回收与再利用机制，如建立材料银行，记录和追踪建筑材料的流通情况，使得材料能在建筑物拆除后被再次利用，形成闭合的循环链条。

节水节能技术的应用：水资源和能源是建筑运行中不可或缺的两大资源，对它们的高效管理是循环经济的重要组成部分。通过研究推广节水器具、雨水收集与利用系统、灰水回收处理等技术，可以大幅度减少建筑的水资源消耗。同时，采用高效节能的建筑设计（如被动式设计、高效隔热材料、智能温控系统）和设备（如 LED 照明、变频空调），结合可再生能源系统（如太阳能、风能），有效降低了建筑的能源需求，促进了能源的可持续利用。

减少废物生成与最小化策略：通过对建筑施工过程的优化和管理，如采用精益建造方法减少施工废料，以及在设计阶段就考虑建筑的维护、翻新和拆解，确保建筑在全生命周期内产生的废物最少。提倡"零废弃"设计理念，即在设计时就考虑产品和材料的最终处置方式，尽量减少对环境的负担。

延长建筑使用寿命：鼓励通过高质量的设计和建造，以及定期的维护和适时的现代化改造，延长建筑的使用寿命，避免频繁重建造成的资源浪费和环境破坏。历史建筑的保护性修复和再利用也是延长建筑生命周期、保留文化记忆和节约资源的有效途径。

政策与市场机制的引导：政策制定者应出台相应的激励措施，如税收减免、补贴政策，以及建立绿色建筑认证体系，鼓励建筑业采用循环经济模式。同时，建立健全的市场机制，促进资源回收和再利用产业的发展，形成经济利益与环境保护的良性循环。

通过这些综合措施的实施，不仅能够有效降低民用建筑的碳排放，还能促进整个社会资源利用效率的提升，推动向更加可持续、循环的经济发展模式转型，为后代留下一个资源充沛、环境友好的地球。

1.3.5 强化政策制定与国际合作

深入研究民用建筑碳排放，对于加强政策制定和推动国际合作，具有重要意义。首先，通过对民用建筑碳排放的深入研究，我们可以为政策制定提供科学依据，帮助政府设计出更加有效的减排政策、激励措施和监管框架。这有助于提高政策的针对性和可行性，推动建筑行业的低碳转型。民用建筑碳排放研究可以为政策制定提供数据支持和决策依据。通过对民用建筑碳排放的现状、趋势和影响因素进行深入研究，我们可以了解到不同地区、不同类型的建筑在碳排放方面的差异和特点。这有助于政府制定差异化的减排政策，针对不同情况采取不同的措施，实现精准施策。此外，研究还可以揭示建筑行业中存在的减排潜力和技术瓶颈，为政府制定激励措施提供参考。在政策制定的过程中，我们还需要考虑各方利益的平衡和协调。通过深入研究民用建筑碳排放，我们可以了解到各方在减排方面的利益诉求和顾虑，为政府制定公平合理的政策提供支持。除了加强国内政策制定外，民用建筑碳排放研究还有助于推动国际合作。通过加强国际信息交流与合作，我们可以共同提升全球建筑行业的碳管理水平，实现全球气候治理的目标。在国际合作方面，我们可以借鉴其他国家和地区在建筑碳排放管理方面的成功经验，结合我国的实际情况进行本土化改造和应用。同时，我们还可以积极参与国际标准的制定和对接工作，推动我国建筑行业的国际化发展。此外，我们还可以通过开展联合研究、技术交流等活动，加强与其他国家和地区在建筑碳排放管理方面的合作与交流。

1.3.6 增强公众意识与参与

为了全面加速民用建筑领域的减碳进程，加强公众教育和意识提升至关重要。这包括但不限于在学校教育中融入气候变化和可持续建筑的知识，利用媒体平台和社交网络广泛传播建筑碳排放的影响及节能减排的科学方法。通过组织公共讲座、研讨会和展览，展示绿色建筑的成功案例和最佳实践，让公众直观理解低碳生活方式的可行性与魅力。

研究机构和非政府组织可以合作开发互动性强、易于理解的在线工具和应用程序，帮助居民计算家庭碳足迹，提供节能减排的实用建议，激发家庭和个人采取具体行动。此外，鼓励和支持社区层面的节能减排项目，如社区花园、共享出行计划和废弃物回收计划，能够直接促进居民的参与感和责任感，将环保理念转化为日常生活的一部分。通过这些多维度的努力，公众对建筑碳排放问题的认识将显著提升，促使消费者在购房、装修和日常消费中主动寻求低碳、环保的选项，如优先考虑获得绿色建筑认证的住宅，选用能效高的家电产品，从而形成强大的市场导向力量，推动建筑行业整体向低碳转型。综上所述，深入研究民用建筑碳排放问题，不仅关乎环境保护的基本要求，也是促进经济向绿色低碳模式转变的关键一环。它直接影响社会大众的健康生活质量，对资源的有效管理和循环利用提出更高要求，并驱动政策制定者创新管理手段和激励机制。同时，鉴于气候变化是全球性的挑战，这一研究领域还促进了国际技术交流、标准协同与合作，共同推进全球可持续发展目标的实现。因此，加强民用建筑碳排放研究，动员全社会力量积极参与，是构建可持续未来不可或缺的举措。

1.4 绿色金融发展对碳排放的影响

党的十八大以来，新发展理念成为我国经济建设的指导原则。其强调我国要注重绿色发展，解决经济发展中能源利用率较低、环境恶化、生物多样性下降等问题。在 COP26（《联合国气候变化框架公约》第二十六次缔约方大会 Conferece of the Parties 的简称）上，参会各国就《巴黎协定》实施细则达成共识，各方制定了符合各自国情的"碳达峰碳中和"目标。国家主席习近平也重申，中国将在 2030 年实现"碳达峰"，2060 年实现"碳中和"。国家发展改革委发布的"十四五"规划显示，我国欲实现 2030"碳达峰"目标，单位 GDP 二氧化碳排放量每年要下降 18%。清华大学的研究报告则显示实现"双碳"目标需要超过 138 万亿元人民币的"低碳投资"。因此，政府以外其他金融部门以及财政手段外的金融工具对实现"双碳"目标的作用就显得尤为重要。当前，我国部分地区绿色金融发展迅速，部分地区的环境也得到了一定程度的改善。本书以该课题为研究对象，通过理论和实证的分析，提出相应的可行建议，以期我国金融部门能够提供更大程度的支持。绿色金融已经被西方国家使用了十年以上，已经形成了大量的概念定义和完善的监管使用体系，并且赤道原则已经广泛地被银行所接受。与此相比，中国的绿色金融发展处于起步阶段，很多商业银行在实施过程中遇到许多困难，并且国内学者对其的理论研究与学术成果并不充足，因此本书通过绿色金融发展对碳排放的影响进行研究，从而找到绿色金融发展战略的建议，对绿色金融低碳发展具有十分重要的意义。自从 1974 年世界第一家专门为绿色环保方面提供融资服务的环境银行在前西德成立之后，绿色金融的概念就已经初具雏形，但是随着经济的发展，各国金融体系的差异，各国研究学者对于绿色金融概念的鉴定还未达成共识。绿色金融的概念最早由 Mark A. White 提出，他认为金融机构应当与环境保护相结合来促进环保发展；Lindenberg N 指出，由于许多国际上的学术期刊都没有对绿色金融这个术语做准确的定义或者提出的定义差异很大，目前为止国际上对绿色金融都没有一个准确且能被普遍接受的定义。Höhne 等人认为绿色金融是一个关于鼓励发展可持续经济上的广义的术语，是指金融在可持续发展的项目和倡议以及环境产品和政策上的投资流动，Zhang 等人通过结合 IFC（The International Finance Corporation，国际金融公司）与《联合国气候变化框架公约》将绿色金融广义上定义为应对气候变化的融资工具和其他可持续性工具，Ivanova NG 等人（2021）从绿色环保的定义出发认为绿色金融是一套旨在确保环境的可持续发展而建立和使用资金的关系。Cilliers 等人认为绿色金融不仅对社会产生溢出效应的同时也有利于支持银行的可持续发展。在国内 Huang Yongming、Chen Chen 指出，中国于 2007 年发布了第一份提及国内绿色金融概念的官方文件《关于实施环境政策法规的意见》，随后于 2016 年发布的《关于构建绿色金融体系的指导意见》中提到，绿色金融是指为支持环境改善、应对气候变化和资源节约高效利用的经济活动，即对环保、节能、清洁能源、绿色交通、绿色建筑等领域的项目投融资、项目运营、风险管理等所提供的金融服务，这是中央政府发布的第一个绿色金融政策框架。优化绿色金融的正外部性，实现可持续发展，已成为重要的研究重点。邓翔首次将金融、创新、绿色金融联系起来，指出绿色金融是金融业在应对环境问题上所作出的一种创新，而且这种创新正在进行也将一直进行下去。

第 2 章 >>>
碳排放与生命周期分析基础

2.1 碳排放的基本概念

碳排放（Carbon Emissions），主要指的是以二氧化碳（CO_2）为主的各种温室气体排放到大气中的过程。这些温室气体包括但不限于二氧化碳（CO_2）、甲烷（CH_4）、一氧化二氮（N_2O）、氢氟碳化物（HFCs）、全氟化碳（PFCs）、六氟化硫（SF_6）和三氟化氮（NF_3）等，它们在大气中具有吸收和重新辐射红外辐射的能力，从而对地球的热量平衡和气候系统产生影响，导致全球变暖等气候变化现象。碳排放的来源广泛，主要包括以下方面：

（1）能源消耗：能源消耗是碳排放的最大来源，尤其是化石燃料的燃烧。化石燃料包括煤炭、石油和天然气，它们在发电、交通、工业生产、家庭供暖和烹饪等领域发挥着重要作用。然而，这些燃料在燃烧过程中会释放出大量的二氧化碳，加剧了温室效应，对全球气候造成了严重影响。因此，减少能源消耗、提高能源利用效率以及发展清洁能源是当前应对气候变化的重要措施。

（2）工业生产过程：工业生产过程中的碳排放释放，是全球气候变化讨论中的核心议题之一。这类排放不仅局限于能源消耗直接产生的二氧化碳，还包括了众多工业活动中由于化学反应、原料处理及生产过程而间接产生的多种温室气体，这进一步加剧了对环境的负担。

（3）水泥制造业：作为世界上最大的二氧化碳人为排放源之一，水泥生产过程中碳酸钙高温分解产生的二氧化碳占据了很大比例。此外，燃料燃烧和原料石灰石的碳酸盐分解都是排放的重要源头。

（4）钢铁生产：钢铁制造业通过高炉法和电炉法炼钢时，不仅消耗大量能源，还会释放大量二氧化碳。铁矿石还原过程中产生的二氧化碳，以及使用煤炭等化石燃料产生的排放，是主要的温室气体来源。

（5）化工生产：化学工业中，如氨肥生产、乙烯裂解等过程，会伴随大量温室气体排放，包括二氧化碳、甲烷和某些情况下的一氧化二氮（N_2O）。此外，某些化学反应还会释放氟利昂等强效温室气体，对全球变暖的潜在影响远超二氧化碳。

（6）农业活动：农业活动，尤其是特定的农业实践，同样对全球温室气体排放构成重大影响，这不仅限于其直接的碳足迹，还涉及复杂的生物地球化学过程。

（7）畜牧业：反刍动物（如牛、羊）的消化系统中，微生物通过发酵作用分解食物产生甲烷，这是一种比二氧化碳更具温室效应的气体。随着全球肉类消费的增长，畜牧业成为一个日益显著的温室气体排放源。

（8）稻田：水稻种植中，水分浸泡土壤的厌氧条件促进了甲烷的产生，这是稻田成为甲烷重要排放源的原因。虽然稻田甲烷排放量受多种因素影响，如土壤类型、耕作方式和灌溉管理，但它仍是农业温室气体减排的一个关键领域。

（9）化肥使用：农业生产中广泛应用的合成氮肥，在土壤分解过程中会产生氧化亚氮，这是一种强效温室气体，对臭氧层也有破坏作用。优化施肥策略，如精准施肥和使用生物肥料，是减少这一排放的有效手段。

（10）土地利用变化与森林砍伐：土地利用变化和森林砍伐是导致碳排放增加的重要因素之一。森林作为重要的碳汇，其砍伐和土地转换为农田、牧场或城市用地等活动，不仅减少了碳吸收能力，还会直接排放储存于植被和土壤中的碳。这些活动导致了碳循环的破坏，加剧了温室效应，对全球气候造成了严重影响。因此，保护森林资源、合理利用土地以及推动可持续发展是当前应对气候变化的重要措施。通过这些努力，我们可以降低碳排放强度，为全球气候治理作出积极贡献。

（11）废弃物处理：废弃物处理也是碳排放的来源之一。垃圾填埋场中有机物质的厌氧分解会产生甲烷，而废弃物焚烧则直接排放二氧化碳。这两种处理方法都会导致温室气体的排放，对全球气候造成影响。因此，加强废弃物管理、推动垃圾分类和回收利用以及发展清洁能源技术是当前应对气候变化的重要措施。通过这些努力，我们可以减少废弃物处理过程中的碳排放，为全球气候治理作出积极贡献。

理解碳排放的基本概念对于开展碳排放管理和减排工作至关重要。通过生命周期评价（Life Cycle Assessment，LCA），可以进一步系统地评估产品、服务或活动从原材料获取、生产、使用到废弃处理的全过程中的环境影响，包括但不限于碳排放量。这种全面的评估方法有助于识别碳排放的热点，优化流程，开发低碳技术，以及制定有效的减排策略。从需求侧看，实现"双碳"目标需要限制高耗能企业的多余产能，但更重要的是开发绿色技术发展绿色工业，即将高碳的高耗能工业转向低碳的高耗能工业，从而降低单位产值的碳排放量，而不是限制工业的发展。"双碳"目标的实现一定程度上有赖于推动产业结构的调整，发展现代服务业、高科技制造业、数字经济相关产业等能源使用强度较低的产业，限制传统"三高一低"产业过度发展。然而，实现"双碳"目标，关键是发展绿色技术从而形成绿色供给能力，而不是人为打乱正常市场供求秩序从而降低生产力，牺牲增长速度。"双碳"目标提出以来，不少省份颁布了限制工业用电的政策，甚至在东北地区还出现了"拉闸限电"的现象。对此，中央财经委会议指出，不能搞运动式减排。绿色转型不应以牺牲经济增速为代价，更不能以牺牲民生为代价。因此，国家发展改革委指出，绿色转型应该"先立后破"，在绿色技术研发之前不能"一刀切"地停用旧技术，绿色转型在于形成绿色供给能力。能源是"工业食粮"，赫拉利在《人类简史》中指出，人类的发展史就是能量的支配史。只要社会发展，能源消耗就一定会上升。从供给侧看，实现"双碳"目标需要充分利用我国国土面积辽阔，区域气候差异大、海拔落差大的资源禀赋优势，积极推进以水能、风能、太阳能等清洁能源代替传统化石能源，以降低单位能耗的碳排放量。从历史的视角来看，形成绿色供给能力才是绿色转型的根本。此外，以碳捕获与封存利用为主的负排放技术中和与植树造林等方法也有利于"双碳"目标的实现。然而，负排放技术的发展仍不成熟，尚需系统性的技术创新，短时间内难以发挥太大作用。而捕捉 100 亿吨二氧化碳需要种植 150 万平方公里的树木，显然依靠倡导植树造林实现"双碳"目标并不现实。由此可见，实现"双碳"目标是一项涵盖政府、金融机构、企业等多个主体系统工程。需要以系统思维统筹落实战略部署。"双碳"目标的实现是一场"持久战""耐力战"，需要做到当前任务和长远发展紧密衔接，需要充分发挥政府的作用。绿色金融是助力实现"双碳"目标的重要途径。金融作为实体经济的核心和血脉，为实现"双碳"目标提供多元化、专业化、差异化服务，探索现代金融支持经济增长和生态环境治理水平提升的高质量发展路径。碳中和是一项系统性长期工程，将有力推动我国经济社会实现更深层次、更广范围的变革。深化金融供给侧结构性改革，发展绿色金融，是实现"双碳"目标的必然要求。在"双碳"目标下，金融机构需要增强绿色转型的自觉性和主动性，加快形成有利于绿色变革的体制机制，抑制盲目追求增长的短期行为，降低对高碳经济的投融资依赖，重点培育和支持绿色经济、低碳经济和循环经济，妥善应对绿色转型风险新变化。绿色金融的发展可以为增强金融体系的韧性、为金融机构的绿色转型提供重要支撑。

2.2　生命周期评价（LCA）方法论

生命周期评价是一种极为关键的系统化、标准化方法论，它为评估产品、服务或系统在整个生命周期内的环境影响提供了一种全面而深入的途径。从原材料的采集开始，到产品的生产、使用，直至最终的废弃处理或回收再利用，LCA 涵盖了一个产品从"摇篮到坟墓"的全过程，确保了对环境影响的全面评估。在环境管理领域，LCA 的应用至关重要。它能够帮助企业和组织识别出产品或服务在其整个生命周期中的关键环境问题，从而优先解决那些具有最大潜在环境影响的问题。通过 LCA，环境管理者可以制定出更为明智的决策，优化资源分配，减少废物产生，并促进更为环保的生产和消费模式。对于产品设计而言，LCA 提供了一种宝贵的工具，使得设计师能够在设计过程中考虑到产品的环境性能。通过评估不同设计方案的环境影响，设计师可以选择更为环保的材料和工艺，减少能源消耗和废物产生，从而提高产品的可持续性。LCA 还能够帮助设计师识别出产品生命周期中的热点环节，即那些环境影响最大的阶段，从而针对性地采取措施进行改进。在政策制定方面，LCA 为政府机构提供了科学依据，使其能够制定出更为合理和有效的环境政策。通过对不同政策方案的 LCA 政策制定者可以预测政策实施后可能产生的环境效果，从而选择最为环保的政策选项。此外，LCA 还能够为政策制定者提供关于行业或地区环境状况的综合信息，帮助其制定更具针对性的环境目标和行动计划。对于可持续发展决策而言，LCA 同样发挥着关键作用。企业和政府可以利用 LCA 不同发展路径的环境可持续性，从而选择那些既经济可行又环境友好的发展模式。例如，在能源领域，LCA 可以用来比较不同能源技术（如太阳能、风能、化石燃料等）的生命周期环境影响，为清洁能源转型提供支持。在农业领域，LCA 则可以用来评估不同农业实践和方法对土壤、水资源和生态系统的影响，推动更为可持续的农业发展。

LCA 的流程大致可以分为以下四个阶段。

1. 目标与范围界定

在进行生命周期评价（LCA）的过程中，目标与范围的精确界定是整个研究的基石，它不仅为后续的分析工作指明方向，还保证了评估结果的实用性和可比性。这一阶段的工作内容丰富且细致，主要包括以下几个关键方面：

（1）明确分析目的：首先需清晰界定 LCA 研究旨在解决的具体问题或达成的目标，比如评估某产品相比同类产品的环境优势，或是识别生产过程中的环境改进机会，以及满足特定环保标签或标准的要求等。

（2）界定产品系统边界：系统边界决定了哪些活动、过程和排放将被纳入分析之中，哪些则排除在外。这一步骤需要详细描述产品的生命周期各个阶段，包括原材料提取与加工、产品制造、包装、运输、使用、维护、直到最终的回收或处置。边界设定应尽可能全面，同时也要注意避免无关因素的干扰，确保分析的聚焦和效率。

（3）选择环境影响类别：LCA 旨在评估产品或服务对环境的多方面影响，因此需要明确界定将要分析的具体环境影响指标，如全球变暖潜能值（以二氧化碳当量衡量的温室气体排放）、酸化潜能、富营养化、水资源消耗、生态系统毒性等。选择哪些影响类别取决于研究目的和目标群体的关注点。

（4）确定生命周期阶段：LCA 覆盖产品"从摇篮到坟墓"的全过程，但在实际操作中，可能会根据研究重点和资源限制，选择关注特定的生命周期阶段。例如，对于电子产品，可能重点分析生产阶段的能源消耗和排放；而对于食品，则可能更注重农业活动的生态影响。

（5）设定数据质量和精度要求：数据的准确性和可靠性直接关系到 LCA 结果的有效性。因此，需要事先确定数据收集和处理的标准，包括数据来源的选择（如一手数据、行业报告、公开数据库）、数据缺口的处理方法、不确定性分析等，以确保分析结果的可信度。

（6）明确的目标与范围界定：不仅为 LCA 研究提供了清晰的框架，还帮助利益相关方理解分析的局限性和假设条件，确保了结果的透明度和可解释性。这对于推动基于证据的决策制定、促进环境绩效改善以及支持可持续发展目标的实现至关重要。

2. 清单分析

清单分析阶段是生命周期评价中至关重要的一环，它涉及收集和量化产品系统在整个生命周期内所有输入和输出的数据。这一阶段的目的在于全面了解产品"从摇篮到坟墓"的各个阶段，包括原材料提取、加工、制造、运输、使用、维护以及最终处置等，从而准确评估其对环境的影响。在清单分析阶段，我们需要关注产品系统的所有输入，即资源消耗和能源使用。这包括了原材料的提取和加工过程中所消耗的水资源、土地资源以及各种能源类型（如煤炭、石油、天然气等）。同时，我们还需要关注产品制造过程中所使用的能源，这可能包括电力、蒸汽、燃料等。这些数据通常以物理单位表示，如 t、kWh、m³ 等，以便后续进行准确的环境影响评估。除了输入数据外，清单分析还涉及收集产品系统的所有输出数据，即排放和废物产生。这包括但不限于废气排放、废水排放、固体废物产生等。这些排放和废物可能对空气质量、水质和土壤质量造成影响，因此需要对其进行准确量化。排放数据通常以质量单位表示，如 t、kg 等，而废物产生则可以根据其性质和处理方式进行分类和量化。在清单分析阶段，我们还需要关注产品在使用和维护过程中的环境影响。这包括了产品在使用过程中的能源消耗、维护所需的材料和能源以及产品最终报废后的处置方式。这些信息对于全面评估产品的环境影响至关重要，因为它们直接影响着产品在整个生命周期内的环境足迹。为了确保清单分析的准确性和可靠性，我们需要采用系统的方法和工具来收集和整理数据。这可能包括现场调查、数据库查询、文献综述等多种方式。同时，我们还需要对数据进行质量控制和验证，以确保其准确性和完整性。这可能涉及数据的一致性检查、不确定性分析以及敏感性分析等方法。一旦我们完成了清单分析，就可以为后续的环境影响评估提供基础。这些数据将用于评估产品系统在不同环境影响类别下的贡献，如气候变化、资源耗竭、生态系统破坏等。通过将清单数据与特定的环境影响评估模型相结合，我们可以识别出产品系统的关键环境问题和潜在的改进机会，从而为产品设计、环境管理和政策制定提供科学依据。

3. 影响评估

在影响评估阶段，其目的在于将清单分析阶段收集到的大量数据（即各种环境负荷，如能源消耗、水资源使用、排放到空气和水体中的污染物等）转化为对具体环境影响类别的量化评价。这个转化过程相当复杂，涉及多种科学模型和评估方法，旨在使抽象的环境负荷数据变得易于理解，为决策提供直观的环境表现指标。影响评估通常依靠环境影响评价模型和方法学来完成，这些工具能够将排放量转换成对特定环境影响的潜在后果，如全球变暖潜能值（GWP）用来量化温室气体对气候变化的贡献，酸化潜能值（AP）评估对酸雨形成的影响，生态毒性单位（ETP）衡量对水生生态系统的潜在毒害等。每种环境影响类别都有其特定的计算公式和权重，确保评估的科学性和一致性。影响评估不仅局限于温室气体排放对气候变化的影响，而是广泛覆盖了多个环境维度，如大气污染导致的健康问题、水资源短缺、土壤退化、生物多样性损失等。这一全面的评估体系有助于识别和优先处理那些对环境造成最严重威胁的活动或物质。影响评估的过程和重点可以根据分析的目的和利益相关者的特定关注点进行调整。例如，对于水资源稀缺的地区，水资源消耗的影响评估可能会被赋予更高的权重；而对于靠近敏感生态区的项目，则可能更加关注生物多样性的保护。这种灵活性确保了 LCA 结果的针对性和实用性。由于数据来源、模型假设和参数选择等因素的不确定性，影响评估阶段还需要进行不确定性分析，以量化结果的可靠程度和置信区间。这有助于用户理解分析结果的局限性，并在决策时考虑这些不确定性因素。通过影响评估，LCA 不仅揭示了产品或服务在其生命周期中对环境的综合影响，还为比较不同方案、识别减缓措施、优化设计和沟通环境绩效提供了科学依据，是推动可持续发展决策不可或缺的工具。

4. 解释与报告

在生命周期评估的最后阶段，我们需要对 LCA 的结果进行解释，并以报告形式呈现。这一阶段的核心任务是对整个生命周期中发现的主要环境影响进行总结，识别环境影响的热点，并提出可能的改进措施。报告还应包括对方法论的透明描述，以便于第三方的复核和比较。此外，敏感性分析和不确定性评估也是这一阶段的重要组成部分，它们帮助理解结果的可靠性并识别数据或假设变动对结果的潜在影响。首先，我们对整个生命周期中发现的主要环境影响进行总结。这包括对各个阶段的环境影响进行量化和分析，如原材料提取、加工、制造、运输、使用、维护以及最终处置等。通过对比不同阶段的环境影响，我们可以识别出产品系统的关键环境问题，为后续的改进提供方向。其次，我们需要识别环境影响的热点。这些热点可能是某个特定阶段的环境影响特别突出，或者是某个环境影响类别的贡献特别大。通过识别这些热点，我们可以更加有针对性地制订改进措施，降低产品系统的环境影响。提出可能的改进措施是解释与报告阶段的另一个重要任务。基于对主要环境影响的总结和热点识别，我们可以提出一系列针对性的改进措施。这些措施可能包括改变原材料的选择、优化生产工艺、提高能源利用效率、减少废物产生等。这些改进措施旨在降低产品系统的环境影响，提高其可持续性。编写报告时，我们需要对方法论进行透明描述。这包括对 LCA 的目标和范围定义、清单分析方法、影响评估模型以及结果解释方法等方面的详细描述。这样的透明描述有助于第三方对 LCA 结果进行复核和比较，确保其科学性和可靠性。最后，敏感性分析和不确定性评估也是解释与报告阶段的重要组成部分。敏感性分析主要考察数据或假设变动对 LCA 结果的潜在影响。通过分析不同参数的变化对结果的影响程度，我们可以识别出对结果影响最大的参数，从而更加关注这些参数的准确性和稳定性。不确定性评估则是对 LCA 结果的可靠性进行评估。通过对数据和方法的不确定性进行分析，我们可以了解结果的置信区间和可信度，为决策提供更为科学的依据。

LCA（生命周期评价）方法论的实施严格遵循一系列国际标准，其中最为关键的是 ISO 14040 系列标准。这套标准包括两个核心部分：《环境管理—生命周期评估—原则和框架》ISO 14040：2006 和《环境管理—生命周期评估—要求和准则》ISO 14044：2006。这些标准为进行 LCA 研究设定了基本框架、原则、步骤、要求和指导，确保了全球范围内 LCA 研究的透明度、科学性、一致性和可比性。ISO 14040 系列标准不仅为研究人员提供了系统性的操作指南，还为报告使用者提供了评估报告质量的基准，促进了信息的准确传达和理解。随着全球范围内对可持续发展议题的关注度日益提升，LCA 已经成为评估产品和服务全生命周期环境影响、识别环境绩效改进空间、制定科学决策的关键工具。它不仅被广泛应用于企业内部的环境管理和产品设计优化，还是政府制定环保政策、引导绿色消费、促进国际贸易中的环境友好产品流动的重要依据。LCA 帮助企业识别其供应链中的环境热点，推动资源的高效利用和污染预防，同时也帮助消费者通过了解产品的环境足迹，作出更加环保的消费选择。此外，随着技术的进步和数据获取的便利性增加，LCA 方法也在不断创新和发展，如采用大数据和机器学习技术提高数据的精确度和分析效率，以及通过云计算平台实现 LCA 的快速计算和结果共享，使得 LCA 的应用更加广泛和便捷。同时，越来越多的行业开始探索和实施产品类别规则（PCR）和环境产品声明（EPD），这些都是基于 LCA 原理，为特定产品类别提供标准化的环境影响评估框架，进一步推动了 LCA 在市场上的认可度和影响力。总之，遵循国际标准的 LCA 方法论，不仅强化了环境管理的科学性和规范性，也为全球可持续发展议程提供了有力的技术支撑，是推动绿色转型、实现环境与经济双赢的重要桥梁。

2.3　国际碳排放标准与政策框架

随着全球气候变化问题的日益严峻，国际社会为了应对这一挑战，减少全球温室气体排放，已经建立了一系列的碳排放标准和政策框架。这些标准和框架旨在规范和指导各国的减排行动，促进全球环境的可持续发展。联合国气候变化框架公约作为国际气候治理的基础法律文件，为全球气候行动提供了基本的政治和法律框架。《巴黎协定》则进一步明确了全球气候治理的目标和机制，提出到 21 世纪末将全球平均气温升幅控制在工业化前水平 2℃ 以内，并努力将温升限制在 1.5℃ 以内的目标。同时，《巴黎协定》还建立了强化的透明度框架，要求各缔约方定期提交和更新国家自主贡献，并开展全球盘点以评估气候行动的总体进展。国际能源署作为全球能源政策的权威机构，发布了多项与碳排放相关的指南和报告。这些指南和报告提供了关于能源生产和消费中碳排放的详细数据和分析，为各国制定低碳能源政策提供了重要参考。此外，国际能源署还积极推动清洁能源技术的发展和应用，助力全球能源转型和减排努力。世界绿色建筑委员会推动的绿色建筑认证体系，如 LEED 认证和 BREEAM 认证，也成为国际上广泛认可的碳排放标准之一。这些认证体系通过评估建筑的设计、施工和运营过程中的节能效果、水资源利用、废物管理等方面的表现，鼓励建筑行业采取更加环保和可持续的设计与运营方式。这不仅有助于降低建筑物的碳排放，还能推动建筑行业的创新和发展。此外，国际航空组织和国际海事组织也针对航空和海运领域制定了一系列的碳排放标准和政策。这些标准和政策旨在减少航空和海运活动中的温室气体排放，推动这两个行业向更加绿色和低碳方向发展。以下是几个关键的国际标准与政策框架概览。

2.3.1 《联合国气候变化框架公约》(UNFCCC)

《联合国气候变化框架公约》(UNFCCC) 的成立背景与目标源自全球对气候变化问题日益增长的共识与紧迫感。20 世纪末，随着科学研究的积累，国际社会逐渐认识到人类活动，尤其是工业化进程中的大量温室气体排放，正对地球气候系统产生前所未有的影响，导致全球变暖、极端天气事件频发、海平面上升等一系列连锁反应。在此背景下，国际社会迫切需要一个协调一致的行动框架来应对气候变化带来的挑战。1992 年通过的《联合国气候变化框架公约》正是在这样的背景下应运而生，标志着国际社会在气候变化问题上首次达成全面、具有法律约束力的共识。该公约的通过，不仅是对全球环境治理的一次重大推进，也是国际合作史上的里程碑事件。该公约的核心目标是稳定大气中温室气体的浓度，以防止人类活动对气候系统造成危险的干扰，从而保护气候系统免受不可逆转的损害，确保地球的生态平衡与人类社会的可持续发展。

该公约的主要内容包括了以下几个关键要素。

共同但有区别的责任原则：这是 UNFCCC 的一大基石，它承认所有国家在应对气候变化上都负有责任，但同时考虑不同国家的历史排放、经济发展水平和应对能力的差异，规定了发达国家和发展中国家在减排责任上的区别。发达国家因其历史累积排放较多，应承担起领导责任，率先减排并为发展中国家提供资金、技术和能力建设的支持，而发展中国家则在得到适当支持的情况下，采取适合其发展水平的减缓和适应措施。

减排承诺与行动：虽然公约本身并未设定具体减排目标，但它为后续的国际谈判设定了框架，鼓励各国通过具体协议来设定并实施减排目标。这为后来的《京都议定书》和《巴黎协定》铺平了道路。

适应气候变化：该公约也强调了适应气候变化的重要性，要求各缔约方采取措施，增强对气候变化不利影响的适应能力，特别是对发展中国家和小岛屿国家等的支持。

资金、技术转让与能力建设：公约建立了发达国家向发展中国家提供资金支持和技术转让的机制，以帮助后者实施减缓和适应措施，同时强调了能力建设的重要性，确保发展中国家能够有效参与到全球气候治理中来。

国际合作与监督机制：公约建立了缔约方大会（COP）作为最高决策机构，以及附属机构负责监督公约的实施、审议科学报告和提供技术支持，形成了国际合作与监督的机制。

总之，《联合国气候变化框架公约》不仅为国际社会提供了一个共同行动的法律框架，而且确立了基于公平原则的全球气候治理模式，为后续气候变化谈判和行动奠定了坚实的基础。

2.3.2 《京都议定书》

《京都议定书》是一个具有里程碑意义的国际环境协议，它于 1997 年在第三次缔约方会议上被采纳，并在 2005 年正式生效。这份协议的核心内容为附件一国家（主要是发达国家）设定了具有法律约束力的量化减排目标，同时引入了三种灵活机制（包括清洁发展机制 CDM、联合履行 JI 和国际排放贸易 IET）以促进成本效益高的减排。通过为发达国家设定强制性的温室气体减排目标，京都议定书标志着国际社会对抗气候变化的行动进入了一个新的阶段。这些国家承诺在第一个承诺期（2008—2012 年）内，将它们的温室气体排放量减少到低于 1990 年水平的一定比例。这一举措体现了共同但有区别的责任原则，即发达国家应率先承担减排责任，并为发展中国家提供支持和帮助。为了实现这些目标，并降低成本，《京都议定书》引入了三种创新的灵活机制。首先是清洁发展机制，它允许发达国家通过在发展中国家投资清洁能源项目来获得减排信用。这既促进了发展中国家的可持续发展，又降低了发达国家的减排成本。其次是联合履行机制，它允许国家之间通过合作项目共享减排成果。这鼓励了技术转移和经验交流，有助于提高各国的减排能力。最后是国际排放贸易机制，它允许发达国家之间直接交易减排配额。这一市场机制通过供需关系来调节碳排放权的价格，从而激励各国采取最低成本的减排措施。然而，尽管《京都议定书》在推动全球减排方面取得了一定进展，但它也面临着一些挑战和限制。例如，美国作为世界上最大的温室气体排放国之一，并没有批准《京都议定书》，这在一定限度上削弱了协议的效果。此外，一些批评者认为第一承诺期的减排目标还不够雄心勃勃，无法防止气候变化的严重后果。总的来说，《京都议定书》是国际气候治理的重要里程碑，它不仅为发达国家设定了具体的减排目标，还通过灵活机制促进了全球减排合作。虽然它并不完美，但这份协议为未来的气候行动奠定了基础，并为后续的国际气候协议如《巴黎协定》提供了宝贵的经验和启示。

2.3.3 《巴黎协定》

《巴黎协定》这一里程碑式的国际协议于 2015 年 12 月 12 日在法国巴黎的联合国气候变化大会上达成，并在 2016 年 11 月 4 日正式生效，标志着全球在应对气候变化问题上迈出了历史性的一步。《巴黎协定》的达成是基于对过去气候变化科学研究的广泛共识，以及对全球环境安全与经济可持续发展的深切忧虑，它凝聚了几乎全世界所有国家的共同努力。

温度控制目标：协定的核心目标是加强全球范围内对气候变化威胁的集体应对，力求在 21 世纪末将全球平均气温升幅控制在工业化前水平 2℃之内，并进一步努力限制升温至 1.5℃。这一目标旨在避免气候变化带来的最严重影响，保护自然生态系统和人类社会免受极端气候事件的频繁冲击。

国家自主贡献（Nationally Determined Contributions，NDCs）：《巴黎协定》引入了国家自主贡献的概念，要求每个签约国根据自身国情和发展水平，制定并提交减排目标及适应气候变化的国家行动计划。这些贡献需定期更新，每五年至少提交一次，旨在反映缔约方不断提升的减排决心和能力，确保全球减排努力的持续性和渐进性。

公平性与灵活性：协定体现了"共同但有区别的责任和各自能力"原则，承认发展中国家与发达国家在历史排放、经济实力和应对能力上的差异，为不同国家设定了不同的责任和期待。同时，协定鼓励并支持发展中国家通过资金、技术和能力建设等途径参与全球减排行动。

全球盘点机制：为了确保全球减排进展与目标保持一致，协定建立了全球盘点机制，每五年进行一次，评估全球整体减排进展与长期目标的符合度，以及是否需要进一步加强行动。

资金与技术支持：协定重申了发达国家对发展中国家提供资金支持的承诺，包括到 2020 年每年筹集 1000 亿美元用于支持发展中国家的减缓和适应行动，且未来将持续增加资金规模。

《巴黎协定》的达成与实施是国际社会合作应对全球性挑战的一个典范，它不仅是一个关于减排的协议，更是关于全球可持续发展路径的共同愿景，体现了全球合作的必要性和紧迫性。通过不断加强的国际合作与国内行动，协定旨在引领世界走向一个低碳、气候适应型和可持续的未来。

2.3.4 国际碳排放标准

随着全球对气候变化问题的认识加深，国际社会已经制定了一系列国际碳排放标准，用于指导组织和产品的温室气体排放量化、报告和减排工作。这些标准为各类实体提供了统一的方法学和流程，以确保数据的准确性、一致性和可靠性。以下是几个关键的国际碳排放标准。

ISO 14064 系列标准是国际标准化组织（ISO）制定的，旨在为组织提供温室气体排放和移除的量化和报告标准。该系列标准包括三个部分：ISO 14064-1 关注温室气体排放和移除的量化；ISO 14064-2 关注温室气体排放和移除的监测和报告；ISO 14064-3 提供了关于温室气体声明验证和认证的指南。这些标准适用于各种类型的组织，包括公司、政府机构和非政府组织，它们可以通过使用这些标准来改善其温室气体管理和报告工作。

ISO 14067 标准则专注于产品层面的碳足迹，提供了针对产品的碳足迹量化和报告的要求与指南。该标准帮助组织评估产品从原材料获取、生产、分销、使用到最终处置等整个生命周期内所产生的温室气体排放。通过使用 ISO 14067 标准，企业可以更好地了解其产品的环境影响，并寻找减少碳足迹的机会。

PAS 2050：2011 是由英国标准学会（BSI）发布的，用于评估商品和服务在整个生命周期内的温室气体排放。它是世界上第一个产品碳足迹标准，为希望评估其产品或服务生命周期内温室气体排放的组织提供了清晰的指导。PAS 2050：2011 标准涵盖了所有与产品相关的温室气体排放，包括原材料开采、生产、运输、使用和废弃等环节。

世界资源研究所（WRI）和世界可持续发展工商理事会（WBCSD）共同制定的产品《生命周期核算和报告标准》*Product Life Cycle Accounting and Reporting Standard* 为企业提供了产品生命周期温室气体排放核算的框架。这个标准旨在帮助企业以一种一致且透明的方式测量和报告其产品在整个生命周期中的温室气体排放。通过使用这个标准，企业可以更好地了解其产品的环境影响，并与利益相关者就其环境绩效进行沟通。

这些国际碳排放标准共同构成了一个全面的框架，用于指导组织和产品层面的温室气体排放管理。通过采用这些标准，各类实体可以更加有效地管理和减少其碳排放，为应对全球气候变化作出贡献。同时，这些标准也为消费者和其他利益相关者提供了关于产品和服务的环境影响的重要信息，促进了更加可持续的消费模式。

2.3.5　全球碳市场与碳交易体系

随着全球对气候变化问题的重视加深，碳市场作为一种经济手段，旨在通过市场机制激励减排，已在全球范围内逐渐建立并发展起来。其中，两个具有代表性的体系分别是欧盟排放交易体系（EU ETS）和国际航空碳抵消和减排计划（CORSIA）。

欧盟排放交易体系（EU ETS）：作为世界上最大的碳排放交易市场，EU ETS 自2005 年启动以来，一直是欧盟气候政策的核心组成部分。它覆盖了欧盟成员国中的多个高碳排放行业，包括电力、钢铁、水泥、炼油以及航空业等。该体系通过为纳入企业设定排放上限（即配额），并逐年减少这些配额以达到逐步减排的目的。企业如果实际排放量低于其配额，可以将剩余的排放权（碳信用）出售给其他需要超出其配额的企业，反之则需要在市场上购买额外的排放权或者面临罚款。这种灵活的市场机制鼓励企业寻找成本效益最高的减排途径，同时也为低碳技术的研发和部署提供了经济激励。截至目前，EU ETS 已经展示了其在推动碳减排和促进低碳经济转型方面的有效性，并持续进行改革以提升其减排雄心和市场稳定性。

国际航空碳抵消和减排计划（CORSIA）：由国际民航组织（ICAO）推出的COR-SIA，是首个全球性的行业特定碳市场机制，专注于解决航空业的碳排放问题。随着国际航空旅行的快速增长，其碳排放量也随之增加，对全球气候目标构成了挑战。CORSIA旨在通过自愿参与阶段（2021—2023 年）过渡到强制参与阶段（预计从 2024 年起），要求国际航班的碳排放增量部分通过购买碳抵消来实现中和。这意味着航空公司需要为其超出基线水平的碳排放购买碳信用，这些碳信用来自经认证的减排项目，如可再生能源、森林保护等。CORSIA 的实施旨在确保航空业的碳排放增长得到有效控制，同时鼓励技术进步和运营效率提升，推动航空业向更可持续的方向发展。

这两个体系以及其他正在发展中的区域和国家碳市场，共同构成了全球碳交易体系的骨架，它们不仅反映了国际社会在应对气候变化上的合作与行动，也是推动全球经济向低碳、可持续发展转型的重要推手。随着全球减排目标的升级和碳市场的进一步整合，预期这些机制将在未来发挥更加关键的作用。

2.3.6　其他国际合作机制

除了上述国际碳排放标准外，还有许多其他的国际合作机制在全球范围内推动着应对气候变化的行动。其中，《巴厘路线图》和《联合国可持续发展目标》是两个重要的框架，它们为全球气候治理提供了长期的方向和目标。《巴厘路线图》是在 2007 年印度尼西亚巴厘岛举行的联合国气候变化大会上通过的。它为 2012 年后全球气候变化谈判设定了议程，包括长期合作行动计划。这个路线图强调了减缓、适应、技术和融资这四个支柱，以及这些方面的全球伙伴关系。它要求发达国家承担起带头减排的责任，并支持发展中国家通过技术转移和财务支持来加强其应对气候变化的能力。《巴厘路线图》还确定了未来的谈判进程，为达成一项全面的全球气候协议奠定了基础。另外，《联合国可持续发展目标》虽然不是直接的碳排放标准或协议，但其中包含与气候变化紧密相关的多个目标。这些目标反映了全球在环境、社会和经济层面的综合追求，旨在实现更加可持续和包容的发展模式。例如，SDG 7 目标是确保人人获得可负担、可靠和现代的能源服务，SDG 13 目标是采取紧急措施应对气候变化及其影响，而 SDG 12 目标则致力于确保可持续的消费和生产模式。这些目标之间相互关联，强调了在应对气候变化的同时，也要促进经济增长、社会包容和环境保护。

这些国际标准与政策框架共同构建了一个多层次、多维度的全球治理体系，旨在通过国际合作和国内行动，推动全球向低碳经济转型，应对气候变化的挑战。无论是通过制定具有法律约束力的减排目标，还是通过提供技术转移和财务支持来帮助发展中国家加强其应对能力，或是通过设定长期可持续发展目标来引导全球发展路径，这些机制都在为实现一个更加清洁、安全和繁荣的世界而努力。然而，尽管已经取得了一定的进展，但全球气候治理仍面临诸多挑战。未来，需要进一步加强国际合作与交流，共同完善和落实这些碳排放标准和政策框架，以实现全球环境的可持续发展目标。同时，也需要各国政府、企业及民间社会的积极参与和支持，以确保这些目标能够得到有效执行。

2.4　碳足迹计算方法概述

碳足迹作为衡量某个实体（个人、组织、产品、服务或活动）对气候变化影响的重要指标，其计算过程涉及对整个生命周期内直接和间接温室气体排放的量化。这些排放包括但不限于二氧化碳（CO_2）、甲烷（CH_4）、一氧化二氮（N_2O）等，通常统一转换为二氧化碳当量（CO_2e）以便比较和汇总。

2.4.1　生命周期评价（LCA）

生命周期评价是一种全面评估产品或服务从原材料采集、生产、使用到废弃处理全过程环境影响的方法。这种方法考虑了产品或服务在其整个生命周期中的所有阶段，包括提取与加工、制造、运输与分配、使用和废弃等环节。LCA 旨在通过分析这些阶段的环境排放和资源消耗，为改善产品的环境性能提供科学依据。首先在提取与加工阶段，LCA 关注原材料的开采和初步加工过程中的环境影响。这包括了对水资源、土地资源和矿产资源的开采，以及由此产生的能源消耗和排放。例如，开采铁矿石不仅会消耗大量能源，还会产生二氧化碳和其他有害气体的排放。此外，加工过程中的化学处理也可能导致水污染和土壤污染。其次是制造阶段，即产品制造过程中的能源消耗和排放。这一阶段的能源消耗通常较高，因为需要大量的电力和热能来驱动生产线上的设备。同时，制造过程中还可能产生各种废气、废水和固体废物，对环境造成负面影响。运输与分配阶段涉及产品从制造商到消费者之间的物流过程。这个过程中的排放主要来自运输工具的燃料燃烧，包括货车、火车、船舶和飞机等。不同运输方式的排放因子不同，对环境的影响也有所差异。例如，航空运输的碳排放量通常要高于海运。在使用阶段，LCA考虑了产品在使用期间的直接和间接排放。直接排放包括产品运行过程中产生的废气、废水等，而间接排放则包括为产品提供支持服务的能源消耗和排放，如供暖和供电。此外，用户在使用过程中的行为也会影响产品的环境性能，例如驾驶习惯、维护保养等。最后是废弃阶段，即产品废弃后的处理和回收过程。这个过程包括了对废弃产品的分类、拆解、回收和处置等环节。如果处理得当，废弃产品中的材料可以得到回收利用，从而减少对原材料的需求和开采。然而，如果处理不当，废弃产品可能会成为环境污染的源头，如电子垃圾中的有害物质渗漏到土壤和水源中。通过对这些阶段的详细分析，LCA能够为产品或服务的环境和可持续性提供全面的评价。它帮助生产者识别产品生命周期中的关键环节和潜在改进点，进而优化产品设计、减少资源消耗和排放、提高回收利用率等。同时，LCA也为消费者提供了关于产品环境影响的重要信息，帮助他们作出更环保的选择。

2.4.2　能源使用与排放因子法

这是一种直接且广泛应用的碳足迹计算方法，特别适用于快速估算由能源消耗引起的温室气体排放。其核心在于将实际能源使用数据与相应的排放因子相结合，以量化碳排放量。首先，需要准确记录和量化特定时间段内（如一年内）的能源消耗情况。这包括但不限于电能（kWh）、天然气（m^3）、燃油（L或t）、煤炭（t）等的使用量。对于企业或组织而言，这可能涉及审查能源账单、设备运行记录和生产日志；而对于个人或家庭，则可以通过智能电表、燃料购买记录等方式获得数据。排放因子是指每单位能源消耗所对应的二氧化碳当量排放量，它反映了能源生产和使用的碳密集度。这些因子根据不同能源类型、燃烧效率、地域特性等因素而异，通常由政府机构（如美国环境保护署EPA）、国际组织（如IPCC）或专业研究机构发布，并定期更新以反映技术进步和能源结构的变化。例如，电力的排放因子会依据发电能源（如煤炭、天然气、核能、风能等）的比例而变化。一旦获得了能源消耗量和相应的排放因子，计算碳足迹就变得相对直接。具体而言，将每种能源的消耗量乘以其排放因子，然后将所有能源的排放量相加，就能得出总碳排放量。

能源使用与排放因子法因其操作简便、所需数据容易获取而被广泛应用于初期碳足迹评估、日常监控以及快速比较不同场景下的碳排放水平。该方法既适用于单个产品、设备的微观分析，也能扩展到企业、城市乃至国家的宏观层面，只需调整相应的能源类型和范围。通过定期计算和比较，企业和组织可以直观地了解能源效率改进措施的效果，为节能减排策略的制定和优化提供数据支持。尽管能源使用与排放因子法在简单性和实用性方面表现出色，但其准确性依赖于能源消耗数据的完整性和排放因子的时效性与准确性。因此，在条件允许的情况下，结合其他评估方法（如LCA）可进一步提升碳足迹评估的全面性和准确性。

2.4.3　投入产出分析（IOA，Input-Output Analysis）法

投入产出分析法（IOA）是一种从宏观经济层面分析产品和服务生产过程的重要工具。它通过追踪经济部门之间的交易和资源流动来评估碳足迹，为我们提供了一个全面了解产品或服务在整个经济系统中所产生间接排放的视角。在应用投入产出分析法时，我们首先需要收集国家或区域的经济数据，这些数据通常以投入产出表的形式呈现。投入产出表记录了各个经济部门之间商品和服务的流动情况，包括每个部门的产出、对其他部门的投入需求以及最终消费需求等。通过这些数据，我们可以构建一个包含多个经济部门的投入产出模型，用于分析每个部门在生产过程中的资源消耗和排放情况。利用投入产出模型，我们可以估算出产品和服务在生产链中的间接排放。这些间接排放包括上游排放和下游排放。上游排放是指产品生产过程中所需的原材料、能源和其他中间投入品的生产和运输过程中产生的排放。下游排放则是指产品使用后，废弃物处理和回收过程中产生的排放。通过考虑这些间接排放，投入产出分析法能够更全面地评估产品或服务的实际碳足迹。与生命周期评价（LCA）相比，投入产出分析法在某些方面更为简便易行。LCA 需要大量的详细数据来追踪产品从原材料采集到废弃处理的整个过程，而投入产出分析法则利用现有的经济数据来估算间接排放。这使得投入产出分析法更适合于宏观层面的分析和比较，例如评估一个国家或地区的整体碳足迹，或者比较不同行业或部门的碳排放水平。然而，由于投入产出分析法依赖于现有的经济数据和统计信息，其结果可能不如 LCA 精确。经济数据往往存在一定的滞后性和局限性，可能无法完全反映最新的生产工艺和技术变化。此外，投入产出分析法通常假设每个部门的生产效率和技术是恒定的，这可能忽略了技术进步和效率提升对碳排放的影响。尽管如此，投入产出分析法仍然是一个有价值的工具，特别是在缺乏详细 LCA 数据的情况下。它可以迅速提供关于产品或服务碳足迹的初步估计，为政策制定者和企业决策者提供重要的参考信息。通过结合其他方法和工具，如 LCA 和实地调研，我们可以更加全面和准确地评估产品或服务的环境影响，为推动低碳经济转型作出更有力的贡献。

2.4.4　Kaya 碳排放恒等式

作为一个简洁而深刻的分析工具，Kaya 碳排放恒等式为理解和拆解碳排放提供了宏观层面的框架，不仅适用于国家尺度的碳排放研究，也能启发对组织、城市乃至具体活动的碳足迹进行深入的结构性分析。该恒等式揭示了碳排放与人口增长、经济发展、能源效率和能源清洁度之间的内在联系。Kaya 碳排放恒等式为政策制定者提供了清晰的指导，让他们明白通过哪些杠杆可以最有效地减少碳排放。例如，可以通过促进经济增长方式的转变（提高能效、发展低碳技术）或调整人口政策来影响碳排放水平。它促使分析者从人口控制、经济增长模式、能源效率提升和能源结构调整等多个维度综合考虑减缓气候变化的策略，而非单一维度的解决方案。尽管最初设计用于国家层面，Kaya 碳排放恒等式也能被企业、机构等组织借鉴，通过分析员工数量（类似人口）、产值（类似 GDP）、单位产值能耗和能源使用中的碳排放效率，来识别减碳潜力和制定减排战略。该恒等式简明扼要地展示了影响碳排放的关键因素，有助于公众和决策者更好地理解气候变化挑战的本质，提升环保

意识和行动意愿。

2.4.5 数据收集与验证

在进行碳足迹计算的过程中，数据的收集与验证是确保分析结果准确性和可靠性至关重要的环节。这不仅关乎计算的直接效果，也影响据此制定的减排策略的有效性和企业的环境责任展示。这一阶段要求细致且系统地整理所有相关的排放数据，包括：①能源使用数据：收集所有能源消耗记录，如电、天然气、燃油的用量账单，以及可再生能源的使用情况。②生产与运营数据：涉及原材料采购量、物料消耗、废弃物产生与处理、产品产量等，这些数据有助于评估供应链中的间接排放。③交通与物流记录：包括公司车辆的油耗、公共交通工具使用情况以及货物运输的碳排放数据，特别是在跨国供应链中尤为重要。④建筑与设施信息：建筑物能耗、制冷与供暖系统效率、照明和其他设施的能耗数据同样重要。为了提高碳足迹报告的公信力和透明度，第三方验证成为不可或缺的一环。独立的审计机构或认证机构会根据国际标准和方法论，对收集到的数据、计算过程及最终报告进行全面审核。这一步骤确保了碳足迹计算的客观性，减少了计算偏差，增加了报告在投资者、消费者和监管机构中的信任度。

综上所述，碳足迹计算虽复杂但通过系统化的数据收集与严谨的验证流程，能够确保分析的精准度和可靠性。随着信息技术的进步，如大数据分析、云计算和物联网技术的应用，数据收集变得更加高效；同时，国际标准和指导原则的不断完善，如 ISO 标准和 GHG Protocol，也为碳足迹的计算提供了更加统一和规范的框架。这些发展不仅促进了碳足迹计算的普及，也提高了其精确度，为全球减缓气候变化的行动提供了坚实的数据支持和决策依据。随着全球对可持续发展重视程度的提升，碳足迹计算将成为企业战略规划、产品设计及政策制定中不可或缺的一部分，推动社会向低碳经济转型。

2.5 民用建筑结构设计定义及原则

2.5.1 民用建筑结构设计定义

结构设计是指设计人员根据民用建筑外观、地理环境综合设计出该建筑基础、梁、板、柱等单元结构，在于可以为人们给予安全且可靠的生活空间或者活动场地，以符合人们日常生活所需。在以前的建筑结构设计中多采用二维计算机辅助等方法，且依照民用建筑结构设计的特征，把它划分为基础设计、上部结构设计两种。从结构设计流程（图 2-1）来看，除设计时需应用建筑结构工程图纸外，还可以借助比较常见的软件工具来处理，如PKPM、盈建科等软件。总之，民用建筑结构设计，不仅要从设计专业角度分析性能指标、排水、电气、工艺等要素，还需要保证该建筑具有安全性、实用性、可靠性、环保性、经济性等众多特点。

2.5.2 民用建筑结构设计原则

想要实现民用建筑结构设计的科学性及有效性，保证其使用期限，在设计前就必须遵从相关设计原则和理念，以保证设计更简单明了，预防设计的时候出现较突出的问题。下

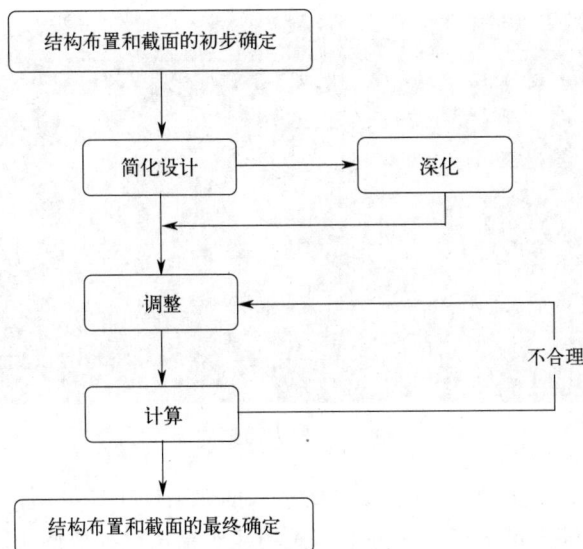

图 2-1　民用建筑结构设计流程示意图

面，列出三个最基本的设计原则。

第一，经济实用原则。选择合适的施工技术，大大减少工艺难度系数，另外要考虑经济因素方面的限制，在不影响质量的基础上尽量选取性价比最高的材料，以此节约建筑项目所花费的成本，减少投入。

第二，安全稳固原则。民用建筑主要用于人们居住和从事非生产社会活动，简单来讲，就是指为人们提供工作、学习、生活，从事各种类型活动（如经济、文化类）的居所，比如公共建筑（如写字楼、学校、医院、图书馆等）、住宅建筑（如住宅房、公寓楼、学生宿舍等）。设计时要结合先进技术分析，以保证项目建成后性能较为完善且安全可靠。在建设中，也需要考虑安全施工。

第三，美观实用原则。新时代背景下人们的思维有很大变化，居住观念也有显著改变，除居住温馨舒适外，也注重建筑物的功能性及美观性。因此设计时应结合目前市场审美潮流，保证建筑物更具有艺术美和精致感，具备审美价值。

2.5.3　民用建筑常见的结构设计

1. 结构墙（剪力墙）结构

结构墙主要是承担风荷载或地震引发的水平荷载和竖向荷载（重力）的墙体，即抗风墙、剪力墙，如图 2-2 所示。该墙具有的较显著特征就是承载力强、空间作用力好，对其进行结构设计时应保证其平面设置时间与建筑其他平面设置时间相符合。一般而言，该墙体在民用建筑中应用较广泛，考虑实际施工过程中有可能会遭受该墙体间距的影响，制约了设计时的空间布局。受到结构墙间距的影响，开间间距过大，其建筑结构的灵活性就会下降。一般在楼盖结构上剪力墙可采用钢筋混凝土平板节约空间，省掉对屋梁的设计。该墙体在住宅楼、宾馆中的运用非常广泛。

2. 框架结构

框架结构是指建筑物的梁经刚节点或铰链同柱间衔接后，构成承重体系，用以承担水

图 2-2　剪力墙结构

平作用力和竖直作用力（重力），如图 2-3 所示。框架结构布局灵巧，其承重结构、围护、分隔都彼此分离，能够满足很多工艺要求。民用建筑结构设计所使用的框架结构材料多数为钢筋混凝土及型钢。其原因是由于该类材料抗压能力强、承受能力好，梁柱间进行刚接或铰接，可以提升整体结构的防震效果、防倾移能力。该类结构常应用于多层民用建筑，且层高不高于 60m。除此之外，需要注意设计该类建筑结构时，尽量利用其平面、立面样式，协助建筑各结构受到外力的作用时都具有抗变形能力，保证分布均匀，确保民用建筑的安全性。

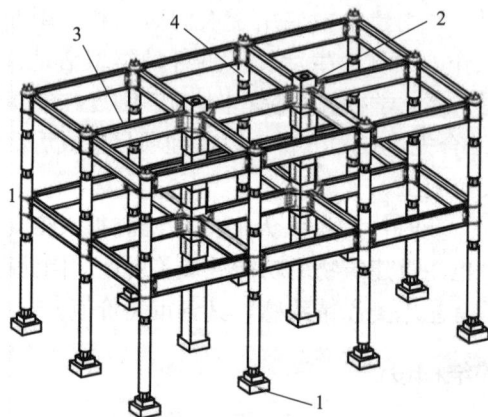

图 2-3　框架结构

1—基础；2—中心柱；3—梁；4—边柱

3. 筒体结构

筒体结构是指结构墙集中在建筑内部、外部的筒体，如图 2-4 所示。该类结构的特点就是能集中结构墙，获得比较大的自由分割空间，适用于诸多办公楼的设计。平面常选取长方形、环形、三角形等来设计。当平面选取长方形时，要尽量控制其长宽比，一般来说，长度不能超过宽度的 2 倍。外框筒密排柱柱距为 1～3m。在建筑平面的四角处，其柱子截面为 L 形或八字形，外筒边长尺寸要超过内筒的 2 倍。设计时建筑顶端加设刚性环梁，能够有效增强建筑结构的稳定性。

图 2-4　筒体结构

4. 砌体结构

砌体结构是指利用块体和砂浆浇筑而成的墙或柱，分为砖砌体、砌块砌体、石砌体等，如图 2-5 所示。在建筑工程施工中砌体大概占建筑物自重的 50%，且用工量约占 1/3，是重要的建筑材料。该类结构的优势是很容易取材、材料简单，工程施工难度系数比较小。设计时要保证工程施工方便快捷，可以有效减少工期。但是其抗震效果比较弱，使用该结构的民用建筑高度一般不超过 7 层。

图 2-5　砌体结构

参考文献

[1] 陈强. 高级计量经济学及 Stata 应用 [M]. 2 版. 北京：高等教育出版社，2014.

[2] 胡泊. 全球碳中和背景下的绿色金融发展 [J]. 国际研究参考，2021（11）：7-16.

[3] 蒋先玲. 货币金融学 [M]. 3 版. 北京：机械工业出版社，2020.

[4] 蒋先玲，徐鹤龙. 中国商业银行绿色信贷运行机制研究 [J]. 中国人口·资源与环境，2016，26（S1）：490-492.

［5］ 李冰倩．我国绿色金融发展探究［J］．合作经济与科技，2022（2）：70-71.

［6］ 刘丽靓．发改委：先立后破有序推进能源结构调整优化［N］．中国证券报，2021-12-14（A01）．

［7］ 孙兰生．践行新发展理念服务绿色发展战略［J］．中国金融，2021（02）：27-29.

［8］ 杨林京，廖志高．绿色金融、结构调整和碳排放——基于有调节的中介效应检验［J］．金融与经济，2021（12）：31-39.

［9］ 中国人民银行张家口市中心支行课题组，黄立忠．"双碳"目标下金融支持能源结构转型的国际经验及启示［J］．河北金融，2021（10）：21-22.

第3章 >>>
民用建筑设计阶段的碳排放分析

随着全球气温的上升，海平面也在上升，由此温室气体的排放问题成为人们关注的焦点。特别是最近几十年以来，温室气体的过度排放导致了全球范围内的气候变暖，进而导致荒漠化、咸碱化现象的不断出现。

两级冰川溶解导致的海平面上升和全球的平均气温的上升等大量的环境问题日益凸显出来。就目前而言，在追求高速发展热潮退却后，人们已经明白环境才是当前和子孙后代赖以生存的基础。政府间的合作与专家的研究课题等都是在围绕如何稳定气候、和谐环境展开的。全球气候问题的不断恶化带来的后果，能够危害每个国家和每个地球人，这也成为新形势下所有人类需要共同面对的严峻挑战。发达国家作为二氧化碳排放量的最大"贡献者"和最大的受益者，理应在减少二氧化碳排放量上兑现自己的减排承诺。同样，作为发展中国家，也要在全球节能减排、降低碳排放上发挥积极作用。发展中国家在经济高速发展、城市化水平不断推进的同时，也贡献了大量的碳排放数值。根据联合国全球气候研究委员会的研究结果，发展中国家，特别是处在工业高速发展时期的国家，其燃烧化石燃料排放的二氧化碳量巨大，甚至达到或者超过世界总量的一半。特别是大型城市，容纳了众多人口，是人类活动导致碳排放的主要源头，大大超过了其他因素产生的碳排放量。显而易见，城市化的发展与碳排放之间存在着联系。中国是全球第二大经济体，经济活动十分频繁和活跃，由此产生的二氧化碳排放量也是巨大的，面对国际紧张的碳排放政策，中国面临来自世界的压力，走节能减排、低碳发展的道路，已经刻不容缓了。

2020 年，我国城镇常住人口 84843 万人，城镇人口占总人口的比重为 60.60%，1978年我国城镇化率只有 17.92%。经过四十多年的改革开放，中国的城镇化进程取得了长足的进步。然而凡事都有利有弊，城镇化一方面极大地推动了经济社会的发展，使人民生活水平迈上了一个新台阶；另一方面随着城镇化的快速发展，一些环境问题也随之而生，如大气污染、水污染、土地污染、生态破坏、生物多样性减少、全球变暖等。其中，由于温室气体排放导致的全球气候变暖问题，是目前人类追求可持续发展道路上最受关注、亟待解决的难题。温室气体是能够吸收和反射红外线辐射的气体，而人类社会向大气中排放最多的便是二氧化碳。化石燃料的燃烧是产生二氧化碳排放的主要源头。交通运输是社会发展的血脉，我国交通运输领域碳排放占社会总碳排放的比重达 15%，已经成为能源消耗与温室气体排放增长最为迅速的领域。城镇化的演变以及居民私人汽车拥有量的增长，导致了交通碳排放的急剧增长。然而令人担忧的是在全球谋求节能减排之路的时候，交通运输领域的碳排放却在与日俱增。目前已经有许多学者的研究都在探讨交通碳排放与城镇化之间的关系，但关于城镇化对交通碳排放的影响机制的认识非常有限。

碳排放与人类活动息息相关，而在交通运输领域，主要通过交通碳排放的总量和交通碳排放的强度两个方面影响碳排放水平。交通运输领域的碳排放主要源于交通运输工具的使用，因此影响交通碳排放水平的两个方面反映在交通运输方式上，就是交通运输的规模和交通工具的单位碳排放强度。主要的交通运输方式有公路、铁路、航空、航海、管道等。其中交通运输领域碳排放量的 80% 来自道路车辆，航运和轨道交通运输的碳排放量占比有限。影响交通运输规模的因素有车辆保有量、公路里程、铁路里程、航运里程、客货运规模和周转量、运输距离等。

城镇化其中最重要的一方面就是劳动力的转移。随着人口不断从农村向城镇迁移聚集，人口逐渐从农业向第二、三产业转移，产业结构也会随之发生改变。由于第二、三产业的能源消耗远高于第一产业，所以产业结构的变动势必会引起运输结构的变化，从而对交通碳排放产生影响。运输结构是指不同交通运输方式分担的交通运输周转总量的比例。在城市化快速发展阶段，运输结构会随着经济发展和产业结构的变动发生改变。一方面，第二、三产业的发展对交通运输的需求，特别是大宗货物的运输会带动铁路和水路的发展，从而使运输结构发生改变。水路和铁路的能源消耗强度最小，分别为 0.0540t 标准煤/万吨公里和 0.0995t 标准煤/万吨公里；道路运输其次，为 0.5959t 标准煤/万吨公里，道路交通运输能源消耗强度几乎是铁路运输的 6 倍；而航空运输的能源消耗强度高达 6.5069t 标准煤/万吨公里，是铁路运输能源消耗强度的 65 倍之多。因此运输结构的优化会极大地减少交通能源消费。另一方面，随着农村人口不断向城镇转移，从事第一产业的劳动力数量减少，会导致农副产品生产者与消费者之间的比例下降，会造成农副产品供应的相对短缺。加之城乡之间运输距离的存在，势必会增加农副产品的进出口及其引发的相关物流活动。城市化过程中产业结构的变动会引起交通能源消费结构的变动。能源消费结构则是指交通运输业中不同类型的能源消耗所占的比重。不同的燃料拥有不同的碳排放因子，即产生单位能量所需要排放的二氧化碳量不同。就铁路运输而言，最早出现的火车依靠燃烧煤炭来提供动力，而随着经济社会的发展和技术的进步，火车主要依靠柴油机和电动机进行牵引，其主要燃料为石油和电力。随着电力机车头在轨道交通领域的大规模应用，以及天然气和电力在道路交通领域广泛应用，能源消费结构得以优化，降低了能源消耗强度，减少了交通碳排放。

目前，为了减少碳排放量，可以做一些力所能及的工作。一是建设道路交通和轨道交通综合运输体系，充分发挥各种交通运输方式的优势。发挥铁路运输的效用，调整货运客运结构。二是优化城市道路运输运力结构，大力发展智能化现代物流产业，向大型化、专业化方向发展，走信息化和智能化道路，强化道路货物运输组织管理，降低车辆空驶率。三是加强城市交通基础设施建设，综合完善城市交通网络。以坚持节能和节约优先为原则，将节能减排理念带入交通设计之中，大力提升城市交通通达度，提高城市道路运行效能，从而减少不必要的排放。四是推广新能源技术和产品，在公共交通领域推行全面的电动化，鼓励和引导居民购买和使用新能源交通产品。改变对化石燃料的依赖度，逐步改变交通运输部门的能源消费结构。从党的十八大会议以来，我们国家就将生态文明建设纳入基本国策，在 2020 年"两会"上，国家还提出了"两位一体"的格局战略。让我们携手共进，保护美丽家园。

3.1　设计理念与碳排放

在民用建筑设计的初步阶段，设计理念的选取对整个建筑生命周期的碳排放具有深远的影响。此阶段的决策不仅是美学和功能的考量，更是对建筑能效、材料选择、施工方法、运营维护乃至拆除回收等全链条环境影响的预先规划。以下是几种关键设计理念及其对减少碳排放的潜在影响分析。

3.1.1　绿色设计

绿色设计，也称为可持续设计，是一种在建筑设计和开发过程中融入生态原则的方法，旨在减少对自然资源的消耗和环境的负面影响。这种方法强调整体性和系统性的思考，考虑建筑在其整个生命周期中对环境的影响。绿色设计的核心理念是通过优化能源效率、选择低环境影响的材料、考虑自然采光与通风、雨水收集与循环利用系统等措施，从源头上减少建筑的碳足迹。在绿色设计中，能源效率是一个重要的考量因素。设计师通过采用高性能隔热材料、高效的供暖和冷却系统，以及利用可再生能源，如太阳能和风能来减少建筑的能源需求。这些措施不仅可以降低建筑的运营成本，还可以减少温室气体的排放。选择合适的建筑材料也是绿色设计的关键。设计师优先考虑本地或再生材料，以降低运输和生产过程中的碳排放。本地材料可以减少运输距离和相关的能源消耗，而再生材料则可以充分利用现有资源，减少对新材料的需求。此外，绿色建筑还倾向于使用具有环保认证的材料，如森林管理委员会（FSC）认证的木材，以确保材料的可持续来源。自然采光和通风是绿色设计中的另外两个重要元素。通过优化建筑的朝向和窗户设计，可以最大限度地利用自然光，减少人工照明的需求。同时，良好的通风设计可以提高室内空气质量，减少对机械通风的依赖。这些措施不仅有助于提高居住者的舒适度和健康水平，还可以进一步降低能源消耗。雨水收集与循环利用系统也是绿色设计中常见的做法。通过收集屋顶和场地的雨水，并将其用于灌溉和冲厕等非饮用目的，可以有效减少对地下水和市政供水的依赖。这不仅有助于节约水资源，还可以减少雨水径流对城市排水系统的压力，降低洪水风险。总之，绿色设计是一种综合性的方法，它强调在建筑设计和运营过程中考虑环境影响，并采取相应的措施来减少资源消耗和碳排放。通过优化能源效率、选择低环境影响的材料、考虑自然采光与通风，以及雨水收集与循环利用系统等措施，绿色设计旨在创造一个健康、舒适、可持续的居住和工作环境。这种方法不仅有助于应对气候变化挑战，还为建筑行业的可持续发展提供了有力的支持。

3.1.2 被动式设计

被动式设计是一种先进的设计理念，其核心在于最大化利用自然界中的可再生能源，如太阳光、风力、地形及地热等，来创造和维持建筑内部的舒适环境，同时最小化对传统机械加热、冷却和照明系统的依赖。这种设计哲学不仅提升了居住和工作的舒适度，更重要的是，通过减少能源消耗，显著降低了建筑物的碳足迹，对缓解全球气候变化起到了积极作用。以下是关于被动式设计几个关键策略的详细阐述。

(1) 建筑朝向与布局：合理安排建筑朝向，使主要的生活或工作空间面向冬季阳光充足的方向，以充分利用自然光照和被动太阳能增温，而在夏季则通过遮阳设计减少过热。此外，建筑布局还应考虑当地的风向，促进自然通风，减少对空调的需求。

(2) 建筑形态与体积：通过优化建筑的形状、高度和体积，可以改善自然采光和通风条件。例如，长而窄的平面布局有助于穿堂风的形成，而适当的屋顶倾斜角度和高度则有助于阳光的采集和热空气的排出。

(3) 高效遮阳系统：设计合理的外部遮阳装置，如水平遮阳板、植被遮蔽、可调节百叶窗等，可以在不阻挡自然光线的同时，有效阻挡夏季强烈的直射阳光，减少室内过热，降低制冷负荷。

(4) 自然通风策略：利用烟囱效应、风压和热压原理，通过建筑开口的合理布置促进空气自然流通，带走室内的热量和湿气，提供新鲜空气。此外，可设置风道、通风塔等设施，增强建筑的自然通风效能。

(5) 建筑热质量的利用：利用厚重墙体、地板和天花板等建筑元素的热容量来吸收、储存和释放热量。在白天吸收太阳能热量，夜间缓慢释放，有助于调节室内温度波动，减少空调使用。

(6) 高性能围护结构：采用高绝缘性能的墙体、屋顶和窗户材料，减少热传导和热辐射，提高建筑的保温隔热性能，有效隔绝外界恶劣气候对室内环境的影响，降低能耗。

通过上述被动式设计策略的综合应用，建筑物能够在很大程度上实现能源的自给自足，不仅大幅度降低运行能耗和相关碳排放，还提升了居住者的健康和福祉，是迈向可持续建筑发展的重要途径。随着技术进步和设计创新，被动式设计的理念和实践正在全球范围内得到更广泛地推广和应用。

3.1.3 模块化与可装配设计

模块化与可装配设计是现代建筑行业中的创新概念，它们通过标准化部件和现场组装的方式，显著减少了施工过程中的浪费和能源消耗。这种设计方式不仅提高了建造效率，降低了现场施工的碳排放，而且便于未来建筑的拆卸和材料再利用，从而减少了建筑生命周期结束时的环境负担。模块化设计的核心理念是将建筑分解成多个独立的模块或部件，这些模块在工厂环境中进行预制和组装，然后将它们运输到施工现场进行快速安装。这种方法具有多个优势。首先，工厂化生产可以实现更高的质量控制标准，这是因为生产过程不受天气和其他现场条件的影响。其次，预制模块的使用减少了现场施工所需的时间和劳动力，从而提高了整体施工效率。此外，模块化设计还允许多个模块同时在不同的地点进行制造，进一步缩短了建筑项目的总工期。可装配设计则侧重于建筑元素的可拆卸性和可重复使用性。这种设计理念鼓励使用易于拆卸和重新组装的连接件和结构系统，使得建筑在未来需要改造或拆除时更加容易。可装配设计不仅有助于建筑的灵活布局和功能的多样化，还可以在建筑生命周期结束时实现材料的高效回收和再利用。例如，使用可拆卸的地板系统和墙体结构可以在建筑需要翻新或扩建时轻松更换或回收，而不需要浪费大量的建筑材料。模块化和可装配设计的另一个重要优点是它们对环境的影响较小。由于模块是在工厂中预制的，现场施工活动减少，所以产生的噪声、灰尘和废物也相应减少。此外，预制模块的运输通常比传统建筑材料更高效，因为模块可以在工厂中进行优化打包，减少运输过程中的空间浪费。最后，当建筑到达其生命周期终点时，模块化和可装配设计使得建筑拆解变得更加容易，有助于回收更多的建筑材料，减少填埋场的压力。然而，模块化和可装配设计也面临一些挑战。首先，初期投资成本可能会高于传统建筑方法，因为需要专业的设计和制造团队来创建和实施这些复杂的系统。其次，市场接受度可能是一个障碍，因为许多建筑师、开发商和消费者可能对这种相对较新的概念还不够熟悉。最后，模块化和可装配设计可能需要特定的规范和标准来确保结构的安全性和耐久性。尽管如此，随着可持续建筑需求的增加和技术的进步，模块化和可装配设计在建筑行业的应用前景看起来非常光明。这些设计策略不仅有助于减少建筑对环境的影响，还可以提高建筑的经济价值和社会效益。通过进一步的研究、开发和推广，模块化和可装配设计有望成为推动建筑行业向更加绿色和可持续未来发展的重要力量。

3.1.4 集成可再生能源技术

集成可再生能源技术于建筑设计之中，标志着现代建筑领域在追求可持续发展和环境保护方面的一大飞跃。这种集成不仅限于传统的太阳能光伏板安装，还涵盖了风能、地热能、生物质能等多种可再生能源的创新应用，旨在最大限度地减少建筑物对非可再生资源的依赖，显著削减其在整个生命周期中的碳足迹，并可能实现能源的自给自足乃至盈余，推动建筑向净零能耗或正能源（能源产出大于消耗）目标迈进。

太阳能光伏系统集成：通过将太阳能光伏板巧妙地融入屋顶、外墙或遮阳结构中，不仅为建筑提供了清洁的电力来源，还可能实现电力的自发自用与余电上网。随着光伏技术的进步，如半透明光伏玻璃、柔性光伏膜等新型材料的出现，使得光伏组件更加多样化，更加贴合建筑美学需求。

风能利用：在适宜的地理位置，如沿海地区或高层建筑顶部，集成小型风力发电机可以捕捉风能转化为电能，补充或配合太阳能系统使用，尤其是在日照不足的季节或时段，增强能源供应的稳定性和可靠性。

地热能系统：利用地表下恒定的温度进行供暖和制冷，通过地源热泵系统循环水或制冷剂，实现高效能的能源转换。这种技术尤其适用于需要大量热能或冷量的大型建筑，如商业综合体、学校和医院，能显著降低传统空调系统的能耗。

生物质能及其他创新应用：在某些情况下，可将生物质燃料（如农作物残余、木材废料）用于供暖或发电，尤其是对于有足够空间处理生物质并将其转化为能源的大型设施。此外，还有利用雨水收集、太阳能热水系统、绿色屋顶等其他可持续技术的集成，共同构建一个多元化的可再生能源体系。

良好的系统设计是实现这些可再生能源高效利用的关键，要求在建筑规划之初就将能源需求分析、系统选型、安装位置与建筑美学紧密结合，采用智能化控制系统进行能源管理和优化，确保系统运行的高效协同。通过综合设计，可再生能源集成不仅能够为建筑带来环境和经济效益，也是对未来低碳生活方式的一种积极示范，推动建筑行业向更加绿色、可持续的方向发展。

3.1.5　适应性与灵活性

在当今社会，随着科技的快速发展和人口结构的变化，建筑的使用需求也在不断演变。因此，设计具有适应性和灵活性的建筑变得尤为重要。这种设计理念意味着建筑可以随着使用需求的变化而调整，避免因功能过时而提前拆除重建，从而减少资源的重复消耗和碳排放。灵活的空间布局、可变的隔断系统和可升级的基础设施是实现这一目标的关键。灵活的空间布局是适应性设计的基础。通过打破传统的固定空间划分，采用开放式或半开放式的布局，建筑可以为不同的使用场景提供多种可能性。例如，一个多层通高的大厅可以根据需要临时搭建舞台进行表演；一个宽敞的无柱空间可以灵活划分为多个会议室或展览区。这种灵活性不仅满足了建筑的多功能需求，还延长了其使用寿命，减少了因功能改变而导致的拆除和重建。可变的隔断系统是实现空间灵活性的重要手段。与传统的固定墙体不同，可变的隔断系统可以根据需要进行移动、折叠或旋转，以快速调整空间的大小和形状。这些隔断系统可以采用轻质材料制成，如铝合金、玻璃或木材等，既美观又实用。此外，一些隔断系统还集成了隔声、隔热和照明功能，提高了空间的舒适度和使用效率。通过使用可变的隔断系统，建筑可以根据不同的活动或租户需求进行快速改造，避免了长期占用单一功能所带来的资源浪费。可升级的基础设施是保证建筑长期适应性的另一关键因素。随着科技的进步，建筑内的设备和系统需要不断更新以适应新的使用要求。因此，设计时应考虑设备的易于维护和升级。例如，采用模块化的空调系统可以方便地更换或增加新的模块，以适应更大的空间或更高的能效标准；使用开放式的布线系统可以简化电线的管理和升级；选择通用的接口和标准化的组件可以确保设备的兼容性和互换性。通过这些可升级的设计策略，建筑可以适应未来的技术发展，减少因设备过时而频繁更换所带来的资源消耗和环境影响。然而，实现建筑的适应性和灵活性需要多学科的合作和创新思维。建筑师、工程师、设计师和客户需要共同探讨未来的需求趋势，预测可能的功能变化，并在设计初期就考虑这些因素。此外，政策制定者和城市规划者也应支持适应性设计的发展，通过制定相应的规范和激励措施来鼓励建筑行业的创新和可持续发展。总之，适应性和灵活性是现代建筑设计的重要原则之一。通过灵活的空间布局、可变的隔断系统和可升级的基础设施，建筑可以更好地适应不断变化的使用需求，减少资源的重复消耗和碳排放。这不仅有助于提高建筑的经济价值和使用效益，还有助于推动建筑行业向更加绿色和可持续的未来发展。

3.1.6　生命周期评价

在民用建筑设计的早期阶段，生命周期评价（LCA）是实现全面可持续设计的关键步骤。LCA 是一种系统性的方法，旨在评估产品或建筑物从"摇篮到坟墓"（从原材料提取、加工、制造、运输、使用、维护直至最终的处置或回收）整个生命周期中的环境影响。通过在设计初期就 LCA，利用评估设计师和决策者能够基于科学数据作出更加环保的选择，不仅聚焦于减少施工和运营阶段的碳排放，而且全面考虑材料的获取、加工，建筑的维护、翻新及最终拆除的所有环节，以实现总体碳足迹的最小化。

材料选择的环境影响评估：LCA 帮助设计师评估不同建材的环境影响，包括开采、加工、运输过程中产生的碳排放、水资源消耗，以及对生态系统的潜在破坏。优先选择可再生、回收或低碳足迹的材料，如竹材、再生钢材、低环境影响混凝土等，可以显著降低材料阶段的环境负担。

构造过程的优化：通过 LCA 分析，可以识别出施工过程中能源和资源消耗的热点，比如优化施工方法、减少废料、使用低碳运输方式等，以降低建造过程的碳排放和环境影响。

运营能效评估：设计阶段考虑建筑的能效性能，包括建筑围护结构的热性能、高效的暖通空调系统、智能建筑管理系统等，这些都对降低运营阶段的能耗和碳排放至关重要。LCA 有助于量化这些设计选择的长期环境效益。

维护与翻新策略：考虑建筑在其使用周期中的维护和可能的翻新需求，LCA 帮助选择耐用、易维护的材料和设计，减少维护过程中的资源消耗和环境影响。

拆除与回收：设计时考虑建筑未来的可拆卸性和材料的回收再利用潜力，确保在建筑生命周期结束时，其组成部分能最大限度地被回收利用，而不是成为废弃物填埋或焚烧。

通过在设计初期就综合考虑这些全生命周期的因素，并利用量化分析工具对比不同设计方案的环境影响，设计师能够识别和优先采纳那些在全生命周期内碳排放最低、资源利用最高效的设计方案。这样的前瞻性设计不仅响应了全球对减缓气候变化的迫切需求，也为建筑项目带来了长期的经济和环境价值，推动建筑业向真正的可持续发展方向迈进。

民用建筑设计阶段的理念选择直接关系着建筑的碳排放表现。这一论断强调了设计决策在建筑生命周期中的重要性。建筑的设计不仅决定了其外观和功能，还影响着建筑的环境影响和能效表现。因此，采纳一系列先进的设计理念，如绿色、可持续、被动式、模块化、适应性强以及集成可再生能源等，对于打造低碳、环保的建筑至关重要。绿色设计理念鼓励建筑师使用环保材料和建造方法，以减少建筑对自然资源的消耗和对环境的破坏。例如，通过选择具有高能效比的设备和材料，建筑可以显著降低能耗，支持循环经济的发展。可持续设计理念则更加注重建筑的长期运营效率。通过优化建筑的能源系统、水系统和废弃物管理，建筑可以在使用过程中最小化对环境的影响。这包括利用高效的供暖和冷却系统、采用雨水收集和再利用技术，以及实现废物的减量化和资源化。被动式设计理念则通过建筑设计本身来减少能源需求。这种设计策略利用自然条件，如阳光、风向和地质条件，来实现建筑的供暖、冷却和照明需求。例如，合理定位窗户和门以促进自然通风，或者使用高性能的隔热材料来保持室内温度的稳定。模块化设计理念通过工厂预制和现场组装的方式来提高建筑的施工效率。这种方法不仅减少了施工现场的浪费和排放，还缩短了工期，从而降低了整体的碳排放。此外，模块化建筑的灵活性也使得未来的改造和扩建变得更加容易和经济。适应性强的设计意味着建筑可以随着用户需求的变化而轻松调整。通过灵活的空间布局和可变的功能设置，建筑可以在不同的使用阶段保持其相关性，避免了因功能过时而导致的拆除和重建。这不仅节约了资源，还减少了与建筑拆除相关的碳排放。最后，集成可再生能源的设计理念鼓励在建筑中安装太阳能光伏板、风力发电设备或其他可再生能源系统，以实现能源的自给自足。通过这些系统，建筑可以生成清洁能源，减少对化石燃料的依赖，并降低与能源使用相关的碳排放。在设计之初生命周期评估是实现上述设计理念的关键步骤。通过这种评估，设计师可以了解建筑在不同阶段的环境负担，并据此作出更加明智的设计决策。从根本上降低建筑的环境影响，推动建筑业向更加低碳、环保的方向发展，不仅需要设计师的创新和努力，还需要政策制定者、建筑材料供应商、施工单位以及最终用户的支持和参与。只有通过全社会的共同努力，才能实现建筑行业的可持续发展目标。

3.2 材料选择的环境影响

在民用建筑设计阶段，材料选择是影响整个建筑生命周期碳排放的关键因素之一。材料的生产、加工、运输、安装、使用以及最终的处理和回收过程都会产生不同程度的环境影响，尤其是碳排放。以下几点概述了材料选择对环境影响的几个主要方面。

3.2.1 生产阶段的碳排放

建筑材料的生产过程，作为其生命周期中的首环，对环境造成的影响尤为显著，其中碳排放是衡量其环境足迹的关键指标之一。在众多建筑材料中，水泥和钢铁的生产尤其突出，它们不仅是建筑行业中不可或缺的基础材料，也是全球碳排放的"大户"。理解并减少这些材料生产阶段的碳排放，对于推动建筑业向低碳转型至关重要。

1. 水泥生产的碳排放

水泥生产是全球二氧化碳排放的主要来源之一，其排放量约占全球人为二氧化碳排放总量的7%。水泥的生产过程主要包括石灰石的高温煅烧，这一过程中发生化学反应，释放出大量的二氧化碳。石灰石（碳酸钙）在高温下分解成氧化钙（石灰）和二氧化碳，这一过程称为碳酸化反应，其直接排放占据了水泥生产碳足迹的大部分。此外，用于燃料的燃烧也是碳排放的一个来源，尽管随着技术进步和能效提升，这一部分的碳排放正在逐步减少。

2. 钢铁生产的碳排放

钢铁，作为建筑结构和基础设施建设的核心材料，其生产过程同样伴随着大量碳排放。钢铁生产主要通过高炉和电炉两种工艺，无论哪种方式，都需要大量能源输入。在高炉生产中，焦炭作为还原剂和能源，与铁矿石反应产生铁和二氧化碳，这一过程中碳排放显著。尽管电炉炼钢能使用更多的可再生能源电力，减少对化石燃料的依赖，但其原料——废钢的供应受限，且电炉本身耗电量巨大，间接碳排放也不容忽视。面对上述挑战，建筑业正积极探索和采用低碳材料及生产技术，以减少生产阶段的碳足迹。

（1）替代水泥的环保混凝土添加剂：研发和应用诸如粉煤灰、矿渣、硅灰等工业副产品作为水泥的部分替代物，可以显著减少水泥的使用量，进而降低生产过程中的碳排放。这些添加剂不仅减少了石灰石的消耗，同时为工业废弃物找到了有价值的再利用途径。

（2）再生钢材的利用：相比原生钢铁生产，利用废旧钢材生产再生钢材能大幅度减少能源消耗和碳排放。再生钢材的生产过程避免了采矿、熔炼等高能耗步骤，其碳足迹可减少75%。推广和优化再生钢材的收集、分类和加工体系，对于扩大其应用范围至关重要。

（3）生物基与自然材料的开发：探索使用竹子、麻纤维、木屑板等生物基或自然材料作为建筑材料，这些材料生长周期短，吸收二氧化碳能力强，且在生产过程中排放较少。通过技术创新提升这些材料的强度和耐久性，使其在更多建筑应用场景中替代传统高碳材料。

（4）生产工艺的革新：在水泥和钢铁行业内部，也在探索更为环保的生产技术，如碳捕获和封存（CCS）技术，直接从生产过程中捕获二氧化碳并长期储存，避免其进入大气。此外，氢基炼钢技术的研究也在推进中，使用氢气代替焦炭作为还原剂，理论上可以实现接近零碳排放的钢铁生产。

生产阶段的碳排放管理是建筑材料生命周期评估中的首要任务，对实现建筑行业的可持续发展目标，具有根本性的影响。通过选择低碳材料、技术创新、生产工艺的革新以及循环利用策略，建筑业正在逐步减少对高碳材料的依赖，向更加环保、可持续的未来迈进。然而，这需要政策的支持、市场的引导、科技的突破以及社会各界的广泛参与，形成合力，共同推动建筑业的绿色转型，为全球气候变化应对贡献力量。

3.2.2 运输距离与物流

在建筑设计和施工过程中，材料的运输是一个不可忽视的环节，它直接影响着建筑项目的碳排放水平。随着全球对环境保护和可持续发展的日益重视，如何降低物流过程中的环境影响成为一个亟待解决的问题。在这方面，材料的运输距离作为一个重要的考量因素，其重要性不容忽视。长距离运输的材料往往意味着更高的燃料消耗和相应的碳排放。卡车、火车、船舶和飞机等运输工具在运输过程中燃烧大量的化石燃料，释放出大量的二氧化碳和其他温室气体。这些排放对全球气候变化有着显著的影响，因此减少运输距离成为降低碳排放的有效途径之一。选择当地或附近地区生产的材料，即所谓的"本地采购"，可以显著减少运输过程中的碳排放。本地采购不仅缩短了运输距离，还减少了运输环节，从而降低了燃料消耗和碳排放。此外，本地采购还有助于支持当地经济，促进社区的可持续发展。然而，本地采购并非总是可行的选项。在某些情况下，所需的材料可能无法在当地或附近地区找到，或者当地生产的材料质量、性能或成本无法满足项目需求。在这些情况下，设计师和施工团队需要更加谨慎地考虑材料的产地和物流效率，以最大限度地减少环境影响。一种策略是通过优化物流规划来提高运输效率。这包括合理规划运输路线、选择合适的运输方式、提高装载效率以及减少空驶和返程空载的情况。通过这些措施，可以降低每吨材料的运输成本和碳排放。另一种策略是选择低碳或无碳的运输方式。例如，使用铁路运输代替公路运输可以减少约 40% 的碳排放，因为铁路系统的能效更高，单位重量的货物运输所需的能源更少。同样，海运虽然速度较慢，但其能效也相对较高，适合长途运输重货。在设计时考虑材料的产地与物流效率是实现环境友好的一种策略。建筑师和工程师可以在设计阶段就与供应商沟通，了解不同材料的产地信息和运输方式，并根据项目的具体情况作出合理的材料选择。此外，他们还可以通过设计来优化材料的使用，减少浪费和余料，从而进一步降低运输和材料成本。为了实现这一目标，建筑行业需要加强合作与信息共享。政府和行业协会可以制定相应的政策和标准来鼓励本地采购和绿色物流实践。教育机构可以加强相关领域的研究和教育，培养具有环保意识和技能的设计师和工程师。而企业则需要承担起社会责任，积极参与绿色供应链的建设和管理。

3.2.3 使用阶段的能效

在建筑的整个生命周期中，使用阶段是最长且对环境影响最大的阶段。因此，提高建筑在使用过程中的能效，对于降低运营成本和减少碳排放至关重要。材料的选择在这一过程中扮演着关键角色，因为某些材料的特性可以直接影响建筑的能效。高效的保温材料是提高建筑能效的重要手段之一。这些材料能够有效地阻止热量的传递，从而保持室内温度的稳定。在寒冷的气候中，保温材料可以减少室内热量的流失，降低供暖系统的能耗；而在炎热的气候中，它们则可以防止外部热量的侵入，减轻空调系统的负担。常见的保温材料包括玻璃棉、岩棉、聚苯乙烯泡沫塑料等。这些材料的热导率低，意味着它们具有良好的保温性能。具有高反射率的屋顶材料也是提高建筑能效的有效选择。这些材料能够反射大部分的太阳辐射，而不是吸收它们。这样可以减少屋顶表面的温度升高，进而降低屋顶向室内传递的热量。在夏季高温时期，这有助于降低室内温度，减少空调系统的运行时间和强度。高反射率的屋顶材料包括一些特殊的涂料和薄膜，它们通常含有金属颗粒或其他反射性颜料。透光性能良好的窗户材料对于提高建筑能效同样至关重要。这些材料可以在保证充足自然采光的同时，减少热量的流失或增益。例如，低辐射镀膜玻璃（Low-E 玻璃）就是一种高效的窗户材料，它通过在玻璃表面镀上一层微小的金属或金属氧化物膜来降低热量的传递。这种玻璃不仅可以减少冬季室内热量的流失，还可以阻挡夏季外部热量的进入。此外，某些窗户材料还具有调节透光性的功能，可以根据室内外温差自动调整光线的透过率，从而进一步提高能效。除了上述几种材料外，还有许多其他材料和技术可以帮助提高建筑的使用阶段能效。例如，相变材料可以利用其在不同温度下发生固液相变的特性来储存和释放热量；绿色屋顶和墙体可以利用植物的蒸发作用来降低建筑表面的温度；智能控制系统可以基于室内外环境参数自动调节供暖、冷却和照明系统的运行状态。为了实现建筑的高能效目标，设计师需要在选择材料时充分考虑其热学性能、光学性能以及与建筑其他部分的协同效应。同时，施工团队也需要确保这些材料的正确安装和使用，以避免任何可能影响其性能的因素。政策制定者则可以通过制定相关的标准和规范来推动高效材料的应用和发展。总之，通过合理选择和使用高效材料，可以显著提高建筑在使用阶段的能效，从而降低运营成本和碳排放。这不仅有助于应对全球气候变化挑战，还为建筑行业的可持续发展提供了有力支持。

3.2.4 终端处理与循环利用

在建筑设计和施工过程中，考虑建筑材料的可回收性和再利用性对于减小环境影响至关重要。选择易于回收或可以生物降解的材料，以及在设计时考虑材料的可拆卸性，可以促进材料的循环使用，减少建筑拆除和废弃物处理的环境负担。这种做法不仅有助于实现建筑的环境可持续性，还符合绿色建筑和循环经济的原则。木质材料作为一种传统的建筑材料，具有许多独特的优势。它是由天然生长的树木加工而成，因此在提取和使用过程中对环境的破坏相对较小。此外，木材是一种可再生资源，通过合理的森林管理和采伐实践，可以保证其供应的持续性。最重要的是木材具有良好的环境可持续性。与许多不可降解的合成材料相比，木材在废弃后可以通过自然过程分解，返回到土壤中，形成一个闭环的生态系统。除了木质材料，还有许多其他材料也具有良好的可回收性和再利用性。例如，金属如钢和铝在建筑中广泛使用，它们可以被无限次地回收而不会失去其性能。回收的金属不仅可以减少对原材料的需求，还可以节省能源的使用和减少温室气体排放。同样，玻璃也是一种可回收的材料，通过回收和再利用玻璃，可以减少新玻璃生产的能源消耗和相关的环境影响。为了促进材料的循环使用，设计师需要在设计阶段就考虑材料的可拆卸性。这意味着建筑应该设计成可以方便地拆卸和分离各个组成部分，以便于在未来进行回收和再利用。例如，使用可拆卸的螺栓连接代替焊接，或者采用模块化的设计，使得建筑的各个部分可以在不需要时轻松移除和替换。这种设计方法不仅有助于未来的材料回收，还可以在建筑需要改造或扩建时提供更大的灵活性。在建筑拆除和废弃物处理过程中，还需要采取适当的措施来减少环境负担。这包括对建筑废料进行分类和分离，以便不同的材料可以进行有效的回收或处理。例如，将混凝土、砖块和金属等材料分开处理，可以避免这些材料混合在一起而变得难以回收。此外，对于有害的建筑材料，如含有石棉或重金属的材料，需要特别小心地进行处置，以防止对环境和人体健康的危害。总之，通过选择易于回收或可以生物降解的材料，以及在设计时考虑材料的可拆卸性，可以促进建筑材料的循环使用，减少建筑拆除和废弃物处理的环境负担。这种做法不仅有助于实现建筑环境可持续性目标，还为推动绿色建筑和循环经济的发展作出了积极贡献。

3.2.5 环保标准与认证体系

在民用建筑设计与材料选择中，遵循一系列国际公认的环保标准和认证体系是确保建筑项目环境友好性、减少其环境影响的有效途径。这些标准不仅为建筑材料的环保性能设定了明确指标，还促进了整个产业链条向更加可持续的方向发展，提高了建筑的综合环保水平。

1. 环保材料标准

甲醛释放等级：选择符合 E1 级或更高级别的（如 E0 级、无醛级）人造木板，是减少室内甲醛污染的关键。甲醛是一种常见的室内空气污染物，长期暴露对人体健康有害。高标准的人造板材生产过程中严格控制了有害物质的释放，保障了室内空气质量，同时反映出生产过程中对环境影响的减小。

挥发性有机化合物（VOC）含量限制：VOC 是另一类重要的室内空气污染物，高 VOC 含量的涂料、胶粘剂和装修材料会严重影响室内空气质量。采用低 VOC 或无 VOC 的产品，不仅有助于保护居住者的呼吸健康，还体现了对环境的负责态度，因为这类产品的生产通常采用了更清洁的生产工艺。

2. 绿色建筑评价体系

LEED（Leadership in Energy and Environmental Design）：由美国绿色建筑委员会（USGBC）开发的 LEED 体系，是全球最知名的绿色建筑评价体系之一。它通过一套全面的评分系统，评价建筑在可持续场地、水资源效率、能源与大气、材料与资源、室内环境质量等方面的性能，引导设计师和开发商采用环保材料与设计策略，实现建筑的高效能和低环境负担。

BREEAM（Building Research Establishment Environmental Assessment Method）：作为英国建筑研究院开发的绿色建筑评价体系，BREEAM 是欧洲乃至全球广泛应用的评

价标准。它覆盖了建筑的整个生命周期，从设计、建造到运营，通过九大评估类别对建筑的环境性能进行评级，鼓励使用环保材料、提高能源效率、促进健康舒适的室内环境，并注重生态保护和可持续发展。

遵循这些环保标准和获得相关认证，不仅意味着建筑项目在材料选择和设计上达到了一定的环保水平，还提升了项目的市场竞争力和品牌价值。对于消费者和用户而言，这些认证是健康、环保和高品质的保证，增强了对建筑的信任度。同时，认证过程中的第三方评估和审核机制，确保了标准的严格执行和透明度，促进了建筑行业的整体可持续发展。

3.2.6 材料的持久性与维护

在建筑设计中，选择合适的材料对于实现建筑的可持续性和环境友好性至关重要。除了考虑材料的环境性能、成本、功能性和美学等因素外，还需要特别关注材料的持久性和维护需求。这些因素直接影响着建筑在其生命周期内的碳排放和维护成本。耐用的材料具有更长的使用寿命，可以减少材料的更换频率，从而减少资源消耗和废弃物产生。例如，某些金属屋顶材料，如铜或锌，具有优异的耐腐蚀性和耐候性，可以在数百年的时间内保持性能不变。这种长期的稳定性不仅减少了材料的更换次数，还降低了与材料生产、运输和安装相关的碳排放。同样地，高性能混凝土通过采用特殊的配方和添加剂，可以提高其抗压强度和耐久性，使其能够承受恶劣的环境条件和化学侵蚀，从而延长其使用寿命。选择维护成本低、耐久性好的材料可以在长期内减少维修和替换的碳排放。虽然这些材料可能需要较高的初始投资，但它们可以降低未来的运营和维护成本。例如，一些高质量的外墙涂料具有优异的耐候性和抗污染性，可以减少重新涂装的次数和成本。同样地，耐磨损的地板材料，如陶瓷砖或花岗石，可以减少因磨损或损坏而需要更换的频率。这些耐久性良好的材料不仅降低了维护成本，还减少了因维修和替换而产生的废弃物和碳排放。在选择材料时，设计师和建筑师需要综合考虑其环境影响和经济性。虽然某些材料可能具有更好的环境性能，但如果其成本过高或维护难度大，可能会限制其广泛应用。因此，需要进行全面的经济分析和环境评估，以确定最合适的材料选择方案。这包括考虑材料的采购成本、运输成本、安装成本以及未来的运行和维护成本。同时，还需要评估材料的环境影响，包括其生产过程中的能耗和排放、使用过程中的环境效益以及废弃后的处理方式。除了传统的建筑材料外，还可以考虑使用一些新型的环保材料和技术。这些新材料往往具有更好的性能和更低的环境影响。例如，生态水泥利用工业废渣和废弃物作为原料，降低了水泥生产的碳排放；绿色保温材料则使用可再生的植物纤维或回收的塑料制品制成，具有良好的保温性能和可循环利用性。这些新材料的应用不仅可以提高建筑的性能和可持续性，还可以推动建筑行业的技术创新和进步。综上所述，民用建筑设计阶段的材料选择是一个复杂的决策过程，需要综合考虑材料的环境性能、成本、功能性和美学等因素。通过科学合理地选择材料，不仅能够减少建筑的碳排放，还能提升建筑的整体可持续性，为环境保护和人类健康作出贡献。

3.3 结构与形态优化的碳效率

在民用建筑设计中，结构与形态的优化对提高碳效率至关重要，它们直接关系建筑的能耗、材料使用以及整体环境影响。以下是结构与形态设计对碳效率影响的几个关键方面。

3.3.1 建筑朝向与布局

在民用建筑设计中，建筑朝向与布局是决定能源效率和室内环境质量的基石，对建筑的能源消耗及居住者的舒适度具有直接影响。合理的朝向布局不仅能够最大限度地利用自然资源，如阳光和风力，还能有效减少对人工照明和空调系统的依赖，从而显著降低建筑的运营能耗和碳排放。

1. 建筑朝向的优化

被动式太阳能利用：朝南或朝向赤道方向（南半球则为朝北）的建筑布局，可以最大限度地接收冬季太阳辐射，增加自然光照，减少取暖能耗。在设计时，通过大面积的南向窗户配合深挑檐或其他遮阳设施，可以确保冬季阳光深入室内供暖，同时在夏季避免过热。

遮阳策略：在夏季，合理的遮阳设计对于控制室内温度至关重要。这包括设置水平遮阳板、绿化遮阳（如阳台植物）、可调节的百叶窗或遮阳帘等，既能保持良好的视野，又能有效阻挡直射阳光，减少空调负荷。

2. 平面布局与自然通风

促进自然通风：建筑物的平面布局应考虑地形、主导风向和周围建筑的关系，设计成利于自然气流穿过的形态。例如，采用开放式平面、中庭、天井、双层皮肤结构等设计，可以有效引导自然风流动，减少建筑内部的温度梯度，从而降低对机械通风和空调的依赖。

热压与风压效应：合理利用建筑的热压（室内与室外温差形成的气压差）和风压（外部风力作用于建筑的不同表面产生的压力差），通过建筑开口的巧妙配置（如高低窗、穿堂风通道），可以进一步增强自然通风效果，提高室内空气的质量和舒适度。

在设计初期，充分考虑基地的地形、植被、水源等自然环境因素，利用这些自然条件优化建筑朝向与布局，如背山面水的选址，不仅能提升建筑的微气候，还能融入自然景观，减少能耗。在平面布局中，合理规划空间功能，如将频繁使用的公共区域布置在采光和通风最佳的位置，而将对光照和通风要求不高的空间置于较次的位置，可以有效平衡建筑的整体能源需求。

通过以上策略的综合应用，建筑朝向与布局不仅成为减少能源消耗的有效手段，也是提升居住者生活品质和环境体验的关键因素。在当前全球追求可持续发展的大背景下，这种设计思路已成为现代建筑设计不可或缺的一部分，引领着未来建筑向着更加绿色、低碳、健康的趋势发展。

3.3.2 体形系数与窗墙比

在建筑设计中，体形系数和窗墙比是衡量建筑能耗效率的重要指标。这些指标直接关系到建筑的热损失和热增益，从而影响供暖和制冷的能耗。通过优化这些参数，设计师可以在保证室内舒适度的同时，实现能源的有效节约。

体形系数是指建筑外表面积与其体积的比值。这个比值反映了建筑的形状和外露程度。较低的体形系数意味着建筑具有较少的外表面暴露于外界环境，这有助于减少热量的交换。在寒冷的气候中，较低的体形系数可以减少室内热量的流失，从而降低供暖系统的能耗；而在炎热的气候中，它可以减少外部热量的进入，减轻空调系统的负担。为了降低体形系数，设计师可以采取多种策略。首先，他们可以选择紧凑的建筑形状，如正方形或圆形，以减少外表面的面积。其次，他们可以通过合理组织内部空间来减少外墙的数量和面积。最后，利用建筑的体量效应也可以帮助降低体形系数，例如，通过设置中庭或庭院来集中内部空间，减少外露的墙面。

窗墙比是另一个重要的设计参数，它指的是窗户面积与外墙面积的比值。这个比值需要根据建筑的朝向、气候条件和功能需求进行优化。合适的窗户设计可以提高建筑的能效，同时保证室内光线和视野的质量。在冬季，窗户是建筑热损失的主要途径之一。因此，控制窗户的面积和选择高性能的窗户材料是提高建筑保温性能的关键。例如，可以选择具有低导热系数的框架材料和多层玻璃，以减少热量的流失。此外，合理定位窗户也可以避免不必要的热损失，例如，避免在寒冷的北向墙面上设置大面积的窗户。在夏季，窗户则成为建筑热增益的主要途径。为了控制夏季的热量进入，设计师可以选择具有高反射率的窗户玻璃，如镀膜玻璃，以反射太阳辐射；或者使用外部遮阳设施，如遮阳板或百叶窗，以减少窗户的太阳得热。同时，利用自然通风也是降低夏季制冷能耗的有效方法，可以通过合理设计窗户的位置和开启方式来实现。除了考虑热损失和热增益外，窗户设计还需要平衡自然采光的需求。充足的自然采光可以减少人工照明的使用，从而节约能源。设计师可以通过选择合适的窗户尺寸、形状和位置来最大化室内的自然光线覆盖。例如，在需要大量采光的区域设置大窗户；在需要视觉隐私或减少眩光的区域使用小窗户或高窗。

3.3.3 结构优化与轻量化

通过减少不必要的结构材料使用，设计师可以在多个方面显著降低建筑的碳足迹。轻量化设计的核心理念是使用更少的材料来达到相同的结构性能目标。这种设计方法不仅减少了材料的直接碳排放，还减轻了建筑物的基础负担，进一步节约了材料和能源。轻量化结构减少了对地基的压力，这意味着可以采用更简单、更经济的地基设计，减少开挖和回填的工作量，从而降低对环境的破坏。采用高强度、低密度的材料和技术是实现结构优化与轻量化的重要途径。这些材料包括预制构件、高强度混凝土和复合材料等。预制构件在工厂中生产，具有更高的制造精度和质量控制标准，可以减少现场施工过程中的浪费。此外，预制构件的标准化和模块化设计也有助于提高施工效率，减少建筑废弃物的产生。高强度混凝土通过提高混凝土的压缩强度，可以减小结构构件的截面尺寸，从而减轻结构的质量。这种混凝土通常采用特殊的添加剂或强化材料，如钢纤维或聚合物纤维，以提高其力学性能。使用高强度混凝土不仅可以减少材料的使用量，还可以提高结构的承载能力和耐久性。复合材料是一种由两种或多种不同材料组合而成的新型材料，它具有传统单一材料所不具备的独特性能。例如，玻璃纤维增强塑料（GFRP）和碳纤维增强塑料（CFRP）具有很高的强度和刚度，但密度却很低。这些材料可以用于替代传统的钢筋混凝土或钢结构，在保持结构性能的同时显著减轻重量。在结构设计中，还可以采用其他方法来实现优化和轻量化。例如，通过使用先进的计算机模拟和分析技术，设计师可以更准确地预测结构的受力情况，从而避免过度设计。此外，采用创新的结构形式和布局也可以提高材料使用的效率。例如，使用桁架结构或空间框架结构可以减少材料的用量，同时提供良好的力学性能。

3.3.4　被动式设计策略

被动式设计策略是指在不依赖或最小化使用机械设备的前提下，通过建筑的设计、布局和材料选择，最大限度地利用自然界的可再生能源（如太阳能、风能）和自然现象（如自然通风、夜间冷却），以达到调节建筑内部环境、提高居住舒适度和降低能源消耗的目标。结合地形和环境条件，被动式设计策略展现出多样化的应用，以下是一些关键策略的具体阐述。

1. 地下建筑与半地下建筑

利用地形特点，将建筑部分或全部嵌入地下，可以利用土壤的恒温特性，为建筑提供稳定的温度缓冲区，减少季节性温差对建筑内部环境的影响，显著降低供暖和制冷需求。

2. 绿屋顶与植被墙

绿屋顶不仅美化环境，还能提供优秀的隔热性能，夏季减少顶层的热增益，冬季增加保温效果，降低空调和暖气的能耗。同时，植被墙能有效遮挡阳光直射，减少墙面吸热，改善周边微气候。

3. 自然遮阳与遮阳设计

利用建筑自身的形态或附加遮阳设施（如遮阳板、百叶窗、植被遮挡等）来阻挡夏季强烈的直射阳光，减少建筑内部过热，同时不影响冬季阳光进入，最大限度地利用自然光照，减少照明需求。

4. 热质量利用

利用建筑结构和材料的热质量（如厚重的墙体、混凝土楼板等）来吸收、存储和释放热量。白天吸收太阳能热量，晚上缓慢释放，有助于调节室内温度波动，减少空调使用，特别是在夜间温度较低的地区效果显著。

5. 自然通风与气流设计

通过建筑的布局、开口设计（如窗户、通风塔、烟囱效应等）和外部环境的配合，利用风压和热压原理促进室内自然通风，有效排除热空气，引入新鲜凉爽空气，减少对机械通风的依赖。

6. 光导管与日光策略

使用光导管、天窗等设计，将自然光引入建筑深处，减少白天的电灯使用。合理布置窗户大小、方向和透光材料，确保自然光照均匀分布，避免眩光和过热，提高视觉舒适度。

7. 水体与蒸发冷却

在适宜的环境中，设计水面或水景，利用水体的蒸发作用进行自然冷却，配合建筑的微气候调节，尤其是在炎热干燥地区，可以有效降低周边环境温度，减少空调能耗。

被动式设计策略的综合运用，不仅减少了建筑的碳排放，降低了长期运营成本，还提升了建筑的整体环境质量，创造了更健康、舒适的居住和工作环境。随着技术进步和设计理念的不断深化，被动式设计日益成为实现绿色建筑和可持续发展目标的关键路径。

3.3.5 可再生能源集成

可再生能源集成已成为推动可持续建筑发展的重要手段。通过在建筑形态设计中考虑太阳能光伏板、太阳能热水系统或风能装置的集成可能性，可以最大化对可再生能源的捕获和利用，从而减少建筑对化石能源的依赖，降低碳排放，并提高能源的自给自足能力。太阳能光伏板是将太阳能转化为电能的有效途径。为了使光伏发电效率最大化，建筑形态设计应考虑倾斜的屋顶设计。这种设计可以更好地适应太阳能板的安装角度，确保光伏板能够接收到更多的太阳辐射。此外，屋顶的材料和颜色也应选择反射率低的，以减少光的反射损失。对于多层建筑，还可以考虑在阳台、遮阳棚或立面上安装光伏板，以充分利用可用的空间。太阳能热水系统是利用太阳能加热水的一种设备，广泛应用于建筑的供暖和热水供应。在建筑设计中，需要考虑将太阳能集热器安装在朝南的屋顶或墙面上，以确保接收到足够的太阳辐射。同时，应合理布局储热水箱和循环管路，以减少热损失。通过这些措施，可以最大限度地提高太阳能热水系统的能效。风能发电是利用风力驱动风力涡轮机产生电能的一种方式。在建筑设计中，特定的建筑高度和位置选择对于风力发电至关重要。高层建筑的屋顶或塔式起重机等高处位置，风速较大，有利于风力涡轮机的运行。此外，建筑群的布局也应考虑风场的影响，避免因遮挡或湍流而影响风力发电的效率。设计师可以通过计算机模拟和风洞实验来预测和优化建筑周围的风场分布。除了单独应用这些可再生能源系统外，建筑师还可以探索它们之间的综合应用。例如，太阳能光伏板和太阳能热水系统的联合应用可以实现更高的能源利用率。在夏季，当热水需求较低时，光伏板可成为主要的能源供应来源；而在冬季，当光伏发电效率降低时，太阳能热水系统可以提供辅助的热能供应。这种互补的应用方式可以确保建筑在不同季节和天气条件下都能实现稳定的能源供应。

3.3.6 灵活适应性与可扩展性

在建筑设计中，考虑建筑的灵活适应性和未来可扩展性对于实现其可持续性至关重要。随着时间的变化，建筑的功能需求可能会发生变化，如果建筑能够适应这些变化并容易进行扩展或改造，那么它的使用寿命就可以得到有效延长，从而减少因功能变化而产生的改造或重建需求，进而减少生命周期中的总碳排放。

模块化设计是提高建筑灵活适应性的有效途径。通过将建筑空间划分为标准化的模块单元，可以根据实际需求进行组合和调整。这种设计方法不仅提高了施工效率和灵活性，还使得未来的扩展或改造变得更加容易。例如，办公室或住宅建筑可以采用模块化的墙体和楼板系统，根据入住者的需求增加或减少房间的数量和大小。

可重组的空间设计也是提高建筑适应性的重要手段。通过使用可移动的隔断墙、多功能的家具和灵活的管线布局，可以轻松地改变空间的使用方式。这种设计方法使得建筑能够在不同的使用场景下展现出不同的功能，从而适应多样化的使用需求。例如，一个会议室可以通过调整隔断墙的位置变成两个小办公室，或者一个开放式的工作区域可以通过添加隔断墙变成多个独立的工作空间。

在建筑设计的早期阶段就考虑未来的扩展或改造需求也是非常重要的。设计师应该预留足够的空间和结构接口，以便在未来进行扩展或添加新的设施。例如，在建筑的基础和主体结构设计中预留足够的承载能力，以便将来可以增加楼层或扩建翼楼；或者在建筑的机电系统设计中预留足够的容量和接口，以便将来可以添加新的设备或系统。

综上所述，民用建筑的结构与形态设计是实现碳效率的重要手段。通过精细的规划和创新设计，不仅能够减少能源消耗，还能在不牺牲建筑功能性和美学的前提下，推动建筑行业的可持续发展。通过优化体形系数与窗墙比、实现结构优化与轻量化、集成可再生能源系统以及考虑建筑的灵活适应性与可扩展性，设计师可以为建筑的整个生命周期提供有效的节能减排策略，为创造绿色、低碳的生活环境作出积极贡献。

3.4　参数化设计与碳排放预测

参数化设计是利用计算机辅助设计软件，通过算法和参数设置来生成和调整设计方案的一种方法。在民用建筑设计阶段，参数化设计不仅能够提升设计的灵活性和创新性，还能有效帮助建筑师在设计初期就对建筑的碳排放进行精确预测和优化，从而减少其环境影响。以下是参数化设计在碳排放预测中应用的几个要点。

3.4.1　动态模拟与优化

参数化设计是一种基于算法和数字技术的设计方法，它允许设计师通过设定一系列可变参数来探索建筑设计的多样性。这种方法不仅极大地加速了设计过程，还为实现建筑性能的最优化提供了强大的工具。在绿色建筑设计领域，动态模拟与优化是参数化设计的核心应用之一，其重要性体现在以下几个方面：设计师可以自由设定和调整众多参数，如建筑的几何形状（体型）、构造材料、窗户的尺寸、位置及属性（如透光率、隔热性能），遮阳系统配置等。这种灵活性让设计师能够从宏观到微观，全面考虑并优化建筑的每一个细节。配合高级建筑性能分析软件，如 EnergyPlus、Daysim 或 Ecotect 等，参数化模型能够在设计过程中实时接受能效评估。这意味着设计师可以立即看到每个参数调整后对建筑能耗、光照、通风、热舒适度乃至最终的碳排放量的潜在影响。这种即时反馈机制极大地缩短了设计迭代周期，提高了决策效率。动态模拟不仅仅局限于单一性能指标的优化，而是能够同时考虑多个目标，如最小化能耗、最大化自然采光、优化视野、提升用户舒适度等。通过复杂的算法，如遗传算法、粒子群优化等，可以在众多设计方案中自动筛选出最优解或接近最优解的方案组合。参数化设计结合动态模拟，使得设计师能够在设计初期就深入分析建筑的环境适应性，包括如何有效利用当地的气候资源（如日照、风向）来减少能源需求，以及如何减少建筑对周围环境的负面影响，如光污染、热岛效应等。除了技术层面的优化，参数化设计还便于与客户或最终用户进行互动，通过调整参数快速响应他们的个性化需求和偏好，从而实现更加定制化和人性化的绿色建筑设计。总之，动态模拟与优化作为参数化设计的核心优势，不仅促进了建筑设计的创新和多样性，更重要的是，它为实现更加高效、可持续的绿色建筑解决方案提供了科学依据和实践路径。通过这一流程，我们能够设计出既符合环境要求又满足人类居住与使用需求的未来建筑。

3.4.2　环境数据分析整合

参数化设计平台在建筑设计过程中发挥着越来越重要的作用。它不仅能够帮助设计师快速生成复杂的建筑形态，还能够集成各种环境数据，如气候、日照、风向等，为设计团队提供科学依据，帮助他们作出减少建筑运行能耗和碳排放的决策。利用参数化设计平台进行环境数据分析整合的第一步是收集和整理相关数据。这些数据可以包括当地的温度、湿度、风速和风向等气候信息，也可以包括日照时间、太阳辐射强度等日照信息，以及地形、地貌和周边建筑等信息。这些数据可以通过气象站、卫星遥感和其他数据采集设备获取，也可以通过第三方数据提供商获得。一旦收集到这些数据，设计师就可以利用参数化设计平台的强大计算能力进行精确的环境分析。例如，通过输入气候数据，平台可以模拟出建筑在不同季节和不同时间段的能耗情况；通过输入日照数据，平台可以分析出建筑在不同位置和不同朝向的日照情况，从而优化窗户和遮阳设施的设计；通过输入风向数据，平台可以模拟出建筑周围的风场分布，从而优化自然通风策略。基于这些分析结果，设计团队可以作出更加科学和合理的决策。例如，他们可以选择更适合当地气候条件的建筑形态和布局，以减少冬季的热量损失和夏季的热量增益；他们可以选择合适的窗户尺寸和位置，在充分利用日照的同时避免过热；他们还可以设计合理的自然通风路径，以提高室内空气质量和舒适度。除了上述应用外，参数化设计平台还可以用于模拟和预测建筑的环境影响。例如，通过输入热岛效应的相关参数，平台可以模拟出建筑在不同设计和材料选择下的热环境变化情况；通过输入交通流量和道路布局数据，平台可以模拟出建筑对周边交通的影响，从而优化交通组织和减少交通拥堵。综上所述，参数化设计平台可以集成各种环境数据进行精确的环境分析，为设计团队提供了科学依据，帮助他们作出减少建筑运行能耗和碳排放的决策。这种技术的应用不仅可以提高建筑的性能和可持续性，还可以推动建筑行业的创新和发展。

3.4.3 材料与结构优化

在当今建筑设计与建造领域，材料与结构优化是推动可持续发展进程的关键一环。参数化工具的引入，为这一领域带来了革命性的变化，它不仅深化了对建筑材料性能的理解与应用，更是在确保建筑功能性和美学表达的同时，最大限度地提升了环境友好度和经济效益。参数化设计的核心在于其强大的数据处理能力与模拟预测功能。通过集成材料数据库，建筑师可以轻松访问全球范围内的材料信息，包括但不限于材料的物理性质（如密度、强度、导热系数等）、环境影响指标（如生命周期评价 LCA 数据）以及成本效益分析。这些详尽的数据为建筑师提供了前所未有的选择空间，使他们能够基于项目的特定需求，精确筛选出最为合适的材料组合。例如，在寒冷地区，通过参数化分析，建筑师可能会倾向于选择具有高绝热性能的墙体材料和低辐射率的玻璃，以减少供暖需求；而在热带区域，则可能侧重于选用具有良好透气性和遮阳效果的材料，以促进自然通风和降低空调能耗。在结构设计方面，参数化工具通过算法驱动的方法，能够快速生成和评估大量结构布局方案，从而确定最优结构体系。这不仅涉及传统意义上的结构安全与稳定性，更深层次地考虑了材料效率和建造经济性。例如，通过参数化模拟，建筑师和工程师能够探索不同的结构网格尺寸、构件截面形态及连接方式，以达到材料用量最小化和结构效能最大化的目标。在高层建筑中，通过精确计算每层楼板和柱子的最优尺寸，可以显著减少钢材和混凝土的消耗，进而减少碳足迹。此外，参数化设计还能促进创新结构系统的开发，如采用生物模拟算法探索自然界中的高效结构形态，如蜂窝结构、树枝分叉模式等，这些自然启发的设计往往能带来更轻质、更强韧且资源消耗更低的建筑结构。材料与结构的优化不仅仅着眼于单个元素，而是需要从建筑的整体环境绩效出发，考虑其在整个生命周期内的影响。参数化工具通过集成环境分析软件，能够全面评估不同材料组合和结构方案对建筑的能源效率、室内空气质量、水资源管理、废弃物处理等方面的综合影响。例如，通过模拟不同墙体厚度和隔热材料配置对建筑能耗和室内温度波动的影响，设计师可以找到最佳平衡点，确保在减少能耗的同时，保持良好的居住舒适度。此外，对于可再生或回收材料的应用，参数化设计能够量化其环境益处，鼓励在设计中优先考虑这些材料，进一步推动循环经济的发展。参数化设计的另一个重要价值在于其促进设计迭代的能力。随着项目进展，设计师可以根据最新的环境政策、材料科技进步和成本变动，迅速调整设计参数，不断优化方案。这种灵活性和适应性，使得建筑作品能够更好地响应时代的需求，走在可持续发展的前沿。同时，参数化工具的开放性和可扩展性也为跨学科合作提供了平台，建筑师、结构工程师、环境科学家和材料专家可以基于同一模型协同工作，共同探索创新的绿色建筑解决方案。材料与结构的优化是绿色建筑设计不可或缺的一环，而参数化工具的应用极大地推进了这一领域的进步。通过精确的性能评估、高效的设计迭代和跨学科的协作，参数化设计不仅实现了资源的最大化利用，降低了建筑的环境负担，更引领着建筑行业向更加可持续、智能和人性化的方向迈进。

3.4.4　可持续性指标集成

参数化设计软件的高级功能使得可持续性指标的集成成为可能，这是现代建筑设计中一个非常重要的进步。通过将碳排放、能源效率、水耗等指标整合到设计过程中，设计师能够更深入地了解他们的选择对环境的潜在影响，并据此作出更加明智的决策。这种方法不仅有助于实现更具可持续性的建筑，还促进了绿色建筑行业的发展。碳排放是衡量建筑环境影响的关键指标之一，它涉及建筑从建造、运行到最终拆除的整个生命周期。参数化设计软件可以实时计算设计方案的碳排放量，包括建筑材料的选择、施工过程、建筑运营等方面的碳排放。这样，设计师可以直观地看到不同设计选择对碳排放的影响，并优化设计方案以减少排放。能源效率是另一个重要的可持续性指标，它直接关系到建筑的运营成本和舒适性。参数化设计软件可以模拟建筑的能源消耗，包括供暖、制冷、照明和通风等方面。通过分析这些数据，设计师可以选择更有效的绝缘材料，优化窗户的尺寸和位置，或者选择合适的空调系统，以提高建筑的能源效率。水耗是衡量建筑水资源利用效率的指标，它包括生活用水、灌溉和水处理等方面。参数化设计软件可以帮助设计师预测建筑的水耗，并评估不同的节水策略。例如，通过收集和利用雨水，或者使用低流量的洁具和灌溉系统，可以显著降低建筑的水耗。将这些可持续性指标集成到参数化设计软件中，设计师可以在设计过程中直接跟踪这些指标的变化。这种实时反馈机制确保了设计方案符合或超过预先设定的环境性能标准。此外，设计师还可以根据这些指标进行多方案比较，选择最佳的设计方案。值得一提的是，参数化设计软件还能够与其他分析和模拟工具无缝集成，如能源模拟软件、碳排放计算工具和水资源评估工具。这种集成不仅提高了设计的效率，还增强了设计的科学性和准确性。参数化设计软件通过集成碳排放、能源效率、水耗等可持续性指标作为设计目标，为设计师提供了一个强大的工具，使他们能够在设计过程中直接跟踪这些指标的变化，并确保设计方案符合或超过预先设定的环境性能标准。这种方法不仅有助于实现更具可持续性的建筑，还促进了绿色建筑行业的发展。

3.4.5　生命周期评价

生命周期评价（LCA）是一种强大的工具，它能够全面地分析建筑的整体环境影响。通过考虑建筑的所有阶段，从原材料的开采和加工，到建筑的建造和运营，再到最终的拆除和废弃物处理，LCA 能够识别出哪些阶段是碳排放的主要来源，从而为设计师提供有针对性的减排建议。在原材料获取阶段，参数化设计软件可以评估不同建筑材料的碳排放因子。例如，钢材和混凝土的生产过程中会排放大量的二氧化碳，而再生材料的使用则可以显著降低碳排放。因此，设计师可以选择那些具有更低碳排放的材料，以减少建筑的整体碳足迹。在制造和运输阶段，参数化设计软件可以考虑不同制造商的地理位置和运输方式对碳排放的影响。选择距离较近的制造商和环保的运输方式，如海运代替空运，可以进一步降低碳排放。在建设阶段，参数化设计软件可以优化施工计划和资源分配。通过减少现场作业和提高施工效率，可以减少能源消耗和浪费。在运营阶段，参数化设计软件可以模拟建筑的能源消耗和通风策略。通过优化窗户的尺寸和位置、选择合适的保温材料和空调系统，可以降低建筑的运营碳排放。在拆除阶段，参数化设计软件可以考虑建筑拆除和废弃物处理的方式对碳排放的影响。选择可回收和可再利用的材料，可以减少废弃物的产生和碳排放。通过优化设计方案和材料选择，设计师可以为建筑行业的可持续发展作出积极贡献。

3.4.6　数据驱动的决策支持

在当今信息化高速发展的背景下，数据已成为推动各行各业革新升级的核心动力，建筑领域也不例外。参数化设计与大数据、机器学习的深度融合，不仅标志着建筑设计进入了一个崭新的智能化时代，更是为实现建筑行业的低碳转型提供了坚实的技术支撑。参数化设计平台通过集成历史项目数据，包括建筑材料使用情况、施工过程中的能耗记录、建筑物运行期间的能源效率表现等，构建起庞大的数据仓库。这些数据经过清洗、整合与分析，形成了一个包含丰富信息的知识库，为新项目的决策提供了宝贵的参考依据。特别是借助机器学习算法，可以从海量数据中发现隐藏的模式和关联，比如识别哪些设计特征与较低的碳排放量相关联，或是哪些材料组合在特定环境下展现出更佳的环境绩效。机器学习模型的训练和优化，使得设计团队能够在项目启动之初，就基于数据分析结果来预测新设计的潜在碳排放。这种预测不仅仅是对总体排放量的估计，更是细化到了设计的每一个环节和选择，比如不同结构方案、材料配置、能源系统对环境影响的具体差异。因此，设计决策不再是基于经验和直觉的主观判断，而是转变为依靠数据和模型支持的科学决策，大大减少了设计过程中的不确定性，提高了决策的准确性和效率。在设计的早期阶段，参数化设计结合大数据分析能够快速生成多种设计方案，并即时分析它们的环境影响，从而允许设计团队在众多选项中挑选出碳排放最低、环境适应性最强的方案。这种"先模拟后建造"的策略，避免了传统设计流程中因后期修改导致的资源浪费和环境成本增加，实现了真正的源头减排。而且，这一过程并不止步于设计初期。随着项目推进，设计团队可以继续收集反馈数据，利用机器学习模型的自我学习和更新能力，动态调整设计细节，确保项目在每个阶段都能保持最优的碳排放表现。这种持续迭代和优化的过程，体现了参数化设计在实现建筑全生命周期碳管理方面的强大潜力。参数化设计作为一把开启建筑行业未来之门的钥匙，正以其独有的计算优势和数据整合能力，引领民用建筑设计向着更加精细化、智能化的方向发展。它不仅提供了预测和优化碳排放的有效手段，更重要的是，它促使设计思维从传统的经验主义向数据驱动转变，激发了整个行业对可持续设计理念的深入理解和广泛应用。在应对全球气候变化的大背景下，参数化设计不仅是减少建筑碳排放的技术工具，更是推动建筑行业向低碳、可持续发展方向转型升级的重要推手。随着技术的不断成熟和应用的日益广泛，我们有理由相信，未来的建筑将更加环保、智能，成为人类与自然和谐共存的美好见证。

3.5　民用建筑结构设计存在的问题

对建筑设计整体情况进行分析，如今在结构设计方面还是存在较大缺陷：①很多建筑设计师在进行民用建筑设计时，对待设计工作态度不是很严谨，对于建筑物的抗震能力、使用场所等关键环节没有进行精确划分。②挑架设计等方面没有符合相关标准的要求。③停车场空间设计太大，不符合力学原理以及国家规定的标准。

民用建筑设计除了整体结构设计存有缺陷外，也有部分结构设计不合理的问题。①在设计的时候底层设计成较大空间，抗震功效的墙体数不够；上端砌体防震墙与底部框架梁间或防震墙间，有很大部分没有对齐，造成建筑整体结构很不合理，传力错乱。②结构设计和计算书数值不符，造成设计的墙体结构抗压强度明显小于计算出的指标值，造成设计出的民用建筑安全风险大。③部分混凝土构件（特别是悬挑构件）配筋率未达标，甚至是远低于规定标准的 50%。④设计中的抗震分类、场所分类有误，抑或是设计时的荷载取值并没有按照要求来确定，经常出现数据不一致、遗漏等问题。⑤没有重视设计图纸的重要性，或图纸过于简单，造成对设计图注释不具体，不能对施工提供指导性的意见。

设计人员需要牢牢把握整体建筑结构，将建筑空间组合作为重要项目进行分析。探索该建筑空间的组合特征，各种不同部位结构的特征，以此设计出更精准的设计方案，保证建筑受力性能优异，建筑的重力方位始终保持与地面呈"向下"作用。

地基承载全部建筑的重力，其对工程质量具有很大影响，关系到整个建筑的安全。民用建筑设计中也一定要保证选型的科学性，以保障工程质量。但在设计中常常发生选型不合理的情况，致使该建筑的地基承载能力较差，甚至出现地基下沉、侧移等现象，不仅减少建筑使用期限，还可能会发生意外事故。

3.6　民用建筑结构设计要点优化

3.6.1　提升民用建筑结构设计质量

现阶段，民用建筑结构设计中还存有诸多问题，如设计较为简单、标记不完整等。结构设计人员应严格遵照国家有关规定进行建筑结构设计，才能保证建筑的完好性和建筑构件布局的科学性，避免因数据不全而造成设计值出差错。在设计图纸时，对重要的位置要进行详细的分析与解读，也要做好相应的应对策略。与此同时，应明确设计人员的工作职责，提高其技能水平，唯有提高设计人员的设计水平，才能保证民用建筑结构的设计质量。

3.6.2 构造措施设计要点

在构造措施设计的时候，要从多方位进行综合考虑，如考虑温度收缩造成的影响，还应考虑混凝土收缩和温度波动、钢筋温度波动会对板面和板底钢筋数量等方面带来影响。此外，建设不规则的楼层板，需在凹角、凸角、阴阳角等位置增加钢筋数量。在民用建筑的两边开间，钢筋和变形缝都一定要按照相关规定进行设计。

3.6.3 保障建筑结构安全的设计

当前，我国的民用建筑结构设计体系还不是很健全，使得民用设计的结构不是很合理，并且抗震方面的设计存在欠缺。为了确保民用建筑的安全使用，必须将民用建筑结构设计得非常科学合理。在建筑结构设计中，首先应该选取最佳的结构类型。如现阶段选取特别多的钢结构，与钢筋混凝土结构相比具有很大的优势，如钢结构质量轻、抗压强度较高并且施工期比较短等。这些特别适合民用建筑结构设计的需求，并且钢结构空间布置非常大，能让民用建筑设计灵活多变，这些对于业主或者建筑施工人员而言都十分得便捷。此外，钢结构施工中可以减少砂、碎石、水泥等原料的应用，减少建造成本，在很大程度上减少工程预算，同时也能有效确保工程工期和质量。

参考文献

[1] 石佳佳．关于民用建筑结构设计和优化的几点思考 [J]．中国建筑金属结构，2022 (7)：145-147.

[2] 王蕾．民用建筑结构设计中的基础设计研究 [J]．居业，2022 (4)：95-97.

[3] 占超，彭涛．民用建筑结构设计中短肢剪力墙运用分析 [J]．科学技术创新，2022 (8)：133-136.

[4] 王耀文．民用建筑结构设计中的安全性分析 [J]．中国建筑装饰装修，2022 (4)：86-87.

[5] 吴金源．短肢剪力墙在民用建筑结构设计中的运用分析 [J]．新型工业化，2022，12 (2)：70-73.

[6] 曾海芹．探析民用建筑结构设计中的基础设计 [J]．房地产世界，2021 (24)：39-41.

[7] 刘保忠．民用建筑结构设计要点分析 [J]．建材技术与应用，2021 (6)：42-43.

[8] 黄斌．短肢剪力墙在民用建筑结构设计中的应用 [J]．江西建材，2021 (11)：83-84.

[9] 张恒波，张相飞．民用建筑结构设计中短肢剪力墙技术的应用策略 [J]．中国建筑金属结构，2021 (11)：154-155.

[10] 钟芳．民用建筑结构设计中短肢剪力墙的技术要点探析 [J]．居舍，2021 (21)：76-77.

[11] 俞兆泰．民用建筑结构设计中短肢剪力墙技术应用 [J]．建材发展导向，2021，19 (12)：67-68.

[12] 赵进．探析民用建筑结构设计中的基础设计 [J]．城市建筑，2021，18 (14)：91-93.

[13] 刘昌志．民用建筑结构设计要点探究 [J]．中国建筑金属结构，2021 (1)：74-75.

[14] 王冠亚．民用建筑结构设计中短肢剪力墙技术的应用 [J]．中国住宅设施，2020 (11)：68-69.

[15] 刘俊杰．民用建筑结构设计的要点探究 [J]．工程建设与设计，2020 (21)：15-16＋19.

[16] 岳元元．关于民用建筑结构设计中抗震设计的探讨 [J]．四川水泥，2020 (9)：323＋327.

[17] 朱恺，杨召波．民用建筑结构设计中短肢剪力墙技术的应用 [J]．砖瓦，2020 (7)：98＋100.

第 4 章 >>>
施工阶段的碳排放管理

改革开放以来，中国的经济开放程度不断扩大。随着中国"全球化"战略的加深，中国对海外投资继续加速，但是国内与快速的经济发展相反的是环境正在恶化。2007 年，中国超过美国成为世界上碳排放量最高的国家。环境问题变得越来越重要，经济发展与环境恶化之间的关系一度成为人们关注的焦点。尽管对海外的国家进行直接投资可以促进东道国的经济增长、技术进步和产业成熟度，但基于"污染天堂"假说，对海外的国家进行直接投资对环境的影响成为研究热点和学术焦点。根据国际环境保护署的《全球碳计划》，2018 年中国的人均二氧化碳排放量达到 8.7 吨，超过了欧盟的 6.8 吨。根据总的计算，中国的碳排放量占全球碳排放量的 28％，美国和欧盟分别占 14.5％和 11.2％。中国的碳排放量超过了欧盟和美国。在世界经济的快速发展中，各国越来越关注低碳经济，低能耗，低生产和消费活动中排放的发展。低碳经济已成为协调经济与环境发展的必然选择。近年来，在开放经济中进行了越来越多的环境污染研究。从现有文献来看，大多数研究针对的是发达国家，但在像中国这样的发展中国家却很少。在提出低碳减排政策时，分析低碳经济背景下影响中国碳排放的因素非常重要。

2018 年，中国对外直接投资流量为 1430.4 亿美元，同比下降 9.6％。截至 2018 年底，中国投资者分布在 188 个国家（地区），并建立了 4.3 万家海外公司。境外公司的总资产已达 6.8 万亿美元。OFDI（Outward Foreign Direct Investment，对外直接投资）存量约为 1.98 万亿美元，见表 4-1。

2018 年中国 OFDI 流量和存量分类构成情况（单位：亿美元）　　表 4-1

分类	流量			存量	
	金额	同比（％）	比重（％）	金额	比重（％）
金融类	286.7	−19.4	20	7642.7	39
非金融类	1143.7	−9.6	80	12171.3	61
合计	1430.4	−29	100	19814	100

首先，从国内各行各业对海外国家进行直接投资的角度来看（图 4-1），2018 年，中

国在四个行业类别对海外国家进行直接投资额超过 100 亿美元，总计 816.2 亿美元，占对海外国家进行直接投资总额的 75.7%。在租赁和商务服务、采矿、金融、批发和零售方面的投资分别为 270.6 亿美元、248.1 亿美元、151 亿美元、146.5 亿美元，占比分别约为 33.2%、30.4%、18.5% 和 17.9%。其中，采矿业主要是油气开采、有色金属开采、洗选业以及黑色金属开采等。

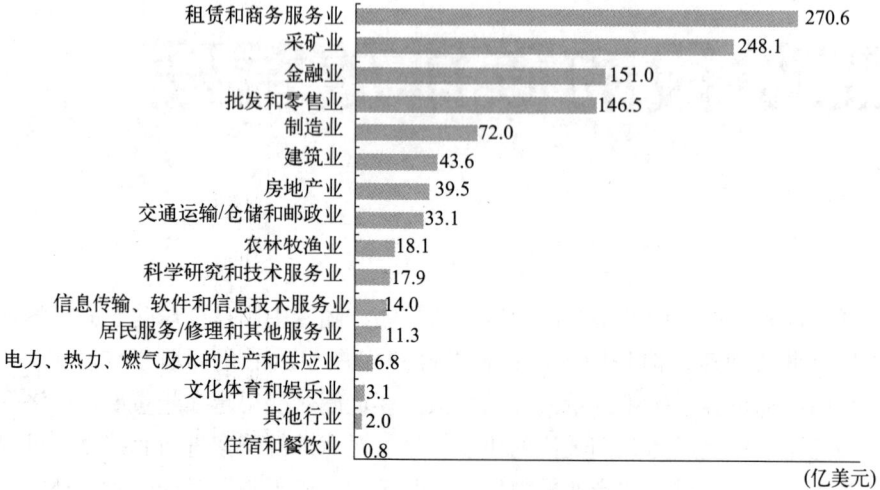

图 4-1　2018 年中国 OFDI 流向的主要行业

其次，从各种国内产业对海外国家进行直接投资存量的角度来看（图 4-2）。截至 2018 年底，国民经济的所有部门都有对海外的国家进行直接投资。其中，租赁和商务服务、金融、采矿、批发和零售、制造业五个主要行业的累计投资存量为 5486.2 亿美元，占中国对海外国家进行直接投资存量的 83%。

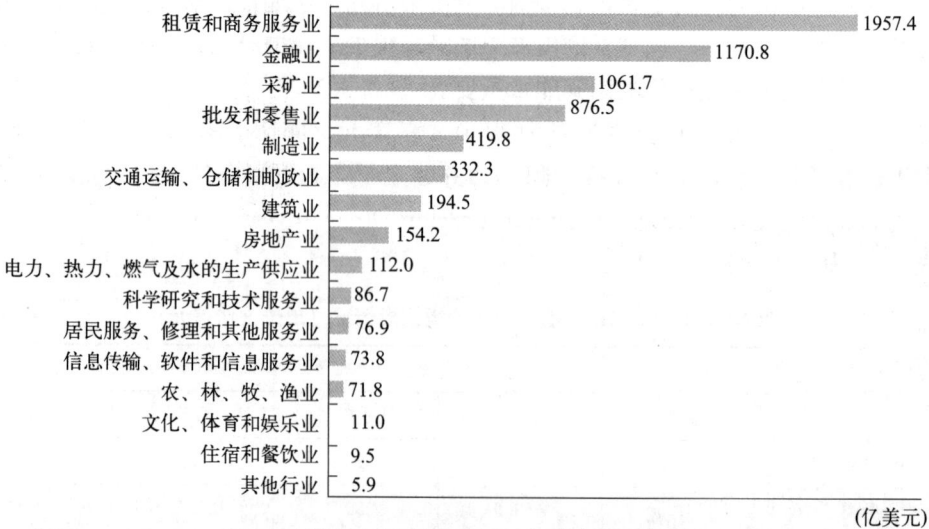

图 4-2　2018 年末中国 OFDI 存量行业分布

2018 年底，中国的对海外的国家进行直接投资遍布 188 个国家（地区）的六大洲。

我们80%的库存集中在发展中国家。中国OFDI存量的前20个国家（地区）为5861.6亿美元，占中国OFDI存量的88.7%。关于世界各大洲的对海外的国家进行直接投资流量和存量，中国对海外国家进行的直接投资主要流向亚洲和拉丁美洲。其中，对亚洲国家进行的直接投资占总投资的70%，对拉丁美洲国家进行的直接投资占13.3%。在欧洲国家和其他国家，投资很少。表4-2显示了中国对经济体直接投资流量和存量构成。表4-3显示了中国的OFDI流量和存量地区构成情况。

2018年中国对经济体直接投资流量和存量构成（单位：亿美元）　　表4-2

经济体	流量			存量	
	金额	同比(%)	比重(%)	金额	比重(%)
发达国家（地区）经济体	138.3	2.4	12.8	937.0	14.2
发展中经济体	917.3	31.0	85.1	5494.2	83.2
转型经济体	22.8	46.8	2.1	170.6	2.6
合计	1078.4	22.8	100.0	6604.8	100

2018年中国OFDI流量和存量地区构成情况（单位：亿美元）　　表4-3

洲别	流量			存量	
	金额	同比(%)	比重(%)	金额	比重
亚洲	756.0	16.7	70.1	4474.1	67.7
拉丁美洲	143.6	132.7	13.3	860.9	13.0
欧洲	59.5	−15.4	5.5	531.6	8.1
北美洲	49.0	0.4	4.5	286.1	4.3
大洋洲	36.6	51.6	3.4	190.2	2.9
非洲	33.7	33.9	3.2	261.9	4.0
合计	1078.4	22.8	100	6604.8	100

我国碳排放量迅速增加的原因是由于资源有限，以煤炭消耗为主导。自2006年以来，我国是世界上碳排放量最高的国家，并达到了新的高度。一般来说，我国的二氧化碳排放量可以概括为四个方面。

在2002年之前，我国的碳排放量一直在稳定增长。由于改革及城市化的加速和开放，能源消耗不断增加。2003年，碳排放增加率达到16.86%。2008年为应对金融危机，我国实施了刺激措施。这进一步提高了碳排放量的增加速度。2010年，二氧化碳排放量增长速度达到20.63%。与2012年相比，2013年碳排放量增速已基本放缓，但总量却高于欧盟和美国。这是因为2013年国内经济增长放缓，二氧化碳排放量得到了抑制。同时，我国正在努力用清洁能源特别是煤炭替代化石燃料，并继续减少对煤炭的依赖。

平均碳排放量可以通过人均和土地使用来衡量。中国的总碳排放量仍然很高，但是由于中国人口众多，与一些发达国家相比，中国的人均碳排放量并不高。2018年，中国人均碳排放量为 8.7 吨，低于沙特阿拉伯、澳大利亚和俄罗斯等国家，但高于世界平均水平。二氧化碳排放量的增加正在影响全球温室效应，每平方公里的平均碳排放量是指每平方公里的碳排放量。

中国的二氧化碳排放量主要是由固体、液体和气体燃料的燃烧以及水泥的生产引起的。长期以来，由于中国有限的能源资源，所以煤炭消耗一直是主要的能源消耗。由于中国经济的快速发展和煤炭能源消费结构的特点，中国的碳排放量仍然很高。根据国际能源署（IEA）的数据，电力和热力行业目前是中国最大的碳源，约占总碳排放量的一半。制造业和建筑业的碳排放量排名第二，约占 31.2%。今天，中国碳密集度最高的行业是黑色金属冶炼、化工原料、化工生产、非金属矿产、天然气和水的生产、采矿、石油加工和焦炭工业以及纺织工业，因此，中国需要开始从上述行业生产和制造低碳产品。

简而言之，在经济发展和转型的初期，人们一再忽略了环境对人类可持续发展的重要性。政府也没有有效的环境管理或节能减排标准，也没有相关政策。为避免走"污染再污染"的老路，中国采取了预防措施，并根据国外先进的环境治理模式和独特的碳排放分析，采用了先进的低环境碳，有必要引进生产技术。

4.1 施工材料与施工过程的碳排放

施工过程的碳排放管理是建筑生命周期中减少环境影响的关键环节。施工材料的选择、加工、运输以及施工过程本身都会产生大量碳排放。有效的管理策略旨在识别并减少这些排放，具体措施包括：

4.1.1 材料选择与采购

在建筑设计中，材料选择与采购是一个重要的环节，它直接影响到建筑的碳排放和环境足迹。为了实现低碳建筑的目标，设计师需要优先选用低碳足迹的材料，并在材料选择前进行生命周期评估，同时采用标准化构件和模块化设计来减少材料浪费和降低生产过程中的碳排放。

低碳材料的选择是降低建筑碳排放的关键。再生材料、当地生产的材料以及具有高能效和长寿命的材料都是优选的低碳材料。再生材料可以减少对原材料的需求，从而降低材料的提取和加工过程中的碳排放。当地生产的材料可以减少运输距离，降低运输过程中的能源消耗和碳排放。具有高能效和长寿命的材料可以在建筑的运营阶段降低能源消耗和维护成本，从而降低碳排放。生命周期评价（LCA）是一个全面分析产品或服务在整个生命周期中环境影响的过程。在材料选择前进行 LCA，可以帮助设计师了解材料从提取、加工、运输到最终处置的全过程碳排放。通过比较不同材料的 LCA 结果，设计师可以选择那些具有更低碳排放的材料，以实现建筑的低碳目标。标准化构件和模块化设计是现代建筑中常用的设计方法。标准化构件可以提高生产效率和质量，减少材料浪费和切割过程中的损耗。模块化设计可以将建筑分解为多个模块，每个模块都在工厂预制完成，然后在现场组装。这种设计方法不仅可以提高施工效率，缩短工期，还可以减少现场作业和材料浪费，从而降低碳排放。在材料采购过程中，设计师还需要考虑供应商的选择。选择那些具有环保认证和可持续生产实践的供应商，可以确保所选材料的生产和供应过程符合低碳和可持续的要求。此外，与供应商建立长期合作关系，可以促进信息共享和技术创新，推动整个行业向更低碳和可持续的方向发展。材料选择与采购在建筑设计中起着至关重要的作用。通过优先选用低碳材料、进行生命周期评估以及采用标准化构件和模块化设计，为建筑行业的可持续发展作出积极贡献。这些方法不仅有助于实现建筑的低碳目标，还可以提高建筑的性能和耐久性，为人们创造更加健康和舒适的生活环境。

4.1.2　材料运输与物流优化

在建筑项目的供应链管理中，材料运输与物流优化扮演着至关重要的角色，不仅关乎成本控制，更直接影响项目的环境可持续性。具体而言，采用先进的物流规划软件和 GIS（地理信息系统）技术，对材料供应商位置、建筑工地布局、交通网络状况等多源数据进行综合分析，生成最优的运输路线图。这种智能化路径规划能够有效避免不必要的绕行和空驶，减少因拥堵或道路不畅造成的等待时间，从而显著降低车辆的燃油消耗及相应的二氧化碳排放。此外，实时交通信息的融入还能让调度系统灵活应对突发状况，动态调整运输计划，确保即使在面对不可预见的路况变化时也能维持高效的物流运转。通过集中采购策略，建筑企业可以大幅度减少单次运输的需求频次。集中采购不仅增强了与供应商的议价能力，降低了采购成本，还为实施大规模的物流运输创造了条件。批量运输能够充分利用运输工具的装载容量，减少每单位材料的运输碳足迹。例如，满载的货车相比于半载货车，在单位距离上的燃油效率更高，进而减少了温室气体排放。此外，集中采购还能鼓励使用更为环保的运输方式，如铁路或水路运输，这些方式相比公路运输通常具有更低的碳排放强度。除了上述策略外，引入绿色物流技术也是提升运输效率、减少环境影响的重要途径。比如，使用低排放或零排放的运输车辆，如电动货车和氢燃料电池车；采用轻量化包装材料，减少运输重量，以及在运输过程中实施货物跟踪和温控管理，避免因储存不当导致的损耗和额外补货需求。同时，建立物流信息平台，实现供应链各环节的信息共享与协同作业，也是提高整体物流效率、减少资源浪费的有效措施。总之，材料运输与物流优化是建筑行业迈向绿色、低碳发展的重要一环。通过实施合理规划运输路径、推广集中采购与批量运输，以及积极采用绿色物流技术和管理手段，不仅可以显著降低建筑项目的碳排放，还能提升供应链的整体运营效率，为实现建筑业的可持续发展目标奠定坚实的基础。随着技术进步和行业意识的提升，未来建筑物流领域的减排潜力将得到进一步挖掘和实践。

4.1.3　施工过程管理

在施工过程中，选择电动或低排放的施工机械是实现节能减排的关键一步。这包括使用电动挖掘机、装载机以及混合动力吊车等，它们相较于传统燃油设备能显著降低运行时的碳排放和空气污染。此外，利用可再生能源为施工现场提供动力，比如安装太阳能光伏板和小型风力发电机，为临时办公室、工人休息区及照明系统供电，不仅能减少化石燃料的依赖，还能在一定程度上抵消项目施工期间的能耗，进一步推动绿色施工进程。施工废弃物管理的核心在于实施一套全面的分类、回收和再利用机制。工地应设立明确标识的废弃物收集点，对建筑垃圾、金属废料、木材、塑料等进行严格分类。通过与专业的废弃物处理公司合作，确保可回收材料得到有效回收并重新进入生产链，而有机废弃物则用于堆肥或生物能源的生产，从而减少最终送往填埋场的废物量。减少填埋不仅能降低甲烷排放，还有助于保护土壤和地下水不受污染，促进循环经济的发展。提升施工效率，不仅关系到项目成本控制，更是节能减排的直接途径。采用预制构件技术，即在工厂内完成建筑部件的标准化生产，然后运输至现场组装，这一模式大大缩短了现场施工时间，减少了现场作业产生的能耗和废弃物。同时，结合BIM（建筑信息模型）技术的广泛应用，能够在虚拟环境中模拟整个建设过程，提前发现并解决潜在的设计冲突与施工问题，避免了因返工造成的资源浪费。BIM还能精确计算材料需求，减少多余采购，确保资源的高效利用。通过上述措施的深入实施，施工过程管理不仅能够有效促进节能减排，还能显著提升施工效率和项目质量，形成对环境负责、经济效益与社会效益并重的新型施工模式。未来，随着更多创新技术的涌现和绿色建筑材料的发展，施工行业的可持续性将进一步增强，为全球环境保护和气候变化应对贡献力量。

4.1.4　碳排放监测与报告

在当今社会，随着对环境保护意识的不断提高，建筑行业的碳排放问题正受到越来越多的关注。为了实现低碳建筑的目标，建立施工阶段碳排放监测体系并定期发布碳排放报告变得尤为重要。建立施工阶段碳排放监测体系是减少建筑碳排放的关键步骤。这一体系需要涵盖所有与施工活动相关的碳排放数据，包括建筑材料的生产、运输、施工过程中的能源消耗以及废弃物的处理等。通过定期记录这些数据，设计师和施工团队可以及时了解施工过程中的碳排放情况，分析数据的变化趋势，找出减排的潜在机会。定期发布碳排放报告是提高透明度和接受社会监督的重要手段。这些报告应该包括施工过程中的碳排放数据、减排措施的实施情况以及未来的改进计划等。通过公开这些信息，建筑项目的相关方可以展示他们对环保的承诺和努力，增强公众对项目的信任和支持。为了确保碳排放监测体系的有效运行和报告的准确性，需要采取一系列措施。首先，需要建立完善的数据采集和管理机制，确保数据的真实性和完整性。这可以通过采用先进的传感器和自动化技术来实现，以减少人为错误和提高效率。其次，需要加强人员培训和能力建设。设计师、施工团队和监测人员都应该接受相关的培训，了解碳排放监测的重要性和方法，掌握数据分析和报告编写的技能。再者，还可以邀请专家进行指导和咨询，分享最新的研究成果和行业最佳实践。最后，需要建立健全的内部审核和外部认证制度。内部审核可以定期检查监测体系的运行情况和报告的准确性，发现问题并及时采取改进措施。外部认证则可以由第三方机构进行，对项目的碳排放情况进行独立评估，确保数据的客观性和公正性。综上所述，建立施工阶段碳排放监测体系并定期发布碳排放报告是减少建筑碳排放和提高透明度的重要措施。通过这些措施的实施，建筑项目的相关方可以更好地了解和管理碳排放情况，向公众展示他们的环保承诺和努力，推动建筑行业向更加低碳和可持续的方向发展。这不仅有助于应对气候变化的挑战，还可以为建筑行业的创新和发展提供新的机遇。

4.1.5　碳补偿与抵消

为了实现低碳建筑的目标，除了采取各种减排措施外，还需要关注那些难以避免的碳排放。对于这些排放，可以通过投资碳汇项目、可再生能源项目等方式进行碳补偿或抵消。碳补偿项目是一种通过投资于减少或吸收碳排放的项目来抵消自身碳排放的方式。这些项目可以包括植树造林、恢复湿地、推广可再生能源等。通过投资这些项目，建筑项目的开发商和运营商可以降低自身的净碳排放，实现碳中和目标。植树造林是一种常见的碳补偿项目。树木通过光合作用吸收二氧化碳并释放氧气，从而减少大气中的碳排放。投资植树造林项目不仅可以直接吸收碳排放，还可以改善生态环境、保护生物多样性。此外，树木还可以提供木材、纸张等可持续的资源，进一步降低建筑行业的碳排放。恢复湿地也是一种有效的碳补偿项目。湿地是地球上重要的碳汇，它们能够吸收大量的二氧化碳并将其储存在土壤中。投资恢复湿地项目不仅可以增加碳汇的能力，还可以改善水质、保护水生生物多样性。此外，湿地还可以提供休闲和教育的机会，促进社区参与和环保意识的提高。推广可再生能源项目是另一种重要的碳补偿方式。可再生能源如太阳能、风能等在使用过程中不会产生碳排放，是替代传统化石能源的理想选择。投资可再生能源项目不仅可以减少对化石能源的依赖，还可以推动清洁能源技术的发展和应用。此外，可再生能源项目还可以创造就业机会、促进经济发展。在选择碳补偿项目时，需要考虑项目的额外性、泄漏和持久性等因素。额外性是指项目是否真正减少了碳排放，而不是简单地替代了原有的减排措施。泄漏是指项目实施过程中可能导致的碳排放转移到其他地方的现象。持久性是指项目是否能够长期运行并持续产生减排效果。只有满足这些条件，碳补偿项目才能真正实现其减排目标。综上所述，对于难以避免的碳排放，可以通过投资碳汇项目、可再生能源项目等方式进行碳补偿或抵消。这些项目不仅可以直接减少碳排放，还可以带来其他的环境和社会效益。在选择碳补偿项目时，需要充分考虑项目的额外性、泄漏和持久性等因素，确保项目的真正有效性。通过这些措施的实施，建筑行业可以更好地应对气候变化的挑战，为可持续发展作出积极贡献。

4.1.6　员工培训与环保意识提升

环保意识教育是提高施工人员环保意识的重要途径。通过组织各种形式的宣传活动和培训课程，可以向施工人员普及环保知识、传播环保理念、引导他们养成节能减排的行为习惯。例如，可以定期举办环保知识讲座和工作坊，邀请专家学者介绍最新的环保技术和发展趋势；可以制作宣传册、海报等宣传材料，展示节能减排的重要性和方法；还可以利用社交媒体、公司内部网站等平台，发布环保信息和案例，激发员工的环保热情。除了环保意识教育外，还需要对施工人员进行低碳施工技术的培训。低碳施工技术是指在施工过程中采用一系列节能、减排、环保的工艺和方法，以降低建筑项目的碳排放和环境影响。这些技术可能包括优化施工方案、选择环保材料、提高能源利用效率等。通过培训，施工人员可以掌握这些技术的原理和应用方法，在实际工作中更好地实施低碳施工措施。为了确保员工培训的效果，需要采取多种手段和方法。首先，可以制定详细的培训计划和内容，根据不同岗位和工种的特点进行有针对性的培训。其次，可以邀请具有丰富实践经验的技术专家和工程师进行授课，分享他们的经验和技巧。最后，还可以采用模拟演练、现场观摩等方式，让员工亲身体验低碳施工的过程和效果。

4.2 装配式建筑的碳减排优势

装配式建筑作为一种新兴的建筑方式，以其高效、节能、环保等优点逐渐成为建筑行业的发展趋势。然而，由于其生产方式的特殊性，装配式建筑的质量管理面临着诸多挑战。因此，本书旨在深入研究装配式建筑的质量管理体系，以确保装配式建筑的质量符合国家标准，推动装配式建筑行业的健康发展。研究装配式混凝土建筑工程具有重要的意义。

（1）推动住房工业化进程，提高住房建设效益。在中国，居住建筑的平均年建成面积为$100\sim140\mathrm{m}^2$，这主要是因为其具有高度的产业化和建筑的高效性，而我国的房屋建筑大多采用人工湿法施工方式，导致了建筑的建造效率低下。平均每年建筑面积不超过$30\mathrm{m}^2$。所以，如何加速住房工业化，提升住房建设效益，就显得尤为重要。大规模工业化的住房，一部分是以砖混、钢筋混凝土砌块等方法发展起来的一些装配式房屋构件，从就地向工业化发展；另一部分是工厂批量制造，这样可以改善组装工程的质量管理，改善建设效率，减少工程建设中的人工投入费用。为了更好地满足现代都市发展的需要，需要采用"组装"的施工方式，健全其质量管理系统。

（2）坚定不移地推进可持续发展之路。组装的建筑部件的重量很小，可以有效地节省建材，缩短建设工期，加速了公司的资本流动。部件的重叠作业，可以让建设的效率得到提升，而建材的环境效益也会变得更好，这也是一种可持续发展的方式。方便实行具有较高隔热性能的节能措施等特征，从而大大减少了施工初期的资金费用，降低了施工中所需的原料和能量消耗。带动房地产业向更健康的方向发展，同时也促进了绿色经济的发展。装配式建筑在施工阶段的碳减排优势主要体现在以下几个方面：

工业化生产与标准化部件：工业化生产与标准化部件是装配式建筑的核心特征，这一模式彻底改变了传统建筑产业的运作方式，为实现建筑领域的可持续发展和碳减排目标提供了强有力的支持。在高度自动化的工厂环境中，计算机辅助设计（CAD）和计算机辅助制造（CAM）技术紧密相连，确保了预制构件的尺寸和规格高度精确，几乎不存在现场施工中常有的人为误差，减少了因尺寸不合导致的材料浪费。工厂化生产支持大规模批量制造同类型构件，这种规模经济不仅降低了单位成本，还意味着生产过程中的能源和材料使用效率更高，减少了单位产品的碳足迹。生产线的连续作业和精益生产管理减少了物料搬运和等待时间，提升了生产效率，使得整个制造过程更为节能。标准化的预制构件遵循统一的设计规范，减少了定制化带来的复杂性，这意味着在制造前就能精确计算所需材料量，减少不必要的边角料和余料。标准化部件的加工流程更加标准化，减少了切割、钻孔洞、焊接等加工步骤中的材料损耗，提高了原材料的利用率。工厂环境下严格的质量控制体系能够确保每一批构件都符合既定的性能标准，减少了现场因质量问题导致的返工和材料重制，从源头减少浪费。工厂可以集中处理废弃物，采用更环保的处理方式，如回收利用剩余材料，减少废弃物对环境的污染。同时，工厂内部的能源管理更为高效，能够采用可再生能源或节能技术，减少生产过程中的碳排放。虽然预制构件需要运输到现场，但通过合理规划，可以实现运输的集约化，减少空驶，且与现场施工材料多次运输相比，一次到位的总碳排放可能更低。工业化生产与标准化部件的装配式建筑模式通过提高材料使用效率、减少现场废料产生、优化生产过程中的质量控制，以及通过运输策略的合理规划，共同作用于减少整体碳排放，为建筑行业向低碳、绿色转型提供了强有力的实践路径。装配式建筑作为一种新兴的建筑方式，其质量管理体系的研究受到了国内外的广泛关注。在国际上，装配式建筑的发展较早，各国在实践中不断总结经验，形成了一系列较为成熟的质量管理体系。然而，在这一领域，虽然我国的研究起步相对较晚，但是随着装配式建筑技术的广泛应用与深化推进，与之相关的研究成果也在持续地得到深入发掘及发展提升。

国际上，装配式建筑质量管理体系的研究主要集中在以下方面：一是标准化研究，通过制定一系列标准规范来指导装配式建筑的生产和施工；二是流程优化研究，通过精细化管理提高装配式建筑的施工效率和质量；三是技术创新研究，通过引入新型建筑材料和施工工艺提升装配式建筑的质量；四是质量管理研究，通过建立健全的质量管理体系来保障装配式建筑的质量。

我国在装配式建筑质量管理体系研究领域已取得诸多显著成就。首先，在标准化层面，陆续颁布并实施了一批涉及装配式建筑的各类标准规范和技术规程，例如《装配式混凝土建筑施工规程》T/CCIAT 0001—2017 等，这些都为装配式建筑的品质管理提供了坚实且明确的依据。其次，在施工管理程序深度优化方面，国内学者们积极将现代项目管理理念与创新的精益生产模式融入实践工作中，以此来完善装配式建筑工程的详细规划与执行流程，从而极大地提升了整个施工过程的品质水平。再次，对于技术创新环节，研究人员针对装配式建筑中的具体部件的生产以及施工工艺等关键环节进行了广泛而深入的研究，成功开发出一系列具备自主知识产权的新技术与新工艺，从而大幅度提升装配式建筑的各项质量指标。最后，关于质量管理方面，国内学者们以国际上成熟的质量管理理论为基础，紧密结合我国本土的实际状况，成功摸索出了一整套专门针对装配式建筑的质量管理体系，其中包含质量计划制定、品质管理施行，以及质量验证核验等重要环节，这为装配式建筑的整体质量管理提供了强有力的理论支撑。

综合以上观点，可以看出无论国内外，在装配式建筑质量管理体系的研究领域均已获取较多价值的成果。然而，仍需承认的是，作为一个新兴产业，装配式建筑当前尚处在迅猛发展的阶段，所以仍需要更为深入细致的研究工作。展望未来发展方向，可重点关注以下几大议题：一是持续优化并完善装配式建筑的标准法规、技术规程体系，以便为品质管理提供更有力的依据；二是加大对装配式建筑施工技术的深度研究，以期不断提升施工品质；三是从全新角度出发探索研制出更多新型优质的质量管理策略及方案，提高质量管理工作的整体时效性；四是还要强化对装配式建筑质量监管工作的研究与优化，建立并完善质量监管系统，确保装配式建筑的整体质量得到充分保证。

4.2.1　装配式建筑的含义

装配式建筑是一种新型的建筑形式，它是将建筑的各种构件通过预先制造的构件在厂房内制造出来，随后将这些构件送至工地，通过机器提升等方式进行组装。通过科学技术把分散的预制板组合为一个完整的结构，从而把预制板转化为一个实用的、满足建造质量的建筑物。

4.2.2 装配式建筑结构

1. 砌体结构

砌体结构是一种以各类砖、灰浆为主体的承载结构。砌体结构是中国历史最长、应用范围最广的一种结构形式。尽管砌体结构造价低廉，但却存在着自身重量较大、抗压能力较弱、抗震能力较弱、空间布置及层数限制等问题。砌体的力学性质具有三大特征：第一，由于灰缝的强度比砌块的低，所以灰缝的粘结力较弱；当然，它的抗压强度比块状材料要低。第二，由于砌体是用砂浆和砖混合而成的，所以砖的形状、砂浆的强度以及砂浆的均匀度都会对砌体的强度产生较大的影响。第三，在未采用钢筋的情况下，砌体结构适合作为轴压或偏心率偏高的偏压构件，若无轴压或空间跨度太大，则会导致其抗压强度大幅度下降，从而导致一些质量问题。因为砌体结构本身有其限制，所以它只适用于对场地没有太多需求的建筑物，如旅馆等。

2. 木结构

木结构是指以木质或木质承载荷载的构造形式，利用多种不同的金属部件及榫头，将木质拼接而成的一种建筑结构系统。由于木材都是自然材质，其材质比较致密，而且抗压能力较差，因此，这种木头建筑，一般都是用在一些中小规模的工厂房顶上。木材结构按其连接方式及断面形态可划分为齿形木质构件与直木构件、齿板与钉板构件及胶粘结构。一种手工作业的木制构架，如有锯齿状的木质构架，通常在施工现场使用。由于施工简便、发展时间长、使用范围广，也是中国古代建筑中使用最为普遍的一种构造形式。

3. 轻钢结构

轻质钢材以薄如 0.5～1mm 的镀锌钢板为主体，其构造方式与"龙骨"在木质结构中均起到支撑的作用。轻型钢材的优势是自重小，抗压强度高，韧性好，整体性能好，抗震性能好。轻钢结构能够增大建筑物的跨度，确保建设的品质，加快建设的进度，并且还能够简化其拆除和改建；同时还能循环使用钢铁材料，其理化性能稳定性好，对周围的环境也不敏感。钢铁也是一种重要的建材，但它也有缺点，例如，钢铁为金属，热量传递很快，会使建筑物的隔热性能下降，并且它的脆性很大；它的抗剪性能较弱，钢的热阻较低，防火性能较低。在目前普遍采用钢铁材料的情况下，如何解决这些不足是提升装配结构施工品质的关键。

4. 混凝土结构

20 世纪 70 年代，我国为解决城镇化进程中城镇居住问题，普遍采取了装配式预制拼装房屋体系，如大型面板预制板、预制圆孔板、阶梯、槽板等。大型平板结构体系适用于低造价及多层房屋。大型平板结构体系存在很多不足之处，如构件的制造、安装和建造都需要结构受力模式；预制板施工中，如节点等，均有不可克服的缺点。另外，大型钢板房屋在抗震性能、物理性能和建筑功能上都存在着潜在的安全问题。同时，使用的运载方式造成造价差异及厂房用地性质的差异，对大型楼板体系均有一定的影响。自 20 世纪以来，大型板框结构系统因其自身无法克服的缺点而逐步被其他高级结构系统所取代。

4.2.3　装配式建筑质量管理现状

装配式建筑构件一般包含有预制件的柱子、复合板、组合梁和预制楼梯。装配式钢筋混凝土框架是先将混凝土浇筑后形成一个完整的整体，而梁、板和柱之间的粘结则是以套筒注浆的形式进行。

装配式钢筋混凝土结构是装配式建筑的重要组成部分。在预制装配体的加工中，必须对装配体的原料进行试验，以保证装配体的原料满足标准要求，然后再进行预制装配。要保证装配体质量合格，必须对预制件的外表进行严密的检查。预制件的搬运工作，主要是将预制件从工厂运送到工地，以及在安装和建造过程中的搬运工作。鉴于预制装配体类型繁多，为保证其在输送时不对市政道路造成干扰，有必要对其进行规划。由于装配式钢筋混凝土结构通常都比较大，所以在运送时必须根据其大小及载重需求，对其进行适当的装卸。采用拖车或拖车等方式来运送预制板，但对一些特别的部件可以进行适当改造，但须保证其安全性；能适应各种特种结构构件的搬运需要。在搬运时，为了防止预制的混凝土部件发生倾倒或移位，必须在搬运车上设置固定结构件的托架，并对其进行合理的捆绑与固定，保证运输过程的安全性。装配式钢筋混凝土结构的装配与焊接是工程建设中的一个重要步骤。而预制件堆放则是利用吊装机械将其搬运至预定地点，而装配式装配则利用更高级的连接工艺与方式，将其组合为整体结构。当前，我国装配式钢筋混凝土结构的关键问题是装配式钢筋混凝土结构节点的粘结强度问题。

在进行构件吊装时，要依据构件的形状、质量、安装地点及场地情况，对起重机及吊具进行多种形式的搬运。在此基础上，采用高质量的专用设备，对预制结构进行准确定位，保证装配后的定位和外观的平直度，保持结构的整体性。当预制板的安装地点选定后，要做好浇筑之间的衔接工作。装配式钢筋混凝土房屋中，装配式钢筋混凝土梁的安装位置准确与否，对整个工程的稳定、质量与安全性都有重要的关系。装配式钢筋混凝土结构在建造过程中，其施工过程中的质量检测与维修保养是其关键环节，对其使用寿命及工艺水平的提高具有重大意义。装配式混凝土施工与现浇混凝土施工在验收方面存在差异，各环节需严控质量，施工单位的质量验收结果主要包含预制结构分项工程验收数据、预制构件安装隐蔽验收数据以及混凝土结构检测批次验收数据等。

装配式建筑养护期的工作内容，是在业主入住之后，对施工企业所提的建议进行修改，并对施工中存在的问题进行改善，最终达到让业主满意的效果。因此，在充分理解用户对预制混凝土结构的实际要求后，可以为用户提供满足用户要求的工程产品。最后，我们会在施工中碰到一些问题，解决方案应整理归档，为今后装配式建筑的发展提供可借鉴的资料。

在建设过程中，质量管理制度主要由工地上的施工管理组织（比如建设项目的管理单位）来构建，在此基础上，要按照行业要求、业主或总承包商对工程质量管理系统的有关要求，制定一套完整的质量管理运作保证制度。其要点如下：

（1）对施工过程进行全面和系统的质量管理。

（2）对具体的工程建设项目的质量管理。

（3）对工程建设中关键工作环节的质量管理。

（4）工程质量策划书或施工组织图。

（5）工程质量管理要点和相应的防治方法。

（6）工地建设中的内部和外部沟通与协作网络，以及其操作方法。

以上所述内容构成了一个工地建设的质量保障制度和一个过程文档，从而使建设质量保障制度得以实施，并对工地经营责任进行了界定。高标准、严要求地进行现场施工作业管理，对于工程建设质量的提升具有至关重要的影响。

在工程建设项目的执行过程中，应当将注意力集中于项目规划以及项目实施这两个重要方面。依照 PDCA 循环原理，需要制定出科学合理的质保规划，明确项目所要达成的特定目标。同时，还需确立实现该目标的具体可行措施以及详细规划，以便推进建筑工程能够按照既定计划有条不紊地进行下去。然而，保障工程建设品质的关键在于，实施工程建设质量保障系统的运作必须严格遵守事先、中间和事后三个环节。在此过程中，有必要针对每个环节的主要环节进行周全严谨的管理，从而确保所有环节的品质得以保证，最终达到提升整个工程建设品质的目标。对于工程建设过程中所出现的问题，应当进行深入的分析和深刻的反思，同时提出具有针对性的解决策略。

施工质量计划以预控和预防为主要手段，编制科学的工程建设计划，选用先进的工程工艺，制定相应的工艺、组织及管理办法；保证建筑工程按照预定的进度进行。前期工作非常重要，它直接关系到整个工程的顺利进行，也关系到计划与建设的管理目的。根据工程的特点，工程的准备工作如下：

（1）项目实施前的综合施工准备；

（2）各子项目施工前的施工准备；

（3）特殊季节的季节性施工准备。

从施工质量管理的角度来看，对建设项目进行事前管理，以避免在行动上出现偏差，进行规划与实施，将建设项目变成仪式化的零件。

4.2.4 作用和意义

1. 减少现场作业与能源消耗

传统的现场浇筑方式需要使用大量的搅拌机、起重机等大型设备，这些设备的使用不仅频繁而且时间长，导致燃油消耗和相关排放的增加。然而，随着装配式建筑的兴起，这一局面正在得到改变。装配式建筑是一种通过工厂化生产、现场组装的方式来建造建筑的新型模式。相比传统的现场浇筑方式，装配式建筑具有许多优势。首先，装配式建筑的部件在工厂进行预制生产，现场只需要进行组装工作。这样就减少了现场作业所需的大型设备的数量和使用频率。由于工厂化生产可以采用更先进的设备和技术，因此生产效率更高、质量更好。同时，工厂内部的生产环境相对封闭和稳定，有利于质量控制和废弃物的处理。其次，装配式建筑的现场组装工作也更加高效。由于部件已经在工厂预制完成，现场只需要进行简单的连接和安装工作。这样就减少了现场施工所需的时间和人力成本。同时，现场施工的能源需求也大幅度降低。传统的现场浇筑方式需要大量的电力和燃料来驱动设备运行，而装配式建筑则可以通过优化设计、减少部件重量等方式来降低能源消耗。最后，装配式建筑还可以减少施工过程中的直接碳排放。传统的现场浇筑方式会产生大量的二氧化碳和其他温室气体排放，对环境和气候造成不利影响。而装配式建筑则可以通过优化设计方案、选择环保材料等方式来降低碳排放。例如，采用轻质、高强度的材料可以减少部件的重量和运输成本；采用可再生能源和循环利用技术可以减少能源消耗和废弃物的产生。

2. 缩短施工周期

缩短施工周期是装配式建筑在环境保护与资源节约方面的另一显著优势。通过将大量建筑部件的生产移至工厂完成，施工现场的工作主要集中在组装上，这显著加速了施工进度。相比传统施工方法，这种高效的现场装配不仅极大减少了因长时间施工所需的能源消耗，包括重型机械的运行、照明、保暖或降温设备的使用等，而且间接减少了这些能源消耗导致的碳排放量，有利于减缓气候变化。更短的施工周期还意味着周边社区和生态系统受到的干扰被降至最低。在传统建筑工地，长时间的噪声、尘土方移动、交通阻塞等问题常常影响居民生活质量，对邻近的野生动植物生态也构成威胁。而装配式建筑的快速施工减少了此类影响的时间跨度，有助于维护周边环境的和谐与生态平衡。此外，缩短施工周期还带来了经济和社会效益。项目提前完成意味着投资回报周期加快，资金降低周转效率提高，对投资者和开发商具有吸引力。对于居民和使用者而言，尽早入住新居所或使用新设施无疑提升了生活质量，减少了因等待期间可能产生的不便与额外费用。从长远看，这种高效建造模式的推广还促进了建筑业的现代化进程，推动了相关产业链的升级，如物流、智能装备制造业、信息技术等，带动了就业和技术创新，为经济的绿色发展注入活力。因此，可缩短施工周期的装配式建筑不仅是一项环保策略，更是推动社会经济全面可持续发展的重要途径。

3. 优化物流与运输

随着装配式建筑的广泛应用，大量的预制构件需要从工厂运输到施工现场。传统的物流方式往往存在运输效率低、运输成本高昂等问题，这不仅影响了装配式建筑的整体经济效益，还增加了碳排放。因此，优化物流与运输成为减少装配式建筑碳排放的关键。合理的物流规划是优化物流与运输的基础。在装配式建筑项目中，物流规划应考虑构件的尺寸、重量、形状以及运输距离等因素。通过合理规划运输路线和时间，可以减少不必要的绕行和等待时间，提高运输效率。同时，应尽量选择环保的运输方式，如采用低排放的运输工具、优化装载方式等，以减少运输过程中的碳排放。批量运输是降低装配式建筑碳排放的有效手段。与传统的多次运输不同材料到现场的方式相比，集中运输预制构件可以大大减少运输里程和次数。通过批量运输，可以将多个项目的构件集中在一起进行运输，从而减少单个项目的运输成本和碳排放。此外，批量运输还可以提高运输工具的利用率，进一步降低碳排放。在优化物流与运输的过程中，技术创新也发挥着重要作用。例如，利用先进的信息技术和物联网技术，可以实现对运输过程的实时监控和管理，提高物流效率。此外，还可以开发智能调度系统、绿色包装材料等新技术和新产品，为装配式建筑的低碳发展提供有力支持。

4. 提高能效与保温性能

提高能效与保温性能是装配式建筑在绿色建筑领域的一大亮点，它不仅直接响应了节能减排的全球性需求，还为居住者创造了更加舒适、经济的使用环境。在设计阶段，装配式建筑的模块化与标准化不仅便于精确集成高性能的保温隔热材料，如聚氨酯泡沫、真空绝热板、岩棉等，而且能够通过精密的计算和模拟优化材料的分布，确保每一部分都达到最佳的保温隔热效果，减少热桥效应，这是传统现场施工难以匹敌的优势。良好的保温隔

61

热性能，意味着建筑在冬季能有效保留室内热量，夏季隔绝外界高温，显著减少空调制冷和供暖系统的使用频率与强度，进而大幅降低建筑运行期间的能源消耗。据估计，优质的保温隔热措施能减少建筑能耗高达30％～50％，这对于长期运营的碳足迹减少是极其可观的。随着能源价格的波动和环保法规的趋严苛刻，这种节能特性更显现出其前瞻性和经济价值。

此外，良好的保温隔热还有助于提高建筑的声环境，减少外部噪声干扰，提升居住和工作空间的静谧度，这对提升生活质量同样重要。而且，良好的保温隔热材料通常也具备防火、防潮的特性，为建筑安全性与耐用性加分，减少维修成本，延长建筑的使用寿命，从全生命周期角度进一步减少资源消耗和环境压力。综上所述，装配式建筑通过其设计灵活性和集成高效保温材料的能力，实现了建筑能效的显著提升，不仅在环保上作出贡献，也为用户提供了更健康、经济、舒适的居住环境，是未来建筑发展的必然趋势。

5. 减少现场废弃物

减少现场废弃物的产生是装配式建筑在环保方面的又一项重要贡献。由于预制构件在工厂中经过精确加工和严格的质量控制，其尺寸、形状和数量都事先经过精确计算，大大降低了现场剪裁、修整的需要，从而减少了传统施工中常见的大量废料问题。这些废料若不能有效回收利用，往往会被送至填埋场，不仅占用宝贵的土地资源，还会在厌氧条件下分解产生甲烷等温室气体，加剧全球变暖。通过减少现场废弃物，不仅减轻了对填埋场的压力，减少了与之相关的碳排放，还意味着在施工完毕后，所需进行的清理工作量大大减少。清理过程本身也会消耗能源，包括运输、分类、处理或焚烧、填埋等环节，这些过程中的设备使用和操作都会产生额外的碳排放。因此，现场废弃物的减少，从源头上直接降低了这一系列后续处理环节的碳足迹。更进一步讲，减少废弃物还鼓励了资源的循环利用，许多预制构件生产过程中的边角料或可回收材料可被反馈回生产线，形成闭环，减少了对原材料的依赖，进一步降低了开采、加工的环境成本。这种循环经济的模式，对于推动建筑行业走向绿色、低碳、可持续的发展路径具有深远意义。总体来说，装配式建筑通过其精确生产与现场组装的方式，有效控制了废弃物的产生。这一举措不仅直接减少了填埋场的温室气体排放，同时促进了资源的循环利用，展现了其在环保方面的综合优势和对实现可持续发展目标的积极贡献。

6. 促进材料循环利用

装配式建筑在材料选择上倾向于使用可回收或再利用的材料，这一理念体现了对资源的高效利用和对环境保护的重视。相比传统建筑方式，装配式建筑更加注重材料的可持续性和环保性。使用可回收或再利用的材料是装配式建筑减少新建材生产需求的关键。这些材料通常包括钢材、木材、玻璃等，它们具有较长的使用寿命和良好的回收价值。通过回收和再利用这些材料，可以减少对原材料的开采和加工需求，从而降低碳排放和资源消耗。装配式建筑的闭环经济特征也有利于形成材料循环利用体系。在设计阶段，设计师会考虑材料的回收性和再利用性，确保每个部件都可以在未来进行拆卸和回收。在施工阶段，工厂会根据设计方案对部件进行预制生产，尽量减少废弃物的产生。在运营阶段，建筑物的维护和更换工作也可以采用回收材料进行，进一步延长材料的使用寿命。促进材料循环利用还有助于减少建筑业的碳足迹。然而，要实现材料的循环利用并非易事。它需要建立完善的回收体系和市场机制，确保回收材料的质量和经济性。此外，还需要加强技术研发和创新，提高回收材料的再利用性能和附加值。只有这样，才能推动装配式建筑在材料循环利用方面取得更大的进展。

4.2.5 装配式建筑质量管理存在的问题

1. 构配件的生产与质量问题

目前，已有多种结构形式的预制构件被广泛应用于建筑工程，其中最主要的是剪力墙、楼板和支撑结构，其施工质量直接关系到整体施工质量。但从当前国内组装件的制造现状来看，很多组装件的制造工艺尚不完善，工艺层次不高。由于预制板工厂远离工程建设的实际工地，所以长时间的运送使预制件在运送时会发生不同程度的损耗，造成了额外的搬运费用，同时也给施工带来了安全隐患。在装配式建筑构件到达工地后，若没有相应的监管机构对其进行检测、存储和监控，则会造成有缺陷的部品，从而威胁整个工程质量和安全。

2. 构配件的质量监管问题

构配件材料质量对于装配式建筑而言至关重要，因此需要严格监管其结构件。目前，我国已经逐步采纳并发展了成熟的装配式施工技术体系，并据此设立了相应的技术规定。然而，相较于发达国家如欧美地区，装配式设计规范仍有待完善。

3. 人员方面对工程质量的影响

在建设项目中，涉及机器和设备的运行和管理，都要耗费很多的劳动力，而在安装项目中，大部分工作都是由机器来进行的，因此，对人员的投资也比较大。由于装配式建筑的建造工艺相对于常规的建造工艺要更加严格，在对操作人员的技术水平以及对机器的需求上也要更高，因此必须要对有关人员进行适当的培训，保证有关人员对设备工作过程有详尽的认识。若作业者违反规定或装配工艺不当，致使结构件损伤较大，即使装配完毕，也不能满足产品质量要求，需要进行返修。这将导致施工进度拖延，并对施工产生重大的影响，甚至引起重大的安全问题。因此，我们要对施工过程中的施工品质进行分析，如图4-3 所示。

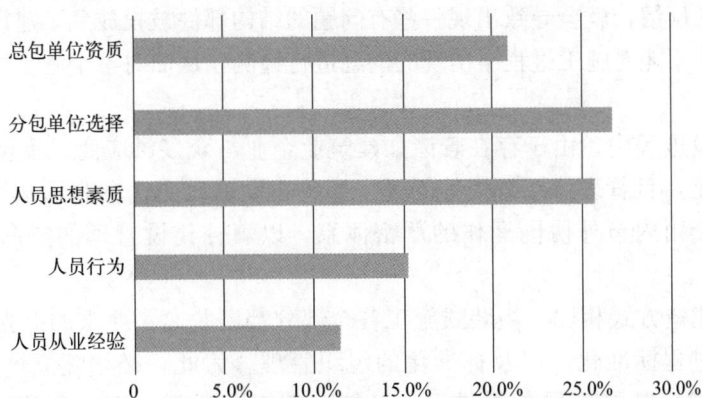

图 4-3 人员方面对工程质量的影响

4. 机械方面对工程质量的影响

装配式建筑施工与普通房屋施工有很大区别，其施工过程中，除各类吊具及工具外，还需要注浆工具、支架、模板，角部固定件，侧壁固定件，各类螺钉、垫圈等，其选用、安放及维护直接关系工程质量。机械方面对工程质量的影响，如图4-4所示。

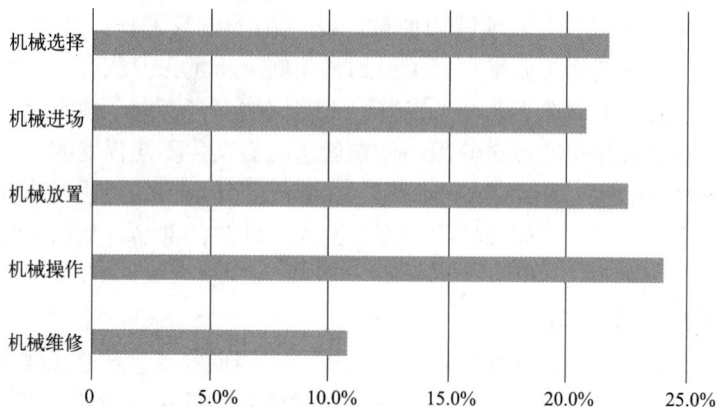

图 4-4　机械方面对工程质量的影响

5. 引发施工管理问题的因素

在建造工艺方面，由于装配式建筑建造方式有别于常规现浇建造，其冷却桥处理、保温处理及防水连接处理均为其核心，所以常规建造模式已不再适合于其建造。预制混凝土结构是一种新型的结构形式。随着建筑业的迅猛发展，企业要实现转型，必须从建筑业的角度入手，对建筑业进行全面、深入的研究。在施工过程中存在很多问题，比如施工进度不够快，施工方对设计部的技术说明、设计变更不能主动予以配合、不能公开有关的图纸资料等。建设方面，也存在着人才体制不完善等问题。例如，在组装式工程建设中，并没有设立专业的质检人员，导致了在施工期间不能对项目质量进行追踪，一旦出现了问题，并得到了及时的反馈，就会导致出现一些有问题的结构部件被投放到了建设之中。这就造成了施工过程中不能对施工过程中出现的问题进行检测，从而对整个施工过程产生重大的影响。

在现实建设进程中，由于存在着诸如建筑业企业与众多供应商、承包商、设计师和工匠间联系不足，且管理体系缺失等问题，导致建设单元无法独自形成全面质量保证。显然，建立一个由内至外协同运作的严密体系，以填补建设管理的空白点，显得尤为重要。

与以往的建造方式相比，组装式施工各个部分都已脱离了原来的孤立状态，它要求设计标准化、过程标准化，以及标准化的组织管理。为此，必须建立严谨且精确的经营指标。管理指标既能确保工程进度，又能改善工程质量。在工程施工中，从决策、施工到竣工验收等各个环节，都要对工程施工进行全面的管理。企业的质量管理至少应达到三大目标：经济目标、时间目标、品质目标。当前，我国装配式房屋建设发展较慢，缺乏可供借鉴的实例，难以利用大数据进行有效的大数据处理，难以达到其信息化的目的。

目前，建筑企业的施工管理体制还存在着材料供应、人员设备管理、施工管理及品质管理等方面的缺陷，从而在施工过程中埋下了安全隐患。编制还不完备，缺少科学的建设规划，前期工作做得不足，后期施工也不能保证质量。

6. 信息管理问题

在全生命周期内，装配式施工涉及的信息量很大，也很复杂，要求构建一套完整的信息体系。目前，国内对建筑企业均未设立独立的信息管理机构，造成了建筑企业的信息化建设的滞后。近几年，BIM 的相关技术与方法在国内建筑业中逐渐被采纳，但是其实施效果并不理想。

4.2.6 装配式建筑的质量管理对策

1. 建立完善的质量管理组织机构

构建完善的装配式建筑构件质量监督体系，并在此基础上加强对预制混凝土构件的监督与监督，确定监督部门的权利与义务。比如，将工程主管设为品质经营领导班子，由项目主管担任副组长。在各个建筑小组内部，成立综合品质工作小组，并对其所辖范围内的工程质量承担责任。一旦出现问题，就要追究有关人员的责任。

2. 制定系统的质量检查制度

建立一套系统化的质检体系，最主要的就是要在工程项目中设置一名专门负责的专业质检人员，以防止权利和义务不明确。由项目部组织策划，项目负责人牵头，多方面参加，对工程品质进行全方位的检验，出具一份由质检负责人签字的《合格检验报告》，再发给施工企业。对质量检验范围内所有质量检测人员进行考核，提升团队成员的责任心与工作积极性，保证工程品质。为确保工程质量，项目部品质总监每月对施工进度开展随机检验，同时针对存在质量问题的情况，依据严重程度实施奖惩措施。对于表现优秀者进行表彰及奖励，体现公正、公平、公开的原则。

3. 强化质量保证体系

"以质取胜"是工程建设中一个不变的主旨，更是我们每一个参与建设的员工共同的任务。项目部应精心组织，精心施工，才能全面满足工程的高质量要求。在工程建设中，必须要有"千里行始于足下"的观念，对工程进行全方位的质量管理。建筑企业要加强员工对工程质量、安全的教育、培训，增强全员的品质观念，以工程的品质为首要目标，切实履行好自己的职责，脚踏实地。

4. 人员素质和人员结构的优化

要提高装配式房屋建造工人的基础能力，必须从三个角度进行改进。一是要出台相应的政策，要求教育部在高校开设与装配式结构有关的专业教学，为装配型建筑业提供专业技术支持。培育和储备高素质的人才，是推动建筑业可持续发展的关键。二是企业也要加强与学校之间的协作，使学生能够把理论知识运用到实际工作中去，在不浪费资源的情况下，还能提高工作效率。企业要为职工创造学习的条件，并对其进行工业生产、专业技能的培养。例如：零件组装工艺训练，套管注浆工艺训练，为公司的发展做好准备。三是在安装施工企业中，要抓住机遇，不断地向新的科技领域学习，不断地加强自己的理论和实践，不断地提升自己的综合能力。

在工程建设中，要注重对人员、机械等方面的管理，并与工程实践相联系，组建一个以工程负责人为主导的、功能强大的项目部。各个单位之间要多做交流，相互了解，做好自己的工作，把各自的权利和义务弄清楚，防止发生管理上的疏漏。在有能力的情况下，组建一支高品质的队伍，对各自负责的品质要素进行严密的监督，若发现有任何品质问题，要立即解决。针对目前装配式建筑施工的缺乏经验，需要定期派遣人员前往各地进行学习与交流，将目前世界上最先进的技术进行借鉴，以"取其精髓，去其糟粕"的方式来开发自身的技术。

5. 机械配置的优化

在工业化过程中，机器的应用越来越广泛。为了确保工程质量，减少工程建设周期，必须采用高技术设备进行拼装。要主动采用各种先进设备，合理运行机器和注重日常保养。机器的检测与维修工作包括：

(1) 对机器进行周期性的检测，确认机器是否能够运行，并做好相关的工作报告。

(2) 对机器进行周期维护，并将其详细情况作详细记录。

6. 建立完善的施工管理组织机构

(1) 设立专职质量检验岗位

首要任务是在项目部门设立专业的质检员，并在每个施工现场安排兼职质检员，他们主要负责施工阶段的质量监督。明确规定每位质检员的职责所在，防止出现检查盲点，发现问题后质检员互相推卸责任的现象。质检员对质量检验中出现的问题应报告给管理层。项目经理带领项目技术责任人、项目总经理、质量总监等对工程质量进行全方位的检验，出具一份由质量检验负责人签字的《质量检验报告》，发给施工企业。对所有质量检测人员进行考核，加强所有人员的责任心及工作积极性，保证工程品质。

(2) 建立完善的施工管理机构

建筑企业应根据自己的实际情况，主动地与其他各方进行协作，使总体效益最大化，并通过多方努力实现工程质量指标。结构件的质量、运输和检验由建筑构件提供方负责，而分包方要对工程质量进行主动的监管，建筑方要对图纸进行会审、技术交底和设计更改告知，而建设方则要主动地进行工程质量检查和工程验收。只要大家协调一致，就可保证工程的质量。另外，在建筑企业内部，还需要设立一个完善的预制混凝土的质量管理机构，并在建筑工地上设立一个全面的质量管理领导小组，并在工地上不定时地进行检验。

健全施工过程中的质量监管制度，提高施工企业的施工效率，提高施工企业的施工安全水平，从而更好地管理施工质量。在整个工程施工过程中，都要进行质量管理，这就需要各个部门的相互交流和配合，只有所有员工都能将其真正地落实到整个工程中来，建立起与之相适应的质量管理系统，才能使工程施工质量得到较好的结果。

针对国内目前的情况，从配件供应、施工准备、人员与机械管理等四个层面，对其存在的质量问题进行了深入的研究，并对其进行了相应的改善。建立健全的品质管理系统，促进品质管理的标准化和数字化，提升项目品质。在此基础上，提出了相应的防范对策，以达到有效地降低产品质量隐患的目的；同时，对同类工程的品质管理有一定的借鉴作用。

4.3　施工废弃物管理

施工废弃物管理是施工过程中控制环境污染和促进资源循环利用的重要环节，对于降低施工阶段的碳排放及整体环境影响至关重要。以下是施工废弃物管理的关键措施。

4.3.1　废弃物减量化策略

废弃物减量化策略是实现建筑项目可持续性目标的重要一环，其核心在于通过科学管理和创新实践，减少建筑过程中产生的废弃物总量，从而减轻对环境的负担，降低碳足迹。

设定废弃物减量目标并纳入项目管理计划：明确废弃物减量的具体目标是关键，例如，减少现场废弃物产生量目标比例、提高回收利用率等，并将其作为项目管理的重要组成部分。这需要在项目启动阶段即确立，与设计、施工、采购、预算等同步规划，确保执行过程中有明确的指导和考核标准。

优化设计和施工方案：采用先进的建造技术，比如预制构件和模块化建造，可以显著减少现场的切割、调整，从而降低废料的产生。这些预制件在生产受控的工厂条件下制作，尺寸精确度高，减少错误和浪费，且能更高效利用剩余材料。

使用标准化尺寸材料：标准化不仅提高生产效率，减少材料库存，还能降低因特殊尺寸定制导致的边角料和余料。选择标准尺寸的材料，可以更易回收利用，且在设计时更容易匹配，减少不必要的裁剪。

采购阶段的智慧选择：在材料采购时，优先考虑那些包装最少的选项，减少包装废弃物。同时，选择可回收或已含有回收成分的材料，支持循环经济，如再生塑料、再生木材等，这不仅能减少初次生产过程带来的环境影响，还能促进废弃后材料的循环再利用。

实施现场管理与回收计划：制定严格的现场废弃物分类制度，确保可回收物如金属、木材、塑料、纸板料、混凝土等能有效分拣并回收。与专业回收商合作，确保废弃物能有效处理，减少填埋需求。同时，鼓励创新，比如混凝土废料再利用为填充料，木材废料转化为生物质能源等。

通过这些综合策略的实施，不仅实现了废弃物的减量化，还促进了资源的高效循环利用，是实现绿色建筑、可持续发展目标的有力实践。

4.3.2　分类收集与储存

为了进一步提高废弃物管理效率与回收利用率，施工现场必须实行严格的分类收集与储存策略。这不仅有助于减少环境污染，还促进了资源再利用，降低了处理成本。根据废弃物的种类，在施工现场设立专门的收集点或容器，例如，分为木材、金属（如钢筋、钢管、铝材）、塑料（包装材料、管线残余料）、混凝土块、玻璃、纸张、油漆桶、化学品等收集点。这些收集点应根据废弃物的产生量和性质合理分布，确保工人们容易，同时不会妨碍正常施工操作。每个收集点或容器都应有清晰、易识别的标识，使用颜色编码、图示例或文字说明，确保即使是语言差异较大的工人也能理解。比如，木材收集点可使用棕色标识，金属蓝色代表可回收塑料，黄色或红色代表危险废弃物等。标识应耐候性强，不易磨损，且夜间或低光环境下也清晰可见，以确保全天候的正确分类。对工人进行定期的环保教育与培训，强化分类意识，让他们了解分类的重要性，掌握正确的分类知识。同时，现场应有监督机制，如设置监督员或通过摄像头检查，以纠正分类错误，确保分类规则的执行。分类后的废弃物应妥善储存，防止二次污染或乱扔放。如使用防雨盖布、网罩或围栏杆，确保在储存期间不会散落尘土、水侵扰动或风化，减少对环境的影响。特别对有毒有害废弃物，更需隔离储存，由专业人员处理。通过这些措施，施工现场的废弃物管理将更为有序、环保，提高了资源的回收效率，减少了环境污染，体现了项目对社会责任与绿色建筑的承诺。

4.3.3 废弃物的回收与再利用

在当今快速发展的社会，随着城市化进程的加快和人口的增长，建筑活动日益频繁，随之而来的是大量建筑废弃物的产生。这些废弃物如果处理不当，不仅会占用大量的土地资源，还会对环境造成严重的污染。因此，如何有效地回收和再利用这些废弃物，已经成为我们必须面对的重要问题。为了确保可回收材料得到有效回收，与专业的回收公司建立合作关系至关重要。这些公司通常拥有先进的技术和设备，能够对废弃物进行分类、清洗、破碎等一系列处理，使其重新变为可用资源。例如，废金属可以通过熔炼再次成为钢铁原料，废纸可以被制成再生纸，塑料则可以加工成各种生活用品。通过这种方式，不仅减少了对原材料的开采，降低了能源消耗，还大大减少了垃圾填埋量，减轻了环境压力。除了与回收公司合作外，探索现场废弃物的再利用途径也是一种有效的方法。在建筑工地上，经常会有大量的碎石和混凝土块产生。这些看似无用的材料，实际上可以用于回填或其他结构用途。例如，在道路建设中，可以将废弃的混凝土块破碎后用作路基材料；在园林景观中，碎石可以用来铺设人行道或花园小径。此外，一些废弃的木材也可以经过处理后再次使用，比如制作家具或搭建临时设施。对于那些无法直接回收或再利用的剩余建材，促进其捐赠或转售也是一种减少废弃物的有效手段。许多非营利组织和慈善机构都需要建筑材料来建造房屋或修复公共设施。通过捐赠这些材料，不仅可以帮助企业树立良好的社会形象，还能为社区的发展作出贡献。同时，一些建材市场也愿意收购这些剩余材料，以便转售给需要的人。这样既能为企业带来一定的经济收益，又能避免资源浪费。为了进一步推动废弃物的回收与再利用，企业应该实施绿色采购策略。这意味着在选择供应商时，优先考虑那些提供可回收或环保材料的公司。同时，鼓励供应商采用可持续的包装材料和运输方式，以减少整个供应链中的环境影响。通过这种方式，企业不仅能够减少自身的环境足迹，还能带动整个行业向更加绿色的方向发展。最后，提高员工和社区居民对废弃物回收与再利用的意识也是至关重要的。企业可以通过举办培训课程、工作坊和宣传活动等方式，教育员工了解废弃物的危害以及回收的重要性。同时，与社区合作开展相关的教育和宣传活动，让更多的人参与到废弃物的分类和回收中来。只有当每个人都意识到环境保护的重要性并付诸行动时，我们才能真正实现废弃物的有效管理和资源的可持续利用。通过与回收公司合作、探索现场废弃物的再利用途径、促进剩余建材的捐赠或转售、实施绿色采购策略以及提高员工和社区的意识等多种措施的综合运用，我们可以有效地解决建筑废弃物的处理问题。这不仅有助于保护环境、节约资源、降低成本，还能促进社会的可持续发展。因此，每个企业和个人都应该积极参与到这一行动中来，共同为我们的地球家园贡献力量。

4.3.4 环保法规遵守

确保在废弃物管理过程中严格遵守相关的环保法规是至关重要的，这不仅体现了对法律的尊重，也是对环境责任的体现，有助于维护企业声誉，避免潜在的法律风险。首先，应详细调研并了解并严格遵守当地关于废弃物分类、收集、运输、储存、处理、排放的所有法律法规及标准。这可能涉及获取特定的废弃物处理许可证，如危险废弃物转移许可证、排放许可证等。了解并遵守排放标准，如空气质量标准、水体排放标准等，确保所有处理活动都在法律框架内进行。建立定期的内部检查机制，包括废弃物分类、储存区域的维护、处理记录的完整性，以及废弃物运输与处理商的合规性。这包括但不限于定期自我审核、现场巡查、记录审核，确保所有活动与计划一致，无违规行为。对检查发现的问题及时进行修正，必要时进行培训并采取改进措施。与当地环保部门保持良好沟通，接受定期或不定期的外部检查，主动邀请第三方审核或认证机构进行合规性评估，这能提升透明度，确保标准执行得准确、无遗漏，也能获取专业建议。与合规的废弃物处理商合作，确认他们拥有合法资质、能合规处理废弃物，确保最终处理过程合法、环保。对员工进行环保法规、公司政策的培训，提升环保意识，确保每个人了解自己在废弃物管理中的角色与责任，掌握法规要求，减少违规风险。

4.3.5 员工培训与意识提升

施工人员作为建筑项目的实施者，他们的行为直接影响废弃物的产生和处理。因此，对他们进行专门的废弃物管理培训是十分必要的。这种培训应该包括废弃物的分类、回收方法、处理流程以及环保意义等内容。通过培训，施工人员可以了解到废弃物处理的重要性和方法，从而在实际工作中更加注意减少废弃物的产生，并按照规定进行处理。例如，某建筑企业在新项目启动前，组织了一次全员的废弃物管理培训。培训中详细讲解了各类废弃物的分类标准和处理方法，并强调了环保的重要性。同时，还邀请了几位在废弃物处理方面有丰富经验的专家进行分享。培训结束后，员工们普遍表示受益匪浅，对废弃物处理有了更深入的认识。除了具体的操作技能外，提高施工人员的环保意识也是培训的重要目标。只有当员工真正意识到环保的重要性，才能从内心深处产生对环保工作的认同感和积极态度。因此，在培训过程中，应该注重培养员工的环保责任感和使命感。为了增强员工的环保意识，企业可以采取多种方式进行宣传和教育。例如，可以在施工现场设置环保标语和宣传栏，提醒员工时刻关注环保；还可以定期组织环保主题活动，如垃圾分类比赛、环保知识竞赛等，让员工在轻松愉快的氛围中学习环保知识。此外，对于在环保工作中表现突出的员工，企业应该给予表彰和奖励，以示鼓励和激励。一个积极向上的工地文化对于推动废弃物管理和环保工作至关重要。当整个工地都弥漫着浓厚的环保氛围时，员工会更加自觉地遵守环保规定，参与到废弃物减量和分类活动中来。因此，企业应该努力营造这样的氛围。

为了促进工地环保文化的形成，企业可以从以下几个方面入手：首先，建立明确的环保规章制度，规范员工的行为；其次，加强团队建设，增进员工之间的沟通与协作；再次，注重榜样的力量，树立一批环保模范人物；最后，不断丰富员工的精神文化生活，提高他们的幸福感和归属感。为了让员工更加积极地参与到废弃物减量和分类活动中来，企业可以采取一些激励措施。例如，设立环保奖励基金，对于在废弃物处理方面作出突出贡献的员工给予一定的物质奖励；同时，还可以开展优秀环保班组评选活动，激发员工的竞争意识和团队精神。此外，企业还可以与当地社区合作开展环保公益活动，让员工参与到更广泛的环保事业中去。这样既能扩大企业的影响力，又能提高员工的社会责任感和满足感。综上所述，通过对施工人员进行废弃物管理的培训、增强他们的环保意识以及促进工地文化的形成等措施的实施，可以有效地提升员工的环保意识和参与度。这将有助于推动企业绿色施工和可持续发展目标的实现。因此，企业应该把员工培训与环保意识提升作为一项长期且重要的任务来抓，不断完善相关制度和措施，为企业的环保事业奠定坚实的基础。

4.3.6 监控与审计

为了确保废弃物管理体系的持续优化和高效运行，实施有效的监控与审计机制是必不可少的环节，这包括对废弃物产生、分类、处理过程的动态追踪、数据统计，以及根据反馈进行策略的调整，以实现持续改进。建立一套完善的废弃物管理系统，利用现代技术如物联网、数字化工具等，对废弃物的产生、分类、收集、存储、转运、处理过程进行实时监控。通过传感器、二维码追踪、RFID 标签等方式，实现废弃物从源头到终端的可视化，及时掌握废弃物流动状态，确保数据准确无误地递送。设定固定周期，如月度、季度、半年度，进行废弃物管理的全面审核。分析废弃物产生量、分类比例、回收率、合规处理率、处理成本等关键指标，评估废弃物管理成效。利用数据分析，识别出废弃物产生高峰、分类问题、处理低效环节，为决策提供依据。基于监控与审计结果，反馈循环，定期回顾废弃物管理策略，针对发现的问题和改进空间，进行策略优化。比如，若某类废弃物产生量大，考虑调整设计减少该材料使用；分类效率低，加强培训或调整分类标识；处理成本高，寻找更优处理方案。通过持续的 PDCA（Plan—Do—Check—Act）循环，动态优化管理策略，提高管理效率。建立废弃物管理绩效指标体系，如废弃物减量、回收率、合规率、员工满意度等，作为评价标准。通过绩效评估，激励措施，如奖励先进团队、分享最佳实践，促进全员参与，提升废弃物管理的积极性与效果。通过这些监控与审计措施，废弃物管理不再是一个静态的执行过程，而是一个动态优化、反馈、改进的闭环，持续推动废弃物管理的高效、环保，实现建筑项目对环境的最小影响，向绿色、可持续建筑目标迈进。

4.3.7 数字化管理工具

在废弃物管理领域，数字化工具的运用是提升效率、减少环境影响的关键。通过建筑信息模型（BIM）和其他先进技术，以及废弃物管理系统软件，可实现更精确地规划与追踪，减少浪费，提高整体管理效能。利用 BIM 技术，设计阶段即可进行材料的精确计算与模拟，这包括精确的尺寸、数量、类型、位置等，从而减少现场多余的采购和浪费。BIM 模型能模拟建筑施工过程，预估材料需求，避免过量购买，减少存储、运输和处理过程中的碳排放。同时，BIM模型还可以集成材料数据库，选择环保、可回收材料，优化建筑的环境足迹。专门的废弃物管理软件提供了废弃物从产生到处置全过程的数字化追踪，实现透明化管理。从废弃物产生开始，软件记录种类、数量，到分类收集点的分布，再到储存状态，最后到处置方式、去向何处，全程数字化追踪。这种可视化管理让决策者能实时了解废弃物流，发现潜在问题，优化处理流程，提升分类准确性。软件还能生成报表，便于审核、评估管理绩效，为策略调整提供数据支持。这些数字化工具之间相互集成，如BIM与废弃物管理系统，实现数据的无缝对接，从设计到施工，废弃物产生、处理的全程数据联通、全局优化。分析工具如大数据、AI算法，对累积数据进行深度挖掘，发现模式，预测废弃物产生规律，优化材料使用，指导更精准的采购，减少未来废弃物。通过分析，识别管理盲点，不断改进，提升废弃物管理效率。移动应用使得现场人员能随时记录废弃物信息，快速反馈，减少信息滞后，提高处理效率。远程监控系统，管理人员可通过手机、平板等远程查看废弃物管理状态，无须亲临现场，提高管理效率，减少交通碳排放。综上所述，数字化工具通过精确地规划、实时追踪、数据分析、智能决策支持，推动废弃物管理的精细化、高效化发展，是迈向绿色建筑、可持续发展的关键技术手段。

4.4 绿色施工技术与实践

绿色施工技术与实践旨在减少施工活动对环境的负面影响，提升资源利用效率，并促进施工现场的可持续性。以下是一些关键的绿色施工技术与实践。

4.4.1 粉尘控制

在施工活动正式启动之前，采取一系列科学有效的措施以严格控制施工现场的粉尘污染，是保障施工人员健康与维护周边生态环境的重要前提。施工前，对整个工地进行全面检查，并对裸露地面进行彻底的洒水作业。这一步骤能够有效抑制地表尘土飞扬，减少空气中的悬浮颗粒物含量。选择在风力较小的时段进行洒水，可以进一步提升效果，确保水分充分渗透并保持地面湿润，从而在施工初期就建立起对抗粉尘的第一道防线。对于易产生大量粉尘的作业环节，如破碎、搅拌、切割等，优先考虑使用封闭式作业设备。这类设备能在密闭空间内完成操作，通过物理隔离手段最大限度地减少粉尘外泄，再配合高效的除尘系统，将内部产生的粉尘及时过滤并收集处理，大大降低了对外界环境的影响。对于无法采用封闭式作业的工序，实施湿式作业是一种有效替代方案。例如，在开挖、搬运干燥物料时，利用加湿器、喷雾器等设备向作业区域持续喷洒细微水雾，使粉尘粒子湿润增重并迅速沉降，避免其长时间悬浮于空气中。湿式切割、打磨工具的使用也能显著降低作业过程中产生的粉尘量。在施工现场周围设置防尘网、防风墙等临时屏障，尤其是靠近居民区、学校、医院等敏感区域，可以有效阻挡粉尘扩散，减轻对外部环境的污染。屏障的高度、密度需根据当地气象条件及作业强度合理设计，确保其有效发挥作用。安装空气质量监测设备，实时监控施工现场及周边区域的粉尘浓度，根据监测数据调整洒水频率、作业时间等，确保控制措施的有效性。同时，制定定期清洁与维护计划，对施工设备、道路、防护设施等进行清扫和冲洗，防止积尘二次扬起。通过上述综合措施的严格执行，不仅能够有效控制施工期间的粉尘污染，保护现场工作人员免受呼吸系统疾病的威胁，同时也展现了对周边居民生活质量及自然环境的尊重与负责态度，促进绿色施工理念的深入实践。

4.4.2 节水措施

水是生命之源，是维持生态平衡和保障经济社会发展的关键要素。然而，随着全球气候变化和人口增长的影响，水资源短缺已成为一个全球性的挑战。据联合国的报告，全世界有超过 10 亿人缺乏安全的饮用水。因此，采取有效的节水措施，不仅对于缓解水资源压力有重大意义，也是实现可持续发展的重要环节。在日常生活和工作中，水龙头、淋浴头、厕所等是水使用的主要途径。传统的用水器具由于设计标准落后，在使用过程中会造成大量的水资源浪费。而现代的节水器具通过改良设计，能在满足使用需求的同时显著减少水的消耗。例如，安装感应式水龙头，可以根据使用需求自动开关水流量，有效避免传统手动水龙头因操作不当或忘记关闭造成的浪费；低流量淋浴头可以通过限制水流量达到节水目的，同时保障淋浴体验；双按钮冲水马桶分别提供大量和小量两种冲洗模式，用户可根据需要选择，与传统单一模式的马桶相比可以节约大量水资源。据统计，家庭如果将传统器具更换为节水器具，可以节省至少 30％的用水。这一改变虽小，但如果被广泛推行，其节水效果是非常可观的。雨水作为自然赋予的水资源，其收集和利用是解决水资源匮乏的另一有效途径。通过在建筑屋顶安装雨水收集系统，如雨水桶或更复杂的雨水收集罐，可以有效收集雨水。这些设备通常配有过滤装置，确保收集的雨水基本清洁，适用于非饮用目的。收集后的雨水可以用于冲洗街道、清洁车辆、浇灌植物等多种用途。在一些水资源极度匮乏的地区，经过进一步的净化处理后，雨水还可以用于冲洗厕所，甚至灌溉农田。这种资源的循环利用，极大地减少了对地下水和河流水的依赖，同时也减轻了城市排水系统的压力，有助于防止洪水的发生。实施节水措施不仅是技术问题，更是公众意识问题。因此，加强节水教育和提升公众节水意识是非常重要的。政府和非政府组织可以通过媒体宣传、公益活动等形式，增强居民节水的紧迫感和责任感。例如，开展"节水周"活动，教育公众了解水资源短缺的现状及其严重后果，普及节水知识，介绍简单实用的节水方法。此外，企业也应该积极参与到节水行动中来。通过企业内部的水资源管理优化和参与社区的节水项目，企业不仅可以减少自身的运营成本，还可以提升社会形象和履行社会责任。总之，通过采用节水器具和建立雨水收集再利用系统，我们能显著减少对新鲜水资源的消耗，并有效地应对水资源短缺的挑战。同时，加强节水意识和教育，可以从根本上改变公众对水资源利用的态度和行为，为可持续发展奠定坚实的基础。

4.4.3 节能与可再生能源

在施工现场推广节能灯具与设备的使用，以及积极考虑太阳能、风能等可再生能源来满足临时用电需求，是施工领域迈向绿色、低碳发展的重要策略。具体实施如下：（1）优先采用 LED 灯具替换传统高耗能的照明设备，LED 灯不仅亮度高、寿命长，而且能耗低，显著减少能源消耗。（2）选用带有节能标识的电器和设备，如高效电机、变频空调、节能办公设备等，这些设备在满足功能需求的同时，能效上相比传统型号大幅度降低电能消耗。（3）施工现场安装太阳能光伏板，特别是光照充足的地区，利用屋顶、空旷地或临时搭建的棚架设太阳能阵列，收集太阳能并转化为电能。这些系统能直接供施工现场的临时办公、照明、安全警示灯、围挡板照明等低电压需求，减少对电网依赖。对于大型项目，太阳能储能设备的引入，能有效平衡夜间或阴天的用电。在风力资源丰富的地点，探索安装小型风力发电设备为现场提供辅助电源。虽然风能相对太阳能在施工场地的应用不如太阳能普遍，但在沿海、开阔高地等特定环境，结合风力发电机作为补充能源，能进一步增加可再生电能的供给比例。建立智能能源管理系统，监控和调度现场能源使用，优化负载分配，确保可再生能源最大化利用。例如，根据天气预报自动调节太阳能与风能设备的使用比例，优化存储与电网的交互，减少浪费。对施工队伍进行可再生能源使用教育，提升环保意识，鼓励大家参与到节能减排行动中，认识到使用节能设备与可再生能源对环境的积极影响。综上所述，节能与可再生能源的运用在施工现场不仅降低了能源消耗，减少了碳排放，而且展示了建筑业对环保的积极态度，是未来施工管理的趋势。随着技术进步与政策支持，可再生能源在施工领域的应用将更加广泛且高效，助力建筑行业的绿色转型。

4.4.4 材料管理

在施工材料的选择与使用上，秉持环保低碳原则，强调可回收利用，实施严谨的材料采购策略，有效减少材料损耗，并通过推广预制构件的使用来降低现场作业及其衍生的废弃物，是推动建筑绿色施工的关键措施。优先考虑环境影响小、生命周期评价（LCA）优良的材料，如 FSC 环保认证的木材、再生塑料、生物基产品、低 VOC（挥发性有机化合物）涂料等。这些材料在生产、使用、废弃阶段减少碳足迹，且对环境友好。推广使用可回收材料，如再生钢材、玻璃、塑料、橡胶等，以及对建筑废弃物的再利用，如混凝土碎料、砖块作为填料。这不仅减少资源消耗，降低新材的生产需求，也减轻废弃物处理压力。建立并执行绿色采购指南，优先选择环境标准高、生产过程节能、运输距离近、包装简化的材料。通过长期供应商评估，建立合作伙伴关系，确保材料源头的环保可靠与质量，减少不必要更换导致的浪费。精准计算材料需求，利用建筑信息模型（BIM）优化设计，精确到物料清单，避免过量采购。现场实施物料管理，余料再利用，如边角料做临时设施、围挡板，余土石填埋，减少丢弃。预制构件在工厂生产，减少现场作业时间、人力、能源消耗，降低噪声、尘土污染。同时，工厂环境控制好，材料利用率高，减少损耗，且构件精确，现场组装快，减少废弃物产生。如预制梁柱、板、墙板、楼梯、卫浴单元等，提高整体效率与品质。通过这些策略的综合运用，材料管理不仅减少了建筑过程的环境影响，也提升了效率与经济性，促进了整个产业链的绿色升级，向可持续建筑实践迈出坚实步伐。

4.4.5 废弃物管理

在施工过程中，废弃物的有效管理是实现环境责任与资源高效利用的关键。通过细致的分类、积极的回收与再利用策略，减少废弃物填埋量，提升资源的循环利用率，是实现绿色施工不可或缺的一环。现场建立清晰的分类体系，根据废弃物类型设立标识明确的收集点，如金属、木材、塑料、纸张、混凝土、玻璃、有害废弃物等。确保工人通过培训，明白分类准则，正确投放，避免交叉污染。与合格的回收商合作，确保废弃物及时回收，特别是金属、木材、塑料、纸张等高回收价值物料。现场设置压缩机、打包机，减少体积，便于运输，降低回收成本。利用技术如近红外线扫描，提升分拣选别准确度。推广废弃物的现场再利用，如混凝土碎料作为临时路垫层、回填料，木材做模板支撑。剩余材料，可捐赠慈善、社区项目，如学校、公共艺术，创造价值。探索创新利用，如塑料转为家具、建材。通过上述策略，最大限度减少填埋量，仅处理不可回收、有害废弃物。与环保填埋场合作，确保合规填埋，记录跟踪，减少环境影响。研究替代处置法如热解、生物处理，探索更环保方式。持续教育工人、供应商，提升环保意识，理解分类、减废减量的重要性。监控废弃物产生量、回收率，定期评估策略效果，调整优化目标导向。公开废弃物管理成果，激励良好实践，形成文化。

4.4.6　噪声控制

在现代社会背景下，随着大众对环境保护意识的逐渐加强以及对绿色建筑方法越来越多的关注，建筑行业在施工过程中出现的环境污染问题已经引起了普遍的社会关注。在这之中，建筑施工产生的噪声已经变成了一个显著的环境难题。依据最新的统计数据，2022年，我国绝大多数的城市居住者都居住在有噪声的环境里，环境噪声相关的投诉案件数量高达 55.0 万件，这占到了总投诉量的 35.3%。在所有投诉中，建筑施工产生的噪声占比最高，达到了 46.1%，而工业企业、社会生活和交通产生的噪声分别占 10.0%、39.7% 和 4.2%。这类噪声污染不只是破坏了附近的声音环境，同时也对居住者的身体和心理健康、工作表现以及夜晚的休息造成了深远的影响。研究表明，在 70dB(A) 或更高的噪声环境中工作，工作效率会下降 10%，这可能会导致情绪低落、焦虑、烦躁和对立。另外，建筑施工过程中产生的噪声对工人的听力健康造成了严重的伤害，这种由噪声引起的听力损失在建筑行业中仍然是最普遍的职业疾病，有 25% 的职业病退休金是由建筑行业来支付的。因此，从数量和潜在危害的角度来看，施工过程中产生的噪声影响是不能被轻视的。

随着绿色建筑的进步，对噪声控制的标准也提高了。尽管如此，目前用于评估施工过程中噪声的标准还是比较单一的，主要集中在等效连续 A 声级上。尽管存在多种用于评估噪声的指标，例如 A 声级、等效 A 声级和统计声级等，但这些指标主要适用于稳态噪声的评价。然而，在实际的施工过程中，由于噪声源分布的不稳定性和噪声水平的不规律性变化，这些指标给噪声的测量和评估带来了不小的挑战。这些建议用于评估稳态噪声的标准可能低估了施工过程中噪声的真实风险，因此，对于施工过程中的复杂噪声评估标准，需要进行更深入的探讨。虽然存在前述的问题，但建筑施工过程中的噪声干扰仍然是一个普遍的问题。可能的原因有：首先，目前的评估标准不能完全满足实际的需求，即便建设项目达到了噪声排放的标准，也可能对附近的居民造成不良影响；其次，有些施工项目在噪声排放方面没有严格按照相关的标准和规定来执行，没有采取有效的噪声控制手段，从而导致了超出规定的排放标准。为了妥善应对这些挑战，需要深入研究施工过程中噪声的起源、扩散及其带来的影响，并构建一个科学的噪声评估标准和控制策略，以确保建筑施工噪声管理的准确性和合理性。

1. 建筑施工噪声的理论概述

建筑施工过程中产生的噪声是普遍存在的。鉴于建筑项目主要针对城市中的各种场地和建筑，城市的任何地方都有可能变成建筑施工的场地。因此，在城市居住者的日常生活、学习和工作环境中，施工产生的噪声干扰是无处不在的。建筑产生的噪声往往呈现出突然的性质。建筑工程往往源于公众对城市建设及改造的诉求，建筑过程中引发的噪声污染对此区域的居民来说实属不期而遇。然而，这类噪声具有短暂性，当建筑进程告竣之际，噪声亦将随风而去，其对周边居民的负面效应自然无法长久延续。此外，建筑施工过程中产生的噪声不仅强度高，而且持续时间短，技术要求严格，控制噪声的难度也相当大。上面提到的特性使得建筑施工中的噪声污染控制变得尤为困难。由于其突如其来和非永久性的特质，城市居民在一定程度上能够容忍或期望其早日结束，但有时他们的反应可能并不那么激烈。然而，由于其广泛性、高强度、长时间的集中性以及噪声控制的复杂性，它经常为城市居住者带来诸多困扰。在最近的几年中，由于城市居民对保护的意识日益加强，他们对建筑施工过程中产生的噪声干扰的反应也变得更为明显。

依照《中华人民共和国噪声污染防治法》的规定，建筑施工进程中所引发的噪声，被明确地界定为对周边居民生活环境所造成的干扰性声响。在施工过程中，尤为突出的噪声现象则被进一步划归为特定类型的建筑施工流程，包括但不限于以下五类具体作业方式：①使用如打桩机、拔桩机这类机械设备进行作业；②借助铆钉机完成相应操作；③运用凿岩机进行施工作业；④利用空气压缩机进行相关作业；⑤从事涉及混凝土或沥青混凝土搅拌设备的相关工作。以基础设施建设项目为例，其中涵盖了诸如土方爆破、挖掘沟渠、场地平整及清洁、夯实及打桩等多样化的操作环节；而在大型工程项目中，则涉及设立钢结构或钢筋混凝土骨架、吊装部件以及混凝土搅拌与浇筑等关键步骤。在建设现场，材料和构件的运输活动从始至终都是非常频繁的；除此之外，还存在各式各样的敲击、冲撞、老建筑的坍塌以及人们的叫喊等现象。

为了对建筑施工产生的噪声进行有效的管理，首先须全面理解并熟练掌握建筑施工噪声控制方针。考虑建筑施工噪声的特殊性质，各施工阶段场界噪声限定值彼此有所差异，应针对不同施工阶段设定相应噪声要求。如果存在多个施工阶段需要同时进行，那么应以高噪声阶段的界限作为参考标准。

近年来，建筑施工所产生的噪声问题愈发突出，这也成为当前环境保护领域中所面临的一项严峻挑战。为了切实加强对施工噪声的规范化管理，生态环境部依照《中华人民共和国噪声污染防治法》的相关规定，并紧密结合不同地区的实际情况，制定了具有针对性的、关于建筑施工噪声管理的细化规定。该规定主要涵盖了施工前以及施工过程中的管理环节。在建筑工程的前期准备中，当涉及招标和投标过程时，必须把针对建筑施工产生的噪声的高效管理策略融入施工组织设计中，这样才能更有策略地规划和确定工程完成时间。另外，相关的建筑工程项目在正式开始前的15天内，还需前往该工程所在地区的环保局，完成建筑施工场地噪声的申报和登记程序。在建筑施工的过程中，必须严格按照国家发布的相关噪声排放标准进行操作。一旦检测到噪声排放超出了规定的标准值，必须立即实施有效的处理措施，以防止超出标准的噪声干扰周围居民的日常生活和休息。同时，还要依法依规地支付相应的超标排放费用。对于夜间施工的管理细则，明确指出在居民区、科研区、医疗区等特定区域之内，应禁止在22：00至次日6：00时间段内进行房屋装修或者建筑施工作业。但是，如果是由于建筑工程施工的特殊需求或者施工工艺的约束，可以在前述时间段以外，向相关部门提交晚间持续作业的申请（最长可达五个工作日），待市建设部门预审以及生态环境局审批核准之后，才能够进行相关作业。经过批准的施工单位则需要在执行前三天内向附近单位及居民予以公开公示。最后，在对整个建筑物进行施工的过程中，有必要在显眼且突出的位置设立醒目的环保标志牌以展示相关的工地环境保护信息，此标牌上须详细明晰地标示出相关环保责任人和他们的联系方式，以此方便公众进行有效的监督和参与。针对任何违反我国噪声污染防治法相关规定的行为，都将会面临相应的法律惩处。比如说，如果有人在夜间违规发出噪声，故意隐瞒或谎报建筑工地的噪声排放申报情况，阻碍环保部门现场检查活动，或者向环保部门提供虚假信息，抑或是未能依照国家相关标准全额支付超标排污费等，这些行为都将按照我国环保法规接受相应的处罚。值得注意的是，对于违法情节极其恶劣的案例，环保部门甚至会当众公布调查结果，并建议建设主管部门吊销相关单位的建筑工程施工许可证。

2. 建筑施工噪声源以及带来的伤害

在建筑工程中，各种机械设备如混凝土搅拌机、起重机、打桩机、混凝土振动棒等都会产生噪声。这些设备在施工过程中发挥着重要作用，但同时也给周围的环境和居民带来了噪声污染。建筑施工噪声是城市环境中不可避免的一部分，其中建筑机械设备噪声是其主要来源之一。这些噪声不仅影响着施工现场周边的居民生活，还可能对工人的健康和工作效率产生不利影响。

工地是充满生机但也喧闹的地方。在这个场景里，众多建筑工程设备携手并进，一同助推工程项目的顺畅执行。然而，这类机械装置在运作时所生成的声波，亦成为干扰邻近生态系统及居民的显著元素。工地作业中最普遍运用的工程机械——挖土机。在对土壤、岩石等物质进行挖掘过程中，强大的动力系统和金属构件之间的摩擦引发了巨大的声响。此类杂声既刺耳又尖锐，其传播之远，轻而易举地就能穿透各种建筑结构和玻璃窗，进而干扰居民的日常生活。

混凝土搅拌器和泵送机械成为主要的噪声产生设施。混凝土的搅拌过程中，由于搅拌叶片与物料发生碰撞及摩擦，加之搅拌桶的旋转，均会引发噪声的产生。混凝土泵送系统在执行将混凝土垂直输送任务时，会伴随着高压泵及输送管道中物料流动产生的噪声。此类噪声不仅对工地作业人员造成影响，同时亦会对周边居民的日常作息带来扰动。另外，像是塔式起重机和垂直运输机械等吊装工具，同样是噪声的重要产生地。在这些机械进行上下移动、转动或者位移变动时，内部的电动机、降速装置和传递动力的构件均会发出声响。特别在上下移动的阶段，由于重物与绳索间的摩擦及其产生的振动，噪声变得格外显著。

施工现场除了先前提到的装置，还拥有众多其他产生噪声的机械工具，例如切削机械、弧焊机、能量生成器等。在这些机械运作时，由于动力组件与构造部件之间的摩擦、振动和碰撞，均会产生声波。总的来说，在建筑施工过程中，建筑机械设备产生的噪声是多方面的，包括挖掘、浇筑、起重和运输等多个阶段。这种噪声不仅侵扰了工地附近居民和工作人员的日常生活，而且有潜力导致周边生态遭受恶化。因此，在建筑施工过程中，务必实施高效策略以减少噪声排放，确保生态系统的稳定及居民的生命质量。采用降噪设备、改善施工作业方法、规划施工时段等手段，可以显著减少建筑设备的噪声产生与扩散。同时，提升建筑工地的噪声监控与治理水平，迅速识别并处理噪声污染问题，这对于确保建筑工程的顺畅进行及维护生态环境同样至关重要。

3. 建筑施工过程中产生的噪声

在繁复的建设作业中，声音的产生是难以避免的，这种现象伴随整个工程进程，不管是打地基、构建主要框架，还是进行最终的装潢和装置配置，每个阶段都伴随着各种设备和人工活动产生的声响。某些声音厚重且持续不断，另一些则尖锐且令人不适，这些声音相互交织，共同塑造了建筑工地独有的噪声背景。

基础建设阶段通常是噪声主要的发源地之一。在这一时期，诸如挖土机、铲土机、滚筒式压路机等重型机械发出的声音构成了噪声的主要部分。在晨曦与黄昏的宁静时刻，邻近的居民常常被机械装置的嘈杂声所打扰。这种噪声源于挖掘作业中，那不断转动的发动机和各种机械构件，它们在翻动和平整土地的过程中，不可避免地产生了震耳欲聋的声波。这些声波，如同无形的冲击波，穿透了社区的宁静，给人们的日常生活带来了显著的干扰。

随着建设进程的推进，主框架结构组装期间同样伴随着各式各样的喧闹声。混凝土搅拌运输车辆、泵送机械、起重装置、塔式起重机等施工噪声接连不断。尤其是像混凝土搅拌合泵送车辆这样的机械，在运送混凝土的过程中，泵送管内混凝土流动产生的噪声以及泵送设备自身的运行声响，均会引发一定程度的噪声污染。建筑施工中，起重设备如起重机和塔式起重机在运送材料过程中，产生的金属接触噪声与发动机喧闹声，共同构成了施工场所的一大噪声源。当项目进入室内装饰和设备配置阶段，尽管巨型机械设备的运作有所降低，然而，诸如电钻、电锯、切削设备等电动工具却变得更为常见和活跃。这些设备在进行裁剪、打孔、抛光等操作时，会发出锋利且刺耳的噪声。尽管单个设备的噪声水平可能并不高，但鉴于它们的使用频次较高、持续时间较长，它们对施工人员以及附近居民的听力健康构成了潜在的风险。此外，在建筑施工环节中，还存在着多种人工噪声，例如建筑工人之间的交谈声、指令声、敲打声等。尽管这些声音的音量相对较小，但它们在建筑工地的特定环境下，仍旧会融入噪声之中，对人们的日常工作和生活产生干扰。

施工阶段的噪声主要来自基础建设、主体构造的装配，以及装潢和设备的安置过程中多种机械装置和电动器具的操作，亦包括人工行为产生的声响。此类噪声不仅会危害施工现场工作者的听觉福祉，亦会对邻近社区的居民日常生活及其工作秩序带来不便。因此，施工活动进行时，实施有效的噪声减缓策略，例如恰当调度作业时刻、运用降噪机械、提升工地运维水平等，成为降低噪声干扰、确保居民日常生活与办公质量的必需方法。

4. 建筑材料运输和搬运过程中的噪声

建筑施工过程中，运输与搬运物料所衍生的声音污染，确实是值得关注的环境问题。此类喧嚣不仅作用于工地劳动人员，还间接波及周边自然和居住区，引发困扰。建筑施工作为一个庞大且复杂的工程项目，包括了从挖掘地基到完成建筑屋顶的众多环节。在这一过程中，运输及搬移各类建材乃是一个必不可少的步骤。多种建筑原料，例如混凝土的骨料、沙子、石灰石，以及金属梁和木板等，均被用来塑造结构的骨架、地基以及分隔空间的面。

在建筑材料运送途中，噪声主要源于运输设备的运行活动。举例来说，拿我们日常所见的卡车，在其启动过程中，会发出一阵持续的嘈杂声，特别是在它装载过重或加速快速行进时，这种喧闹声更加刺耳。此外，在行进中，汽车与地面摩擦生成的声响亦不容忽视，尤其在路面崎岖不平之时，此类声响尤为突出。施工地点在材料抵达之后，依旧会遭遇搬运活动所诱发的噪声干扰。在这一时期，噪声主要是由人工或机械的搬运活动产生的。劳动工作者在进行手工转移物质的过程中，装备了各式各样的辅助器具，例如铁锤、撬棒等。当这些器具作用于材料，如敲打或撬抬时，会制造出清脆的噪声。替代方案涉及利用起重机、装卸车等机械装置进行物体的物理移动。这类机械在执行任务时会制造出剧烈的噪声，尤其是在承载重物或进行迅速位移时，产生的声音更是尖锐且刺耳。建筑物资在运送及装卸时产生的声响并非固定不变。诸多要素会对它产生影响，例如材质的类别、运送的远近、转移的方法等。例如，各类建筑材料在搬运过程中会引发不同级别的噪声；长途运输可能导致车辆噪声加剧；此外，搬运方法的差异同样会影响噪声的大小。另外，建筑工地的布置和氛围同样影响着噪声的扩散。在邻近居住区或易受干扰的地区进行建筑作业时，高分贝噪声对周围环境及居住者的干扰效应将变得尤为突出。因此，施工活动进行时，务必实施切实可行的手段，以降低噪声排放，维护邻近环境的清洁与安宁，保障附近居民的居住体验。

施工期间，物料在运送与转移间产生的声响，是建设作业中难以消除的现象。这种噪声不仅会干扰工地上的工人，也可能对邻近的环境和居民产生不良影响。因此，我们得承认这一困境的紧迫性，必须实施有效的策略降低噪声污染，维护我们的生态和居民生活品质。

5. 建筑施工噪声的特性

施工活动所引发的噪声水平往往偏高。建筑施工环节中，涉及众多重型机械与设备的操作，例如挖掘设备、铲土机、搅拌装置等，这些机械在作业时会产生巨大的噪声。另外，对建筑材料的运输、整理和处理等活动同样会引发众多噪声。这种剧烈的声波干扰不仅波及工地作业人员的听觉系统，导致听力下降甚至完全丧失，而且还对邻近的区域及居民生活带来了恶劣的噪声侵害。

建筑施工过程中产生的噪声的分贝级通常由众多条件共同决定。噪声水平因设备和工具种类的差异而表现多样。例如，重型机械的噪声分贝数可能超出100，相较之下，小型工具则产生较低噪声。建筑工作在其时段、发生频次及力度上同样会对噪声的总体程度产生作用。例如，在夜晚或黎明时分进行剧烈的建筑作业，有可能会引发更强烈的噪声影响。另外，建筑工地的配置和环境状况同样影响着噪声的扩散与分配。

建筑工地产生的噪声通常是由多种不同频率的声音组成，这些声音的频率范围广泛，覆盖了从较低频段到较高频段。这种多变的频率特性，使得建筑工程噪声表现出了复杂度较高的特点。低频噪声主要源于重型机械的运作和振动，其特征为传播距离较远、穿透力较强，容易对周围环境造成长期影响。低频噪声主要源自小型工具和机械的运作，虽然其传播范围有限，却可能对听力产生不良影响。建筑施工过程中产生的噪声，其频率特征会受到众多因素的干扰。首先，各式各样的机械和器具发出的噪声频率呈现差异性，这种差异来源于它们各自的工作机制和构造特征。施工过程的方法和力度，同样会对噪声的频谱特性产生作用。持续性的建筑作业可能引致一种相对固定的噪声频率分布，相反，断断续续的施工行为或许会引起噪声频率的起伏和不稳定性。另外，工地所处的自然和社会条件同样会作用于噪声的频谱特性。举例来说，地貌、人造结构以及绿色植物等元素均有可能对噪声的扩散与散布带来影响。

施工阶段的噪声通常持续一段相对较久的时间。建筑活动的周期性特性导致施工噪声的长期存在，从几个月到数年不等。持续的噪声侵袭，对于邻近的居民而言，等同于一种不断扰动。在建筑工地的繁忙季节，尤其是当进行桩基施工和主体结构建造时，工程设备的运作声及其施工噪声频发，导致噪声污染的时间段更为集中和突出。

建筑施工过程中产生的噪声表现出显著的波动特性。这种波动性主要表现在两个领域。施工活动的各个阶段因其所涉及的作业内容和机械设备的差异，导致产生的噪声程度存在显著的变化。在土壤和岩石搬运期间，挖土设备和载货车辆的活动声响可能是格外显著的；相对地，在桩基施工阶段，打桩机器的噪声可能显得更加尖锐。施工阶段的噪声波动现象较为显著。建筑施工过程中产生的噪声展现出了不规则性和缺乏固定模式的特性。施工期间，各类工程机械并非连续运作，而是呈现出断续状态。此外，这些设备的安装位置并非固定不变，其能源供给的多少波动，使得产生的噪声在强度和频率上呈现不一致。这种特性，既不稳定也不具备规律性，从而导致了建筑施工过程中噪声变化的剧烈性。

建筑施工噪声的空间分布特点首先体现在其普遍性和非集中性上。由于建筑工程项目的多样性和广泛性，建筑施工现场可能遍布城乡的每一个角落，从繁忙的城市中心到宁静的郊区，从高耸的摩天大楼到低矮的民宅，都有可能成为施工噪声的源头。这种普遍性使得施工噪声几乎无处不在，影响着人们的日常生活和工作。

建筑施工的噪声在空间上呈现分散特性。建筑噪声的产生主体为众多分布不均匀的施工设备和施工过程，与工业排放污染的集中性有别。这种分散特性导致施工噪声无法通过常规的集中式方法来降低其副作用。

建筑施工产生的噪声在空间上的分布特征，存在一个显著的传播规律。建筑噪声通常通过声波在气态介质中扩散，其扩散的远近和影响区域受众多元素的作用，例如地势、景观、人造结构、自然植物等。在都市空间内，受建筑物林立与交错布局的影响，施工产生的噪声常被这些障碍物所阻隔与反弹，进而造就一个音域复杂的声环境。施工噪声在扩散时，会受到诸如风速、气流方向和气温等气象因素的作用，这些变量对噪声的扩散有着显著的作用。

6. 建筑施工噪声对人体的危害

在建设场地中，多样的机械设施和操作过程通常会产生高达 85dB 的噪声水平。持续置身于这样的声压之下，人体的听觉系统将不可避免地遭受剧烈破坏。

在深受嘈杂声音侵袭的环境里，人一旦停留片刻，便会有耳朵不适之感，极端状况下，还可能引发头痛等不适症状。这是因为高分贝的声波会作用于人的听觉系统，导致听觉神经过度紧张，从而引起疲劳。在宁静的环境中稍作歇息，若是从嘈杂中抽身，则听觉功能或可逐步复原；然而，若是持续缺乏安宁，听力疲劳终将逐步累积，最终导致不可逆的听觉损害。长时间处于剧烈声音环境中，会导致人体内耳部分结构产生不可逆转的损伤，进而引发持续的听觉敏感度下降，也就是我们所说的职业性听力损失。这种听力丧失是彻底的，一旦确立，便无法重塑。另外，喧闹还可能导致耳蜗内部的毛细胞受到伤害，从而使听力丧失加剧。噪声污染在建筑工地的施工过程中对人类听觉系统造成的损害，不仅成年人群体会遭受，儿童与青少年的听觉健康亦可能遭受连带损害。由于儿童的听觉系统尚在成长阶段，对高分贝的抵御能力较弱，所以更易遭受噪声的负面影响。长时间遭受建筑工程噪声的影响，可能导致他们的听觉功能初步衰退，并且可能促使一系列耳疾的发生。建筑作业产生的声波对人类的心理状态与生理机能造成的损害深远重大，这类噪声如同潜行的敌军，悄无声息地侵入我们的平时生活，对我们的身心安康及生活品质构成了负面影响。

建筑作业产生的噪声对人的内心世界造成了显著的压力叠加。长时间身处喧嚣的氛围里，常常会导致人们感受到不安与急躁。尤其在昏暗时刻，当理应平静的夜晚被尖锐的声音撕裂，居民或许会体验到无法平静入眠的困扰，有时甚至会导致持续性的睡眠障碍。心理负担不仅会损害个人的心情和睡眠质量，还可能使人们的精神长时间处于紧绷状态，这有可能引发诸如焦虑和抑郁等心理问题。建筑施工产生的声污染对生物体的伤害同样不能轻视。首先，声音污染对听觉的伤害是最直观且显著的。长期遭受强烈噪声的侵扰，可能导致听觉机能的衰退，极端情况下，还能够造成耳部听神经的损害，进而导致耳聋。另外，喧闹的环境也可能干扰人的神经体系，引发诸如头昏、偏头痛、记忆力下降等不适反应。另外，喧闹的环境也有可能对人类的消化器官造成负面影响，引起恶心、呕吐等不适，甚至可能增加肠胃疾病和溃疡病的患病几率。极其严重的情况是，建筑工地上产生的噪声可能对人类的生理机能有即时影响，并且有潜在的长期损害和累积效应。长时间身处此种情境之下，人体的机能或许会逐步调节以容忍这类噪声，然而这并不意味着噪声的负面影响已不复存在。相反，它或许以更为微妙且长期的方式作用于人的身体健康，例如导致慢性疾病的发生、削弱身体的防御能力等。建筑活动产生的噪声对人的身心健康产生广泛的不利影响，尤其对神经系统的破坏尤为严重。长时间遭受建筑工地的噪声影响，可能导致人的神经体系遭受剧烈破坏，从而引起多种神经性疾病。

建筑施工产生的噪声一般特性为音量较大、连续不断且无规律，这种种特性让其变成对中枢神经系统具备极大潜在危害的环境污染源。首先，噪声源自建筑工地能即刻对人类的听觉器官造成伤害，进而引起听力下降。长时间接触噪声可能会导致听力逐渐衰退，最终可能演变成无法恢复的听力损害。这种听觉障碍不仅会干扰个人的日常活动与职业任务，亦可能对他们的精神健康带来不良影响。至关重要的是，噪声污染在建筑行业对人的中枢神经产生了持久的影响。脑神经中枢担当着人体指挥部的角色，承担着搜集、分析和转发各类资讯的职责，确保人体生理机能的顺畅进行。然而，持续不断的建筑工地噪声可能会对中枢神经功能产生破坏性影响，从而引起多种神经系统的疾病。建筑领域的施工噪声可能诱发的健康问题是神经功能的减退。长期处于喧闹环境中的个体或许会遭受头痛、眩晕、失眠以及多梦等不适，这些不适不仅干扰了他们的休息和睡眠质量，还可能危害他们的职场表现和生活品质。建筑施工产生的噪声有可能导致心理健康问题。刺激性噪声可能导致人们感受到不安、紧张、愤慨等心理状态，这些心理问题或许会进一步加剧神经衰弱的状况，从而陷入糟糕的循环。长期情绪障碍可能引发心理疾病的产生，例如抑郁症、焦虑症等。另外，施工噪声有可能对居民的认知能力造成影响。噪声的影响有可能侵害人们的专注力、记忆力和思考能力，导致人们难以投入工作和学业。长期的认知功能障碍可能会侵蚀个体的学习和劳动效能，从而对他们的职业生涯及社会融入度产生不利影响。

7. 建筑施工噪声对环境的污染

建筑施工产生的噪声对自然界生物产生广泛的影响。首先，噪声会干扰动物界的交流。许多生物借助声音来实现信息传递，例如鸟类的歌唱、哺乳动物的吠叫等。建筑工地的噪声干扰了动物之间的通信，给它们的社交互动和生殖行为带来了负面影响。其次，噪声会对野生动物的生活环境产生干扰。建筑活动产生的噪声有可能迫使野生动植物迁徙，以寻找替代的生存环境。这种演变或许会导致动物遭遇前所未有的存活考验，例如食物供给的缩减、生活区域的损毁等问题。最后，长时间身处极端嘈杂的声音之下，野生动植物可能遭遇生理压力反应，例如心率上升和血压增加。这些身体反应有可能对它们的生理福祉造成损害，严重时甚至危及生命。

城市景观与居民生活品质受到建筑工地噪声的显著作用。首先，都市的安宁与宜居性会受到建筑工地噪声的剧烈干扰。都市乃居民栖息、勤勉及愉悦之所在，应营造一宁静、惬意之氛围。然而，常常是建筑工地的声音让城市变得喧闹，从而导致人们感到不舒服。这不仅降低了居民的生活水平，还导致城市失去了魅力和竞争优势。建筑施工的噪声会对人们的心理状态带来不良影响。长时间身处喧闹的环境中，个体或许会经历诸如焦虑、抑郁等精神困扰。此外，噪声会干扰人类的休憩品质，可能引起疲乏、专注力下降等问题。此类健康挑战削弱了民众的生活品质，并可能对社会和睦与安宁造成负面影响。

建筑施工噪声对城市规划和建设的制约主要体现在以下几个方面。首先，噪声污染限制了城市用地的规划。在噪声污染严重的地区，很难规划出居住、商业和工业等不同功能区域。这给城市发展带来了困扰，影响了城市的合理布局。其次，噪声污染对建筑物本身的质量提出了更高要求。为了减少噪声对室内环境的影响，建筑商需要在材料选择、隔声措施等方面下更多功夫。这无疑增加了建筑成本，影响了城市建设的经济效益。最后，噪声污染还给城市交通带来了压力。为了避开噪声污染区域，人们可能会选择交通拥堵的路线，进一步加剧城市交通问题。因此，在城市规划和建设过程中，必须充分考虑噪声污染的影响，采取有效措施进行防治。

8. 建筑施工噪声隐患及治理现状

噪声污染，作为一种潜在的无形环境灾害，兼具局域性、短时性与频繁发生等特点。鉴于其重大的危害性，因此噪声也被称为"致命的慢性毒素"。如果长时间在高噪声的环境中工作而没有实施任何有效的保护措施，这将不可避免地导致永久性的、不可逆转的听力损害，甚至可能引发严重的职业性耳聋。目前，无论是国内还是国外，职业性耳聋都被认为是主要的职业性疾病之一。高强度的噪声不仅可能引发耳聋，还可能对人的神经系统、心血管系统、消化系统和生殖功能带来负面效应。特别剧烈的噪声可能会引发神经功能异常、休克，甚至威胁到生命安全。噪声可能导致心理上的恐慌和对警报信号的掩盖，这也是工伤死亡事故发生的关键因素之一。

研究数据显示，当噪声达到45dB时，它可能会对人们的睡眠产生不良影响；当噪声达到60dB时，大多数深度睡眠的人都会被惊醒；当分贝达到65dB时，它会对工作和学习产生影响；超过80dB的噪声会导致人们难以集中注意力，不仅影响工作效率，更会对个人休息及睡眠品质造成威胁。其潜在的生理与心理影响可能引发各类健康问题，甚至严重至可致人死亡。实测数据显示，建筑工地噪声平均超过90dB，甚或达到130dB之巨。这揭示了此问题难以忽视的严峻性。实际所需的举措便是，采取有效措施进一步控制与预防建筑施工过程中所出现的噪声问题，切实缓解这一紧迫的社会问题。

随着国内都市化进程加速推进，建筑噪声公害日益恶化。尽管相关部门多年来持续采取各类整治举措，但问题维艰未解。近几年公众环保意识高涨，噪声投诉额不断攀升。譬如某市一高层建筑施工干扰居民向法院诉求，最终判决业主及承包方各自共赔付周边居民 2.28 万元，每位居民获赔 200 元。近年来，各地为了保证中考、高考时期的安静环境，特地出台了大中城市夜间建筑施工噪声管制的政策，明确规定禁行于考试区域，这个临时性策略并未被人们视为可持续方法。实际上，很多噪声控制规定都是施工单位日常应遵守的。针对此现象，执法部门在噪声管控方面仍有明显的提升空间。在当今城市建设中，商品混凝土得到了广泛的运用，这种方式的优势在于能够显著降低现场混凝土搅拌过程中所产生的严重噪声污染。然而，由于商品混凝土的售价相对较高以及相关承包商缺乏有效的补偿机制，因此在部分中等规模城市实施商品混凝土推广存在困难。此前，根据国家建设部的指示，我国所有城市自 2006 年起须禁止在工地现场自行搅拌混凝土，转而全面推行集中生产的商品混凝土。如果该举措能够顺利落实，将显著缓解建筑工程对生态环境的噪声污染问题。

特别需关注的是，北京市政府出台的《北京市建设工程施工现场管理办法》第三章节绿色施工中明确指出，除了城市基础设施工程以及抢险救灾工程以外，所有其他夜间施工过程中所产生的噪声如果超过了国家或地方相关法律法规设定的标准限值，均属于违规违法行为，应对受其干扰的居民作出适当经济补偿，建设单位必须委托专业环保检测机构明确受影响范围，再与当地街道办事处、居民委员会或物业管理单位共同确定需要补偿的家庭名单。此外，建设单位还需与收到经济补偿的居民签订"补偿协议"。此项规定首次将经济补偿的内容列入法律规定，为处理施工噪声纠纷提供了有力的经济赔偿支持，预计未来将推动建筑施工方主动采取更加严格的噪声污染防治措施。

9. 建筑施工噪声的污染原因

部分工程负责人片面追求利润，无视相关法律法规及公众权益，忽视正常施工作业时间，导致过度噪声污染，影响周边居民生活。当前，农民工已成为建筑业主要劳动者，然而却未经过充分的职前培训，环保意识薄弱。即使为专门的合法分包商提供培训机会，开展农民工培训已有可能，但实际仍面临重重困难。同时，针对技术工人及项目管理团队的环境保护培训体系尚待完善，即便有此培训，仍有不少专业技术人员及施工管理工作者缺乏基本环保知识，连同部分工程监理人员均存在此问题。日常巡查过程中，常可见工地现场出现喧闹、吹口哨等不良行为。

当前，为减轻混凝土现场搅拌产生的严重噪声污染，各个城市积极鼓励使用商品混凝土。因此，部分中小城市对商品混凝土的推广工作进展缓慢。现今，工程单位仍采取一定程度的施工技术落后手段，如使用传统搅拌机进行现场拌制，以及在不经意间采用垂直式和振动式打桩机进行桩基作业，露天开锯等。无视环境，甚至在高强度噪声环境下不计昼夜地持续施工，如此现象令人忧心忡忡。

大部分建筑施工皆在户外进行，未采用标准的声屏障阻断噪声传播。施工现场布局存在诸多问题，例如钢筋棚邻近居民区却缺乏完善的围护和隔声设施，导致噪声无从抵挡，严重干扰了居民日常生活。还有一些混凝土搅拌运输车由于缺乏有效的噪声隔离措施，在城市环境中造成了噪声污染，并直接影响周围环境和敏感物体，造成了相当有害的噪声污染。

在建筑工程建设过程中，由于监理及环境监测未充分施展职责，使得施工现场噪声缺乏有效监管，难以迅速识别超过标准的噪声污染情况，从而导致一些建筑施工场所陷入噪声污染的恶性循环。另外，虽然我国的现有法律法规明确划定了建筑施工噪声的场地限制和治理准则，然而从这一系列规定来看，我国建筑施工噪声控制所面临的挑战仍然显著。由于建筑施工噪声的监测和管理涉及多个部门，如环保、建设、城市规划等，而这些部门之间的职责和权限并不清晰，导致在实际工作中难以形成有效的协作和配合。这也就意味着，即便相关部门对建筑施工噪声进行了监测，但由于缺乏有效的管理和约束，这些监测数据并无法真正发挥其应有的作用。另一方面，由于建筑施工噪声的监测需要专业的技术和设备，而目前我国在监测技术和设备方面的投入还相对不足，这也导致了监测工作的不到位。此外，监测人员的专业素质和业务能力也是影响监测工作质量的重要因素。由于建筑施工噪声污染的监测工作并不被重视，相关的监测人员也往往缺乏专业培训和经验积累，从而影响了监测工作的质量和效果。

10. 建筑施工噪声的防治对策

施工方需依据建声防污方案，针对建设项目特性、规模以及施工环境、设备与工期等因素，配以适宜的噪声防护措施，并确保其持续、有效运作。同时，防治噪声相关费用需纳入建设工程造价预算及决算中。

（1）合理制定作业时间

施工现场常见超时作业有浇筑混凝土、搭设模板等，无法避免产生巨大噪声。夜间施工更为严重，故必须严格限制作业时间。居民密集区执行高噪声作业时，夜间不得超过22:00点、清晨不早于 6:00 点；特殊情形（高考期间）应暂停或缩短作业。白天应尽量避开居民休息时段，若需连续作业应事前征得附近居民同意，并报告生态环境局及相关执法部门。

（2）减少人为噪声

落实《建筑工程施工现场管理规定》并付诸实践，采取有效的文明施工措施，构建完善的噪声管理责任体系。同时，应加强对施工团队成员的综合素质培训，以最大限度地降低人为因素导致的噪声干扰，提升全体从业人员的防噪意识和环保观念。

（3）加强对施工现场的噪声监测

为了确保对施工现场噪声水平的及时掌握，需实施长期的环境噪声监测。在这项工作中，应遵循专人监测，专人管理的原则。若噪声数值超越了《建筑施工场界环境噪声排放标准》GB 12523—2011，则需立即针对超标因素进行调整，努力实现施工噪声不扰民的目标。

（4）提倡绿色施工

绿色施工，实质上就是将可持续发展理念融入具体施工过程并运用各项先进科技手段。这一理念涵盖了可持续发展各大领域，例如生态环保、资源能源利用及社会经济成长等多方面。在实践绿色施工时，有必要遵守以下基本原则：减少场地干扰力度、尊重场地环境特质以及根据气候差异来制定施工方案。

（5）合理使用施工机械

施工设施和器具乃造成建筑施工噪声的关键源头，为了将施工期间噪声对周边环境的负面影响降低至最小化，承建方应针对施工操作进行科学且合理的布局，同时优化利用施工作业所需设备。施工过程中应优先选择低噪声的施工工具以及相关附属设备，对于那些高噪声的施工器材，需实施切实有效的降噪对策。此外，严禁任何国家已明确淘汰的有噪声污染倾向的落后施工工艺和施工器械被引入使用。

（6）积极改进生产技术

首先，需将生产运转外移至现场之外，以此减轻施工量或改善作业环境。为降低机械加工制造噪声污染，建议将产品和半成品生产环节放在工厂或车间内部进行，从而规避施工期间产生的噪声。譬如，普遍推广使用商品混凝土，将混凝土搅拌作业远离施工现场，以降低此项作业带来的噪声污染；使用降噪效果更好的振动打桩法以及钻孔灌桩法，以及诸如以焊接替代铆接，用螺栓替换铆钉这样的方式进行作业；对于木材、钢筋及其他金属材料的加工等方面，也应尽可能迁移至场外进行。

其次，应当积极推进作业技术的改良，采用先进设备及新型材料，达到降低作业产生的噪声的目的。优先选择低噪声甚至配备消声装置的施工工具，研发和推广低噪声的施工设备。以液压打桩机取代空气锤打桩机为例，当设备位于距离 15m 处时，测量出的噪声只有 50dB。此外，还需要在施工现场应用低噪声的混凝土振捣棒和机械刀具，例如低噪声的破碎炮和风镐，这样能够有效减轻机器产生的噪声和振动。

11. 采取合理措施，在传播途径上控制噪声

（1）吸声

采用高效能吸声材料，如玻璃棉、矿渣棉、毛毡、泡沫塑料、吸声砖、木丝板及甘蔗板等，配合创新构造型似的有穿孔共振吸声物件、微穿孔板设备、薄板振动式吸声箱等，对声音进行充分吸收和有效控制室内反射回响，进而实现显著降低噪声的效果。

（2）隔声

通过使用吸声材料（如砌块、钢筋混凝土、钢板、厚木板及矿棉被等）将声音产生源及其场地予以封闭隔离，从而切断其与外界环境的连接。常见的隔声手段主要包括隔声间、隔声机罩以及隔声屏等形式，其中又可分为单层和双层两大类。

（3）隔振

为阻止振荡能源由振源逸散，工业中采用的主要手段为隔振设施。其中包含了金属制弹簧、隔振器及类似于剪切橡胶与气垫的吸收材料等种类繁多的设备。除此之外，软木、矿渣棉以及玻璃纤维也被广泛应用在振动控制领域。

（4）阻尼

使用具备较强内耗损失能力之材料，以转化金属板振动能量为热能消散，有效抑制金属引发的弯曲振动，达到大幅度降低辐射噪声的效果。常用于此的阻尼材料包括沥青、软橡胶及其他高分子涂料等。

为实现施工噪声控制在规定限值内，环境监控机构将加强长期监管及现场监测力度。首要举措是制定针对性强且切实可行的工作方案和措施，重拳打击违法行为，严格防治噪声污染。其次，将提高巡视频率，强化对潜在噪声源的排查，特别着重于学校、社区附近的施工场地。最后，对于违规现象经常性发生、情节严重的单位，视为重点整治对象，采取"教育先行，惩罚其后"方法，敦促其积极改善。同时，充分发挥工程监理的骨干作用，加大对施工区域及其周边的监视力度，采用全方位、高频度的巡检及抽样检测，及时发现并通知处理任何隐患，力求将施工噪声污染降至最低程度。首先，强化工程公示乃是提升施工噪声管控水准的关键策略之一。该公示制度要求施工方在施工现场明显处披露施工详情，其中包括施工起止时间段、施工科目以及预期施工噪声强度等。此举有助于居民尽早掌握施工状况，做好心理预备，从而降低施工噪声所引发的生活困扰。此外，借助于公示信息，施工单位得以合理规划施工行程并采取适当噪声控制措施，以防止过度扰动周边环境及居民。其次，增进交流沟通是处理施工噪声问题的重要手段。施工单位应积极同周边居民展开沟通，探询其需求及建议，并迅速应对施工噪声问题。这种互动方式有助于施工方深入理解施工噪声对周边环境及居民的潜在影响，及时修正施工计划和噪声控制方案，降低施工噪声对居民的不良影响。同时，施工单位亦可向居民普及施工噪声防护知识，进一步增强居民环保意识和社会参与度。加强工程公示与交流沟通被誉为建筑施工噪声防治的两大策略措施。借由加强工程公示，施工单位得以提前通知周边居民施工事宜，有效减轻施工噪声对居民生活的负面干扰；而通过加大交流沟通力度，施工单位则能更准确把握居民需求和意见，对施工噪声问题进行及时有效的处理。以上措施不仅将提升施工噪声的监管水平，也有助于增进施工单位与周边居民之间的和谐关系，共同缔造繁荣有序的建设氛围。

在施工活动中，采取一系列措施有效管理与降低噪声污染，保障周边居民生活品质，是展示施工文明、负责任的体现。具体措施包括采用低噪声设备、合理安排施工时段、设置隔声屏障等。优先选用低噪声施工机械与工具，如电动、液压设备而非燃油动力，它们通常噪声低。对高噪声设备加装消声器、隔声罩，如打桩机、搅拌机。定期维护机械，确保运转顺畅，避免异常噪声。与社区协商，合理安排施工时间，避开居民休息时段，如夜晚、节假日、午休憩时间，尽量在白天作业。发布施工公告，告知时间表，提前通知附近居民，获取理解与配合。在工地周边设置隔声屏障，如隔声板、临时围挡板，特别是靠近住宅、学校、医院敏感区域。使用高吸收材料如声学屏障，有效降低传播。对高噪声源如打桩、破碎点，局部重点隔离。定期监测噪声水平，用声级计检测，确保不超限值。根据监测结果调整作业安排，如错峰时调整高噪声作业到最不敏感时。对投诉响应，及时调查、调整，采取更严格控制。与居民保持良好沟通，解释施工重要性、采取措施，听取反馈。教育施工队，培养环保施工意识，规范操作，减少非必要噪声。适时举办社区活动，如隔声知识讲座，增进理解与和谐。

环境保护和噪声污染防治一直是我国的一项核心政策。在城市环境噪声污染问题上，不仅面临着技术和经济的挑战，更重要的是，环境管理工作者必须对城市环境噪声管理工作给予高度重视。各级政府和环境管理部门需加速提升管理者的管理能力和技术水平，以确保噪声污染得到有效控制。自党的十八大以来，党中央和国务院将环境保护提升到了更加重要的位置，明确指出要严格控制城市环境噪声污染。因此，环保部门必须积极探索城市环境噪声污染防治的新途径，全力推进生态文明建设。期待各省市地方政府和环保部门能够积极行动起来，努力解决当前面临的环境问题，将城市环境噪声污染彻底根除。同时，也应采取积极措施，预防新的环境问题，确保城市环境噪声污染得到有效解决。通过这样的努力，可以为公民创造一个更加宁静、舒适的生活环境，为建设美丽中国、实现可持续发展目标贡献力量。

4.5 生态保护

在施工前，进行周密的生态评估，制定保护策略，确保施工活动对原有植被、野生动物栖息地的干扰降到最低，必要时实施生态恢复，是尊重自然、促进和谐共存的施工理念。聘请生态专家进行现场考察，识别敏感生态区域，包括珍稀有植物、保护动物栖息地、水源地等。编制生态影响报告，明确需保护的生态要素，制定施工限制与避让步区域。对于施工区域内有价值的植被，采取围栏护措施，如临时围栏、标志牌，确保不被破坏。移栽植移植，对可迁移的珍贵树木，采用专业手法移栽植，确保存活，记录原位，施工后回植。识别活动路径，施工避开迁徙、繁殖季节，设置临时动物通道，如涵洞桥、爬行动物穿越带，保证生物迁徙。监测动物活动，必要时与野生动物保护部门合作，进行暂时迁徙或救助。施工结束后，对影响区域进行生态恢复，种植本土植物，恢复地被，促进生态多样性。建立生态水系，如雨水花园，改善排水，利于雨水净化与回灌注。监测生态恢复成效，长期维护，确保生态平衡。施工团队进行生态教育，增强环保意识，了解保护重要性。对外，公布生态保护措施，通过展板、社区会议，提升公众参与感，共同监督与理解，营造尊重自然的施工氛围。

4.6 BIM 技术应用

通过建筑信息模型（BIM）的集成应用，优化设计与施工流程，从源头减少错误与返工现象，显著提升施工效率，进而降低资源消耗与浪费，彰显了现代建筑科技的力量。BIM 技术使设计阶段实现三维可视化，设计师在虚拟环境中模拟建筑全貌，精确到每个细节，优化设计布局、结构、系统冲突检测，避免施工时才发现的问题，减少设计变更，节省成本。利用 BIM 进行"碰撞检测"，提前模拟各专业间（结构、机电、管道、设备）的干涉，找出冲突，提前调整，避免现场再调整导致的材料浪费、工期延误，确保施工流畅性。BIM 提供精确的材料量算量，减少过量采购导致的堆积浪费。材料列表输出，指导采购计划，精准配送，减少存储空间与现场堆积，降低损耗。构建施工模拟，模拟施工过程，规划施工顺序、资源调配，优化路径，提升效率。工人通过模拟培训，熟悉施工环境，减少错误，提升技能，提升施工精度。现场使用 BIM 模型，提升协调效率，手持设备查看模型，现场定位，确保施工精准。模型更新共享，各方实时同步信息，决策依据一致，避免误解与重复工作。BIM 模型移交，为运维阶段提供资产、设施管理基础，利于维护、改造。模型存档，长期价值，为建筑全生命周期服务，持续优化资源使用。综上，BIM 技术不仅在施工阶段的运用，而是建筑全生命周期的优化，其在设计优化、精准管理、减少浪费、提升效率、协同作业等方面展现出巨大价值，为建筑行业绿色、高效、高质量发展铺路。

4.7　"互联网＋"与智能施工

深度融合物联网（IoT）、大数据、人工智能（AI）等前沿技术，施工过程实时监控能耗与安全，精细化管理，推动施工迈向智能高效、绿色新时代。施工现场部署传感器网络，实时采集数据，如能耗、环境参数（能耗、水质、空气质量）、设备运行状态，甚至噪声、振动等，全面监控施工环境与设备状态，实时反馈。大数据分析能耗数据，识别能耗模式，预测高峰低效环节，智能调控设备启停机、优化能效，如智能照明、温控系统，按需调节，大幅度降低能耗，提升能效。AI 监控系统实时分析视频、传感器数据，识别安全隐患，如违规操作、火灾风险、坍塌方风险，即时预警，快速响应，防患于未然。AI 智能识别技术提升应急响应速度与精确度。通过 IoT 设备监测施工机械、运输排放，实时数据接入环保平台，评估碳排放超标即触发警告，调整施工安排或采用低排设备，确保排放合规，减低碳施工。集成平台整合数据，施工进度、资源、物料、人力、环境、安全、能耗，多维度管理，一屏呈现，智能决策支持，如资源调度、风险预警，实现施工过程精细化、高效协同。基于收集数据，智能分析施工过程，反馈循环，优化施工方案，迭代管理策略，如流程、资源配置、设备升级，持续提升施工效率，降低环境影响，向更绿色、智能化进阶。"互联网＋"与智能施工融合，通过物联网、大数据、人工智能等技术，使施工过程透明、智能，能耗与安全管控更精准，推动施工向高效、低碳、智慧、可持续方向飞跃发展。

4.8　工人健康与安全

营造安全、健康的工作环境，实施全面的职业健康与安全培训，确保每位施工人员的安全与福祉，是构建人文关怀、责任施工管理的基石。遵照国家或地方安全标准，施工现场布置，设置安全围挡板、警示标志、安全网、安全通道，照明充足，确保作业区域划分清晰、通行安全。定期安全检查，隐患即改。提供并强制佩戴个人防护装备，如安全帽、防护服、安全鞋、防护眼镜、口罩、听力保护、防坠落设备，确保个体在各类作业中全方位防护，降低伤害风险。建立施工人员健康档案，定期体检，监测职业病预防职业病，如尘肺病、噪声聋、肌肉骨骼损伤。现场设急救站，配备专业医护人员，培训急救技能，应急准备。定期安全教育，包括新入职、岗位安全、专项技能、应急演练，如火灾、高空作业、机械操作，提升安全意识与技能。鼓励安全文化，奖励安全行为，反馈安全建议。重视心理关怀，提供压力管理、情绪支持，心理健康教育，开设咨询服务，避免过度劳累、孤立，创建团队氛围，增强凝聚力，关注个人福祉，促进健康工作生活平衡。鼓励员工参与安全管理，安全反馈，建立沟通机制，解决关切。建设友好的环境，尊重意见，增强员工归属感，形成自下而上安全共识，共筑造就安全施工环境。综上，人健康与安全的全面管理，从硬件设施到软性关怀，构建安全文化，体现以人为本，确保每位员工的身心安全与健康，是施工成功、持续发展的基石，构建未来。

4.9 社区参与

积极与周边社区建立沟通桥梁，倾听居民声音，理解其关切，针对性制定措施缓解施工影响，提升项目社会接纳度，共创和谐建设环境，是现代施工不可或缺的互动篇章。施工前，进行社区调研，了解居民日常、文化、交通、环境敏感点，如学校、医院、老人院，预先识别影响。形成影响评估，为制定策略，尊重社区特色，定制化管理方案。建立常态沟通平台，如社区会议、联络小组、在线平台，定期汇报施工计划、进展，收集反馈，解答疑问，及时响应，透明化施工信息，消除居民疑虑，建立信任。根据居民关切，采取具体措施，如调整施工时间避开睡眠时段、考试期，减少噪声、振动；设置防尘网、绿化屏障、洒水车，减少尘土影响；规划交通，保通勤方案，减缓拥堵。施工围挡板艺术化，展示项目信息、环保知识，美化环境，提升美观；利用空地，临时绿化、口袋公园，提供休闲，提升社区福利，营造积极施工氛围，共享价值。举办活动，如安全教育、环保讲座、儿童绘画赛，邀请参与，增进了解，提升认知，感受正面影响。完工后，社区参与庆典，纪念品、植树，留念，延续记忆，社区共建感。施工后，持续关注社区反馈，监测环境、设施，及时修复，维护，确保施工后遗痕少。留下良好印象，提升施工方形象，为未来项目，赢得社会支持，奠定基础。

在当今社会，随着全球环境问题的日益严峻和可持续发展理念的深入人心，绿色施工技术与实践已成为推动建筑业转型升级、实现长期可持续发展的关键路径。通过系统地实施一系列绿色施工技术和策略，施工项目不仅能够显著降低其对自然环境的负面影响，还能够在促进环境保护的同时，提升施工效率和经济效益，为建筑业的绿色转型贡献重要力量。采用高效节能的机械设备和照明系统，以及太阳能、风能等可再生能源作为施工现场的辅助能源供应，减少化石燃料的消耗，有效降低碳排放。此外，通过优化施工设计，如使用保温隔热材料、低辐射玻璃等，减少建筑物的能耗需求，长远看能显著降低运营期间的能源消耗。建立完善的建筑废弃物分类、回收和再利用体系，将拆卸材料、多余建材等重新加工成可利用资源，既减少了填埋场的压力，又节约了自然资源。同时，采用模块化、预制构件等建造方式，减少现场切割、浪费，进一步控制废弃物产生。实施雨水收集与循环利用系统，用于冲洗、绿化灌溉等非饮用目的，减少新鲜水资源消耗。采用节水型卫生器具和灌溉设备，以及漏水检测技术，确保水资源的有效利用。此外，通过优化施工排水系统，防止土壤侵蚀和水体污染。在施工过程中，采取措施保护原有植被、湿地和野生动物栖息地，避免破坏生态系统。施工结束后，实施生态恢复计划，如种植本土植物，恢复生物多样性，构建绿色生态廊道，增强生态系统的自我修复能力。运用BIM（建筑信息模型）、大数据分析、云计算等数字化技术，优化施工流程，减少设计变更，提升工程精度，缩短工期。智能监控系统实时监测施工安全与环境指标，提前预警潜在风险，保障施工顺利进行。采用绿色建材，如再生混凝土、竹材、生物基复合材料等，这些材料不仅环保，且往往具有更好的性能，如轻质高强、耐久性好，有助于提升建筑质量，延长使用寿命。技术创新如自清洁涂料、光触媒材料的应用，减少后期维护成本。政府及行业组织通过提供税收减免、补贴、绿色信贷等经济激励措施，鼓励企业采纳绿色施工技术。同时，建立健全绿色建筑评价体系，为达到标准的项目颁发认证，提升市场竞争力，吸引投资。

参考文献

[1]　Jian-guo ZHOU. The Impact of FDI on Carbon Dioxide Emissions in China [C]. Science and Engineering Research Center. Proceedings of 2016 3rd International Conference on Education Reform and Modern Management (ERMM 2016). Science and Engineering Research Center, 2016：146-150.

[2]　Grossman, M. and Krueger, B. Economic Growth and the Environment [J]. The Quarterly Journal of Economics, 2015 (2)：353-377.

[3]　Hoffmann, R., C. G. Lee, B. Ramasamy, and M. Yeung. FDI and Pollution：A Gran- ger Causality Test Using Panel Data [J]. Journal of International Development, 2018, 17 (3)：311-317.

[4]　He, J. Pollution Haven Hypotheses and Environmental Impacts of Foreign Direct Investment：The Case of Industrial Emission of Sulfur Dioxide in Chinese Provinces [J]. Ecological Economies, 2016 (60)：228-245.

[5]　Jorgenson, A. K. Does Foreign Investment Harm the Air We Breathe and the Water We Drink [J]. Organization Environment, 2017 (20)：137-156.

[6]　Liu Z L, Dong X F, Liu Z T, et al. Can Japan's outwards FDI reduceits CO_2 Emissions? A new thought on polluter haven hypothesis [J]. Advanced Materials Research, 2018, (5)：807-809.

[7]　刘秋雨. 中国对外直接投资对东道国碳排放效应研究 [D]. 上海：上海社会科学院, 2019.

[8]　许可, 王瑛. 中国对外直接投资与本国碳排放量关系研究——基于中国省级面板数据的实证分析 [J]. 国际商务研究, 2015, 36 (1)：76-86.

[9]　刘海云, 李敏. 中国对外直接投资的母国碳排放效应研究 [J] 工业技术经济, 2016 (8)：12-18.

[10]　田文举, 朱中军. 中国 OFDI 对碳排放影响的区际差异分析——基于城镇化门槛模型的研究 [J]. 重庆工商大学学报 (社会科学版), 2018, 35 (4)：27-34.

[11]　池晓彤. 中国对外直接投资对国内碳排放影响的实证研究 [D]. 西安：西北大学, 2019.

[12]　周经, 黄凯. 市场分割是否影响了 OFDI 逆向技术溢出的创新效应? [J]. 现代经济探讨, 2020 (6)：70-77.

[13]　刘军, 秦渊智. 服务业出口与 OFDI 互动发展的生产率效应 [J]. 山西财经大学学报, 2020, 42 (7)：71-84.

[14]　张思佳. 税收协定对我国 OFDI 的激励研究 [D]. 昆明：云南财经大学, 2020.

[15]　李红梅. 中国对澜湄五国直接投资的母国贸易结构效应研究 [D]. 昆明：云南财经大学, 2020.

[16]　邵宇佳, 卫平东, 何珊珊, 等. 投资动机、制度调节与 OFDI 逆向技术溢出对中国对外投资区位选择的影响 [J]. 国际经济合作, 2020 (3)：73-87.

[17]　郑丽楠, 马子红, 李昂. OFDI 与制造业价值链地位提升——基于"一带一路"沿线国家面板数据的研究 [J]. 科学决策, 2020 (5)：62-80.

[18]　张庆君, 刘川. 东道国制度环境、金融开放水平与中国 OFDI——基于"一带一路"沿线 59 个国家的数据 [J]. 西南民族大学学报 (人文社科版), 2020, 41 (5)：135-144.

[19]　胡颖, 孙迪. 空间视角下东道国信息化水平对中国 OFDI 影响研究 [J]. 市场研究, 2020 (4)：3-7.

[20]　李宬锐, 李妍彬. 东道国国家风险在投资路径中如何影响人民币国际化——基于 EIU 数据库的实证研究 [J]. 国际商务财会, 2020 (4)：62-71.

［21］ 王钰，李清波．OFDI 对母国制造业全球价值链升级的影响——基于分位数回归的研究［J］．天津商务职业学院学报，2020，8（2）：22-32.

［22］ 王丽萍，王晶晶，王琴．OFDI 对地区出口的影响研究——基于江苏和"一带一路"沿线国家数据的检验［J］．南京邮电大学学报（社会科学版），2020，22（2）：71-84.

［23］ 欧阳艳艳，黄新飞，钟林明．企业对外直接投资对母国环境污染的影响：本地效应与空间溢出［J］．中国工业经济，2020（2）：98-121.

第5章 >>>
运营阶段的能效与碳排放

随着全球变暖问题日益突出，减少温室气体排放，特别是碳排放，是各国共同面临的问题。传统的经济发展过分依赖化石能源的消耗，向大气中排放大量的二氧化碳，越来越受到世界的重视，碳减排已成为必然趋势，全球变暖关系世界环境和经济秩序，关系人类社会的生存和发展。它是21世纪人类面临的最严峻、最复杂的挑战之一。据统计，近50年来，全球平均每10年气温上升0.13℃，不仅会导致极端天气和自然灾害（如干旱、暴雨、暴雪、热带气旋）频繁发生，同时对物种的生存和灭绝也有重要影响。根据荷兰环境评估署的报告，2007—2010年，中国的排放量进一步增加到67.2亿吨，占世界总排放量的24.3%，占世界总增长量的60%，2018年我国年碳排放量175.18亿吨，这个比例接近全球总排放量的五分之一，比2017年增长9.1%。占据世界第一。为了应对这一局面，中国政府积极承担责任，制定相关法律政策，控制二氧化碳排放量的增加，相关的研究也越来越多。改革开放以来，我国工业取得了长足的进步，人们对工业产品的需求增加，大规模的工业生产导致碳排放量的增加，经济发展到一定阶段，人民生活水平大幅度提高，随着人均可支配收入的不断提高，环境保护的口号越来越响，经济增长促进了人民财富和生活质量的提高的同时，人们的环保意识会进一步提高，就需要环保产品，经济的进一步增长某一方面会减缓环境污染的压力。作为一个负责任、敢承担的国家，我们应该采取一系列措施改善我国的碳排放量。因此本文研究人均可支配收入与碳排放的关系，在弄清碳排放量增长原因的基础上，提出相关解决对策，希望对相关研究有所帮助。

环境库兹涅茨曲线（EKC）是由经济学家格罗斯曼和克鲁格提出的。研究认为，经济增长与反映环境质量的一些指标之间的关系不是简单的线性关系，而是一个倒U形曲线，即经济增长与环境污染之间存在着先污染后改善的关系。也就是说，在经济发展初期，环境污染程度较轻，环境质量较好；随着经济的快速增长和人均收入的逐步提高，人们对资源的消耗增加，而生态环境呈现持续恶化的趋势；当经济发展到一定的转折点时，随着人均收入的进一步提高，环境污染将逐步得到改善，环境得到缓解。

（1）规模效应、技术效应和结构效应。首先经济增长通过规模效应对环境质量产生负面影响。在经济增长过程中，需要增加生产要素的投入。化石能源作为一个重要的输入要素，导致更多的污染物排放到空气中，环境质量恶化。其次，经济增长通过技术效应对环境质量产生积极影响。一般来说，劳动工资收入水平越高，相应的环保技术和高技术生产技术水平也就越高。在经济增长过程中，随着研发投入的不断增加，技术水平不断提高。一方面，在其他条件不变的情况下，随着技术的不断进步，企业的生产效率大大提高，化石能源的利用效率也相应提高，单位国内生产总值能耗降低，资源循环利用水平不断提高，从而减少了污染物排放到空气中的单位产量。最后，经济增长通过结构效应对环境质量产生积极影响。随着劳动工资收入的不断增长，产出结构和投入结构也发生了变化。经济发展初期，经济结构趋于高耗能产业。此时，化石能源的消耗量很大，排放到空气中的二氧化碳也比较多，这就恶化了环境质量。随着经济的不断发展，经济结构向知识密集型产业和产权转变，单位 GDP 污染物排放量减少，环境质量得到改善。从以上分析来看，规模效应对环境质量有负面影响，但是技术和行业结构的改变，对环境质量有正面影响。

（2）环境质量要求。当经济水平不发达时，与高环境质量相比，人们更加关注经济增长问题，会出现先污染后治理，以破坏为代价的经济发展，导致环境质量恶化。这种现象是许多发展中国家的一贯的做法，包括英国等一些发达国家，在工业发展阶段造成了环境的严重恶化，中国、亚非拉美很多国家处于这一阶段。当经济发展到一定水平后，人们的收入水平提高时，人们对居住环境要求会发生变化，对高环境质量，绿色家园有着强烈的愿望。此时由于环境保护的压力，一些污染严重的企业会下台，被迫减缓环境质量的恶化。

（3）环境规制。在经济发展的初期，环境规制程度较低，没有了约束，人可以为所欲为，环境破坏到处可见，但随着经济的增长和技术水平的提高，环境规制的能力和要求不断加强，促进了政府加强地方和社区的环境保护能力，出台相关的法规，减少碳排放，提高环境质量。严格的环境法规进一步促进了经济结构向低污染产业的转变，从而提高了环境质量。

5.1 建筑能耗分析

在运营阶段，建筑能耗分析是理解和管理能效及碳排放的基础。它涉及对建筑实际使用过程中消耗的各种能源（如电力、天然气、水等）进行详细记录、评估和分析，以识别能耗热点、优化运行策略并减少不必要的能源浪费。以下是建筑能耗分析的关键步骤和考虑因素。

5.1.1 数据收集与监测

在推动绿色建筑的实践中，数据收集与监测扮演着至关重要的角色，是实现能源管理精细化、优化决策的基础。首先，安装计量设备，如电表、水表、气表等，这些设备被战略性地布置在建筑的关键能耗节点，确保了能源使用的实时监测。这一措施为能源消耗提供了透明度量化的基础，是节能管理的首要步骤。分项计量在此基础上更进一步深化，通过将能源使用细分至不同用途层面，如照明系统、空调、电梯运行、热水供应、办公设备等。这种细分计量不仅揭示了建筑内各个能耗大户，而且促进了对能源使用模式的深入理解，为节能措施提供了靶向标。例如，若数据显示空调系统耗能低效，那么可以针对性地优化空调维护或升级系统，而非盲目减少整个建筑的能源供应。远程监控系统的引入，通过建筑自动化系统（BAS）或能源管理系统（EMS），使得数据收集与分析能力更上一台阶。这些系统不仅能实时收集数据，还能远程监控能源使用情况，一旦异常立即报警，确保问题能得到快速响应。更甚者，通过云平台，数据汇总分析，管理者可以随时随地访问能耗报告，从宏观视角洞察建筑能源效率，指导长期策略调整。例如，季节性分析帮助调整空调预冷暖供应，预测性维护减少突发故障停机。综上，分项计量与远程监控系统的实施，不仅为建筑提供了数据的精度与实时性，更赋予了分析深度与广度。它不仅优化了能源效率，降低了运营成本，更推动了建筑向智能、绿色方向的转型升级，是实现可持续发展目标的强有力工具。通过这些技术，建筑不再是简单的能耗体，而是能效管理、环境友好的范例证言，展现现代建筑技术如何与环保并行。

5.1.2 能耗基准设定

在全球范围内，能源消耗和其环境影响已经成为亟待解决的问题。对于建筑业来说，合理有效的能耗管理不仅能降低运营成本，还有助于减少温室气体排放，实现可持续发展目标。因此，设定一个科学、合理的能耗基准线对于建筑管理者而言至关重要。本书旨在探讨如何通过确定基线和能效比对来设定能耗基准，并通过这一过程促进建筑能效的持续改进。任何改进措施的前提是需要有一个清晰的现状认识。在能耗管理中，这个"现状"就是能耗基线。确定基线不仅是比较和评估能耗效率的基础，也是制定节能目标和措施的重要依据。通过收集和分析过去的能耗数据，可以得到建筑在不同条件下的能耗水平。这些数据反映了建筑的实际能耗情况，包括不同季节的能耗变化、工作日与非工作日的能耗差异等。通过对历史数据的综合分析，可以得出一个具有代表性的能耗基线，作为后续改进工作的起点。对于那些没有足够历史数据的新建筑或者进行了大规模改造的建筑，可以参考同类型、同规模、同地区建筑的能耗标准来设定基线。这种方法的优点是可以快速得到一个相对合理的能耗基线，但缺点是可能忽视了本建筑特有的能耗特征。仅仅设定了能耗基线还不够，还需要通过与同类型、同规模、同地区建筑的能耗水平进行对比，来评估自身能效水平。这一过程可以帮助建筑管理者了解自己的建筑在能效方面的表现如何，是否有改进的空间。进行能效比对时，选择合适的参照物非常关键。只有那些与自己的建筑具有相似功能、规模和所处环境的建筑，才能提供真正有意义的比较结果。例如，一座办公楼应该与其他办公楼进行比较，而不是与商场或学校比较。通过比对分析，不仅可以发现自己的建筑在能效上是否优于、劣于或符合同类建筑的平均水平，还可以进一步探究造成这种差异的原因。这可能是因为采用了更高效的设备，或者是因为更有效的运营管理。通过这种比对，可以识别出节能潜力所在，为后续的能效改进措施提供方向。设定了能耗基线并完成了能效比对之后，接下来的任务是如何在此基础上持续改进建筑的能效表现。这需要制定一套系统的改进方案和执行计划，包括但不限于加强建筑外壳的保温性能、优化供暖通风及空调系统（HVAC）的运行、提升照明和电器设备的能效等。为了确保能效改进措施的效果，需要对这些措施进行定期的监测和评估。根据监测结果，及时调整改进策略，以确保能效改进目标的实现。此外，随着技术的发展和环境的变化，也需要不断更新能耗基线，以反映当前的最佳实践。除了技术层面的改进外，员工的参与和培训也是提升建筑能效的关键因素之一。通过培训提升员工对建筑能耗的认识和节能技术的使用能力，可以在日常操作中避免不必要的能源浪费。同时，建立激励机制鼓励员工参与到节能活动中来，也是提高能效的有效手段。

5.1.3 能耗构成分析

在绿色建筑管理与优化能源效率的策略中，能耗构成分析是一个至关重要的环节，它通过深入剖析能源使用的各个方面，为制定节能措施提供科学依据。以下是两个关键步骤：

比例分析：这一阶段，首先通过收集的详细数据，对建筑内各种能源类型（如电力、天然气、水、燃油）的消费量进行汇总，并计算各自占总能耗的比例。这一分析揭示了能耗的主要领域，即"能耗大户"，比如，如果发现空调系统占据了总能耗的 40%，那么，这就明确了节能工作的重点应聚焦于提升空调系统的能效。此步骤为节能策略指明了方向，优先级，避免了平均用力，提升了节能措施的针对性和效率。

时间序列分析：接着，深入时间维度，利用时间序列分析，观察能耗如何随日期、季节、时间段变化，揭示出能耗的周期性与规律。比如，夏季与冬季能耗峰值是否因空调与供暖增加，工作日与周末、夜间是否能耗下降明显等。这一步骤对于理解建筑实际使用模式至关重要，有助于设计如动态调整能源供应策略，如夏令空调温度设定随室内外温差自动调整，冬夜班时段降低公共区域照明。时间序列分析还能帮助预测未来需求，提前规划能源储备，避免供应紧张，减少应急采购成本。

通过能耗构成分析，建筑管理者不仅获得了对当前能耗的精准画像，更掌握了变化趋势，为决策提供数据支持。这不仅提高了能源效率，降低了运营成本，更促进了资源的合理分配，是向可持续发展迈进的坚实一步。能耗构成分析，是绿色建筑智慧管理的"眼睛"，为高效节能导航，照亮了前行的道路。

5.1.4 能耗影响因素识别

有效管理建筑能耗的前提在于准确识别和理解影响能耗的各种因素。这不仅有助于制定更为精准的节能措施，还能优化能源使用效率，减少浪费。气候条件是影响建筑能耗的一个主要外部因素，尤其是温度和湿度的变化对供暖和空调系统的能耗影响显著。气温的高低直接影响建筑内供暖和制冷的需求。在寒冷的冬季，低温会增加供暖需求，反之，在炎热的夏季，高温则会加大空调的制冷负担。因此，地理位置和季节变化成为决定建筑能耗的重要因素。除了温度，湿度也是影响建筑能耗的关键气候因素。高湿度环境会使空调系统在制冷时增加除湿的负担，从而消耗更多的能源。同时，湿度过高或过低都会影响人体的舒适感，从而间接影响空调的使用方式和时长。针对气候因素的影响，建筑设计和运营过程中应采取适应性措施，如采用高性能的保温材料、设置合理的室内温湿度标准、使用具有能量回收功能的 HVAC 系统等，以减少气候变化对建筑能耗的不利影响。建筑的使用模式直接关系到能源的使用效率，包括入住率、营业时间、使用习惯等。不同功能的建筑在使用模式上存在明显差异。例如，酒店的入住率会随着旅游旺季和淡季的变化而波动，这直接影响了酒店的能源消耗。类似地，商场和办公楼的营业时间也会影响其照明、空调等系统的运行时间和强度。用户的使用习惯也会影响建筑能耗。比如，是否经常开窗通风、室内温度的设定偏好、电器设备的使用习惯等都会对能耗产生影响。因此，提升用户节能意识，引导他们形成环保的使用习惯对于降低能耗具有重要意义。了解并分析建筑的使用模式有助于更合理地规划能源使用，如调整控制策略以适应不同的使用需求，实施动态能源管理系统以优化能耗性能。建筑内部的设备效率直接影响着能源消耗量。老旧的设备往往效率低下，不仅耗能高，还可能需要更频繁地维护。老旧的 HVAC 系统、照明设施和家用电器等往往缺乏现代化的节能技术，导致其在运行时消耗的能源远高于新型设备。此外，老旧设备的维护成本也相对较高，长期来看会进一步增加经济负担。尽管初期投资较大，但高效和智能的设备能够显著降低长期的能源消耗和维护成本。例如，采用具有变频技术的空调可以按需调节功率，避免无谓的能源浪费；LED 灯具相比传统灯具能节省大量电力。因此，定期评估和更新建筑中的设备，尤其是对于那些能耗大户的设备，将对提升整体能效产生显著效果。通过深入分析气候因素、使用模式以及设备效率对建筑能耗的影响，我们可以更加精确地定位到能耗管理的关键节点，并制定出更为有效的节能措施。

5.1.5　节能潜力评估

评估现有设备（如照明系统、空调系统、工业生产设备等）的能效水平，对比市场上的高效能替代品，计算通过升级到更高效设备所能节省的能源量。例如，LED 灯具相比传统光源能大幅度降低能耗；变频空调系统可根据实际需求调节输出功率，节省电力。检查建筑围护结构（墙体、屋顶、门窗等）的隔热性能，评估通过增加或改善绝缘材料来减少热量交换的潜力。良好的绝热可以显著降低供暖和制冷系统的负荷。评估智能控制系统（如楼宇自动化系统）的引入或升级潜力，以实现按需控制能源使用，比如根据室内人员数量、时间或外部气候条件自动调节照明、空调系统的工作状态。鼓励将夏季空调温度设定在较舒适的较高温度（如 26℃而非 20℃），冬季则适当降低暖气温度，减少能源消耗而不牺牲舒适度。通过建筑设计或工作安排优化自然光利用，减少白天的人工照明需求。例如，使用透光率高的窗户、安装光导管等技术。通过培训和宣传活动增强员工和居民的节能意识，鼓励关闭不使用的电器、合理使用电梯、采用双面打印等日常节能行为。评估建筑物屋顶或周边空地安装太阳能光伏板的可行性，用于发电直接使用或并网销售。太阳能热水系统也是常见的节能措施之一。对于适合的地理位置，评估利用地源热泵系统进行供暖和制冷的潜力。这种系统利用地下恒温特性，效率高且环保。考虑风能（适用于风力资源丰富的地区）、生物质能（如有机废弃物转化为能源）等其他可再生能源的适用性和经济性。进行节能潜力评估时，应综合考虑技术可行性、经济合理性及环境影响，制定出最合适的节能方案。此外，政府补贴、税收优惠等政策支持也是推动节能改造和可再生能源应用的重要因素，需要一并纳入考量。

5.1.6　碳排放计算

在建筑碳排放计算中，能源转换系数是一个关键工具。它代表了不同类型能源在燃烧或使用过程中单位能量产生的二氧化碳量。通过将建筑的能源消耗量乘以相应的能源转换系数，我们可以得到建筑的二氧化碳排放量。不同种类的能源，如煤炭、天然气、电力等，其能源转换系数是不同的。这是因为它们在化学成分和使用效率上存在差异。例如，煤炭的碳排放因子远高于天然气，因为煤炭含有更高的碳比例且燃烧效率较低。因此，了解和选择低碳的能源类型对于减少建筑碳排放至关重要。为了计算建筑的碳排放量，首先需要收集建筑在一定时间内（通常为一年）的所有能源消耗数据，包括电力、供暖、制冷等多方面。然后，将这些消耗量分别乘以对应的能源转换系数，并将结果相加，从而得到总的二氧化碳排放量。这一数据不仅用于评估建筑的环境影响，也是制定减排目标和措施的基础。除了日常运营中的能源使用外，建筑的材料和设备在其全生命周期内也会产生显著的碳排放。生命周期评估（LCA）是一种全面考量产品从原料开采、制造、使用直至废弃全过程环境影响的方法。建筑材料的生产、运输和安装过程中都会产生不同程度的碳排放。例如，钢铁和水泥作为建筑中常用的材料，其生产过程中的碳排放量相对较高。因此，在建筑设计阶段选择低碳环保的材料，如再生材料或具有低碳足迹的新材料，对于降低建筑全生命周期的碳排放具有重要意义。建筑中的设备，尤其是供暖、通风、空调（HVAC）系统和照明设备，其能效水平直接影响建筑的能耗及相应的碳排放。选择高效节能的设备并定期进行维护，可以显著降低建筑的能源需求和碳排放。此外，考虑设备的长期使用，采购时应对设备的能效标准和预期寿命给予足够重视。基于上述两种方法的碳排放计算结果，建筑管理者可以采取一系列策略来降低碳排放。这包括但不限于提高建筑的能源效率，比如加强保温、使用高效设备和智能控制系统；优化能源结构，比如增加可再生能源的比例；以及提倡可持续采购，优先选择低碳和可回收利用的材料和设备。同时，建立持续监测和评估机制也非常重要。通过定期重新评估建筑的碳排放量，可以监控减排措施的效果，并根据最新的技术和政策发展调整减排策略。此外，积极参与碳交易市场和碳排放权认证等市场，可以为建筑行业提供新的减排动力和经济激励。

改革开放以来，我国能源生产取得了长足的进步，进入了能源强国的行列。能源生产增速由 2007 年的 7.9% 提高到 2010 年的 9.1%，2016 年回落到 −4.3%；我国能源生产一直以煤炭为主，煤炭比重保持在 70% 以上，略有浮动；原油比重呈下降趋势，从 2007 年的 13.7% 下降到 2016 年的 9.80%；天然气占比变化不大，由 2007 年的 3.9% 增加到 2016 年的 4.2%；原煤消费二氧化碳排放量占中部地区二氧化碳总量的 77.5%，其次是焦炭消费量的 9.9%，原油占比为 4.3%，天然气的比例约为 1.6%。目前，我国碳排放总体呈上升趋势。2007—2017 年，我国碳排放量由 67.47 亿吨增加到 191.67 亿吨，增长 76.6%。目前中国的碳排放总量位居世界第一，有着发展中国家典型的特征，先污染后治理，急需改变人们和相关企业的观念态度。东部：2007—2017 年，广东省、江苏省和山东省在东部地区 GDP 总量排名前三位，海南省和天津市在东部地区 GDP 总量排名最后。到 2011 年，东部地区 10 个省份的 GDP 超过万亿，只有海南省低于万亿。这十年来，东部地区 10 个省（市）的 GDP 增长率均在 9% 以上，其中天津市和海南省的平均 GDP 增长率最高，分别为 14.58% 和 13.92%；辽宁省和上海市的平均 GDP 增长率最低，分别为 7.96% 和 9.46%。

中部：2007—2017 年，中部地区 GDP 前三名的省份分别是河南省、湖北省和湖南省。到 2016 年，中部地区 8 省 GDP 总量已进入万亿阵营。2007—2016 年，全国 8 个省 GDP 增长率均在 8% 以上，湖北省最高增长率为 14.93%，黑龙江省最低增长率为 8.96%。

西部：2007—2017 年，西部地区 GDP 总量前三名的省份分别是四川省、陕西省和广西壮族自治区。到 2016 年，西部地区陕西、内蒙古、四川、广西等 6 省的国内生产总值超过万亿元。2007—2017 年，西部 10 省 GDP 增长率均在 10％以上，最高的是贵州省 16.92％，最低的是甘肃省 11.5％。

根据世界能源统计数据，2017 年，我们能源消费 350 多亿吨油当量，将近占世界总量的五分之一，比 2016 年增长 8.7％，能源消费得多，碳排放量也多，根据英国石油公司公布的二氧化碳排放数据，2017 年我国碳基燃料二氧化碳排放量超过英国、印度等国家，位居世界第二，中美两国二氧化碳排放量相近，2018 年我国年碳排放量 175.18 亿吨，这个比例接近全球总排放量的五分之一，比 2017 年增长 9.1％。中国超过之前世界碳排放量大国美国，已经成为世界上最大的碳排放国，这不得不引起我们的关注。各省（自治区、直辖市）碳排放量平均增长率见表 5-1。

2018 全国各省（自治区、直辖市）碳排放量平均增长率（％） 表 5-1

省份	平均增长率	省份	平均增长率	省份	平均增长率
北京	1.45	浙江	3.27	海南	8.79
天津	6.98	安徽	7.34	重庆	8.05
河北	6.76	福建	8.65	四川	13.08
山西	9.67	江西	7.50	贵州	5.59
内蒙古	9.13	山东	5.29	云南	6.42
辽宁	6.52	河南	5.27	陕西	11.02
吉林	4.83	湖北	6.83	甘肃	7.56
黑龙江	7.76	湖南	5.51	青海	12 87
上海	3.28	广东	5.04	宁夏	11.11
江苏	6.04	广西	8.08	新疆	12.95

由表 5-1 可知，山东省、河北省和江苏省在 2007—2017 年的平均碳排放水平中排名前三。西部地区的青海省、东部地区的宁夏回族自治区和海南省的二氧化碳平均排放水平都较低，受地区条件和产业因素的影响。从平均增速看，四川、青海、新疆等地区增速较快。其中，内蒙古、山西省碳排放总量和碳排放增速较高。四川省是中国碳排放平均增长率最高的省份，高达 13.08％。可以预见，短期内山西省的碳排放总量可能会超过其他省份，因此在山西省的碳减排方面应该制定一些措施。宁夏、青海、海南虽然碳排放总量相对较低，但碳排放增长速度相对较高。尽管山西省碳排放形势并不严峻，但仍有必要制定一系列政策和指导方针，控制二氧化碳排放增长速度。我国碳排放年均增长率最低的是北京和浙江省，保持了低增长率的发展趋势。

改革开放以来，无论是东部还是中西部，经济都在增长，平均增速在 12％，创造了世界"中国增长奇迹"。此外，中国国内生产总值在全球范围内的比重也在不断提高，特别是进入 21 世纪，中国经济快速稳定增长的趋势已经超过德国和日本，成为仅次于美国的第二大经济体。中国国内生产总值由 2007 年的 270232 亿元增加到 2016 年的 74417 亿元，增长率为 175％。十年平均增长率约为 10.93％，2007 年最高为 14.16％。人均可支配收入由 2007 年的 2011.7 亿元增加到 2018 年的 28228 亿元，中国人均国内生产总值排名世界第 49 位，最多和最少省份人均可支配收入相差巨大。2018 年全国各省（自治区、直辖市）人均可支配收入见表 5-2。

2018 年全国各省（自治区、直辖市）人均可支配收入　　　　表 5-2

排名	省份	2018 年可支配收入(元)	2017 年可支配收入(元)	2018 年月均可支配(元)	同比增速(%)
1	上海	64183	58988	5349	8.80
2	北京	62361	57230	5197	9.0
3	浙江	45840	42046	3820	9.0
4	天津	39506	37002	3292	6.7
5	江苏	38096	35024	3175	8.8
6	广东	35810	33003	2984	8.5
7	福建	32644	30048	2720	8.6
8	辽宁	37342	27835	3112	
9	山东	29205	26930	2434	
10	内蒙古	28376	26212	2365	
11	重庆	26386	24153	2199	9.2
12	湖北	34455	23757	2871	
13	湖南	25241	23103	2103	9.3
14	海南	24579	22553	2048	9.0
15	江西	24084	22031	2007	
16	安徽	343931	21863	2866	
17	河北	23446	21484	1954	9.1
18	吉林	30172	21368	2514	
19	黑龙江	29191	21205	2433	
20	陕西	22528	20635	1877	9.2
21	四川	22461	20580	1872	9.1
22	宁夏	31895	20562	2658	
23	山西	21990	20420	1833	7.7
24	河南	21984	20170	1832	8.9
25	新疆	21500	19975	1792	7.6
26	广西	21485	19905	1790	7.9
27	青海		19001		9.2
28	云南	20084	18348	1674	9.5
29	贵州		16704	1536	10.3
30	甘肃	29957	16011	2496	
31	西藏		15457		

由表 5-2 可以看出，在全国 31 个主要的省、自治区、直辖市中，上海、北京、浙江的人均可支配收入靠前，其中上海、北京的人均可支配收入六万多元，比排名第三浙江的

四万五千多元要高出不少，增长率都在 9% 左右，河南、新疆、广西地区的人均可支配收入比较低，在两万一千元左右，增速为 8% 左右，其余省份人均可支配收入的增长在 8% 左右，东南沿海人均可支配收入普遍高于西部。

居民消费水平对二氧化碳排放有积极影响，表明居民财富的增加扩大了人们的消费欲望，消费需求的增加导致能源消费的增加，从而直接推动了碳排放的增加。同时，消费结构变化与碳排放变化的关系也值得关注。"就我国城乡居民家庭消费而言，恩格尔系数一直处于下降水平，居民消费需求由原来的衣食住行支出向更高水平的住房、交通、娱乐等方面拉动，这也导致了能源消耗和碳排放的变化。因此，制定节能减排政策，既要降低居民消费水平，又要着力转变消费方式，促进居民低碳消费。"推动"高碳消费模式"向"低碳消费模式"转变，应该是全社会的共同责任，需要政府、企业、公民和社会组织的共同努力。首先，要促进家庭低碳消费。公众（消费者）在低碳消费转型中起着重要作用，因为人们对经济的客观认识、主体的认识、行为方式起着决定性的作用。同时，个人作为消费者，通过消费者需求的变化，对企业的生产活动产生影响。消费者一方面通过舆论压力，另一方面通过低碳消费倾向，影响企业的生产经营方向，促进低碳产业和产品的发展。其次，产业内企业是经济活动的主要参与者，与经济系统和生态系统相联系，是实施低碳生产活动的主要领导者。作为向低碳消费模式转变的核心主体，企业通过引领低碳生产来促进低碳消费。企业利益是改变企业生产行为、促进消费方式转变的核心动力。一方面，企业的生产行为是由自身利益驱动的，另一方面又受到外部压力的制约。政府和消费者通过对企业的行为来促进企业的积极参与，从而达到自身参与的效果。最后，政府发挥重要作用。在宏观层面，政府制定了转变经济发展方式、推进低碳经济的战略，为低碳消费营造社会氛围。具体来说，低碳经济的公共性特征决定了它需要政府在资金、技术等方面的大力支持。政府通过政策规范和法制监督，造成企业外部压力，制约企业生产行为。此外，政府还可以依法保护企业的经济权利，在制定环境保护法律法规时增加保护和鼓励低碳产业的相关规定，鼓励企业低碳生产，调动企业参与的积极性。此外，作为消费的一部分，政府通过自身的节能减排，推动从"高碳消费模式"向"低碳消费模式"的转变。

打造低碳城市，低碳城市建设的策略和途径包括以下几个方面：首先，低碳城市的发展不仅需要政府、企业和居民的共同努力，更需要各部门的积极配合。低碳城市的人口发展不是政府的直接行动，也不是简单的市场行动，而是三方相互影响、参与的过程。在推进低碳城市的过程中，政府主要负责统筹规划，而企业也发挥着不可替代的作用。其次，引导城市逐步降低碳含量，工作的核心是鼓励技术创新、制度创新和发展理念转变。一方面，城市低碳发展的实施需要核心技术的支撑，只有通过技术的不断应用和创新，才能在低碳经济发展中占据积极的地位。更重要的是，在实现节能减排目标的过程中，技术基础是提高节能技术和新能源开发应用技术的能效。另一方面，城市人口发展模式的创新主要是公共治理体制和模式的创新。实施城市低碳发展的绩效主要取决于政府对低碳理念的理解。政府制定的管理制度鼓励发展低碳经济，在城市人口布局规划中，整合低碳理念。

与中小城镇相比，由于城市规模大、综合效益好，辐射效应强，能够很好地带动周边地区的发展。城市是人类文明和发展的象征。它既是一个人口聚集区，又是一个国家和地区的政治、经济、文化、教育、科技中心。它在国民经济中起着非常重要的作用，城市化也意味着经济文化活动的集聚。在经济活动总量相同的情况下，经济活动的集聚会在特定区域产生较大的环境压力。同时，由于经济活动造成的人口集聚，会导致环境质量的破坏，同时也会增加损失。因此，城市面临的环境压力大于农村。目前，城市人口占全球总人口的50%以上，预计到2030年将达到60%。研究表明，城市消耗了全球60%～80%的能源，排放了全球80%的温室气体。城市人口比例所反映的城市化与三大碳排放源密切相关。目前，我国城市化率已达到50%，但比国际标准低11%。未来，城市化进程将继续增加碳排放。因此，加强低碳城市建设是城市化进程中的科学明智选择。在人口向城市转移的过程中，随着能源消耗量大、道路逐渐拥堵、生活成本不断提高等一系列问题的出现，阻碍了城市的发展，也限制了居民生活水平的提高。为了降低能源消耗，实现二氧化碳减排目标，城市肩负着重要使命。一些国家低碳城市的规划、战略部署和具体政策方案，为我国低碳城市建设提供了宝贵经验。近年来，低碳城市的概念在我国逐渐兴起。

调整经济结构，实现低碳经济可持续发展。转变经济发展方式，抑制高能耗、高污染、高碳排放等资源型产业发展，鼓励发展资源节约型、环境友好型产业，大力扶持高新技术产业，积极发展低碳产业，走新型工业化道路，提高工业经济核心竞争力。促进第三产业发展，并将发展重点转移到旅游信息等新兴产业，调整能源结构，大力发展和引进先进清洁技术。主要包括煤炭液化和气化技术，大力发展石油、电力、建筑、冶金、化工等高耗能行业的节能减排技术，最大限度地降低经济活动中的原煤消耗，提高转化率改变过度依赖煤炭资源的消费方式，使能源消费向多元化、绿色、低碳方向发展；大力发展高效、清洁、低碳能源，不断降低化石、石油等传统能源消耗比重；开发利用太阳能、风能、地热能等自然资源和可再生能源，加快可再生能源规模化，促使其不断发展，形成产业链条。鼓励清洁能源的消费方式，减少消费造成的直接二氧化碳排放；引进低能耗的新技术、新工艺，减少消费造成的间接二氧化碳排放。虽然出口商品的碳排放已经逐步减少，但与发达国家相比，仍远远不够。实施碳税减少高碳能源的使用，发展多元化的国际市场，加强国际合作，打破低碳技术垄断，提高我国出口竞争力，减少碳排放。

5.1.7　持续监测与改进

进行能耗审计是持续改进建筑能效的关键环节。通过定期审计，可以评估现有节能措施的效果，发现潜在的节能空间，并为进一步的改进提供数据支持。这一过程有助于确保建筑管理策略与最新的能效标准和技术发展保持同步。能耗审计通常包括对建筑能源使用情况的全面检查，包括电力、天然气和其他能源的消耗量。审计过程中，将采集和分析建筑的能耗数据，并与类似建筑的标准进行比较，以识别异常高的能耗点。此外，审计还可能包括对建筑外壳、供暖通风空调系统、照明和设备等的性能评估。基于审计结果，可以制定针对性的改进措施，如加强建筑保温、更换低效设备、优化能源使用习惯等。这些措施的实施将直接影响建筑的能耗表现，有助于实现长期的能耗降低和能效提升。建立有效的能耗反馈机制对于持续改进建筑能效至关重要。这一机制确保了能耗信息的透明性，使建筑管理者能够及时了解建筑的能耗状况，并根据反馈调整管理策略。能耗反馈机制可以通过多种途径实现，例如，安装智能能耗监控系统，该系统能够实时收集建筑的能耗数据，并通过用户界面直观地展示给管理者。此外，定期发布能耗报告，将建筑的能耗情况与预定目标进行比较，也是反馈机制的重要组成部分。通过有效的反馈机制，建筑管理者能够及时发现能耗异常，诊断问题原因，并采取相应措施进行调整。这种及时反馈和调整有助于优化建筑的能源使用，避免能源浪费，从而降低运营成本并提高能效。持续监测与改进是确保建筑长期维持高能效的关键。这不仅有助于应对不断变化的环境和技术挑战，还能促进建筑行业的可持续发展。除了上述的定期审计和反馈机制外，建筑管理者还应关注最新的节能技术和发展动态，不断更新和完善建筑的能效策略。例如，利用大数据和人工智能技术对能耗数据进行深入分析，以发现更深层次的节能潜力。同时，鼓励创新思维和实践，探索新的节能方法和材料。持续的监测与改进将推动建筑能效的不断提升，使建筑在全生命周期内的能耗最小化，对环境的负面影响降到最低。此外，这也将提高建筑的市场竞争力，为业主和管理者带来经济效益和社会价值。通过定期审计、建立反馈机制以及持续改进的策略，我们可以构建一个高效的能耗管理体系，不仅提升了建筑的能效，也为实现更加绿色和可持续的未来作出了贡献。

通过细致的节能潜力评估和技术改造、行为改变以及可再生能源的集成应用，建筑物不仅能在运营阶段显著提升能效，还能在长远发展中促进能源的可持续利用，减少环境足迹，为实现绿色建筑和全球气候变化缓解目标贡献力量。技术改造的核心在于用高效、智能的设备替换老旧低效系统，同时优化建筑围护结构和控制系统，这不仅是提升能效的关键途径，也是迈向智能化建筑的重要步骤。在照明系统方面，LED 灯具因其高能效、长寿命和环境友好性，成为替代传统光源的首选。结合智能照明控制系统，根据室内光线强度和人员活动情况自动调节亮度，进一步节约能源。空调和暖通系统通过采用变频技术、热回收系统和精确的温湿度控制，实现按需供给，避免过度制冷或加热造成的能源浪费。在工业生产领域，采用高效电机、优化生产流程和实施余热回收等措施，不仅减少能源消耗，还提升了生产效率和产品品质。此外，对建筑围护结构的改善，如增加外墙和屋顶的保温层、采用低辐射玻璃和高性能密封材料，有效阻隔室内外热量交换，使得建筑在不同季节都能保持适宜室内温度，减少能耗。行为改变策略着重于提升用户和员工的节能意识，通过教育、激励和参与机制，形成积极的节能习惯。比如，通过设置合理的室内温度标准，鼓励员工适应更接近自然环境的温度范围，既减少了能源消耗，又有利于人体健康。推广"绿色办公"理念，如使用电子文件减少纸张消耗，鼓励双面打印，合理安排会议时间，以减少照明和空调的无谓开启，这些看似微小的改变，累积起来却能产生显著的节能效果。可再生能源的集成，特别是太阳能和地热能的应用，是推动建筑向零碳排放迈进的关键一步。太阳能光伏板安装在建筑屋顶或闲置空地，不仅能够为建筑自身供电，多余的电能还可以并入电网，为社会贡献清洁能源。太阳能热水系统则广泛应用于住宅和公共设施，提供生活热水需求，显著降低化石燃料的依赖。地源热泵系统利用地球恒定的地温进行热交换，为建筑提供高效的供暖和制冷服务，尤其适合四季分明的地区，其运行成本远低于传统空调系统。为了加速上述节能措施的普及与实施，经济激励和政策支持不可或缺。政府可以通过提供财政补贴、税收减免、绿色信贷等政策，降低企业和个人实施节能改造的初期成本。建立碳交易市场，让节能减碳行为有直接的经济效益，进一步激发市场活力。此外，制定严格的建筑能效标准和认证体系（如 LEED、BREEAM 等），引导新建建筑和既有建筑改造遵循绿色建筑原则，提高整个行业的节能减排水平。综上所述，通过一系列科学的节能潜力评估和综合管理措施，建筑物能够在确保功能性和舒适性的前提下，大幅度减少能源消耗和碳排放，促进环境与经济的双赢。这不仅要求技术创新和系统优化，还需要社会各界的广泛参与和政策支持，共同构建一个低碳、高效、可持续的未来。随着技术进步和人们环保意识的不断增强，建筑领域的绿色转型将成为实现全球气候目标不可或缺的一环，为后代留下更加宜居的地球。

5.2 可再生能源应用

在运营阶段，可再生能源的应用是提升建筑能效和减少碳排放的有效手段之一。以下是几种常见的可再生能源技术及其在建筑中的应用方式。

5.2.1 太阳能光伏（PV）系统

在建筑的屋顶部署太阳能光伏板，是一种直接且有效的能源利用方式。太阳能作为一种清洁、可再生的能源，其转换为电能的过程几乎不产生温室气体排放，极大地降低了建筑物的碳足迹。屋顶光伏系统的设计需考虑建筑物的朝向、倾斜角度以及当地的日照条件，以确保最大限度地捕获太阳能。安装过程中，专业团队会评估屋顶承重能力，确保结构安全。这些光伏板通过逆变器将产生的直流电转换为交流电，供建筑内部直接使用，或通过智能电网技术与公共电网连接，在电力过剩时向电网回馈电力，实现"净计量"制度下的电费抵扣或收益。此外，随着电池储能技术的发展，部分多余电能还可以存储起来，为夜间或阴天提供备用电源，增强能源供应的稳定性和独立性。随着技术的进步和审美观念的演变，光伏建筑一体化（BIPV）概念日益受到青睐。光伏幕墙将太阳能光伏板与建筑外墙材料巧妙结合，不仅满足了建筑的能源需求，还赋予了建筑物独特的视觉效果和功能价值。光伏玻璃可以调节透光率，减少室内过强的阳光直射，降低空调负荷，同时保护室内物品免受紫外线伤害。设计时，建筑师们会巧妙运用光伏材料的透明度、颜色和形状，创造出既美观又实用的建筑立面，使建筑在实现绿色节能的同时，也成为城市中一道亮丽的风景线。光伏幕墙的广泛应用，标志着建筑从单一的居住或办公空间向生态、智能、多功能空间的转变。随着电动汽车市场的快速增长，对充电基础设施的需求也随之增加。在停车场顶部安装太阳能光伏板，不仅为车辆遮阳，减少了车辆内部因长时间暴晒导致的温度升高，而且产生的电能可以直接用于电动车充电站，实现绿色出行的闭环。这样的设计大大提高了空间利用率，减少了地面占用，同时也为停车场所有者或运营者提供了额外的收入来源。特别是在商业区、大型公共场所或住宅小区，太阳能停车棚不仅能提供便利的充电服务，还体现了对可持续发展理念的践行，增强了品牌形象。

为了促进太阳能光伏系统的广泛应用，各国政府和地方当局纷纷出台了一系列激励措施。包括但不限于提供初始安装补贴、税收减免、绿色贷款、上网电价补贴（FIT）以及净计量政策等。这些政策降低了安装和运维成本，缩短了投资回报周期，极大地激发了企业和个人安装太阳能光伏系统的积极性。此外，随着全球对碳减排目标的共识加深，绿色金融产品和服务的创新也为太阳能项目提供了更多的融资渠道。太阳能光伏系统的广泛部署，对社会和环境产生了深远的正面影响。首先，它减少了对化石燃料的依赖，降低了空气污染和温室气体排放，对抗气候变化具有重要意义。其次，光伏产业的发展带动了相关产业链的成长，创造了大量的就业机会，促进了经济的绿色转型。再者，太阳能资源的分布式开发有助于提高能源供应的安全性和韧性，尤其是在偏远或电力基础设施薄弱的地区，光伏系统可以作为可靠的离网电源，改善当地居民的生活质量。随着技术的不断进步，太阳能光伏系统的效率正在逐年提高，成本快速下降。新型光伏材料的研发，如钙钛矿太阳能电池，有望进一步提升转换效率并降低成本，使得太阳能更加普及。最后，智能微电网和能源管理系统的发展，使得光伏系统能够更灵活地与储能设备、其他可再生能源以及传统电网互动，实现能源的高效利用和优化配置。总之，太阳能光伏系统的应用是推动建筑行业乃至整个社会实现可持续发展的关键路径之一。屋顶安装、光伏幕墙、太阳能停车棚等多种形式的创新应用，太阳能正逐步融入我们的日常生活，为构建一个低碳、清洁、高效的能源未来奠定坚实的基础。随着技术、政策和社会意识的不断进步，太阳能光伏的潜力还将被进一步挖掘，引领我们迈向更加绿色、繁荣的社会。

5.2.2 太阳能热水系统

太阳能热水系统作为一种利用可再生能源的技术，近年来在全球范围内得到了广泛的推广和应用。这种系统通过安装太阳能集热器来捕捉太阳光的能量，并将其转换为热能，用于加热建筑中的用水。与传统的电热水器或燃气热水器相比，太阳能热水系统具有明显的环境和经济优势，尤其适用于住宅、酒店、学校等水需求大的场所。

工作原理：太阳能热水系统的核心部件是太阳能集热器，通常安装在屋顶或其他接收阳光充足的位置。集热器内部装有流体管道，当阳光照射到集热器上时，管道内的流体（如水或防冻液）被加热。这些流体然后循环到一个储水罐中，将热量传递给储存的水，从而使水温升高。用户可以通过热水管网获得热水。为了确保在无阳光的情况下也能使用热水，大多数太阳能热水系统都配备有辅助加热设备，如电加热元件或与现有热水器的集成连接。

环境效益：采用太阳能热水系统最直接的环境效益是减少了对化石燃料的依赖，从而降低了二氧化碳和其他温室气体的排放。根据能源类型的不同，太阳能热水系统可以比传统热水加热方式减少多达 70%～90% 的碳排放。这对于减缓全球气候变化具有重要作用。同时，由于太阳能是一种无穷无尽的能源，系统的运行几乎不消耗非可再生资源，有助于保护地球的自然资源。

经济效益：虽然太阳能热水系统的初期投资相对较高，但其长期运行成本较低。一旦安装完成，太阳能热水系统的运行和维护费用相对较低。太阳能热水系统利用的是免费的太阳能，这意味着在使用过程中，能源成本几乎为零。与传统热水系统相比，太阳能热水系统能在几年内通过节省的能源费用回收初始投资，并在其后的使用寿命期内持续提供免费或低成本的热水。

适用性：太阳能热水系统的应用范围非常广泛。在住宅领域，无论是独栋别墅还是多层公寓楼，都可以安装太阳能热水系统来供应家庭所需的热水。在商业和工业领域，如酒店、医院、学校、体育馆等，由于这些场所的热水需求量大，使用太阳能热水系统可以显著降低能源费用。此外，太阳能热水系统还可以应用于游泳池加热、农业温室加热等多种场合，展现出其灵活多变的应用潜力。

技术发展：随着技术的进步，现代太阳能热水系统变得更加高效和用户友好。例如，一些系统配备了智能控制功能，能够根据用户需求和天气条件自动调节水温和水量。此外，材料技术的发展使得太阳能集热器的吸热效率得到提升，即使在多云或低温环境下也能有效地工作。这些技术进步不仅提高了系统的性能，也扩展了其在不同气候条件下的应用范围。

综上所述，太阳能热水系统以其环保、节能、适用性广和维护成本低等优点，成为一种理想的可再生能源应用方案。通过充分利用太阳能资源，不仅可以减少对传统能源的依赖，降低能源费用，同时还为保护环境、促进可持续发展作出了积极贡献。因此，无论是从环境保护还是经济效益的角度考虑，太阳能热水系统都是值得推广和使用的绿色能源解决方案。

5.2.3 风能

风能作为另一种重要的可再生能源，其在全球能源结构转型中扮演着不可或缺的角色。尤其对于那些位于风力资源丰富的地区，利用风能为建筑供电，不仅能够显著减少对传统化石燃料的依赖，还能有效促进能源的多样化和环境的可持续发展。在建筑领域，风能的应用主要集中在小型风力发电机的安装与集成，具体实施策略如下：

1. 屋顶风力发电系统

对于高层建筑或具有足够高度和开阔地形的建筑物，屋顶安装小型风力发电机成为一种可行的选择。这类发电机通常设计紧凑、噪声较低，且能承受恶劣天气条件。安装前需进行详细的风资源评估，确保选址符合风速和风向的要求，以达到最佳发电效率。考虑建筑物周围环境可能形成的风力涡流，设计时还需进行精密的流体动力学模拟，优化风轮位置和叶片设计，减少噪声干扰和对建筑结构的影响。屋顶风力发电系统可以直接为建筑内的照明、电梯、通风等设施供电，或者与太阳能光伏板结合，形成互补的混合能源解决方案，提高整体能源供应的可靠性和灵活性。

2. 建筑周边风力发电场

对于拥有较大空地的建筑物或园区，可以在周边建设小型风力发电场。这种布局方式允许安装更大规模的风力发电机，以更高的发电容量满足建筑或区域的用电需求。风力发电场的规划需综合考虑地形、植被、周边社区等因素，确保风能的有效捕获同时不对环境造成负面影响。通过智能电网技术，发电场可与建筑内部的微电网系统无缝对接，实现电能的高效分配和管理。此外，周边风力发电场还可以作为教育和科普基地，提高公众对可再生能源的认识和支持力度。

3. 风能技术的最新进展

随着技术的不断进步，风能利用的效率和经济性得到了显著提升。现代小型风力发电机采用了先进的材料和设计，如轻质高强度复合材料叶片、永磁直驱发电机、智能控制系统等，提高了能量转换效率，降低了维护成本。同时，垂直轴风力机作为一种新兴技术，因其对风向适应性强、噪声小、占地面积小等特点，特别适合在城市环境中的应用，为建筑集成风能提供了新的可能。

4. 经济与政策激励

为了鼓励风能在建筑领域的应用，许多国家和地区推出了相应的经济激励政策和法规框架。这包括直接的财政补贴、税收优惠、绿色信贷、上网电价补贴以及可再生能源证书（REC）制度等。这些政策降低了风能项目的初期投资风险，缩短了投资回报周期，吸引了更多私人资本的参与。此外，政府和行业协会也通过制定标准和认证体系，确保风力发电设备的质量和安全性，促进市场的健康发展。

5. 社会与环境影响

风能在建筑中的应用，不仅推动了能源结构的清洁化转型，还有助于减少温室气体排放，减缓全球气候变化。它增强了能源供应的本地化，提高了能源安全，减少了输电损耗，对于偏远地区或岛屿的供电尤为重要。此外，风能项目的实施还促进了相关产业链的发展，创造了新的就业机会，带动了技术创新和产业升级。

风能作为建筑可再生能源组合中的重要组成部分，其潜力随着技术的进步和政策的支持正逐渐被释放。从小型屋顶风力发电机到周边风力发电场，风能的集成应用不仅为建筑提供了绿色能源解决方案，还促进了建筑与环境的和谐共生。未来，随着风能成本的进一步降低、效率的持续提升以及储能技术的突破，风能在建筑领域的应用将更加广泛，成为实现建筑零碳排放、推动社会可持续发展的重要力量。随着全球对可再生能源的重视和投入不断加大，风能与太阳能、地热能等其他可再生能源的综合应用，将共同塑造一个更加清洁、高效、可持续的能源未来。

5.2.4 地热能

地热能是一种利用地球内部热量的可再生能源技术。它通过地源热泵系统或直接利用地下热水来实现建筑供暖和制冷，以及提供生活热水。这种技术具有高效节能的特点，并且适用于多种地质条件，尤其适合于那些位于地热资源丰富地区的建筑。地源热泵系统的工作原理：地源热泵系统利用地下恒温的特性，通过一组管道与地下进行热交换。在冬季，系统从地下提取热量，用于建筑的供暖；而在夏季，系统则反向工作，将建筑内部的热量转移至地下，从而达到冷却效果。这种系统的优势在于其能效比较高，因为地下温度相对稳定，系统在冬季不必应对外界低温的挑战，在夏季也无须对抗高温。地源热泵系统的环境效益非常显著。由于其运行主要依赖于地下的恒定温度，相比传统的燃烧供暖和电制冷方式，地源热泵系统可以大幅度减少温室气体排放。根据不同的安装环境和使用情况，地源热泵系统的减排效果可以达到与传统供暖和制冷方式相比 40% 以上的减排比例。这不仅有助于缓解全球气候变化问题，也符合当前各国推广绿色低碳发展的政策。尽管地源热泵系统的初期投资相对较高，但由于其运行成本低，长期来看具有明显的经济效益。系统一旦安装完毕，后续的运行和维护成本相对较低。更重要的是，由于该系统能有效降低能源消耗，用户可以通过节省的电费和燃料费来实现投资回报。在一些地区，政府还提供了各种补贴和税收优惠政策来鼓励地源热泵系统的安装和使用，这进一步增强其经济吸引力。在地理条件适宜的地区，可以直接抽取地下热水用于建筑供暖或提供生活热水。这种直接利用地热的方法省去了中间转换设备，因此效率更高，维护更为简单。不过，这也要求该地区必须具备足够的地热资源和合适的开采条件。一旦这样的条件得到满足，地热供暖和热水不仅能带来优异的环境效益，还能提供持续稳定的能源供应。随着技术的进步，地源热泵系统和地热能的利用效率正在不断提高。例如，现代地源热泵系统已经可以实现更智能的控制，根据实际需求自动调节运行状态，以达到最优的能效比。同时，对于地热资源的勘探和开发技术也在不断进步，使得地热能可以在更广泛的地区得到应用。未来，随着人们环保意识的增强和可再生能源政策的推动，地热能有望成为建筑供暖和制冷领域的一个重要组成部分，为实现社会的可持续发展作出更大贡献。综上所述，地热能作为一种可靠、清洁、高效的能源形式，正在逐渐被越来越多的国家和地区认可和利用。通过对地源热泵系统和直接利用地下热水的技术进行深入开发和应用，我们可以更好地利用这一自然界赋予的宝贵资源，为构建绿色、低碳的未来社会奠定坚实的基础。

5.2.5 生物质能

生物质能作为可再生能源家族中的重要成员，其利用生物有机物质（如农作物残余、林业废弃物、城市固体垃圾、动物粪便等）通过转化过程产生的能量，为建筑和工业区提供了一种可持续的能源解决方案。特别是在大型社区或工业区内，通过建设生物质锅炉，不仅可以有效处理有机废弃物，减少环境污染，还能实现能源的循环利用，为区域供暖或发电提供绿色能源。生物质锅炉技术是将生物质原料通过燃烧或气化过程转化为热能或电能。根据转化方式的不同，生物质能利用技术主要分为直接燃烧、气化、厌氧消化和液化等几种。在大型社区和工业区，直接燃烧和气化技术最为常见。①直接燃烧：将生物质原料直接燃烧产生高温烟气，进而驱动蒸汽轮机或热水锅炉产生热能或电能。这种技术成熟，设备成本相对较低，适合大规模集中供暖或发电。②气化技术：将生物质在缺氧条件下高温裂解，生成包含氢气、一氧化碳、甲烷等成分的合成气，再通过内燃机或燃气轮机发电，或经过进一步净化处理后用于供暖、工业生产和化工原料。气化技术能效高，污染物排放少，但技术复杂，初始投资较大。生物质能项目的成功实施，很大程度上依赖于有机废弃物的稳定供应。在大型社区和工业区，需要建立一套完善的废弃物收集、分类和运输体系，确保生物质原料的质量和连续供应。例如，与当地农场合作收集农业剩余物，或在社区内推广垃圾分类，专门收集木质废弃物和园林修剪物。此外，为保证原料的无害化处理，还需采取预处理措施，如粉碎、烘干、除杂，以适应生物质锅炉的入炉要求。利用生物质能不仅减少了对传统化石燃料的依赖，还有效解决了有机废弃物处理问题，避免了因焚烧或填埋造成的环境污染和温室气体排放。此外，生物质能项目的实施还带动了农村经济的发展，为农民提供了新的收入来源，促进了城乡资源的循环利用和经济的可持续发展。在经济效益方面，虽然生物质能项目的初期投资相对较高，但运营成本随着原料的低成本和政策补贴而逐渐降低。特别是当与碳交易市场结合时，通过出售减排量可以获得额外的经济收益，进一步提高了项目的吸引力和可行性。为了促进生物质能的发展，许多国家和地区都出台了相应的政策，包括财政补贴、税收优惠、上网电价补贴、绿色证书制度等。这些政策有助于降低投资者的风险，加速生物质能技术的商业化进程。然而，生物质能的广泛应用仍面临一些挑战，如原料收集与运输的成本控制、技术成熟度的提升、与传统能源的竞争，以及公众对生物质能认知度的提高等。特别是在原料供应链的管理上，如何在保障原料充足供应的同时，避免对食物链和生态系统造成负面影响，是需要重点关注的问题。面对挑战，科技创新和模式创新成为推动生物质能发展的关键。例如，利用微生物工程技术提高生物质的转化效率，开发更高效的气化和合成气净化技术；探索多联产模式，将生物质能的利用与农业生产、污水处理、肥料生产等相结合，实现资源的最大化利用；以及利用数字化技术优化生物质供应链管理，提高系统整体效率。未来，随着技术进步和政策环境的不断完善，生物质能有望在大型社区和工业区的能源供应中扮演更加重要的角色，为实现能源结构的多元化、低碳化转型提供有力支撑。与此同时，生物质能与其他可再生能源的集成应用，如与太阳能、风能、地热能的互补，将进一步增强能源系统的灵活性和可靠性，共同推进全球向可持续发展目标迈进。

5.2.6 储能系统

随着可再生能源在能源结构中所占比重的增加，如何解决其间歇性和不稳定性成为一个挑战。储能系统正是为了解决这一问题而被广泛关注和使用的技术。通过安装电池储能系统，我们能够有效地平衡电网的供需关系，存储多余电量以备不时之需，从而极大地提高能源使用的灵活性和可靠性。

电池储能系统通常由电池组、逆变器、控制系统和辅助设备组成。当可再生能源产生的电力超过即时需求时，多余的电能会被储存在电池中；当电力需求高于供应时，储存的能量可以被释放回电网中。这一过程由智能控制系统管理，确保了能量的高效转换和利用。

环境效益：储能系统的使用对于提升可再生能源的应用效率具有重要意义。首先，它能够帮助减少弃风和弃光现象，即因为电网容纳能力不足而不得不减少风电和光电的生成。其次，通过储能系统的调节作用，可以使得可再生能源的输出更加平稳，降低对传统化石能源发电的依赖，进一步减少温室气体排放。尽管储能系统的初期投资较高，但其长期运行所带来的经济效益不容忽视。储能系统能够优化电价结构，通过峰谷电价差异实现成本节约。同时，它还可以提高电网的运行效率，降低电网升级扩建的需求，从而节省公共投资。此外，储能系统还能提供应急备用电源，增强电力系统的稳定性和抗风险能力。目前，电池技术正在快速发展，包括铅酸电池、锂离子电池等多种技术路线都在不断进步。新型电池技术如固态电池等正在研发中，未来有望实现更高的能量密度、更长的循环寿命和更低的成本。储能系统的集成和智能化水平也在不断提升，使得系统的运维更加便捷高效。随着政府政策的支持和技术的进步，储能系统的应用范围正在逐步扩大。从家庭和商业用户的小型储能设备到电网级别的大型储能站，储能系统正成为现代能源体系不可或缺的一部分。未来，随着电动汽车的普及和可再生能源的大规模接入，储能系统的作用将变得更加重要。它不仅能够提高能源的利用效率，为构建清洁、低碳、安全、高效的现代能源体系作出重要贡献。储能系统作为支撑可再生能源发展和保障电网稳定的重要技术手段，正在成为全球能源转型和新能源应用的关键组成部分。通过进一步推动相关技术进步和降低成本，储能系统将在未来的能源世界中扮演更加重要的角色。

应用可再生能源的好处包括：①减少能源费用：一旦安装完成，太阳能和风能等可再生能源的运行成本较低，可以显著降低长期的能源开支。②降低碳排放：可再生能源的使用几乎不产生温室气体排放，有助于减少建筑的环境足迹。③增强能源安全：减少对外部能源的依赖，提高建筑能源自给自足的能力。④提升品牌形象：展示企业或机构的环保责任感，提升社会形象和市场竞争力。为了最大化可再生能源的效益，建筑设计师和管理者应进行详细的能源审计和可行性分析，选择最适合建筑特性和地理位置的可再生能源解决方案，并考虑如何将其整合进整体的能源管理系统中。

5.3 机电系统优化

机电系统优化是提升建筑运营阶段能效和减少碳排放的关键策略之一。机电系统涵盖了建筑中的暖通空调（HVAC）、照明、电梯、给水排水等多个子系统，其效率直接影响着建筑的能源消耗和环境影响。以下是一些机电系统优化的主要措施。

5.3.1　高效设备选型与升级

在新建筑或进行建筑改造时，选用高能效等级的设备是降低长期运营成本、实现可持续发展的有效途径。例如，采用变频驱动的空调系统能够根据实际需求自动调节功率，相比传统空调系统可以节约大量电能。LED 照明作为一种新型照明技术，以其高效率、长寿命和环保特性正逐渐取代传统的白炽灯和荧光灯。此外，高效电机在工业和商业领域的应用也越来越广泛，它们通过更好的设计和材料使用，实现了比旧电机更高的能效。随着技术的进步，过去被认为高效的设备可能现在已经落后于市场。因此，定期评估现有设备的能效成为必要的举措。通过替换那些老化且效率低下的设备，比如将传统的冷水机组替换为最新的高效模型，不仅可以减少能源消耗，还能减少维护成本和故障率。这种做法虽然需要一定的初期投资，但从长远来看，节能和经济效益都是非常显著的。为了确保高效设备能够持续运行并保持最佳性能，实施定期的性能评估和实时监控是非常重要的。通过安装智能监控系统，可以实时跟踪设备的运行状态和能效表现，及时调整参数或进行维护，确保设备始终处于最佳工作状态。此外，定期的能效评估不仅可以帮助管理者了解设备的健康状况，还可以为未来的升级改造提供数据支持。通过选择高效设备和对老旧设备进行替换或升级，不仅可以减少能源消费和运营成本，还可以显著减少温室气体排放和其他环境污染物的生成。这对于应对全球气候变化和改善环境质量具有重要的意义。同时，随着政府对节能减排的政策支持和技术的进步，高效设备的成本正在逐渐降低，使得这一投资更具吸引力。当前市场上，越来越多的企业和居民认识到高效设备的重要性，这推动了高效设备需求的持续增长。同时，各国政府也在通过立法和政策引导市场发展，如制定严格的设备能效标准、提供税收优惠和财政补贴等措施，以鼓励高效设备的选择和使用。这些政策不仅加速了高效技术的普及，也促进了相关产业的发展。通过选择高效设备和对老旧设备进行及时的替换或升级，不仅可以提升建筑的能效性能，还能为用户带来经济上的节省和环境上的益处。在未来的发展中，随着技术的不断进步和政策的深入推进，高效设备将会在建筑能源管理和环境保护中发挥越来越重要的作用。

5.3.2　系统集成与自动化控制

在现代建筑领域，系统集成与自动化控制已经成为提升建筑物能效、优化居住舒适度和管理效率的关键技术。其中，楼宇自动化系统（BAS）作为这一领域的核心，通过高度集成的智能解决方案，为建筑物赋予了"智慧生命"，在保障能源高效利用的同时，实现了对建筑内部环境的精细化管理。楼宇自动化系统是一种集成了建筑内的暖通空调（HVAC）、给水排水、照明、电梯、安防、消防等多个子系统的综合性管理平台。它通过中央控制计算机或云平台，对建筑内的各种机电设备进行统一监控、调度和管理，实现设备运行状态的实时监测、故障预警、远程控制和自动调节。BAS 不仅能够显著提升建筑物的运营效率和节能水平，还能提高用户体验，确保安全舒适的室内环境。中央控制平台作为 BAS 的"大脑"，采用先进的计算机技术和通信网络，实现对数据的高速处理和指令的快速下达。平台界面通常设计为用户友好的图形化界面，使操作人员能够直观地查看各系统的工作状态，轻松进行系统配置、报警处理和策略调整。通过云端部署，管理者甚至可以远程访问系统，实现跨地域的统一管理。BAS 的核心价值在于其自动调节能力。系统内置的智能算法能够根据预设的控制逻辑、传感器反馈的实时数据（如室内外温湿度、CO_2 浓度、光照强度等），自动调整 HVAC、照明等设备的运行参数，以适应环境变化和实际需求。这种动态响应机制不仅提升了能源使用效率，还确保了建筑内部环境的舒适性和健康性。需求控制通风与空调是 BAS 中一个重要的应用实例，它体现了智能化建筑对环境适应性和能源节约的追求。传统的通风与空调系统往往按照最大负荷设计，导致在实际低负荷运行时能耗过高。DCV 系统则通过集成各类传感器，实时监测室内人数、CO_2浓度、温度和湿度等指标，据此动态调整送风量、新风比例、冷热源输出等，实现按需供应，避免了能源的浪费。通过安装红外传感器或基于 Wi-Fi 信号的人员计数技术，实时统计室内人数，依据人数变化调节风量，尤其是在办公时间外或会议室使用情况变化时，显著节省能源。结合室内外温差，通过温度传感器反馈，自动调整制冷或加热输出，保持室内温度恒定在最舒适的范围内，同时减少能耗。监测室内 CO_2 浓度，确保空气新鲜，特别是在人员密集区域，通过增加新风量来维持良好的室内空气质量，既保障了健康也避免了不必要的能源消耗。BAS 与 DCV 的集成应用，不仅带来了显著的节能减排效果，降低了运营成本，还提升了建筑的整体智能化水平，增强了使用者的满意度和幸福感。随着物联网、大数据、人工智能等技术的不断进步，未来的楼宇自动化系统将更加智能、灵活和个性化，能够实现更深层次的数据分析与预测，乃至自我学习和优化。例如，通过机器学习算法，系统能够预测建筑内人流变化和天气条件，提前调整设备运行策略；利用大数据分析，识别并优化能源使用的低效环节；结合 5G 通信技术，实现超低延迟的远程控制和即时响应。此外，用户界面也将更加友好，通过移动应用、语音控制等方式，让终端用户也能参与到建筑环境的个性化调节中来，共同构建更加绿色、智能、健康的未来建筑环境。

5.3.3 能源管理系统（EMS）

能源管理系统（Energy Management System，EMS）作为现代建筑能效提升和能源战略规划的核心工具，其在实现能源透明化管理、优化能源配置、促进节能减排方面发挥着至关重要的作用。通过集成高级监测、数据分析、决策支持和绩效管理等功能，EMS 不仅帮助建筑运营者实时掌握能源使用状况，还能深入挖掘节能潜力，推动能源管理从被动应对转向主动优化，为实现建筑的可持续发展目标奠定坚实基础。EMS 的核心功能之一是通过遍布建筑内外的传感器网络，实时收集包括电、水、气等各种能源介质的消耗数据，以及环境参数（如温度、湿度、光照等）。这些数据被实时传输至中央数据平台，通过图表、仪表盘等形式直观展示，使管理人员能够随时了解建筑的能源使用概况。更重要的是，EMS 内置的智能算法能够自动分析这些数据，识别异常能耗，比如设备效率低下、系统故障、非正常工作时段的能源浪费等，及时发出警报，便于迅速响应和处理，避免能源损失。基于实时监测与异常识别，EMS 能够进一步优化建筑的能源运行策略。通过深度学习建筑的能耗模式，结合外部环境因素（如天气预报、电价波动等），EMS 能够预测未来能源需求，自动调整 HVAC 系统、照明系统、电梯等的运行参数，实现按需供应，避免过度供应造成的能源浪费。例如，当预测到次日气温下降，EMS 可提前减少空调预冷量，或在电价较低的时段增加蓄冷系统的使用，从而有效降低能源成本。这种基于预测的动态调整，使得能源管理更为精细和高效。为了持续提升能源效率，EMS结合数据分析技术，帮助建立一套全面的能源绩效指标体系，包括但不限于单位面积能耗、能源使用效率（EUI）、碳排放强度、能源成本节约率等关键指标。这些指标不仅反映了当前的能源管理成效，还是评价节能措施效果、制定改进计划的基准。通过定期生成能源报告，EMS使管理者能够清晰地看到能源使用趋势、能耗分布、效率改进点，从而有针对性地制定改进措施，并持续跟踪实施效果。在持续改进的过程中，EMS强调数据的深度分析与反馈循环。通过对历史数据的挖掘分析，发现能源使用的规律和潜在的节能机会，比如通过分析不同时间段、不同区域的能耗差异，识别节能潜力大的区域或时段，制定针对性的节能策略。同时，EMS支持A/B测试，即在同一环境下对不同的节能措施进行对照实验，通过实际数据验证节能效果，确保所采取的每一步优化措施都是基于实证分析，科学合理。能源管理系统与楼宇自动化系统（BAS）的紧密集成是实现高效能源管理的关键。BAS负责执行EMS分析结果，自动调整设备运行状态，而EMS则基于BAS反馈的实时数据进行策略优化和效果评估，形成了一个闭环的管理机制。两者的协同工作，不仅提升了反应速度和精度，还实现了能源管理的智能化和自动化，为建筑能效的持续提升提供了强大的技术支持。综上所述，能源管理系统（EMS）作为现代建筑能效管理的中枢神经系统，通过实时监测、异常识别、策略优化、绩效管理等多维度功能，推动了建筑能源管理向更加精细化、智能化的方向发展。随着大数据、云计算、人工智能等技术的不断融入，EMS的效能将进一步提升，为建筑实现更高效、更绿色、更可持续的能源利用提供强大支撑。未来，随着全球对能源效率和环境保护的重视程度不断提高，EMS将在推动绿色建筑发展、实现"双碳"目标的进程中扮演越来越重要的角色。

5.3.4　照明系统优化

在追求绿色低碳生活的今天，照明系统优化已成为建筑节能减排的重要环节。广泛采用LED灯具并结合智能控制技术，以及建筑设计的创新充分利用自然光线，我们可以显著提高照明系统的能效，同时为用户创造更加舒适和健康的视觉环境。LED灯具以其高效节能、寿命长、环保等特点正逐渐成为照明市场的主流。相比传统的白炽灯和荧光灯，LED灯具能够以更低的能耗提供更高的光效，并且产生更少的热量，有助于降低空调负荷，进一步节约能源。为了充分发挥LED灯具的节能潜力，可以结合使用感应器、时间控制器或照度传感器等智能控制设备。这些设备能够根据人的活动、时间或室内外光照强度自动调节灯光的开关和亮度，避免无效照明，从而实现更精细的能源管理。自然光是一种无污染、零成本的光源，通过优化建筑设计来最大限度地利用自然光，是减少人工照明需求的有效方法。在建筑设计初期，可以通过合理定位和设计采光窗、天窗以及其他透光结构，增加室内的自然光照。例如，可以在建筑南向设计较大的窗户，以接收更多的阳光；在天花板上设置天窗，引入直射光和散射光；使用光管等设备将光线传输到室内深处。此外，结合现代光学材料和技术，如反光板、光扩散器等，可以进一步提高自然光的利用率，使光线更加均匀地分布在室内空间。要实现照明系统的全面优化，需要综合考虑电气设计、建筑结构和使用习惯等多个方面。电气设计应确保照明电路的安全和合理布局，同时考虑与其他电气设备的兼容性。建筑结构设计应充分考虑采光需求，通过合理的空间布局和构造设计，为自然光的引入创造条件。此外，还需要考虑用户的使用习惯，通过智能化设计提高用户对照明系统控制的便利性，从而促进节能行为的形成。长期来看，这种节能措施可以为用户节省大量的电费支出，同时减少对电网的压力和碳排放，对环境保护作出贡献。此外，良好的照明环境还能提升人们的工作和生活质量，提高工作效率和幸福感。随着 LED 技术和智能控制技术的不断进步，照明系统的效率和智能化水平将继续提升。未来的照明系统将更加个性化和灵活，能够根据不同场景和用户需求提供更加舒适和高效的照明解决方案。同时，随着可再生能源的广泛应用和储能技术的发展，照明系统将更加绿色和可持续。通过采用 LED 照明与智能控制技术，以及优化建筑设计以充分利用自然光，我们可以有效地优化照明系统，实现节能和提升用户体验的双重目标。在未来的发展中，随着技术的不断革新和应用的深入推广，照明系统优化将成为建筑节能减排领域的一个重要发展方向。

5.3.5　暖通空调系统（HVAC）优化

在现代建筑中，暖通空调系统（HVAC）是确保室内环境舒适和提高能效的重要系统。通过系统分区控制、热回收技术的应用以及冷却塔和水泵的变频控制，我们能够有效地优化 HVAC 系统的性能，不仅提升了能源使用的效率，还增强了用户的舒适度。建筑内不同区域可能因其功能和用途而有不同的温度和通风需求。例如，办公室区域在工作时间内需要保持一定的温度和空气质量，而夜间和周末则可能不需要同样的条件。通过系统分区控制，我们可以为每个区域定制 HVAC 运行策略，以满足各自的需求，避免对整个建筑进行一刀切的温度调节。这种方法不仅可以减少能源浪费，还能提供更符合使用者需求的室内环境，从而提升用户满意度。在许多 HVAC 系统中，排风中包含了大量的热能，这些热能往往是未被利用就被浪费掉了。热回收技术能够捕获这部分能量，并将其用于预热或预冷进入建筑的新鲜空气。这样不仅提高了系统的能效，还减少了对外部气候条件的依赖。热回收装置尤其适合于排风量大且新风需求高的建筑，如商业设施、会议室和实验室等。传统的冷却塔和水泵通常以固定的模式运行，这往往会导致能源的浪费。通过实施变频控制，我们能够根据建筑的实际冷却需求来调节这些设备的操作速度。在低负荷时降低运行速度，不仅能够显著减少电能消耗，还能降低设备的磨损和维护成本。这种智能化的控制策略是提升 HVAC 系统整体效率的有效手段。为了最大化 HVAC 系统的性能和节能潜力，采用集成化的控制系统是非常有效的方法。这种系统可以整合包括温度传感器、湿度控制器、空气质量监测器和能源管理系统在内的多种设备和数据源。通过精心设计的控制逻辑和算法，系统集成商可以实现对 HVAC 系统的精细管理，确保在不同环境条件下都能以最佳状态运行。此外，集成化控制系统还可以通过远程监控和诊断功能，帮助维护人员及时发现并解决问题，避免能耗的不必要增加。要保持 HVAC 系统的高效运行，定期的维护和性能评估是必不可少的。这包括对系统的清洁、滤网的更换、密封性的检查、制冷剂的充填等多个方面。通过这些维护活动，可以确保 HVAC 系统的各个组件都在最佳状态下运行，有效延长设备的使用寿命，同时减少故障发生的概率。此外，通过定期的能效评估，操作者可以了解系统的运行效果，发现潜在的节能空间，为未来的优化改进提供依据。

5.3.6 给水排水系统优化

在当今社会，水资源的可持续管理和高效利用已经成为全球关注的重点。建筑物作为水资源消耗的主要来源之一，其给水排水系统的优化不仅对于节能减排具有重要意义，也是推动城市绿色发展的重要环节。以下将详细介绍给水排水系统优化的两个关键方面：节水器具的应用和雨水收集与利用系统的设计与实践。在给水排水系统的前端——用水端，采用节水型洁具是减少水资源消耗的有效途径。节水器具的设计理念在于通过技术创新，在不影响用户体验的前提下，最大限度地降低水的使用量。其中，低流量马桶和感应龙头是两种广泛应用且效果显著的节水产品。传统马桶每次冲洗平均耗水量为 6～12L，而节水型低流量马桶则降至 4.5L 甚至更低，部分高效设计甚至只需 3L 水即可完成有效冲洗。这主要得益于其内部结构的优化，如采用双按钮设计（分别控制小冲和大冲），以及更高效的冲洗系统设计，如加大冲洗口直径、改进水流设计等。此外，一些高端型号还引入了压力辅助、空气助力等技术，进一步提升冲洗效率的同时减少水的使用。感应龙头通过红外线或其他传感器技术，实现无接触自动出水，有效解决了传统手动龙头因忘记关闭导致的"长流水"现象。这种设计在公共场所尤为适用，能显著减少水的浪费。同时，许多感应龙头还配备了流量控制器，限制水流量在合理的范围内，即使在使用过程中也能保持节水。此外，通过调节感应器的灵敏度和出水时间，还可以进一步优化节水效果。雨水作为一种自然降水，如果能被有效收集和利用，将极大缓解城市供水压力，减少对地下水和地表水源的依赖。雨水收集与利用系统通常包括收集、过滤、储存、输送和应用几个关键环节。首先，通过在建筑的屋顶、停车场、人行道等区域铺设透水铺装或设置专门的雨水沟渠，将雨水导入初期弃流装置，去除初期携带的较大杂质如树叶、泥土等。随后，雨水进入沉淀池或过滤器，进一步去除悬浮物和细小颗粒物，保证水质清洁。这一阶段的设计需考虑收集面材质、倾斜度、收集管道布局等因素，以提高收集效率并减少后续处理负担。净化后的雨水被送入专用的储水设施，如地下蓄水池、雨水罐等，储存以备后续利用。储存容量需根据当地的降水量、建筑物用水需求及可用空间综合计算确定。为防止水质变质，蓄水设施需配备通风、防渗漏和消毒设施。输送系统则需要根据雨水的用途设计不同压力等级的泵站和管道，确保高效、安全供水。给水排水系统的优化不仅仅是技术上的革新，更是绿色建筑理念的具体体现。通过广泛采用节水器具和建立完善的雨水收集利用系统，不仅能够显著降低建筑物的水耗，减轻城市供水系统的压力，还促进了水资源的循环利用，为构建可持续发展的城市环境贡献了重要力量。随着技术的不断进步和社会意识的提高，给水排水系统的优化将成为未来建筑设计与管理不可或缺的一部分，为实现全球水资源的可持续管理目标奠定坚实基础。

5.3.7 定期维护与管理

在追求能源效率和设备最佳性能的过程中，定期维护与管理是不可或缺的环节。通过实施预防性维护和加强员工培训，可以显著提高系统的运行效率，延长设备寿命，并减少因故障导致的停机时间。预防性维护是一种通过定期检查和维护设备来预防故障发生的策略。这种方法不仅有助于保持设备的最佳工作状态，还能避免因突发故障而导致的生产效率下降或中断。为了有效地实施预防性维护，首先需要制定一个详细的维护计划。这个计划应该包括所有关键设备的维护时间表和程序，以及负责执行这些任务的人员的指导方针。维护工作可能包括更换磨损的部件、检查和调整设备的运行参数、清洁设备，以防止灰尘和污垢的积累等。通过这些措施，可以确保设备按照制造商的规格运行，从而提高整体效率和可靠性。员工是实现能源效率的关键因素之一。因此，对员工进行能源管理和节能操作的培训至关重要。这种培训应该包括节能的重要性、设备的正确操作方法、能源浪费的识别和预防等内容。通过培训，员工不仅可以了解他们的日常行为如何影响能源消耗，还可以学习如何优化操作以减少不必要的能耗。此外，培训还应该强调安全意识和环保意识，使员工能够在遵守安全规程的同时作出环保的选择。可以通过模拟练习、现场演示和案例研究等互动方式来确保培训效果。为了确保设备维护的效果和员工的操作符合能源管理的目标，持续的性能监测是必不可少的。这可以通过安装各种传感器和监测设备来实现，这些设备能够实时收集关于设备运行状态和能耗的数据。通过对这些数据的定期分析，管理人员可以及时发现潜在的问题并采取措施进行调整。例如，如果数据显示某个设备的能耗异常升高，可能需要对该设备进行额外的检查或维护。同时，通过比较不同时间段的数据，还可以评估维护措施和员工操作的效果，从而不断改进维护计划和培训内容。为了进一步提升设备维护和员工操作的效率，建立一个反馈机制是非常重要的。这可以通过定期会议、问卷调查或在线平台等方式来实现，鼓励员工分享他们在实际操作中遇到的问题和改进建议。同时，管理层也应该提供反馈，认可员工的好表现并提出改进的方向。基于这些反馈，可以制定持续改进的计划，不断优化维护流程和培训方案。这种持续改进的文化有助于建立一个学习型组织，使企业能够不断适应新的挑战和变化。虽然预防性维护和员工培训需要一定的初期投资，但这些投资可以通过提高设备效率、减少故障率和降低能源消耗来带来显著的回报。为了证明这些活动的经济效益，可以进行投资回报率分析。这种分析应该考虑维护和培训的成本以及通过提高效率而节省的运营成本。通过量化这些节省的成本，可以展示预防性维护和员工培训对企业经济效益的直接影响，从而为这些活动提供更有力的支持。

通过上述机电系统优化措施，建筑不仅能显著提升能源使用效率，降低运营成本，还能减少温室气体排放，促进环境的可持续发展，其深远的影响体现在多个层面，从微观的经济效益到宏观的全球气候变化应对，均展现出绿色建筑技术的无限潜力。机电系统的高效运行直接降低了能源消耗，减少了电费支出，长期来看，这是一笔可观的成本节约。例如，高效的 HVAC 系统通过智能控制减少过度制冷或制热，结合低功耗设备和优化的运行策略，能显著降低能耗成本。节水器具的使用减少了水费，雨水收集系统则进一步降低了对城市供水的依赖，尤其是在干旱或水资源紧张的地区。随着社会对绿色建筑认识的提高，具备高效机电系统的建筑更容易获得市场青睐。无论是商业租赁还是住宅销售，绿色环保的标签都能够提升物业的价值，吸引那些注重可持续生活方式的租户或买家，从而提高租金收益或销售价格。采用高质量、耐用且维护简便的设备，如低维护需求的 LED 照明和高效能的水泵，虽然初期投资可能较高，但长期看减少了维修和更换频率，降低了总体维护成本。能效的提升意味着更少的能源消耗，直接减少了化石燃料的使用，从而降低了二氧化碳和其他温室气体的排放。据估计，建筑领域通过实施节能措施，可贡献全球所需减排量的相当一部分，对缓解全球变暖具有重要作用。节水器具和雨水收集系统的应用，不仅缓解了水资源的压力，还减少了水处理和输送过程中的能源消耗，形成良性循环。此外，太阳能、风能等可再生能源的集成减少了对有限自然资源的依赖，推动了能源结构的清洁转型。减少的能源消耗和污染物排放，对空气质量、水体质量和生物多样性都有正面影响。例如，减少燃煤发电可降低空气中的 $PM_{2.5}$ 含量，促进居民健康；雨水的自然渗透减少了城市洪水风险，保护了地下水资源和周边自然生态系统。绿色建筑的实践和成果可以作为生动的教材，提升公众对节能减排、绿色生活的认识和参与度。人们通过亲身体验高效节能建筑带来的舒适与便利，更易接受环保的生活方式。政府和社会对节能减排的重视，促使了更多绿色建筑政策的出台和激励措施的实施。比如，税收减免、补贴、绿色建筑认证体系等，这些政策不仅鼓励了业主和开发者采用高效机电系统，也促进了相关行业技术的创新与发展。绿色建筑和可再生能源产业的发展，为社会创造了新的就业机会，包括但不限于设计、施工、运维、技术研发、咨询等领域。这些岗位往往需要较高的技能水平，促进了劳动力素质的提升，推动了经济结构的优化升级。综上所述，机电系统优化不仅是一项技术层面的革新，更是涉及经济、环境、社会多方面的深刻变革。通过这些措施，建筑不再是能源消耗的大户，而是转变为节能减排的先锋，为实现低碳、可持续的城市发展蓝图贡献着自己的力量。随着全球对气候变化挑战的共识加深，机电系统优化作为绿色建筑的重要组成部分，其重要性和影响力将日益凸显，成为推动人类社会向可持续未来迈进的重要驱动力。

5.4 室内环境质量与碳排放

室内环境质量与碳排放之间存在着密切的联系。优质的室内环境质量关系到居住者或使用者的健康与舒适度，而且通过提高能效和减少能源需求，也能间接促进碳排放的减少。以下是几个关键点，说明如何通过改善室内环境质量来影响碳排放。

5.4.1 优化自然采光与通风

在当今追求可持续发展和生态友好型建筑的时代，优化自然采光与通风已成为建筑设计中不可或缺的考量因素。通过精心设计窗户的大小、位置以及遮阳设施，我们可以最大化地利用自然光，显著减少人工照明的需求，从而有效降低电力消耗。同时，通过充分利用建筑的自然通风潜力，我们可以在温和季节中减少对空调系统的依赖，这不仅有助于降低能源消耗，还能显著减少碳排放，为保护环境作出重要贡献。

自然光是自然界中最丰富、最易获得的光源之一。通过合理设计窗户的大小和位置，我们可以最大限度地捕获自然光，将其引入室内空间。例如，在北半球的建筑中，南向窗户可以带来充足的日照，而在东向和西向设置窗户则可以在早晨和傍晚捕捉到温暖的光线。此外，遮阳设施的设计也至关重要，它不仅可以避免过度的直射日光导致室内过热，还能减少眩光和紫外线的伤害，同时允许散射光进入，使室内光线更加均匀柔和。通过这些综合措施，我们可以显著提高室内的光照质量，减少对人工照明的依赖，从而节约能源并提升居住或工作环境的舒适度。自然通风是一种利用风压和热压差来实现空气流通的技术，它不仅能有效地调节室内温度，还能提供新鲜空气，改善室内空气质量。在温和的季节中，通过开窗和门或其他通风口，我们可以最大限度地利用自然风力来带走室内的热量和污染物。此外，建筑设计中的内部布局和空间规划也对自然通风的效率有着重要影响。

例如，开放式的平面布局可以促进空气的自由流动，而走廊、内院或中庭等空间可以作为通风的通道，帮助引导气流穿过整个建筑。通过这些策略的实施，我们可以在适宜的天气条件下减少机械通风和空调的使用，从而节省能源并减少碳排放。为了充分发挥自然采光和通风的潜力，建筑师和设计师需要综合考虑多种因素，包括地理位置、气候条件、建筑朝向以及周围环境等。这要求他们运用跨学科的知识和技能，将建筑设计与自然环境巧妙地融为一体。例如，利用计算机模拟技术可以帮助设计师预测和分析不同设计方案下的自然采光和通风效果，从而在设计阶段就作出优化的决策。同时，建筑师还可以借鉴和运用传统的建筑智慧和策略，如利用树木和景观来调节阳光和风向，或者设计具有本地特色的窗户和遮阳设施来适应特定的气候条件。优化自然采光和通风不仅有助于节约能源和减少碳排放，还能提升建筑的生态价值和居住者的生活质量。通过充分利用自然资源，我们可以减少对人工能源的依赖，降低建筑的运营成本，并减轻对环境的负担。此外，良好的自然采光和通风条件还能提供更加健康和舒适的生活环境，增强居住者对自然变化的感知和体验。因此，将这些策略纳入建筑设计中，不仅是实现可持续建筑的重要途径，也是推动绿色建筑发展的重要动力。随着人们对健康、舒适和环境保护意识的不断提高，以及绿色建筑和可持续发展理念的不断普及，优化自然采光和通风将会成为未来建筑设计的重要趋势。随着相关技术的发展和完善，如智能窗户、自动遮阳系统以及高效能的通风设备等，我们将有更多的手段来实现这一目标。同时，建筑师和设计师们也在不断探索新的设计方法和材料技术来提高自然采光和通风的效率和效果。因此，我们有理由相信，在未来的建筑中，人们将能够享受到更多由自然采光和通风带来的舒适和便利。优化自然采光与通风不仅是一种技术挑战，更是一种对健康、舒适和环境负责的实践。它要求建筑师、设计师与业主共同努力，以创造性和综合性的设计解决方案，营造节能高效、宜居舒适的建筑环境。在未来的发展中，随着技术的进步和社会对可持续发展的重视，自然采光与通风的优化将成为建筑设计领域中的一个日益重要的方向。

5.4.2 提高空气质量

在现代建筑中，室内空气质量（IAQ）管理已成为确保居住和工作环境健康、安全的关键要素。随着人们越来越意识到室内环境对健康和生产力的影响，改善 IAQ 不再仅是一种选择，而是成为设计和维护建筑时的基本要求。具体而言，通过采用低 VOC 材料、安装高效空气净化系统等措施，不仅能够显著提升室内环境质量，还对提高整体社会福祉和促进可持续发展具有深远意义。

挥发性有机化合物（VOCs）是室内空气中常见的污染物，来源于油漆、胶粘剂、人造板材、清洁剂等多种建筑材料和日常用品。它们在室内环境中释放，不仅会导致空气质量恶化，还对人体健康产生不利影响，如引起头痛、过敏、呼吸系统疾病等。因此，选用低 VOC 或无 VOC 的建筑材料和家具，是提升 IAQ 的第一步。低 VOC 涂料、天然木材、竹制品、无毒胶水等环保材料的普及，不仅减少了有害物质的释放，还促进了绿色建材产业的发展。这些材料在生产过程中通常消耗较少的能源，减少了对环境的负担，符合循环经济和可持续发展的理念。虽然这些环保产品的初期成本可能高于传统材料，但其长期健康效益和社会价值远超初期投入，如降低医疗费用、提高居住和工作环境满意度等。高效的空气净化系统，如 HEPA 过滤器、活性炭吸附技术、光触媒反应器等，是净化室内空气、去除微粒物、有害气体和细菌病毒的有效手段。特别是在城市中心、工业区或空气质量不佳的地区，这些系统能够显著提升室内空气质量，为居住者提供健康保障。此外，智能空气净化系统可以根据室内空气质量自动调节工作模式，结合空气质量监测传感器，实现精准控制，进一步提高效率，减少能源浪费。尽管提高 IAQ 初期可能需要一定的资金投入，但其长远益处不可小觑。健康的工作和生活环境能显著减少员工病假，提高工作效率和学习效率。研究表明，良好的 IAQ 可以提高员工 5%～10%生产力，这对于企业而言是显著的成本节约。此外，健康室内环境还能提高居民的幸福感和生活质量，减少长期健康问题，降低公共医疗系统的压力。从社会整体角度看，改善 IAQ 有助于减少因空气污染引起的公共卫生问题，减轻环境污染，从而间接减少因疾病治疗和环境治理而产生的能源消耗。随着公众健康意识的提升和对绿色建筑标准的追求，提高 IAQ 已成为提升建筑价值、吸引租户和用户的加分项，促进了房地产市场的绿色转型。通过采用低 VOC 材料、部署高效空气净化系统等措施提高室内空气质量，不仅关乎个人健康，也是促进社会整体福祉、推动可持续发展的关键。虽然存在初期投资成本，但从长远来看，这种投资将转化为生产力的提升、医疗成本的减少和环境质量的改善，最终实现经济效益与社会效益的双赢。因此，提升室内空气质量应被视为一项必要的投资，是现代建筑和城市规划中不可或缺的一部分。

5.4.3 温度与湿度控制

温度与湿度控制作为建筑环境管理的核心内容，其优化不仅能显著提升居住者或使用者的舒适度，还能大幅度降低能源消耗，促进可持续发展。智能温控系统的部署，是实现室内温度精细化管理的关键手段。这类系统能够通过传感器实时监测室内外的温度变化，并根据设定的舒适温度范围自动调节空调或供暖设备的运行状态。例如，在夏季，当室外温度升高导致室内温度也随之上升时，智能温控系统可以指示空调系统适当增加制冷量，以维持室内温度在一个舒适的水平。反之，在冬季，系统则可以根据室外温度的降低来调整供暖设备的输出，确保室内温度的稳定。这种基于实际需求和外部环境条件的动态调节方式，不仅保证了室内的舒适性，也避免了因过度制冷或制热而导致的能源浪费。湿度是影响室内环境舒适度的另一个重要因素。过高或过低的湿度都会对人体产生不适，而适宜的湿度水平则能显著提高人们的舒适感。除了影响人体舒适度，湿度还直接关系到空调系统的效率。在高湿度环境下，空调系统需要消耗更多的能量来进行除湿，这不仅增加了能源消耗，还可能降低系统的制冷效果。因此，通过有效的湿度控制，不仅可以提升居住者的舒适度，还可以减少空调系统的负荷，进而降低整体的能耗。为了实现有效的湿度控制，可以采用吸湿剂、除湿机等设备，根据室内的湿度水平自动调节。为了进一步提升温度与湿度控制的效率和智能化水平，将温控系统和湿度管理系统进行集成是一个有效的途径。通过集成化的控制系统，可以实现温度和湿度的联动调节，从而更精确地控制室内环境条件。例如，在炎热的夏季，系统可以根据室内的实际温湿度情况，协调制冷和除湿设备的运行，既保证室内温度不过高，又避免湿度过低导致的不舒适。此外，系统集成还可以利用先进的数据分析技术，对大量的室内环境数据进行挖掘和分析，从而发现最佳的运行策略。通过这种方式，系统不仅能够基于当前的环境条件进行调节，还能够预测未来的环境变化趋势，提前作出调整，从而实现更加高效和智能化的温度与湿度控制。在实现室内环境舒适性与能效平衡的过程中，用户的积极参与同样重要。通过对用户进行节能意识和操作技能的培训，可以鼓励他们更加积极地参与到温度与湿度控制的管理中来。例如，教导用户可以根据自身的需求合理设定室内温度，避免过度依赖空调和供暖设备；同时，也可以引导用户了解湿度对舒适度的影响，合理使用除湿或加湿设备。通过这种参与式的管理方式，不仅可以提升用户的节能意识，还能够进一步激发他们在节能减排方面的创造力和积极性。为了确保温度与湿度控制系统的长期有效性和稳定性，进行持续的监测与评估是必不可少的。这包括定期检查系统的运行状态、收集和分析运行数据、评估系统的能效表现以及及时识别和解决潜在的问题。通过这些措施，可以确保系统始终处于最佳的运行状态，同时为未来的优化改进提供依据。这不仅提升了居住者的舒适度和健康水平，还促进了能源资源的节约和可持续利用。在未来的发展中，随着技术的不断进步和社会对可持续发展的重视，温度与湿度控制将成为建筑设计和运营管理中越来越重要的一环。

5.4.4 声学与视觉舒适性

良好的声学设计旨在创建一个声音清晰、噪声干扰最小化的环境，这对于提高空间的声学舒适度至关重要。在办公场所，过多的背景噪声会分散注意力，降低工作效率，甚至引发工作压力和健康问题。而在居住环境中，过高的噪声水平会影响睡眠质量，长此以往可能导致身心健康问题。通过采用吸声材料（如吸声板、隔声窗帘、地毯）、隔声构造（双层墙、隔声窗）以及合理布置空间布局，可以有效吸收、隔绝外界噪声，减少回声与混响，创造出一个宁静的室内环境。这样不仅直接提升了人们的生活质量，还间接减少了因环境不适导致的能源浪费，比如，过度使用空调或风扇来掩盖外界噪声，或是因为白天室内过于吵闹而不得不在夜晚加班，增加照明的使用。视觉舒适性主要涉及光线的强度、色彩、均匀度以及方向，合理的照明设计不仅能够提升空间美感，更能保护使用者的视力，提高工作效率。不良的照明设计，如过强的直射光、频繁的明暗交替或不适当的色温，都会造成视觉疲劳，影响情绪与专注度，长期下来还可能引发视力下降。因此，优化照明方案，如采用自然光的最大化利用、安装可调光灯具、避免眩光的灯具设计（如使用漫反射灯罩、间接照明），以及根据活动性质调整照明的色温和强度，是提升视觉舒适度的重要措施。例如，办公室内采用符合人体生物钟的动态照明系统，白天模拟自然光线，晚上则调整为温暖色调，有助于减轻视觉压力，提升工作效率的同时，减少不必要的照明能源消耗。声学与视觉舒适性的优化并非孤立存在，它们相互影响，共同构成了室内环境的整体舒适度。例如，恰当的声学处理不仅能够减少噪声，还能间接提升视觉体验，避免因声音干扰而过度依赖增强照明来提升注意力集中。同样，良好的照明设计也能辅助声学效果，如柔和的光线能减少视觉刺激，让人感觉环境更为宁静，从而对声音的敏感度有所降低。因此，将两者综合考虑，通过跨界融合的设计方法，可以实现环境舒适度的最大化，创造一个既节能又促进身心健康的室内环境。综上所述，良好的声学设计与视觉舒适性在现代建筑中占据着举足轻重的地位，它们不仅关系个人的健康和工作效率，还间接影响着能源的高效利用。通过科学合理的声学与照明设计，可以减少不必要的能源消耗，提升空间的整体效能，同时为人们营造出更加舒适、健康的生活与工作环境，为可持续发展的未来添砖加瓦。

5.4.5 绿色植物与生物多样性

室内植物通过光合作用吸收二氧化碳，释放氧气，有效提升室内氧气含量，为居住者提供更加清新的呼吸环境。同时，许多植物如吊兰、绿萝、芦荟等具有天然的空气净化能力，能够吸收并分解甲醛、苯等有害化学物质，减少室内空气污染，这对于新装修的住宅和办公空间尤为重要，有助于快速改善室内空气质量，减少因室内污染导致的健康问题和医疗资源消耗。绿色植物的存在对人的心理健康有着显著的正面影响。研究显示，视觉接触自然元素可以减轻压力、焦虑，提升心情，增强工作满意度和创造力。在办公室内引入绿植，能够营造一个更加放松的工作氛围，减少工作压力，间接提升工作效率，减少因压力过大而导致的加班和额外能源消耗，如夜间照明和空调的使用。此外，绿色环境还能够激发员工对企业的忠诚度和归属感，促进团队合作，形成良好的企业文化。室内绿化也是生物多样性保护的一个微型实践场所。选择本土植物种类，不仅能够适应当地环境，减少维护成本，还能为城市生态系统提供微小但重要的栖息地，促进昆虫、鸟类等小型生物的生存，增加城市的生物多样性。同时，室内绿化的实施也是一个生动的生态教育平台，提高公众对自然生态保护的意识，倡导绿色生活方式，长远来看，这将促进社会整体向更加可持续的消费模式转变。通过上述措施，室内环境质量的改善不仅直接惠及居住者和使用者的身心健康，提升他们的生活质量，还通过提高建筑能效，减少对化石燃料的依赖，对降低碳排放产生积极影响。这不仅响应了《巴黎协定》的减缓气候变化目标，还促进了联合国可持续发展目标（SDGs）中关于良好健康与福祉、可持续城市和社区、气候行动等多个目标的实现。室内环境质量与可持续发展目标之间的紧密联系，凸显了绿色建筑和室内绿化在构建未来可持续城市愿景中的不可或缺角色。综上所述，室内绿化作为绿色建筑的重要组成部分，其对环境、经济和社会的正面效应是多维度、多层次的。它不仅是一种美学追求，更是一种生态策略，是向低碳、健康、和谐共生的未来城市环境迈进的实践路径。随着技术的进步和设计理念的不断创新，室内绿化将展现更多可能性，成为连接人与自然、推动可持续发展的桥梁。

5.5 建筑与人文意识的协调统一

5.5.1 建筑与人文的统一

人类作为文化创造者，不仅缔造了文化，同时亦受到文化的塑造。建筑的创建旨在满足人类需求，其在诞生的过程中，亦对人们的建筑观念与认知产生影响。因而，建筑的诞生是人类文化发展的起点，随之伴随人文主义的演变，其自身发生了结构、功能及个性方面的转变。人的意识思维能力对物质实体及其属性产生影响，同时，物质实体的形态与特性也对人的意识思维产生一定程度的反馈作用。作为人类思维产物的建筑，以实体形态呈现，独具文化内涵。它不仅揭示了在发展历程中，人们对物质的创新与拓展，还彰显出人类不断追求精神文化升华的历程。

5.5.2 我国古建筑的特点以及与人文的联系

1. 我国古建筑的特点

在我国封建时代，古建筑的发育已经达到了相当高的水平。在这个背景下，木结构建筑成为主流，形成了全球持续时间最长、地理分布最广、风格特色最为鲜明的独特建筑体系。我国古建筑对亚洲各国建筑产生了深远影响，甚至在17世纪以后，也对欧洲建筑起到了一定程度的传导效应。相较于欧洲古典建筑，我国古建筑的审美理念与政治伦理观念实现了高度融合，展现出独特的民族文化特质，同时在整体性和综合性方面具有显著优势。该现象主要体现在对生态环境整体性的强调，以及个体形象在群体序列中的融合，同时强调构造技术与艺术形象的和谐统一。在我国历史悠久的建筑领域，装修与装饰方面亦存在着丰富的讲究。各类物品的陈列位置皆遵循特定法则，同时，建筑中的构件与部位经过精细修饰，呈现出美观的效果。

2. 我国古建筑与人文的联系

中华古建筑通过其深远的精神内蕴与别具一格的审美标准，彰显了与所处政治背景及伦理观念的高度契合。此类建筑不仅表现为砖石土木的结构，还具有文化、历史与精神的传承功能。在历史长河中，众多艺术价值极高的建筑，肩负着维护社会和谐、道德观念及巩固政治统治秩序的关键职责。各类古建筑犹如一部部厚重的历史文献，内含丰富的传统文明观念。在色彩运用和空间规划方面，均展现了建筑与人文学的完美融合与协调。染色质，作为建筑设计的关键组成部分，通常体现出相应时代的社会道德观念和价值取向。建筑空间组合的构建，犹如一部精密的交响乐，巧妙地将各类元素融为一体，缔造出一种特有的文化气息。人类中心主义价值观在这些历史建筑中获得了淋漓尽致的表现。各种建筑形式，如宫殿、庙宇以及民居，均彰显了尊重人类主体地位及对生活的热衷。此类建筑不仅满足了人类居住与宗教信仰的需求，还以不可见的方式传播着一种文化影响力，使人们在欣赏其美学价值的同时，也能够体验到精神层面的启迪。故此，我国古建筑不仅代表着一种建筑美学，还是一种文化传统的承袭及精神内核的呈现。这些实例以独特形式展示了人文与建筑的融合，成为我国文化瑰宝中独具光彩的组成部分。在当前时期，我们更加需要重视这些稀缺的文化传承，促使它们在新时代背景下绽放出新的活力。

3. 新时代建筑的特点

现代建筑领域广泛接纳了创新的建筑设备、繁多的新型建筑材料以及先进的结构体系，工业化施工模式不断被应用于现代建筑项目之中。因此，"高效、优质、节约"已然成为当代建筑施工的显著特点。然而，在现代建筑高效创设的过程中，采光、朝阳、通风等关乎人们生活品质的空间布局却被忽视，这引发了人们对于居住条件与钢筋水泥建筑之间的权衡思考。建筑领域需实现科技与美学的完美结合，艺术源于人类思维与意识。然而，当代建筑往往侧重于创新科技，而对传统建筑与艺术形式的传承不足。

5.5.3 人文意识在现代建筑设计中的体现

1. 人文环境在建筑设计中应用的必要性

在探讨人文环境与建筑设计的相互关系时，我们可得知，为了凸显各类建筑设计的特色，务必将地域人文因素融入建筑设计之中。社会实际需求呼唤一种相较于现有文化更为旺盛的生命力，借助特定的文化元素，建筑设计将得以更为出色地借鉴与整合，从而提升建筑设计的附加价值。在建筑创作过程中，若未能充分体现文化底蕴与内在价值，那么此类建筑作品则无法达到预期标准。因此，在构思和设计建筑时，务必将人文因素与环境融合在一起，以彰显建筑所承载的文化精神。

2. 人文环境在建筑设计中应用的原则

建筑创作过程应当紧密贴合人类日常生活需求，通过对日常需求的深入研究，彰显以人为本的设计理念，从而为推动社会进步和发展作出贡献。同时，建筑设计需与社会各类元素紧密结合，使其具备独特的内涵，并值得加以传播。同步进行时，在建筑创作过程中，需充分关注当前需求的人性化满足。建筑的价值和使用价值取决于其所在的环境，这种环境下塑造的建筑更具吸引力。各种艺术创作在历史发展的不同时期，以及不同地域、民族和文化背景下，呈现出各自特有的呈现方式。通过对人类生态环境与建筑设计的共性及差异进行深入研究，我们可以得出结论：建筑设计独特的实现作品源于其个性与人文环境的紧密结合，从而进一步提升建筑设计本身的附加价值。建筑创作兼具艺术与科学特质，构成一门独立领域，其演变过程受到多元因素制约。建筑设计师积极吸纳各类元素及独特风格，同时保持其独立性。建筑设计的内涵与实用价值激发设计师致力于实现之，以适应新时代的前沿意识与先进技术。为达到室内空间与室外环境的无缝融合，设计师们巧妙地利用了自然光和景观元素。

5.5.4 人文建筑的历史积淀

在新石器时代，大约一万年前，我国最早的史前建筑遗迹得以显现。中国古典建筑的演变历程涵盖了从商朝至秦汉，由魏晋延伸至隋、唐、宋，再到元、明、清各个历史时期。我国历史悠久的经济、政治、文化理念构成了中国传统建筑的基本属性，表现为适度、务实等特点。对自然的热忱与维护是其在中华民族传统道德观念中的重要组成部分，因此在进行设计创作时，需秉持正确的价值观和人文理念，以确保其符合环境伦理和道德规范。优秀的建筑设计应满足大众的审美和功能需求，从而打造出符合大众心理的建筑物。

传统建筑创作手法具备卓越品质及独特性，受到现代西方文化建筑理念的启发，将建筑设计元素巧妙结合，同时融入城市人文风貌，从而促使东西方建筑实现有机结合。例如，芬兰建筑师阿尔瓦·阿尔托在遵循现代主义基本原则的基础上，缔造出独具一格的芬兰现代主义建筑。他擅长运用现代材料，将传统建筑与当代建筑相结合，成为现代社会的主导风格。基于美国五角大楼的设计理念选取五边形作为设计元素之一，建筑地处密西西比河畔，便利地引入水元素作为核心元素。考虑印第安人是美国原住民，典型的游牧民族，他们的居住形式以帐篷为主，因此借鉴帐篷特点作为建筑的特色元素。人文背景在建筑领域的渗透与应用，凸显了其对建筑设计的重要影响。为实现建筑设计的内涵丰富与特色鲜明，我们需要关注并充分利用人文因素，使之更好地融入建筑设计过程。此类建筑不仅具有较高的传承价值，还具有较强的纪念意义。

人文精神与当代建筑设计相结合是近些年建筑领域的重要发展趋势，这一现象揭示了在社会发展变革中，对于建筑功能与精神内涵的复合需求。各个历史时期均在建筑领域留下了显著的独特性，这些独特性不仅揭示了相应时代的特性，而且还发挥了文化传承的职能。一个富有生机的都市，应当表现为各类文化相互交融的景象。这一观点强调了城市发展中，历史传承与创新并重的原则。在城市建设中，既需要保留历经沧桑的历史古建筑，以彰显其丰富的历史底蕴，同时也应积极引入现代建筑作品，体现时代发展的步伐。此类城市，因其浓郁的文化氛围与深厚的历史内蕴，具有极大的吸引力，使人们对之产生探索与品鉴的欲望。在现代建筑领域，创新与独特性成为设计的核心要素，然而，这些特质不应忽视与人文意识的整合。建筑不仅充当着居住或办公的角色，还承载着人们的情感寄托以及文化传承的功能。因此，在现代建筑的设计过程中，需全面思考如何将人文精神的内核巧妙地融入其中，从而使其兼具现代气息，同时保持丰富的文化内涵。城市演变作为一种连续性现象，在各个阶段皆留下了标志性建筑，这些建筑见证了历程的不断发展。在倡导现代建筑发展的同时，我们应重视保护历史遗产建筑，使之与现代建筑相互融合，共同塑造城市文化风貌。综合考量，可以将人文精神与当代建筑设计相结合，以适应城市发展的必然走向。尊重历史、关注当下以及展望未来，这是我们所需秉持的态度。仅通过遵循此要求，我们才能构建既富含文化积淀又彰显现代气息的城市，使人们在体验现代文明的同时，也能领略深厚的历史文化气息。

参考文献

[1]　饶维纯．文化建筑与建筑文化 [J]．华中建筑，1999 (1)：11-14.

[2]　高介华．关于"建筑与文化"研究方向的浅见 [J]．华中建筑，1997 (1)：20-31.

[3]　杨英法，戴雅娜．建筑与文化融合的创意策划 [J]．学术探索·理论研究，2011 (6)：108-110.

[4]　吴晨昊．浅谈建筑与传统文化的和谐统一 [J]．有色金属设计，2007，34 (1)：38-43.

[5]　王奋，朱世强．建筑与人文环境的探讨 [J]．作家，2009 (10)：175-176.

[6]　程国起．浅谈建筑与人文关系的协调统一 [J]．时代报告：学术版，2015 (3)：312.

[7]　刘团结．浅析房屋建筑设计中地域性原则 [J]．中国建材科技，2015 (7)：106.

[8]　王永胜．浅谈现代高层建筑的设计原则及其地域性表达 [J]．建筑工程技术与设计，2016 (27)：634.

[9]　王珂．论建筑设计与人文意识的协调统一 [J]．城市建设理论研究，2014 (14)：77.

[10]　高迪．浅谈城市建筑色彩的统一与协调 [J]．美术界，2005 (7)：70.

[11]　田清蓉，高博．试论建筑与结构设计的协调统一 [J]．建筑工程技术与设计，2015 (34)：513.

第6章 >>>
维护与改造阶段的碳排放

6.1 建筑维护的碳排放特点

6.1.1 能源消耗

在大型商业建筑或公共设施中，日常维护活动是确保设施正常运作和提供舒适环境的重要一环。这些活动包括照明、通风、清洁以及设备的维修等，它们都在不同程度上消耗着能源，进而产生碳排放。尤其对于规模庞大的建筑，由于维护作业的频繁和能源需求的增加，如何有效管理并优化能源消耗成为一个关键的挑战。照明系统是商业建筑中的主要能耗来源之一。为了降低照明能耗，可以采用高效能的 LED 灯具来替换传统的荧光灯和白炽灯。LED 灯具不仅耗电更少，而且寿命更长，减少了更换的频率和维护成本。此外，利用智能照明控制系统，可以根据室内外的光照强度自动调节灯光亮度，以及根据空间使用情况来开关灯光，从而进一步节约能源。例如，在自然光线充足的时候，系统可以自动减少人工照明的需求；而在无人或少人的时间段，则可以自动关闭部分照明设备。通风系统同样是维护活动中的一个重要能耗点。为了优化通风系统的能源消耗，可以采用高效的风机和电机，以及通过定期清洁和维护风道来保持系统的最佳运行状态。同时，利用智能控制系统，可以根据室内空气质量和温度自动调节风量，避免不必要的能耗。在温和的天气里，可以通过自然通风来替代机械通风，减少能源消耗。此外，热回收技术的应用也能够有效地回收通风过程中损失的热能，用于预热或预冷新鲜空气，提高能源利用效率。清洁工作虽然不直接消耗大量能源，但使用的清洁设备如吸尘器和地板打蜡机等也会有一定的能耗。选择高性能和节能标签的清洁设备，以及优化清洁流程和工作时间，可以降低清洁过程中的能耗。例如，通过培训清洁人员，确保他们正确使用设备并遵循节能的操作程序。设备维修是保证建筑设施正常运行的必要措施，但也可能导致暂时性的能源浪费。因此，制定合理的维修计划和提高维修效率至关重要。通过采用预防性维修策略，可以在设备出现故障之前就进行检修和维护，避免因突发故障而导致的长时间停机和额外的能源消耗。同时，选择在建筑使用频率较低的时段进行大型维修工作，可以减少对正常使用的影响，并降低由此产生的额外能耗。为了更好地管理和优化能源消耗，建设一个全面的能源监测和管理平台是非常有效的手段。这个平台可以实时收集和分析建筑内各个系统的能耗数据，包括照明、通风、空调、供暖等。通过这些数据，管理人员可以清晰地了解能源消耗的情况和趋势，发现节能的潜在机会，并制定相应的改进措施。此外，这个平台还可以集成智能报警系统，当能耗异常升高时，能够及时通知管理人员进行检查和处理，防止能源浪费的发生。通过上述综合性的策略和措施，我们可以有效地管理和优化大型商业建筑或公共设施在维护活动中的能源消耗，实现节能减排的目标。这不仅有助于降低运营成本，还对环境保护和可持续发展作出了积极贡献。在未来的发展中，随着技术的不断进步和人们环保意识的不断提高，能源管理和优化将越来越成为建筑运营管理中的一个重要组成部分。

6.1.2 材料与废弃物

在建筑维护和修缮过程中，材料的选择与废弃物的管理是影响碳排放的关键环节。从材料的生产、运输、使用到废弃处理的全生命周期中，每个步骤都与碳足迹紧密相关，需要细致规划和负责任的处理方式来最小化其对环境的负面影响。优先选用环境影响低的材料，如含有高比例的回收内容物、生物基材料或可再生资源制成的产品。这些材料在生产过程中往往消耗较少的能源和产生较少的温室气体。选择耐久性好、维护需求低的材料，虽然初期投资可能较高，但长期来看减少了更换频率，降低了生命周期内的总碳足迹。尽可能选择本地生产的材料，减少长途运输产生的碳排放。本地材料还可能更好地适应当地气候条件，提高使用效率。合理安排材料的运输路线和装载，减少空驶，利用高效的运输方式（如铁路、海运）代替公路运输，以减少碳排放。在保证工程进度的前提下，集中采购和分批次送货，减少运输次数，从而降低运输环节的环境负担。在修缮过程中严格实行垃圾分类，区分可回收材料（如金属、塑料、木材、玻璃）与有害废弃物（如油漆、溶剂），确保可回收材料得以回收利用。对含有有害物质的废弃物如油漆桶、密封剂等，应交由专业机构处理，避免随意倾倒或填埋，减少土壤和地下水污染以及填埋场的甲烷排放。鼓励旧材料和未损坏的替换零件的再利用或捐赠，如旧家具、门窗、瓷砖等，既减少了废弃物，又为社会带来积极影响。对施工队伍进行环保知识培训，提高他们对材料选择、废弃物分类处理的意识，将环保实践融入日常工作中。在社区修缮项目中，邀请居民参与废弃物分类和回收活动，通过实践增强公众对环保行为的理解和参与度，共同促进资源的循环利用。通过上述策略的实施，不仅减少了维护和修缮活动中的碳足迹，还促进了材料资源的循环经济发展，降低了对填埋场的压力，减少了甲烷等温室气体排放，从而对缓解全球气候变化作出了贡献。同时，这一过程也提高了社会对环保行为的认可和参与度，推动了绿色建筑文化的传播与可持续发展的社会风尚。

6.1.3 运输与物流

为了降低运输过程中的碳排放，优先考虑本地供应商进行采购是一个有效的策略。通过选择地理位置较近的供应商，可以显著减少物品运输的距离和时间，从而降低交通相关的碳排放。此外，本地化采购还有助于支持当地经济，增强社区的凝聚力。在评估供应商时，除了考虑价格和质量因素外，还应将环境保护作为一个重要的考量标准，选择那些符合环保法规和标准的供应商。在可能的情况下，采用集中配送系统可以有效减少分散运输所带来的碳排放。通过建立集中的配送中心，可以将从不同供应商处采购的物品先集中起来，然后再统一安排运输到目的地。这种集中配送的方式不仅可以提高运输效率，还可以减少因重复路线或空车返回所造成的能源浪费。同时，集中配送还有助于降低物流成本，提高整体的供应链效率。在选择运输工具时，优先考虑使用低碳或无碳的运输方式是减少碳排放的有效途径。例如，可以使用电动车辆、混合动力车辆或者自行车等环保交通工具来替代传统的燃油车辆。这些低碳运输工具的使用不仅有助于减少温室气体排放，还能减轻城市的交通拥堵情况。此外，鼓励使用公共交通工具也是减少个人汽车使用和降低碳排放的有效方法。通过提供便利的公共交通服务和优惠政策，可以吸引更多人选择环保的出行方式。通过优化运输路线可以减少不必要的行驶距离和时间，从而降低碳排放。利用先进的 GPS 导航系统和运输管理系统可以帮助规划最短或最经济的路线。同时，考虑到交通拥堵因素的影响，可以选择在交通相对顺畅的时段进行运输，以减少在路上的等待时间和油耗。此外，合理安排运输计划，避免急件快运的情况发生，也可以有效减少因紧急运输而产生的额外碳排放。通过优化库存管理可以减少因物品过期或损坏而导致的浪费和再次运输。实施先进先出的原则可以确保库存物品的及时更新和使用。对于易腐物品或常用物品，保持合理的库存量可以满足需求的同时减少频繁的订货和运输。利用信息化管理系统可以实时监控库存状况及时补充库存避免过度存储或缺货的情况发生。在包装维护物品时应选择可回收、可降解或环保认证的包装材料来减少对环境的影响。避免使用一次性塑料包装材料，鼓励使用多次循环使用的包装容器。同时可以考虑使用压缩包装技术来减少运输体积和重量，从而降低运输成本和碳排放。随着科技的发展，智能技术在运输与物流领域中的应用越来越广泛。利用物联网技术可以实现对运输车辆的实时监控和管理，及时发现并解决运输过程中出现的问题，提高效率降低能耗。区块链技术的应用可以建立透明可靠的供应链追溯体系，确保物品的来源和质量安全，防止假冒伪劣产品的流通造成的资源浪费和环境污染。政府和企业应共同努力推动绿色运输和物流的发展。政府可以出台相应的政策支持和激励措施鼓励企业采用环保的运输方式和技术，如减免税费、优惠贷款补贴等。同时加强企业之间的合作与信息共享，建立共同配送网络，可以提高整体的效率和效益降低单个企业的运营成本。

6.1.4　维护频率与效率

在建筑的生命周期中，维护频率与维护效率是影响其环境足迹的重要因素。不合理的维护计划和低效的维护程序不仅增加了能源和材料的消耗，还可能导致额外的碳排放。因此，通过优化维护策略，采用科学的维护计划，尤其是转向预防性维护，是减少此类环境影响的关键途径。频繁的维护作业往往伴随着大量能源使用，如频繁的设备运转、运输工具的频繁启动、现场电力供应等，这些都会增加碳排放。每一次维护活动都需要消耗新的材料，包括替换件、清洁剂、防护材料等，不合理的维护频率会加剧材料的消耗，增加生产这些材料时的环境负担。频繁维护会产生更多的废弃物，包括旧部件、包装材料等，不当处理会增加垃圾填埋场的负担，产生更多温室气体。预防性维护通过定期检查、监测和预测性数据分析，预先识别潜在问题，避免了故障发生，减少了突发的紧急修复需求，从而降低了紧急干预时的高能耗和材料浪费。系统性的维护可以确保设备处于最佳运行状态，减少磨损，延长使用寿命，从源头上减少了设备频繁更换的资源消耗和废弃物产生。

优化的维护流程，如集中维护、利用高效工具和设备，减少了维护本身的时间和资源消耗，提升了维护工作的效率，间接降低了整体碳排放。运用物联网（IoT）和大数据分析技术，实时监控设备运行状态，预测维护需求，使维护活动更加精准及时。建立维护操作的标准化流程，提高维护人员的专业技能和环保意识，减少操作失误和资源浪费。选择环保的维护材料和采用低能耗的维护技术，如使用生物降解的清洁剂、高效节能的维护设备。在制定维护计划时，综合考虑建筑的整个生命周期成本和环境影响，避免短视的决策导致长期的环境负担。综上所述，优化维护频率与效率是建筑维护管理中不可或缺的环保策略。通过从预防性维护出发，结合现代化技术与管理手段，不仅可以减少能源和材料的无效消耗，降低碳排放，还能延长建筑及其设备的使用寿命，提升整体运营效率，为建筑的可持续发展奠定坚实基础。这种以长远视角考虑的维护策略，不仅是对环境的负责，也是对建筑资产价值的增值，最终实现环境、经济和社会效益的共赢。

6.1.5 设备更新

在选择新设备时，应优先考虑那些能效更高的产品。虽然这些设备的初期投资成本可能较高，但它们在运行阶段的能源消耗更低，从而能够有效地减少运行阶段的碳排放。例如，采用 LED 照明替代传统的荧光灯照明可以大幅度降低电力消耗；使用高效的锅炉和制冷设备可以提高热能和冷能的转换效率，减少燃料消耗。这些高能效的设备通常还配备了智能控制系统，可以根据实际需求自动调节工作状态，避免不必要的能耗。在新设备的生产和运输过程中，也应考虑采取环保的方式。选择那些采用清洁生产技术和可持续资源的材料进行制造的厂商是非常重要的。这些厂商往往更加注重环境保护和资源的合理利用，能够提供更加环保的产品。在运输过程中，可以选择低碳或无碳的运输方式，如海运或铁路运输代替公路运输，以减少运输过程中的碳排放。同时，优化包装材料和方法也可以减少运输过程中的能源消耗和废弃物产生。对于旧设备的处置同样需要考虑环保因素。直接丢弃旧设备，不仅会造成资源浪费，还可能带来环境污染。因此应该采取回收再利用的策略，将旧设备中的可回收材料，如金属塑料等进行分类回收，并交给专业的回收机构进行处理。对于无法回收的部分，应按照环保规定进行安全处理，避免对环境造成二次污染。通过这种方式，可以最大限度地减少旧设备处置过程中的碳排放。为了确保设备更新过程的碳足迹最小化，还需要制定长期的规划和管理策略。这包括定期评估建筑内的设备性能和寿命，预测未来的更新需求并进行集中处理，以避免频繁更换带来的额外碳排放。同时，建立设备维护制度，确保设备始终处于最佳工作状态，延长其使用寿命，从而减少频繁更换设备的需求。此外，培训员工提高他们的环保意识和操作技能也是实现设备更新过程中碳足迹优化的重要措施。政府和企业可以共同努力推动设备更新过程中的碳足迹优化。政府可以通过出台相关政策和激励措施来鼓励企业选择高能效低碳排放的设备，并提供相应的补贴或税收优惠来降低企业的初期投资成本。同时加强对设备生产企业的监管，推动他们采用清洁生产技术来提高产品的环保性能。企业则可以积极响应政府的号召，加强与供应商的合作与交流，选择那些符合环保标准的设备，并进行合理的运输和管理。随着科技的不断进步，技术创新在设备更新过程中的作用日益凸显。企业可以加大对新技术新材料的研发和应用力度，以提高新设备的能效水平和环保性能。例如，利用人工智能和大数据技术可以实现设备的智能控制和故障预测，从而进一步提高设备的运行效率降低能耗。新型的保温材料和隔热技术的应用可以提高建筑的保温性能，减少能源的浪费。这些创新技术和材料的应用，不仅可以帮助企业实现设备更新过程中的碳足迹优化，还可以提升企业在市场上的竞争力。企业在进行设备更新时，还应注重培养自身的社会责任感。这意味着企业在追求经济效益的同时，也要关注环境保护和社会的可持续发展。通过积极参与环保活动宣传环保理念，并在实际工作中付诸实践，企业可以树立良好的企业形象，赢得社会的信任和支持。这种社会责任感的培养，不仅有助于推动设备更新过程中的碳足迹优化，还有助于促进整个社会的环保意识提高，形成良好的环保氛围。面对全球性的环境问题国际社会，应加强合作与交流共同应对设备更新过程中的碳排放挑战。

6.1.6 间接排放

在考虑建筑维护活动的环境影响时，间接排放是一个不容忽视的方面，这主要涉及维护作业期间对建筑日常功能的临时性调整及其衍生的能源需求增加。例如，当进行大规模维修或改造时，可能会临时改变建筑的封闭性或热能效，导致需要额外的加热或冷却系统运行，以确保工作人员的舒适度和维护工作的顺利进行。这种额外的能源消耗，虽然看似临时，但在整个维护周期内累积起来，其对碳排放的贡献不容小觑。为应对这一挑战，采取策略性措施是关键。首先，尽量规划维护作业在气候较温和的季节进行，减少对加热或冷却的依赖。其次，利用临时隔热材料或屏障，减少维护区域对外界环境的热交换，维持室内温度的稳定性，降低能耗。再者，考虑采用便携式或局部化的环境控制系统，精确调控维修区域的温湿度，避免对整个建筑环境的过度调节。最后，实施维护过程中的能源监控，实时评估和调整能源使用，确保效率，避免不必要的能源浪费。通过这些细致的管理和技术应用，可以在确保维护作业顺利进行的同时，有效控制和降低间接排放，进一步推动建筑维护向绿色、低碳的方向发展。这不仅体现了对环境责任的承担，也符合长期的经济利益，通过节能减碳，降低了维护活动的整体成本，促进了建筑的可持续性。

6.1.7 维护策略

传统的反应性维护通常是在设备出现故障后才进行修复，这种方式往往伴随着突然的高能耗和资源浪费。而预防性维护虽然提前规划，定期检查和维护设备，减少了突发故障，但可能因过于频繁的干预而导致不必要的能耗。预测性维护则通过实时监控设备的运行状态和性能数据，精确预测设备的未来故障，从而在保证设备正常运行的同时，最大限度地减少能耗和碳排放。在现代建筑和设施维护中，采用先进的维护管理软件是实现碳排放优化的关键手段之一。这些软件集成了物联网技术、大数据分析和人工智能算法，能够实时收集和分析设备的运行数据，预测设备的故障趋势和维护需求。通过这些软件的数据分析功能，维护团队可以准确识别出哪些设备需要立即维护，哪些设备可以延后维护，从而避免了不必要的能耗和资源浪费。同时，这些软件还可以自动生成维护计划和报告，提供详细的维护建议和操作指南，帮助维护人员高效完成任务。与传统的固定周期维护计划相比，根据设备实际状况动态调整的维护计划更能适应设备的实际需求。这种计划利用传感器监测到的数据来评估设备的健康状态和性能指标，并根据分析结果动态调整维护的时间和内容。例如，当监测到某个设备的温度或振动数据异常时，系统可以自动提前安排维护时间，以避免潜在的故障风险；而对于那些运行正常的设备，则可以适当延长维护周期，减少不必要的干预。这种基于实际状况的动态调整不仅提高了维护效率，还大幅度降低了因过度维护或不足维护带来的能耗和碳排放。为了进一步降低维护过程中的碳排放，优化维护流程和技术同样重要。采用无纸化操作可以减少对纸张的使用和废物产生；使用环保型清洁剂和润滑油可以减少化学品对环境的影响；鼓励维护人员使用节能工具和设备可以降低维护过程的能耗。此外，通过数字化技术如移动终端和应用软件可以实现远程诊断和维护指导，减少现场维护的次数和时间，从而进一步降低交通相关的碳排放。员工是维护工作的主体，他们的行为和决策直接影响维护过程的碳排放。因此，加强员工培训，提高他们的环保意识和专业技能，是实现碳排放优化的重要环节。定期举办环保知识讲座和工作坊，让员工了解最新的环保政策和技术趋势，增强他们的环保责任感。同时鼓励员工提出改进意见和建议，促进公司内部的环保创新氛围的形成。通过员工的积极参与和共同努力，可以形成一种良好的环保文化，推动整个组织朝着更绿色、更可持续的方向发展。为了确保维护策略的有效性并实现持续的碳排放优化，需要建立一套完善的监测和反馈机制。利用智能仪表和传感器可以实时监测设备的能耗情况和维护效果，及时发现问题并进行改进。同时定期对维护策略进行评估和审查，根据实际情况调整策略和方法，以达到最佳的环保效果。通过这种持续的监测和改进，可以不断提升维护工作的质量和效率，实现长期的碳排放优化目标。在实施预测性维护策略时，跨部门之间的协作与沟通至关重要。设施管理部门应与IT部门、运营部门等紧密合作共同制定和执行维护策略。IT部门负责提供技术支持，确保数据的顺畅传输和分析的准确性；运营部门则提供设备的实际运行情况和反馈，帮助设施管理部门更好地理解设备的需求和潜在问题。通过这种跨部门的协作可以确保信息的流通和共享，提高维护策略的准确性和有效性。为了实现长期和持续的碳排放优化，企业需要投资先进的技术和设备。这包括购买具有更好能效性能的新型设备以及升级现有的监控系统和维护工具。虽然初期投资可能较大，但这些技术和设备的长期节能效果将远远超过其成本。同时这些先进技术和设备还可以提高企业的市场竞争力，为企业带来更多的商业机会。作为企业的一部分，推广环保理念与实践也是实现碳排放优化的重要途径。企业可以通过内部宣传、培训会议等方式向员工普及环保知识，提高他们对环保重要性的认识。同时鼓励员工在日常工作中采取节能减排的措施，如合理使用空调、关灯省电等。此外，企业还可以积极参与环保项目和活动，展示其在环保方面的努力和成果，树立良好的企业形象，吸引更多的客户和合作伙伴。在实施预测性维护策略时，企业还需要严格遵守相关的法律法规，确保策略的合规性。同时，关注国家和地方政府在环保领域的政策动向，及时调整策略以符合政策要求。通过与政府的合作和对接，可以获得政策上的支持和优惠，降低企业的运营成本，并推动整个行业的绿色发展。面对全球性的环境问题，国际社会应加强合作与交流，共同应对建筑和设施维护领域的碳排放挑战。通过参与国际会议和展览企业，可以了解国际上最新的维护技术和管理经验，并将其应用到本国的实践中。同时，与国际组织和机构建立合作关系，可以获得资金和技术支持，帮助企业更好地实现碳排放优化目标。这种国际合作与交流，不仅可以促进企业之间的技术交流和经验分享，还可以推动全球环保事业的发展，形成互利共赢的局面。通过上述综合性的策略和措施的实施，我们可以有效地优化建筑和设施维护过程中的碳排放，实现绿色化和高效化的维护目标。这不仅有助于降低企业的运营成本，还能为保护环境作出积极的贡献。在未来的发展中，随着人们环保意识的不断提高和技术的不断进步，预测性维护及其他绿色维护策略将成为越来越多企业的必然选择。

6.1.8 长期性能考量

维护活动不仅限于表面的修补与更新，它是建筑可持续性旅程中的导航仪，指导着从设计、建造到运营的每一个阶段。在环境日益紧迫的今天，维护活动的长远视角显得更为关键，它不仅关乎短期的环境影响减轻，更是建筑全生命周期中能效和耐久性的守护者。短期而言，明智的维护策略，比如及时修复漏水、避免过度照明和合理安排设备运行时间，直接减少了不必要的能源消耗，将碳足迹缩至最低。优化材料的使用，如选择耐用且可回收的产品，减少了维护过程中的资源浪费，这都是向绿色维护迈出的坚实步伐。长期来看，精心规划的维护是建筑性能的守护神祇，它确保了结构的坚固与系统的高效。定期的检查与预防性维护如同定期体检，于疾病未发之时防患于未然，避免了系统效率的退化，延长了建筑及其组件的使用寿命。这不仅减少了频繁更换的经济成本，更显著削减了制造新组件的碳排放，节约了宝贵的自然资源。维护在此扮演着资源与环境的双重保护者，延展了建筑的可持续生命线。维护的智慧更在于它的迭代更新能力，每一次维护都可能是向更高能效的跃进。采用最新的节能技术与环保材料，如 LED 照明、高效热泵系统，不仅在当下减少了能耗，更在未来岁月中持续锁定节能潜力，建筑随时间的推移而愈发绿色，维护成为提升能效的隐形推手。维护活动的长远视野对于建筑的可持续性具有不可估量的价值，它超越了短期的碳减排，着眼于建筑全生命周期的绿色进化。维护，作为绿色建筑和低碳未来的基石，展示了其在可持续性思考中的深邃远见，是实现建筑环境共生的必经之路。

6.2 改造升级的碳效益分析

改造升级对建筑的碳效益分析主要集中在几个核心方面，这些措施旨在通过提高能效、采用低碳技术和材料来减少建筑物的能源消耗和环境影响，进而实现碳减排目标。

6.2.1 能源效率提升

能源效率提升是实现建筑绿色转型与可持续发展目标的核心环节，涵盖了一系列策略与技术革新。通过实施如建筑围护结构的隔热升级、窗户密封改造等措施，显著降低了热量的无谓损失，减少了在寒冷季节对供暖的依赖和炎热时期制冷的能耗。这一系列改造不仅依靠高性能的保温材料，还涉及对建筑气密性的全面优化，确保室内环境的舒适度同时，对外界气候变化的敏感度下降。照明系统与电器设备的更新是另一重要节能途径。转向 LED 照明技术，凭借其卓越的能效比，与传统光源相比能耗大幅度降低，寿命更长，减少了频繁更换的需求，间接降低了资源消耗与废弃物数量。配合智能控制系统，如光感应与时间编程，根据环境光照强度和人员活动自动调节照明强度，进一步精减了不必要的电能使用。暖通空调系统的现代化改造，尤其是采用变频驱动的高效 HVAC 设备，是能源管理的关键一环。变频技术允许空调系统根据实际热负荷动态调节输出，避免了传统定频设备的全开全关模式，频繁启停造成的能耗损失。这种按需调节的能力，不仅在部分负荷状态下保持了高效能效，还提升了室内环境的舒适度，减少了能源的无谓消耗。这些策略整合了建筑的多方面，从围闭性能的物理隔离、照明与电器设备的更新，到暖通空调系统的核心优化，每一环节都是对能源效率提升的贡献。这些措施共同作用下，不仅减少了建筑的能源需求，还降低了碳足迹，促进了环境的可持续性，响应了全球气候变化的挑战。同时，长期来看，这些投资在能效提升上的成本，通过节能效益与降低的运行开支，将逐步回收，为建筑所有者带来经济上的正面回报，真正实现了环境与经济效益的双赢。

6.2.2　可再生能源集成

在全球气候变化的背景下，可再生能源的集成成为建筑设计和运营中的一个重要趋势。通过在建筑中集成太阳能光伏板、太阳能热水系统或小型风力发电装置，我们不仅能够生产清洁能源，还能减少对外购电力的依赖，从而降低整个建筑的碳足迹。太阳能光伏板是将太阳能直接转换为电能的技术。在建筑中安装太阳能光伏板，不仅可以有效地利用屋顶等空闲区域，还可以与建筑的外观设计相结合，成为美观而实用的建筑元素。太阳能光伏系统一旦安装完成，其运行成本相对较低，因为它们利用的是无穷无尽的太阳能。此外，一些光伏系统还可以与储能设备相结合，实现夜间或阴天时的电力供应，进一步提高能源自给自足的能力。与传统的电热水器或燃气热水器相比，太阳能热水系统利用太阳能来加热水，这是一种非常高效的能源利用方式。太阳能热水系统通常包括一个集热器和一个储水罐，集热器负责吸收太阳能并将其传递给水，而储水罐则负责储存热能。这种系统尤其适合用于提供生活热水，可以显著降低建筑的能源需求。对于位于风能资源丰富地区的建筑，小型风力发电装置可以成为一个很好的补充能源解决方案。虽然风力发电的效率受到风速的影响，但它仍然是一种值得考虑的清洁能源形式。小型风力发电机可以在建筑物的顶部或附近安装，它们通常具有较小的占地面积和较低的噪声水平，适合于集成到城市环境中。地源热泵和空气源热泵是利用地热能或环境热能来进行供暖和制冷的高效设备。这些热泵系统通过转移地下或环境中的热量来调节室内温度，而不是直接燃烧燃料。地源热泵系统通过在地下埋设管道，利用地下恒温的特性来提供稳定的热交换环境；而空气源热泵则直接利用室外空气作为热源。这些系统比传统的空调系统和锅炉更节能，因为它们更多地依赖于自然界的热能转移，而不是消耗大量的一次能源。为了最大化可再生能源的效率和效益，智能能源管理系统的引入至关重要。这些系统可以实时监控能源的生产和使用情况，并根据用户需求和外部环境的变化自动调整建筑内的能源配置。例如，当太阳能光伏系统产生的电量超过即时需求时，智能系统可以将多余的电能储存起来或反馈到电网中；反之，当需求增加时，它可以调动储能设备或从电网中补充能量。这种智能化的管理不仅提高了能源的使用效率，还增强了建筑对可再生能源波动的适应能力。随着技术的不断进步，可再生能源设备的性能正在不断提升，成本也逐渐降低。例如，新型太阳能光伏材料的开发使得光伏板的转换效率越来越高，而生命周期评估技术的进步则有助于我们更好地理解和改善这些设备的环境影响。此外，建筑一体化设计理念的发展，也让可再生能源设备更加和谐地融入建筑美学中。政府的政策支持和市场需求是推动可再生能源集成的重要驱动力。许多国家都出台了各种激励措施，如税收优惠、补贴、绿色信贷等，以鼓励建筑行业采用可再生能源技术。同时，随着公众环保意识的提高和绿色消费趋势的形成，市场对绿色建筑的需求也在不断增长。这些因素共同促进了可再生能源在建筑领域的广泛应用。教育和社会公众的参与也是推动可再生能源集成的关键因素。通过教育和培训，可以提高建筑师、工程师和业主对可再生能源技术的认识和理解，从而促进他们在设计和运营建筑时作出更明智的决策。同时，公众的参与和支持也是推动绿色建筑发展的重要力量。通过社区活动、公众宣传等方式，可以增强社会对可再生能源价值的认识，形成良好的社会氛围。面对全球性的能源和环境挑战，国际合作与交流在推动可再生能源集成方面也发挥着重要作用。通过参与国际会议、展览和工作组等活动，可以分享和学习不同国家和地区在可再生能源集成方面的经验和技术成果。此外，与国际组织和机构的合作也可以带来资金和技术支持的机会，有利于推动可再生能源在建筑领域的更广泛应用。

6.2.3 材料与废弃物管理

材料与废弃物管理，作为建筑可持续实践的又一重要层面，其核心在于减少环境影响并促进资源的循环利用。在改造与建设过程中，采用低碳、可再生或回收材料，如再生塑料、回收钢材、再生混凝土等，不仅减少了对原生资源的依赖，降低了从开采、提炼、加工过程中的能源消耗和碳排放，还赋予了废弃物第二次生命，促进了循环经济的发展。这些材料的性能与耐久性不断优化，确保了建筑质量不受影响，同时传递了环保理念。废弃物管理方面，通过实施全面的策略，如分类收集系统、现场废弃物减量计划和分离技术，确保了施工废弃物得到有效管理。分类回收是关键，将木料、金属、塑料、玻璃、纸张等分开处理，便于再加工利用，避免混合处理造成的资源浪费。推广废弃物到资源的转化技术，如将建筑废料转化为建材、路基材或景观材料，拓宽了废弃物的再利用途径。同时，优化物流和设计，减少施工现场废弃物的产生，比如精确计算材料用量、模块化设计减少切割废料，以及数字化技术的运用，提前模拟减少错误和修改，都对减少废弃物的产生起到了积极作用。此外，促进与回收机构的合作，确保回收渠道畅通，以及对不可回收废弃物的环保处理如无害化处置，避免填埋和焚烧对土壤、空气造成的污染，减轻了环境负担，保障了生态平衡。总结而言，材料与废弃物管理的优化策略，从源头减量、循环利用到末端处理，构建了闭环，实现了建筑活动对环境影响的最小化，展示了建筑行业向绿色、低碳转型的决心与实践，为地球的可持续未来贡献了一份力量。

6.2.4 智能建筑系统

智能建筑系统代表着建筑管理领域的一种革命性进步。通过整合楼宇自动化和物联网技术，这些系统能够实时收集和分析数据，从而优化建筑的能源使用效率。这不仅有助于精确控制建筑的各项运营参数，还能确保高效的运维管理。楼宇自动化系统是智能建筑的核心组成部分。它通过安装各种传感器和控制器，实现了对建筑内环境的全面监控和调节。例如，通过监测室内外的温度、湿度、空气质量等参数，系统能够自动调整空调和通风系统的运行状态，确保室内环境的舒适度，同时避免不必要的能源浪费。此外，楼宇自动化系统还能对照明、安全、消防等各个子系统进行集中控制和管理，提高整体的管理效率。物联网技术为智能建筑系统提供了强大的数据收集和传输能力。通过将建筑内的各种设备和系统连接到互联网上，物联网技术使得这些设备能够相互通信、交换数据，并受到中央控制系统的统一管理。例如，智能电表可以实时记录能源消耗数据并将其发送到云端服务器；智能照明系统可以根据室内光线强度和人员活动自动调节灯光亮度；智能安防系统则能够实时监控建筑的安全状况并向管理人员发送警报信息。这些功能的实现都依赖于物联网技术的支持。在智能建筑系统中，数据分析和优化算法是实现能源节约的关键。通过对收集到的大量数据进行分析和挖掘，系统能够识别出能源消耗的模式和趋势，从而制定出更加合理的能源使用策略。例如，通过分析历史数据和天气预报信息，系统可以预测未来的冷热负荷需求并提前调整相关设备的运行参数；通过实时监测能源使用情况并与设定的目标值进行比较，系统可以实现动态地调节和优化确保能源供应与需求之间的平衡。此外，机器学习和人工智能算法的应用也为智能建筑系统的优化提供了新的可能性。通过学习和适应不断变化的环境条件和用户行为模式，智能建筑系统可以实现更加精确和个性化的控制策略，进一步提高能源使用的效率。为了方便用户和管理人员更好地使用智能建筑系统，用户界面和交互设计的重要性不言而喻。一个直观易用的用户界面，可以让管理人员轻松地查看和操作系统中的各个功能模块，了解系统的运行状态和能源消耗情况。同时通过移动应用程序或网页端用户，可以随时查看和控制自己所处的房间或区域的环境参数，如温度、湿度、光照等。这种自主性和便利性，不仅提高了用户的满意度，也促进了能源节约意识的形成。在智能建筑系统的设计和实施过程中，安全性和隐私保护是不可忽视的重要因素。由于系统中涉及大量的个人和企业数据，因此必须采取严格的安全措施来防止数据泄露和滥用。这包括对数据传输和存储进行加密处理、定期更新软件和固件，以修复潜在的安全漏洞以及建立完善的访问控制机制，限制非授权人员的访问权限。此外，智能建筑系统还应遵循相关的法律法规和标准，确保用户数据的合法使用和保护。智能建筑系统作为实现建筑可持续性的重要手段，其发展前景广阔。随着技术的不断进步和社会对环境保护的日益重视，智能建筑系统将继续得到完善和推广，其在节能减排方面的潜力将进一步得到释放。未来我们有理由相信智能建筑系统将成为城市基础设施的重要组成部分，为人们创造更加舒适、便捷、低碳的生活环境。同时，智能建筑系统也将与其他智慧城市元素，如智能交通、智能电网等紧密融合形成一个高效协同的智慧城市生态系统，共同推动城市的可持续发展。智能建筑系统的推广和应用，需要全社会的共同参与和支持。因此，加强相关的教育和培训工作，提高公众对智能建筑的认识和接受度，是非常重要的。学校可以开设相关课程，培养学生对智能建筑的兴趣和技能；企业可以开展员工培训，提高员工对智能建筑系统的使用和维护能力；政府可以举办宣传活动，普及智能建筑的知识和技术成果，鼓励更多的企业和家庭采用智能建筑解决方案。通过这些教育活动和宣传工作，我们可以形成一个有利于智能建筑发展的社会氛围，推动智能建筑技术在更广泛的范围内得到应用和发展。智能建筑系统的发展，离不开跨学科的合作与研究创新。建筑师、工程师、数据科学家、人工智能专家等不同领域的专家需要共同合作研究和解决智能建筑系统中的各种问题和挑战。例如建筑师需要考虑如何将智能技术与建筑设计相结合，实现功能性与美观性的统一；工程师需要研究如何提高系统的稳定性和可靠性保证系统的正常运行；数据科学家需要探索如何从海量的数据中提取有价值的信息为决策提供支持；人工智能专家则需要研究如何利用机器学习和深度学习等技术提高系统的智能化水平。这种跨学科的合作与研究创新是推动智能建筑系统发展的重要动力也是实现建筑能源管理高效革新的关键所在。

6.2.5　长期效益评估

长期效益评估是衡量建筑改造项目是否成功的关键步骤，尤其是其对环境和经济效益的贡献。首先，碳效益分析直接聚焦于改造带来的减排效果，通过详尽调查和能源账单分析，量化由于能效提升而减少的碳排放量，比如通过高效设备和可再生能源利用减少的化石燃料依赖。这不仅符合国际减碳利碳中和承诺，也提升企业或建筑的品牌形象。其次，生命周期成本分析全面审视从项目开始到结束的经济投入，包括初期资本投入、运营维护、替换成本及潜在的节能收益。重要的是，要将预期的碳减排收益货币化，通过碳价格或碳交易机制，作为额外收益计入，帮助投资者理解长期的回报率，证明绿色改造的经济可行性。此外，非财务效益同样重要，包括室内环境质量的改善，如更好的空气质量、适宜的温湿度和充足的自然光照，对居住者健康有显著正面影响，如减少呼吸系统疾病、提高睡眠质量。健康的工作或居住环境还能提升生产效率，企业受益于员工的高效率和忠诚度提升，学校或家庭则能享受更佳的学习和生活品质。长远看来，环境与社会福祉的提升，比如绿色建筑对社区的贡献，增加的绿地和生物多样性，改善微气候，提升公共空间，都构成无法直接量化的价值，却深刻影响着人们的生活质量和城市可持续性。因此，评估建筑改造时，综合考虑这些多维度，不仅利于决策者作出全面判断，也为建筑的未来导向一个更绿色、健康、高效和经济的路径。

节能减碳改造项目，如某硅生产线的节能减碳改造升级，通过引入高效能效设备与先进工艺流程，实现了能耗的显著降低，能耗节省比例达到了惊人的 20％ 之高，这不仅直接减少了生产成本，更大幅度降低了该生产线的碳足迹。同样，宁波轨道交通实施的"供-用-管-综合节能低碳示范项目"，通过一系列的创新技术集成应用，成功降低了整个系统综合能耗超过 5％，展示了公共交通领域在提升能效与减少环境影响上的巨大潜力。这些具体的改造案例生动说明了技术与策略升级对节能减排的直接影响，突显出的积极效果。通过深入分析，虽然这些节能改造项目在初期通常需要较大的资金投入，但在长期视角下，通过降低能源消耗与随之减少的碳排放，所带来的成本节省是长期且持续的。此外，政府对绿色改造项目提供的补贴、税收优惠以及绿色金融产品的支持，如绿色债券、低碳基金等，都能进一步降低融资成本，提升项目的经济回报率。这表明，投资于能效提升和低碳技术的改造，不仅符合环境保护的需求，从经济角度看，也是具有前瞻性和投资价值的决策，体现了可持续发展的核心理念，是实现经济效益与环境保护双赢的战略选择。

6.3　全寿命周期设计策略

全寿命周期设计（Life Cycle Design，LCD）策略着重于在产品或建筑物的最初设计阶段就全面考虑其整个生命周期内的环境影响，从原材料获取、生产、使用、维护直至最终的废弃和回收处理。

6.3.1　模块化与可升级设计

模块化与可升级设计正逐渐成为一种主流的设计趋势，这种设计理念强调在产品的设计和制造过程中采用模块化的思维。模块化设计是一种将复杂系统分解为多个独立、可互换和互操作模块的设计方法。这种方法不仅有助于产品的研发和制造过程，还能显著提高产品的维护性、更新性和改进性。通过采用模块化设计，产品的各个组件可以独立更换或升级，而不需要整体替换。这种设计思路不仅降低了产品的维护成本，还延长了产品的使用寿命，从而减少了资源消耗和废弃物的产生。可升级设计是模块化设计的一个重要方面，它允许产品在保持基本结构不变的情况下，通过更换或升级部分组件来提升产品的性能或功能。这种设计方法使得产品能够适应未来技术的发展和市场需求的变化，从而保持竞争力。例如，一台采用可升级设计的计算机可以通过更换显卡、增加内存等方式来提升其性能，而不需要购买全新的计算机。这种设计方法不仅降低了消费者的更新成本，还有助于减少电子垃圾的产生。模块化设计具有多方面的优势。首先，它提高了产品的维修性和可维护性。由于产品由多个独立的模块组成，维修人员可以快速定位并更换出现故障的模块，而不需要对整个产品进行拆解。这大大降低了维修的时间和成本，提高了产品的使用寿命。其次，模块化设计增强了产品的适应性和灵活性。不同的模块可以根据不同的需求进行组合和配置，以满足不同用户的需求。这使得产品能够更好地适应市场的变化和用户的个性化需求。最后，模块化设计有助于降低环境影响。通过独立更换部分组件而不是整件淘汰，可以减少资源的浪费和废弃物的产生。同时，模块化设计还促进了零部件的标准化和规模化生产，进一步提高了资源的利用效率。模块化和可升级设计在实现产品可持续性方面发挥着重要作用。通过减少资源的消耗和废弃物的产生，它们有助于实现循环经济的目标。在循环经济中，产品的生命周期被延长，废弃物被视为资源进行回收和再利用。模块化和可升级设计正好契合了这一理念，它们使得产品在经过多次使用和更新后仍能保持其价值，而不是成为一次性使用后即被丢弃的物品。此外，模块化和可升级设计还有助于推动绿色设计和创新的发展。设计师在采用这些设计方法时，需要考虑如何降低产品对环境的影响，如何提高产品的能源效率，如何促进零部件的回收和再利用等环保因素。这促使企业在产品设计阶段就注重环保性能的提升，推动绿色技术的研发和应用。

从用户体验的角度来看，模块化和可升级设计为用户提供了更多的选择权和自主性。用户可以根据自己的需求和预算选择购买基础版本或高端版本的产品，并根据需要进行升级或扩展。这种灵活性不仅满足了用户的多样化需求，还提升了用户对品牌的忠诚度和满意度。从市场的反馈来看，越来越多的消费者开始关注产品的环保属性和可持续性表现。他们更愿意选择那些采用模块化和可升级设计的产品，认为这些产品更加环保、经济且具有长期价值。因此模块化和可升级设计，不仅符合可持续发展的趋势，也日益成为市场竞争中的有利因素。对于企业来说，采用模块化和可升级设计，不仅是满足市场需求和提升竞争力的需要，也是履行社会责任和创造社会价值的重要途径。通过减少资源消耗和废弃物产生，企业可以降低对环境的负面影响并树立良好的企业形象。同时模块化和可升级设计还可以带动相关产业的发展，如维修服务业、二手市场等，为社会创造更多的就业机会和经济价值。因此，企业应该积极采用模块化和可升级设计，将其作为实现可持续发展战略的重要组成部分，并在市场上树立起绿色、环保和创新的形象。为了推动模块化和可升级设计的广泛应用，教育和培训工作显得尤为重要。学校和教育机构应该将模块化和可升级设计的理念和方法纳入相关的课程和教学中，培养新一代设计师和工程师具备可持续发展的意识和能力。企业也应该加强对员工的培训和教育，提高他们对模块化和可升级设计的认识和理解，确保这些设计方法能够在产品研发和生产过程中得到有效的应用。通过教育和培训，我们可以为模块化和可升级设计的推广和应用提供有利的人才支持和知识保障。政府在推动模块化和可升级设计方面也发挥着重要的作用。政府可以通过出台相关政策和措施，鼓励企业采用模块化和可升级设计，如提供税收优惠、资金支持等激励措施。同时政府还可以主导或参与相关标准的制定和推广，确保不同企业之间的模块化产品能够兼容和互换，促进行业的规范化发展。通过政策支持和标准制定，政府可以为模块化和可升级设计的推广和应用创造更加有利的外部环境。面对全球性的环境和可持续发展挑战，国际合作与交流在推动模块化和可升级设计方面同样重要。不同国家和地区的企业、研究机构和政府部门可以加强合作与交流，分享彼此的成功经验和最佳实践，共同推动模块化和可升级设计的创新和发展。通过国际合作与交流，我们可以汲取全球的智慧和资源，共同应对环境和可持续发展的挑战，为构建一个更加绿色、低碳和可持续的世界作出积极的贡献。模块化与可升级设计在实现产品可持续性方面具有重要意义。它们不仅有助于提升产品的维修性、更新性和改进性，还能减少资源消耗和废弃物产生，实现循环经济的目标。因此，作为一种关键的设计策略和方法，模块化与可升级设计值得在各个领域得到更广泛的应用和推广。

6.3.2 耐用性与易维护性

在建筑和产品设计领域，耐用性和易维护性是确保长期性能与效率的关键要素。采用高质量、耐久性材料不仅延长了使用寿命，抵抗住日常磨损和环境因素如极端天气变化，如抗紫外线、湿度、腐蚀等侵蚀，还减少了更换频率，从而降低长期成本与资源消耗。选择经过验证的建造方法，比如模块化、预制构件，增强结构稳固性，同时便于现场组装和日后拆解构，提升了适应性与扩展性。设计时考虑维护的便捷性至关重要，这意味着从源头考虑如何简化维修人员的操作。例如，采用易于到达的服务通道、可拆卸的面板、模块化设计，减少对日常检查与保养的复杂度。在电气与管道系统中，预留维护口、清晰标识，利于快速定位问题，缩短排查与修复时间。通过智能诊断系统，远程监控运行状态，预防性提醒维护，避免突发故障，减少停机时间和成本。此外，考虑材料的清洁与环保性，使用易清洁表面处理减少化学剂使用，降低维护过程的环境负担。在设计阶段就整合可回收和升级性，确保未来升级换代材料或技术时，能轻松融入，减少浪费。实用与易维护性的设计策略，从材料选择到构造方法，再到维护便捷性，全方位保障了项目长期性能，提升了可持续性，降低了维护的经济与环境成本。这不仅增强了用户体验，更是对环境负责，推动了绿色建筑与产品设计的未来趋势。

6.3.3 能源效率

能源效率是现代设计中不可或缺的核心原则之一，它要求设计师在创作过程中不仅追求美学和功能性的完美结合，更要充分考虑能源的合理利用和环境的可持续性。通过优化能源消耗、采用先进的节能技术或材料，设计师们能够在减少能源需求的同时，降低环境污染，实现生态与经济的双赢。设计师们通过精细化的能量管理，确保每一瓦特的电力都得到高效利用。这包括对建筑方位的精心规划，以充分利用自然光照，减少人工照明的需求；设计高效的隔热和散热系统，以降低空调和供暖的能耗；还涉及对设备和电器的精选，优选那些具有高能效标识的产品。这些策略共同构成了一个全方位的能源消耗优化方案，旨在最大限度地减少无谓的能源浪费。随着科技的进步，新型节能技术不断涌现，为设计师提供了更多的选择。如 LED 照明技术，以其高效率和长寿命而受到青睐，取代了传统的白炽灯和荧光灯；太阳能技术的应用，可以将充足的阳光转化为电能，供建筑日常使用；地热能、风能等可再生能源技术，也逐渐被用于建筑中，减少了对化石燃料的依赖。这些技术的应用不仅降低了能源消耗，还推动了设计的革新和发展。在材料的选择上，设计师们更加注重其节能性能。例如，使用具有高反射率的屋面材料，可以有效地反射太阳光，降低建筑内部的温度；采用双层或三层玻璃窗户，可以提高隔热效果，减少能量损失；此外，还有各种高效保温材料和绿色建筑材料，它们不仅具有优异的节能性能，还能降低环境负担。这些材料的选择和应用，不仅体现了设计师对节能的追求，也展现了他们对环保的责任和担当。借助于物联网和大数据分析技术，智能化能源管理系统得以实现。这些系统能够实时监测能源的使用情况，精确控制建筑内的各种设备，如空调、照明、电梯等，确保它们在最佳状态下运行。通过数据分析，系统能够预测能源需求，合理调度资源，避免浪费。

智能化能源管理系统不仅提高了能源使用的效率，也为设计师提供了更多优化设计方案的思路和依据。在追求能源效率的同时，设计师们还深入思考如何将可持续发展的理念融入设计中。这包括对建筑生命周期的全面考量，从设计、建造、运营到最终拆除，每个阶段都尽可能减少对环境的影响；对建筑材料的可持续性选择，优先使用可回收、可再利用的材料；以及对建筑使用者的引导和教育，鼓励他们采取更加节能的生活习惯。这些实践不仅体现了设计师对环境保护的责任感，也推动了整个社会对可持续发展的重视和参与。政府政策和市场需求是推动能源效率提升的双重驱动力。政府通过制定严格的建筑节能标准和法规，鼓励设计师和企业采用高效节能的设计和技术；同时，提供税收减免、资金补贴等激励措施，降低节能技术的应用成本。而市场对节能产品和绿色建筑的需求不断增长，促使设计师不断探索和创新，以满足消费者的环保需求。这种双向驱动机制，有力地促进了能源效率在设计中的广泛应用和不断提升。为了推动能源效率的提升和绿色设计的发展，教育和培训工作显得尤为重要。学校和教育机构应该将能源效率和绿色设计的理念纳入课程体系，培养学生的环保意识和节能技能；企业也应该加强对员工的培训和教育，提高他们对节能技术和材料的认识和应用能力。通过教育和培训，我们可以为能源效率的提升和绿色设计的发展提供有力的人才支持和知识保障。面对全球性的能源和环境挑战，国际合作与交流在推动能源效率提升和绿色设计发展方面具有重要意义。通过参与国际会议、展览和工作组等活动，我们可以与其他国家和地区的设计师、企业家和政府官员分享经验、交流技术、探讨合作，共同推动全球能源效率的提升和绿色设计的发展。公众的参与和社会意识的提升是推动能源效率提升和绿色设计发展的重要力量。通过媒体宣传、公益活动等方式普及节能知识和绿色设计理念，可以提高公众对能源效率和可持续发展的认识和重视程度；同时鼓励公众积极参与到节能减排的行动中来如选择节能产品、采取节能措施等从而形成全社会共同推动能源效率提升和绿色设计发展的良好氛围。

6.3.4 可回收性和可再生材料

在产品设计与材料选用上，可回收性和可再生材料的重视是推动循环经济、减轻环境负担的关键实践。优先考虑材料的可回收性，意味着选取那些在产品生命周期结束后易于分离、回收处理的材料，如铝合金、不含污染物的塑料、玻璃等，通过分类回收体系，这些材料可重新加工成新原料，进入生产链，减少原生资源的开采和初次加工消耗。同时，可再生材料的利用，如竹制品、农业废弃物（麦秆、玉米淀粉）转化为生物塑料、废旧纸张纤维再造纸等，这些来自自然可再生资源或废弃物的转化，降低了对原始资源的依赖，且在生命周期结束后可自然降解或再次回归生物循环，降低了废弃物堆积与环境污染。设计中融入这些材料，需考虑其性能与产品功能匹配度，确保质量，同时，设计时考虑材料的拆解构型，便于回收或再利用。通过教育与标签制度推广消费者对可回收标志的认知，提升回收意识，如欧盟的"回收符号"——绿色点、美国的 ASTMRFID 系统，明确材料分类，便于回收分类。政策层面，鼓励产品设计时考虑回收与再生材料，如税收优惠、补贴再生材料使用标准，以及废弃物处理税，这些机制共同推动了市场对可回收性和可再生材料的偏好。可回收性与可再生材料的选用，从源头设计出发，通过材料选择、回收系统优化、政策激励，形成了闭环，促进了资源的高效利用，减少了资源枯竭与环境污染，是可持续产品设计的重要原则与趋势。

6.3.5 生命周期评价（LCA）

生命周期评价（Life Cycle Assessment，LCA）作为设计阶段的必要环节，其核心在于预见性与前瞻性地衡量产品或项目"从摇篮到坟墓"的整个生命周期的环境足迹。这一过程始于原料采集、生产、加工、制造、运输、使用、维护，直至废弃处理或回收再利用，覆盖碳排放、能源消耗、水资源使用、废物产出等多维度，为设计初期决策提供科学依据。通过量化分析，LCA 揭示了潜在的环境热点，例如高碳排放的生产阶段或资源密集过程，使设计者得以针对性优化，比如选择低碳材料、简化制造工艺、设计易于拆解构产品，或采用节能方案。同时，水足迹的评估提示节水措施，如循环利用系统，废物产生分析则引导设计减少策略，如零废弃设计，确保产品终期的环境影响最小。LCA 的集成，不仅考虑单一环境维度，也融入经济性，平衡环境效益与成本，确保方案的可行性。此外，社会影响考量也不容忽视，如工作条件、用户健康安全，使设计全面负责。此评估框架下，决策更加全面，符合可持续发展目标，促进绿色设计，减少环境压力，提升产品竞争力，响应全球对环保期待。综上，LCA 是设计前期的关键工具，通过系统性环境影响量化，为决策提供科学导向，优化设计，走向可持续发展的设计实践，确保产品或项目在全生命周期中对环境的正面贡献。

6.3.6 多功能性和适应性

多功能性和适应性设计是现代产品设计的重要趋势，它旨在创造能灵活适应多种用途并随用户需求变化的产品，延长其生命周期。这种设计策略不仅增强了产品的使用效率和用户满意度，还促进了资源的可持续利用。设计时，考虑产品如何在不同环境或用户需求变化下发挥作用，如家具的变形设计，从沙发变为床，办公桌变会议桌，节省空间，适应居住和工作场景切换。模块化设计，组件可自由组合，按需增减，适应用户家庭成长或功能变化。智能调节，如灯光色温亮度、家电自动适应氛围，满足用户情绪或任务需求。适应性设计还意味着易升级与兼容性，预留接口，未来技术迭代，如智能家居系统，新设备无缝接入，不被淘汰。设计考虑维护与扩展性，零件易更换，提升产品持久性，减少废弃。此外，环境适应性，考虑产品在多气候、地域适应性，如耐候材料，防晒、防水，适应多变温差。绿色设计，减少环境压力，如低耗材，适应可持续发展。综上，多功能与适应性设计，让产品更灵活、持久、多场景应用，符合用户多变需求，减少资源消耗，推动可持续消费，是未来设计的智慧选择。它不仅响应了资源高效利用的迫切需求，也体现了以用户为中心的设计思考，是创造持久价值与环保并重的现代设计哲学。

6.3.7　标准化与互换性

标准化是现代设计和生产中的一项基本原则。它要求产品和系统遵循既定的行业标准，或通过创新设计来实现与市场上其他配件和系统的兼容性。这种兼容性不仅使得产品能够轻松地与其他组件或系统协同工作，而且还为消费者提供了更多的选择空间和灵活性。例如，在电子产品领域，标准化的接口设计使得不同品牌和型号的设备能够共用同一套配件，如充电器、数据线等。这种设计不仅降低了消费者的使用成本，也减少了因标准不统一而造成的资源浪费。互换性是标准化的必然结果，也是提高产品竞争力的重要手段。当产品采用通用接口或符合行业标准时，它们就能够轻松地与其他产品或系统进行替换和升级。这意味着消费者无须更换整个系统，就可以通过升级单个组件来提升整体性能。同时，互换性也使得维修和保养工作变得更加简单和经济，因为替换一个损坏的部件比修复整个系统要方便得多。这种便利性不仅提升了用户体验，也降低了企业的售后服务成本。在产品设计阶段，设计师需要充分考虑标准化和互换性的原则。他们需要关注当前市场上的主流标准和接口规格，并尝试将这些标准融入自己的设计中。同时，设计师还需要考虑未来技术的发展趋势和潜在的市场需求，以便为产品的升级和扩展留出足够的空间。通过这种方式，设计师可以确保他们的产品在市场上具有更强的竞争力和适应性。在生产过程中，标准化和互换性同样发挥着重要作用。首先，它们有助于降低生产成本。当产品采用标准化设计时，生产线上的工人可以更加熟练地进行操作，因为他们只需要掌握一套标准的生产流程即可。这不仅可以提高工作效率，还可以减少错误和废品率。其次，标准化和互换性有助于提高产品质量。当所有部件都按照统一的标准进行生产和检测时，它们之间的一致性和稳定性得到了保证。这可以避免因个别部件质量问题而导致的整体性能下降。最后，标准化和互换性还可以促进供应链的优化。当供应商知道他们的产品需要满足特定的标准时，他们会更加注重质量控制和创新能力的提升。这有助于形成良性竞争的市场环境，推动整个行业的健康发展。随着科技的不断进步和市场的日益全球化，跨行业的标准化与互换性变得越来越重要。不同行业之间的融合和交流促使了技术的创新和发展，同时也为消费者带来了更加丰富和多元的选择。例如，在智能家居领域，家电、照明、安防等系统之间需要实现互联互通才能提供真正智能化的服务。这就要求这些系统遵循共同的标准和协议，以确保它们能够无缝对接和协同工作。跨行业的标准化与互换性不仅有助于打破行业壁垒促进产业融合，还能推动相关企业之间的合作与共赢。

从更宏观的角度来看待标准化与互换性，我们可以发现它们不仅是技术和经济问题，更是社会责任和可持续发展的问题。通过推广标准化和互换性设计理念，我们可以减少资源的浪费和环境的污染，实现经济社会的可持续发展。同时，这也有助于提升我国在国际舞台上的形象和地位，展示我们作为一个负责任大国的担当和作为。因此，无论是企业还是个人，我们都应该积极拥抱标准化与互换性这一理念，将其融入我们的日常生活和工作中去。为了推动标准化与互换性理念的普及和应用，教育和培训工作显得尤为重要。学校和教育机构应该将标准化与互换性知识纳入课程体系，培养学生的跨学科思维能力和创新精神；企业也应该加强对员工的培训和教育提高他们对标准化与互换性的认识和应用能力。面对全球性的技术和市场挑战，国际合作与交流在推动标准化与互换性方面具有重要意义。通过参与国际会议、展览和工作组等活动，我们可以与其他国家和地区的专家、学者和企业代表分享经验、交流技术、探讨合作，共同推动全球标准化与互换性的发展。公众的参与和社会意识的提升是推动标准化与互换性发展的重要力量。通过媒体宣传、公益活动等方式普及标准化与互换性知识和理念，可以提高公众对标准化与互换性的认识和重视程度；同时鼓励公众积极参与到标准化与互换性的实践中来，如选择符合标准的产品、参与标准化讨论等，从而形成全社会共同推动标准化与互换性发展的良好氛围。

6.3.8　考虑拆解与回收

在产品设计初期阶段就融入拆解与回收的考量，是实现可持续发展的重要策略，旨在简化废弃阶段的处理，减少对环境的负担。设计时，注重模块化和标准化零件，使产品易于拆卸下，利于单独处理，提高回收纯度。使用单一材料或兼容性材料，减少混合，便于分类回收流线，提高资源回收效率。标注材质，指导拆解步骤和回收信息，帮助用户正确处理，提升回收率。设计中考虑产品寿命末期，可升级与翻新，延长使用，减少废弃。考虑回收链，设计时与回收商合作，确保流通性，提升回收可行性。通过设计减少体积，优化物流，降低运输回收能耗，提升整体环境绩效。此外，推动设计的循环利用思维，如借用模式，产品租赁，服务而非拥有，鼓励维护而非一次性消费，产品循环利用，降低废弃。设计中考虑再生材料，回收材料的再利用，闭合入新设计，形成闭环。总之，拆解与回收在设计阶段的整合，不仅关乎产品结构，更是系统性策略，考虑其在生态中的位置，减少废弃物，促进资源回流，是实现产品设计绿色转型的未来趋势。

6.3.9　碳足迹管理

在产品设计与生产过程中，碳足迹管理是减少环境影响的关键策略，目标在于最小化产品从原材料提取到最终废弃整个生命周期的碳排放。轻量化设计，通过优化材料使用，减少物料量，如薄壁厚、结构优化，减少不必要重量，既节约材料又降低运输与生产能耗。选择低碳材料，如生物基、再生材料，其生产过程碳排放低于传统化石基材料，支持绿色供应链。低碳技术应用，如清洁能源生产，如太阳能、风能，替代传统化石燃料，减少工厂直接排放。生产过程改进，如节能设备、高效热回收，优化工艺流程，减少能源消耗。设计考虑产品使用阶段，提升能效，如节能标准，延长产品寿命，减少频繁替换，降低碳足迹。同时，采用生命周期评价（LCA）工具，追踪碳排放，从设计到废弃，识别排放热点，制定减排策略。设计阶段引入碳标签，透明化，消费者可识别低碳产品，推动市场需求，形成市场导向低碳设计。通过这些策略，产品设计不仅减少自身碳足迹，还促进行业绿色转型，响应全球气候变化挑战，推动可持续发展。

虽然环境保护力度不断加大，但我们碳排放量稳居世界第一，研究机构 Carbon Brief

根据中国发布的最新统计数据推算，2018 年我国年碳排放量 175.18 亿吨，这个比例接近全球总排放量的五分之一，比 2017 年增长 9.1％，其中煤炭消费排放为 73 亿吨，一些传统的大消耗大排放的企业排放了有毒物体，导致空气中含有有毒物质，部分城市二氧化硫污染严重，酸雨范围越变越大，南方地区酸雨污染严重。自 1978 年以来，科学家记录北极海冰覆盖面积，通过对比这些记录，科学家们注意到，从 1979 年到 2016 年，无论南极还是北极覆盖面积都呈下降趋势，其中最明显的是在每年 9 月份，平均每年下降约 10 万立方米。从 1992 年到 2017 年，北极每年 7 月海冰平均面积，从最高峰 1032 万平方千米，减少至 790 万平方千米，海冰平均面积减少了 242 万平方千米，这相当于近 1 个地中海的面积，2018 年 9 月 21 日，北冰洋的海冰面积缩减至最小值 446 万平方千米。"此外，由于温室效应和降雪量的减少，内陆一些长期积雪山区的雪线面积也在上升，一些长期积雪的冰川也在融化，河水减少或干涸，给下游人口的生产、生活和社会经济发展带来困难，尤其是沿海地区的人民，还造成了野生动物的减少，比如北极熊的生活越加艰难，数量大减。""全球变暖"将影响大气环流，进而改变全球降水的分布。在一些地区，降水量会增加，导致洪涝灾害和风暴潮灾害增多。2008 年，南方冰雪灾害持续近月，严重影响了当地人民的生产、生活和社会经济发展，造成巨大经济损失。2009 年 11 月，南北部分地区再次遭遇极端天气，给交通、生产、生活带来不便，造成南方 40％的交通运输中断。由于"全球变暖"影响了大气的总循环，水循环发生了变化，水质量变差，农业用水质量得不到保障。部分地区降水量明显高于往年，出现洪涝、农作物灾害、地质灾害等；部分地区出现高温干旱，高温使地表水蒸发，部分江河湖泊干涸，稻田庄稼没有足够的水分，甚至人畜饮水也无法保证。在一些地区，冬季气温高的时候就形成了暖冬，一些害虫在冬季可以安全生存。在来年的农业生产中，害虫将大量繁殖，并与人类争夺粮食和其他作物，这些都给农业生产带来很大的危害，据统计，在 2016—2018 年这三年中，这些自然灾害给中国造成的经济损失达到 5.9 万亿元，这些要引起我们的重视。

用户教育是一种有效的设计策略，它旨在通过引导用户正确使用和维护产品来延长产品的使用寿命。这种教育不仅有助于减少因误用或忽视而导致的产品损坏和浪费，还能够提升用户对产品的满意度和使用体验。当用户了解如何正确地操作和维护产品时，他们能够更好地利用产品的功能，避免不必要的故障和维修成本。同时，用户教育还有助于培养用户的环保意识和责任感，使他们意识到自己的行为对环境的影响，并积极参与到环保活动中来。在产品设计阶段，设计师应该考虑到用户的不同需求和使用场景，采用直观、易懂的方式提供必要的信息和指导。这可以通过多种方式实现，如在产品包装上印制使用说明、在产品内部嵌入电子版的用户手册，或者通过手机应用程序提供在线教程和视频演示等。此外，设计师还可以通过设计本身的语义性来引导用户正确操作，如使用不同的颜色或形状来区分不同的功能按钮，或者通过触摸或声音反馈来提示用户操作是否正确。通过这些设计策略，用户可以更加容易地理解和掌握产品的使用方法，减少错误操作的概率。除了教育用户如何正确使用和维护产品外，设计还可以创造机会让用户参与到产品的回收和再利用中来。这种参与不仅有助于形成闭环经济模式，还能够激发用户的创造力和积极性。例如，设计师可以鼓励用户将旧产品拆解成零件并进行分类回收，或者提供翻新服务将旧产品转化为新产品的一部分。然而，要实现这一目标并不容易，因为用户可能缺乏必要的知识和技能来执行这些任务。因此，设计师需要提供清晰的指导和支持来解决这些问题。用户教育不应仅限于产品使用阶段，而应贯穿产品的整个生命周期。这意味着设计师需要在产品设计之初就考虑到用户的需求和使用习惯，并确保这些需求在使用过程中得到满足。同时，设计师还需要关注产品的长期性能和维护要求，以便为用户提供持续的支持和服务。通过这种方式，用户可以更好地了解产品的特性和潜在价值，从而更加珍惜和爱护它们。此外，用户教育还可以延伸到产品的升级和更新方面。设计师可以通过提供升级套件或软件更新来鼓励用户升级他们的产品而不是购买全新的设备。这不仅有助于节约资源成本也有助于减少电子垃圾的产生。为了推动用户教育和参与的发展，跨学科合作与创新显得尤为重要。设计师可以与教育专家、心理学家、社会学家等合作探讨如何更有效地传达信息和激励用户参与。同时与企业和政府机构的合作也至关重要因为这些机构通常拥有更多的资源和影响力来推动可持续发展的实践。通过跨学科合作与创新我们可以开发出更具吸引力和效果的用户教育方案促进用户的积极参与和环保行为的养成。为了推动用户教育与参与理念的普及，应用教育和培训工作显得尤为重要。学校和教育机构应该将用户教育与参与知识纳入课程体系培养学生的环保意识和责任感；企业也应该加强对员工的培训和教育提高他们对用户教育与参与的认识和应用能力。通过教育和培训我们可以为标准化与互换性的推广和应用提供有力的人才支持和知识保障。公众的参与和社会意识的提升是推动用户教育与参与发展的重要力量。通过媒体宣传、公益活动等方式普及用户教育与参与知识和理念可以提高公众对用户教育与参与的认识的重视程度；同时鼓励公众积极参与到用户教育与参与的实践中来如选择符合标准的产品、参与回收计划等从而形成全社会共同推动用户教育与参与发展的良好氛围。

生命周期设计的核心在于其初始阶段即植入的前瞻性视角，通过精心规划，旨在实现资源利用的极致效率和环境影响的最小化，同时向用户提供长久、高效且环境友好的产品解决方案。这一理念跨越产品从构思、开发、成熟到退役的全周期，每一步，均以减少资源耗费和环境负担为目标，寻求生态效益与经济效益的平衡。设计阶段，融入循环材料和模块化设计，便于维护升级，延长使用寿命；生产中，采用低碳工艺，减少能源消耗和排放；使用期间，设计高效能效，降低能耗；废弃阶段，确保简易拆解，便于材料回收。每一环节都紧密围绕着减少环境影响，提升用户价值，彰显出可持续性，构成了一个全面的策略框架。

参考文献

[1] 束克东，李影．基于城镇化视角的收入不平等对 CO_2 排放的影响研究 [J]．经济经纬，2020，37（1）：25-31.

[2] 丁宝根，赵玉，罗志红．长江经济带农业碳排放的 EKC 检验及影响因素研究 [J]．中国农机化学报，2019，40（9）：223-228.

[3] 王瑛．西部地区居民消费碳排放时空格局及影响因素研究 [D]．西安：西北大学，2019.

[4] 徐丽．中国地级以上市居民人均生活碳排放时空格局与影响因素研究 [D]．兰州：兰州大学，2019.

[5] 陈诺亚．人口年龄结构、碳排放与人均收入：理论与实证 [D]．大连：东北财经大学，2018.

[6] 李鹏振．低碳技术创新对二氧化碳排放的影响 [D]．济南：山东大学，2018.

［7］　王柯．二氧化碳排放对经济发展水平的响应研究［D］．北京：中国地质大学（北京），2018.

［8］　王亚楠．中国人口因素对二氧化碳排放影响的研究［D］．天津：天津大学，2018.

［9］　靳祥锋．碳排放约束下的区域经济增长机制与对策研究［D］．天津：天津大学，2017.

［10］　王硕．二氧化碳排放政策比较以及 EKC 曲线研究［D］．杭州：浙江工商大学，2018.

［11］　刘莉娜．中国居民生活碳排放影响因素分析与峰值预测［D］．兰州：兰州大学，2017.

［12］　邹静姝．居民消费碳排放研究［D］．广州：暨南大学，2017.

第 7 章 >>>
民用建筑拆除与材料回收的碳排放

在全球气候变化背景下，绿色建筑已成为推动行业转型的关键力量，它跨越建筑全生命周期，旨在实现环境影响最小化和资源高效利用。在此进程中，绿色建筑材料的创新与应用尤为关键，它们代表了建筑材料领域向环保、健康及高效方向的发展趋势。这些材料通过清洁生产、资源循环利用等措施，有效降低了环境负担，提升了室内环境质量，同时促进了经济与环境的双赢。在土木工程实践层面，绿色建筑材料的采纳不仅是环保行动的体现，也是经济效益的源泉。高效保温材料的应用显著降低了建筑的能耗需求，不仅减少了运营成本，还间接促进了能源结构的优化。此外，这些材料的长寿命周期和增强的耐久性，减少了维护和翻修的频次，从长期角度降低了总体成本。在市场层面，绿色建筑因其环保特性和健康优势，日益受到消费者的青睐，提升了物业价值和品牌影响力，为开发商和投资者带来了附加价值。尽管面临初期成本高、技术普及与市场监管等挑战，但通过政策支持、技术革新和市场机制的完善，绿色建筑材料的应用将极大促进建筑行业的绿色转型，开启新的经济增长点，助力可持续发展目标的实现。

7.1 建筑拆除的环境影响

民用建筑拆除不仅涉及直接的物理拆除活动，还对环境造成多方面的潜在影响，其中主要的环境影响包括：

7.1.1 碳排放与温室气体增加

随着城市化的不断推进，民用建筑的更新换代速度加快，随之而来的拆除和材料回收环节成为城市碳足迹的重要组成部分。这一环节的碳排放问题凸显出重大挑战，尤其在拆除作业期间，依赖的重型机械设备如挖掘机、破碎机和频繁运输车群，它们不仅消耗巨量燃油，直接排放大量二氧化碳，而且释放一氧化氮、硫化物等多种温室气体，加剧了大气环境污染问题。这些重型机械设备在运行过程中，由于燃烧大量的柴油或汽油，产生了大量的二氧化碳排放。据统计，一台中型挖掘机在一小时内可能消耗数十升燃油，而一个大型拆除项目可能需要数月甚至数年时间，其间设备的运行时间和燃油消耗量是巨大的。这不仅增加了温室气体的排放，也加剧了城市的热岛效应，对城市气候产生了不可忽视的影响。更为棘手的是，不当处理拆除废弃物的后果。例如，非法焚烧活动将生成剧毒气体二噁英、多种甲烷类，直接危害人类健康安全。二噁英是一种强致癌物质，对环境和人体健康构成严重威胁。而甲烷则是一种强效温室气体，其增暖潜能远超乎二氧化碳数倍。当拆除废弃物被送入填埋场时，在缺氧环境里缓慢降解，释放出甲烷。这不仅加剧了全球气候变迁的严峻态势，也浪费了宝贵的资源。为了应对这些挑战，需要采取一系列措施。首先，提高拆除作业的机械化和自动化水平，减少人工作业，降低能耗和排放。其次，推广绿色拆除技术，如使用电动机械设备替代燃油设备，减少温室气体排放。同时，加强对拆除废弃物的分类回收和再利用，减少填埋量，降低甲烷排放。此外，建立完善的监管体系，严厉打击非法焚烧行为，确保废弃物得到安全、环保的处理。通过这些措施的实施，可以有效地降低民用建筑拆除与材料回收环节的碳排放，为构建绿色、低碳的城市环境作出积极贡献。这不仅有助于缓解全球气候变化的压力，也是实现可持续发展的必然要求。

7.1.2 粉尘污染

在城市更新和基础设施建设的过程中，旧建筑的拆除是不可避免的环节。然而，这一过程产生的环境影响却不容忽视。特别是粉尘污染，作为拆除活动的一大副产品，其对环境和人体健康的影响尤为突出。粉尘污染主要来源于建筑拆除过程中的物理破碎行为，如锤击、钻孔、爆破等。这些行为会将建筑结构中的混凝土、砖块、石膏等物质粉碎成细小颗粒。随着拆除活动的进行，这些粉尘颗粒会被振动和气流扬起，形成可见的尘埃云。如果未经有效的控制措施，这些粉尘将随风扩散到周边的街道、住宅区甚至更远的地方。细小的粉尘颗粒不仅降低了空气质量，还可能进入人体的呼吸系统，引发呼吸道疾病。对于现场工作人员而言，长期暴露在高浓度的粉尘环境中，可能会导致尘肺病等职业病的发生。对于居住在附近的居民，尤其是老年人和儿童，由于他们的生理机能较为敏感，粉尘污染可能会加重他们的呼吸系统疾病。除了直接的健康影响外，粉尘污染还会对城市的生态环境造成负面影响。粉尘颗粒可能降落在户外植被表面，影响植物的光合作用和生长。同时，粉尘中的重金属等有害物质还可能通过雨水淋溶进入土壤和水体，进而影响土壤质量和水环境的安全。因此，控制拆除过程中的粉尘排放是减轻建筑拆除环境影响的重要措施。这包括采用湿润法拆除、设立防尘网、使用封闭式拆除工艺等方法。此外，对拆除现场进行科学的管理和规划，合理安排作业时间和步骤，也是减少粉尘污染的有效手段。在现代化城市建设中，我们不仅要追求更新更快的发展速度，更要注重环境保护和可持续发展的理念。通过采取一系列切实可行的措施，我们可以最大限度地减少民用建筑拆除过程中的碳排放和环境污染，为构建绿色、环保的城市环境作出积极的贡献。

7.1.3 噪声污染

建筑拆除活动对环境造成的影响深远且复杂，其中，噪声污染作为一个重要方面，不容忽视。在拆除过程中，使用的各类重型机械，如挖掘机、破碎机以及运输车辆，在操作时产生的高强度噪声，构成了对周围环境及居民生活质量的重大干扰。这些设备在运转时，发动机轰鸣、金属敲击、结构破碎等声响交织在一起，形成了一个持续性的噪声环境，其声压级往往远超世界卫生组织推荐的日常噪声暴露限值。噪声污染的直接影响首先体现在对周边居民生活品质的破坏上。长期处于高分贝噪声环境中，人们会经历睡眠障碍、心理压力增大、情绪波动等问题，严重影响到日常生活的和谐与个人的身心健康。对于儿童而言，噪声可能干扰他们的学习能力发展，降低集中注意力的能力；而对于老年人，噪声更可能加剧心脏疾病、高血压等慢性病的风险。此外，孕妇若长时间暴露于高噪声环境中，还可能对胎儿的听觉系统发育造成潜在伤害。除了对人的直接影响，噪声污染还可能对生态环境构成威胁。野生动物对声音异常敏感，高强度的噪声可以干扰它们的交流、繁殖行为，甚至迫使某些物种迁移，破坏原有的生态平衡。例如，鸟类可能因噪声干扰而改变迁徙路径，导致栖息地的破碎化，进而影响整个生态系统的功能与多样性。从政策与管理层面来看，控制建筑拆除过程中的噪声污染，需要一套综合性的措施。这包括：设定并执行严格的噪声控制标准，要求施工单位在特定时间段内限制使用高噪声设备；采用低噪声技术与设备，比如安装隔声罩、使用电动或液压动力代替燃油动力；实施科学合理的施工计划，尽量避免在夜间或节假日进行噪声较大的作业；加强公众教育，提高居民对噪声污染危害的认识，并建立有效的投诉与反馈机制，确保受影响者的权益得到保护。长远来看，建筑行业向绿色、低碳方向转型，也意味着在拆除作业中融入更多的环保理念和技术革新。通过采用智能化、精准化的拆除技术，如机器人拆除系统，不仅能减少噪声污染，还能提升拆除效率与材料回收利用率，减轻对环境的整体负担。此外，城市规划层面的前瞻思考，比如预先规划建筑生命周期结束后的拆解方案，以及鼓励使用模块化、可循环利用的建筑材料，也是从源头上减少建筑拆除对环境负面影响的关键策略。综上所述，建筑拆除中的噪声污染问题，不仅关乎居民的健康与福祉，更是环境保护与可持续发展面临的实际挑战。因此，采取全面有效的措施，减少拆除作业对环境的不良影响，是构建和谐社会、推进生态文明建设的重要一环。

7.1.4 土壤与地下水污染

在城市的快速发展和更新换代中，民用建筑的拆除成为一个不可避免的过程。然而，这一过程对环境的影响却是深远且复杂的，尤其是对土壤和地下水的污染问题。在拆除过程中，原有的土壤结构可能会遭受破坏，导致土壤侵蚀和污染的问题日益凸显。当建筑物被拆除时，其产生的建筑垃圾和碎片往往会直接堆放在土地上，这不仅破坏了土壤的表层，还可能改变了土壤的化学成分和生物多样性。含有有害物质的建筑物，如含石棉的建筑，其拆除过程中若管理不善，可能会导致石棉等有害物质释放并渗入土壤中，造成长期的环境污染。石棉是一种已知的致癌物质，对人体健康构成严重威胁。一旦这些污染物进入土壤，它们可能会随着时间的推移逐渐扩散，并通过地下水流动到更广泛的区域。这不仅会影响地表水的水质，还可能污染到地下水资源，进而影响到依赖这些水源的人类和生态系统的健康。地下水一旦受到污染，其净化和修复的成本将非常高昂，且需要较长的时间。除了石棉外，拆除过程中还可能释放出其他有害物质，如重金属、多环芳烃等。这些物质可能来自建筑中使用的材料或油漆、涂料等装饰物。它们在建筑物的使用寿命期间可能已经逐渐积累在建筑结构中，而在拆除过程中则会暴露出来并对环境造成二次污染。因此，为了减少拆除过程对土壤和地下水的污染风险，需要采取一系列的预防和控制措施。

首先，对拆除建筑物进行全面的环境评估是至关重要的，特别是对于那些可能存在有害物质的建筑物。通过评估可以确定污染物的种类和分布情况，并制定相应的拆除方案和污染防治措施。其次，采用科学的拆除方法也是减轻环境污染的关键。例如，可以使用封闭型的拆除技术来限制粉尘和污染物的扩散，或者使用湿法拆除来降低尘埃的产生。此外，对拆除产生的废弃物进行妥善的分类和处理也是非常重要的。那些含有有害物质的废弃物应该被送往专门的处理设施进行安全处理，而不是随意丢弃或填埋。最后，加强监管和执法力度也是确保拆除过程环保的关键。政府和相关部门应加强对拆除活动的监督和管理，确保所有拆除活动都符合环保标准和法规要求。对于违法行为应依法追究责任并进行处罚，以起到警示和震慑作用。通过上述措施的实施，我们可以最大限度地减少民用建筑拆除过程中对土壤和地下水的污染风险，保护环境资源的安全和可持续性利用。这不仅是对当前环境的负责也是对未来世代的承诺。

7.1.5 生态破坏

建筑拆除过程中对环境造成的影响不仅限于噪声污染，其对周围生态系统的破坏也是不可忽视的一环。在拆除作业中，重型机械的作业活动会直接破坏地表土层，导致原有植被覆盖被碾压平，影响植物的生长，甚至导致死亡。这不仅减少了绿色覆盖，影响碳吸收，还破坏了生态平衡，降低了周边地区的生态服务质量。更甚者，生态栖息地的破坏会直接冲击生物多样性。建筑拆除产生的噪声、振动和土地扰动，会迫使野生动物逃离原有栖息地，打断了它们的觅食源和繁殖模式，影响物种间的生态链关系。对一些特有种或濒危物种，这样的干扰可能直接威胁到其生存，加速物种的减少，影响生态系统的复杂性和稳定性。此外，拆除活动中产生的尘埃和污染物也可能沉降落在附近植被上，阻碍光合作用，影响光合作用，减少植物生产力，进一步影响依赖这些植物的生物链。水土流失和地表径流改变，可能影响水文循环，干扰湿地、河流和地下水系，影响水生生态系统。长远来看，生态破坏还可能带来连带后果，如水土侵蚀、洪水风险增加、生物入侵种群落失衡，以及生态系统服务功能的削弱。因此，建筑拆除必须在规划和执行中融入生态考量，采取减轻策略，如生态缓冲区设置、生物走廊保留、原生地保护、生态修复和重建等，尽量减少生态影响，确保生态多样性得以维系的连贯接续。因此，建筑拆除不仅是一个物理拆除过程，更需顾及生态视角的考量，确保在人类活动与自然环境间找到平衡，尊重和保护生物多样性的基础上，实现可持续发展。这需要政策、科学规划、技术与公众意识的共同进步，共同应对，以最小化拆除活动对生态的负面冲击，维护脆弱生态平衡，为未来留下绿色基础。

7.1.6 资源浪费

未被回收利用的建筑废弃物被视为垃圾处理，造成了大量可回收材料的浪费，如钢材、混凝土、木材等，这些材料的生产和原始开采本身已产生了碳排放。在当前的环境保护和可持续发展的大背景下，建筑废物的回收与再利用显得尤为重要。首先，我们需要认识到建筑废弃物对环境造成的影响。随着城市化进程的加快，大量的建筑物被拆除重建，产生了大量的建筑垃圾。这些废弃物如果得不到有效处理，不仅会占用大量的土地资源，还可能污染土壤和地下水资源。此外，建筑废弃物的运输和填埋过程中会产生大量的碳排放，加剧全球气候变暖的趋势。为了解决这一问题，许多国家和地区已经开始实施建筑废物的分类回收和再利用政策。例如，欧洲的一些国家已经将建筑废弃物的回收利用率提高到了 80％以上，大大减少了资源的浪费和环境污染。我国也在近年来加大了对建筑废弃物回收利用的政策支持力度，鼓励企业采用先进的技术和设备进行建筑废弃物的处理和再生利用。然而，要实现建筑废弃物的高效回收利用，还需要克服一些技术和经济方面的挑战。首先，建筑废弃物的成分复杂，包括各种不同类型的材料，如钢筋、混凝土、砖块、瓷砖等。这些材料的分离和提纯需要采用专业的技术和设备，增加了处理成本。其次，建筑废弃物的回收利用涉及多个行业和领域，需要建立健全的产业链和市场体系，以便将回收的材料有效地转化为新的产品和应用。最后，建筑废弃物的回收利用还需要得到社会各界的支持和参与，包括政府、企业、科研机构和公众等。针对这些问题，我们可以从以下几个方面着手：一是加强技术研发和创新，提高建筑废弃物处理和再生利用的效率和质量；二是完善政策和法规体系，为建筑废弃物的回收利用提供良好的制度保障；三是加强跨行业合作，建立完善的产业链和市场体系；四是提高公众对建筑废弃物回收利用的认识和参与度，形成全社会共同参与的良好氛围。总之，建筑废弃物的回收利用是一个涉及多方面的问题，需要我们从技术、政策、市场等多个层面进行综合施策。只有通过共同努力，我们才能有效减少资源浪费和环境污染，实现建筑行业的绿色发展和可持续发展。

7.1.7 水体污染

建筑拆除活动对环境的影响还体现在对水体的潜在污染上，这是一个容易被忽视但极其严重的后果。在拆除作业中，如果缺乏有效的管理和控制措施，雨水或施工废水会与散落的建筑废弃物混合，包括碎石块、混凝土残渣、油漆碎片、化学品残留、重金属和其他有害物质等。这些混合液体会未经处理直接或间接流入附近的河流、湖泊、地下水或雨水系统，造成水质严重污染。污染物随水体扩散，不仅威胁水生生态系统，影响鱼类和水底栖息地，导致生物多样性的丧失，还可能通过食物链影响更广泛的生物群落，包括人类。有害物质如铅、汞、镉、砷等重金属积累在生物体内，可致畸变、慢性中毒，对人类健康构成直接威胁。同时，水质污染还影响水资源的可用性，增加净化成本，对农业灌溉、饮水安全、工业用水造成负担。解决水体污染问题，需在拆除前进行详细环境影响评估，规划排水和废弃物管理策略，确保施工过程的雨水与废水有效收集、过滤、处理，避免与污染物接触。采用物理隔离措施，如设置防渗漏斗、拦截沟渠，防止易流散污染物流入水体。同时，对废弃物进行分类，有害物质安全处理，确保不随意堆放，避免雨水冲刷带离。此外，采用环保拆除技术，如湿法拆除减少扬尘，或生物降解技术处理有害物质，减少化学药剂使用，也是减少水污染的重要措施。通过教育、监督，提高施工人员环保意识，遵守法规，及时响应违规处理，也是防止污染的关键。综上，建筑拆除对水体污染的影响是环境管理中重要一环，需综合策略与科技、管理、法律、人员意识并用，共同作用，确保拆除作业在环保前提下进行，守护水体清澈，维护生态平衡，保障人类用水安全，实现可持续发展。

为了减轻这些环境影响，现代拆除实践中常采取一系列环保措施，如湿法作业减少粉尘、采用低噪声设备、建立废弃物分类回收体系、严格管理有害物质等，以及实施生态友好的拆除策略，以促进资源的循环利用和生态环境的保护。此外，对拆除前的建筑进行资源回收潜力评估，制定科学的拆除计划，也是减少环境影响的重要步骤。

7.2　循环经济与材料再利用

循环经济与材料再利用在民用建筑拆除中扮演着至关重要的角色，其核心目的是通过最大化资源的使用效率，减少资源消耗和环境污染，同时促进经济增长。以下是循环经济与材料再利用在建筑拆除中的几个关键方面。

7.2.1　分类回收

循环经济与材料再利用是当前建筑行业在面临资源节约和环保双重压力下的重要解决方案。随着全球对可持续发展的重视程度不断提高，建筑废弃物的分类回收和再利用成为推动绿色建筑发展的关键步骤。详细评估和分类过程是建筑废弃物回收利用的第一步。在建筑物拆除前，通过专业团队对其进行全面的评估，确定哪些部分可以通过某种方式回收或再利用。这一步骤需要根据材料的物理和化学属性，以及可能的污染程度进行细致分析。随后，根据评估结果，建筑废弃物被分为不同的类别，如金属、木材、塑料、玻璃、混凝土和砖石等。这种分类不仅基于材料的类型，还可能涉及其在未来利用中的潜力和方向。分类完成后，各种材料的回收和再加工变得更加高效和目标明确。金属材料，特别是钢材和铝材，由于其高回收价值和成熟的回收技术，成为再利用的主要对象。这些金属经过熔炼和处理后，可以重新作为原料返回到生产流程中，用于新的建筑或制造领域。而木材，尽管可能因长期使用而出现腐败或损伤，仍可通过特定工艺处理后用于家具制造或作为生物质能源。对于混凝土和砖石等惰性材料，虽然它们的回收过程相对复杂且成本较高，但现代技术已经能够将其加工成新的建筑材料。例如，废弃的混凝土可以被压碎成碎石，用于道路建设或者作为新混凝土的骨料。砖石则可以被粉碎成粉末，用于制备新的砖块或瓷砖。此外，塑料和玻璃等非金属材质也可以通过清洗和处理后再利用。塑料可以经过再生处理制成新的塑料产品，而玻璃则可以被熔化后制成新的玻璃器皿或其他产品。这些材料的再利用不仅减少了对原始资源的依赖，也显著减少了垃圾填埋的体积。然而，要实现高效的分类回收和再利用，还需要解决一系列技术和管理上的挑战。技术上，需要不断开发和推广更加高效、成本较低的回收技术，以提升废弃物的处理能力和再利用价值。管理上，则需要建立一套完善的收集、运输、处理和再利用体系，确保整个流程的顺畅和高效。政策支持也是推动循环经济与材料再利用的重要因素。政府可以通过制定相关政策，提供财政补贴或税收优惠，鼓励企业投资于废弃物回收和再利用技术的研发和应用。同时，通过法律手段强制推行建筑废弃物的分类回收，减少非法倾倒和不当处理的行为。公众意识的提升也是实现循环经济的关键。通过教育和宣传，提高公众对资源节约和环境保护的认识，鼓励他们在日常生活中积极参与到废弃物的分类和回收活动中。这种从下而上的努力将形成强大的社会推动力，促进循环经济的快速发展。总之，循环经济与材料再利用不仅是解决建筑废弃物问题的有效途径，也是推动建筑行业可持续发展的重要手段。通过分类回收、技术创新、政策支持和公众参与等多方面的努力，我们可以最大限度地挖掘建筑废弃物的资源潜力，实现经济、环境和社会的和谐发展。

7.2.2 资源回收技术

在循环经济体系下，资源回收技术不仅是减少资源消耗和环境压力的有效途径，也是推动绿色经济转型的关键。通过技术创新和系统优化，各类废弃材料得以转化为宝贵的资源，重新融入生产与消费循环之中。混凝土和砖石作为建筑领域的主要材料，其废弃物的处理一直是个难题。然而，随着循环经济技术的进步，这些废弃物正转变为宝贵的二次资源。通过先进的破碎和筛分技术，废弃混凝土可以被加工成不同粒径的再生骨料，这些骨料不仅可用于道路基层、垫层、回填材料，还能作为新混凝土的组成部分，替代部分天然骨料，有效减轻了对自然资源的开采压力。再生混凝土的使用不仅减少了废弃物的堆积，降低了填埋需求，还减少了能源消耗和碳排放，符合低碳环保的发展理念。金属材料，特别是建筑拆除中常见的钢筋、铜线等，具有极高的回收价值。通过磁选设备自动分离或人工分拣，这些金属材料可以被有效回收并送入冶炼厂，经过熔炼、精炼等工序，再次成为高质量的金属原料。这一过程不仅减少了对原生矿石的开采，降低了能源消耗和环境破坏，同时也延长了金属资源的使用寿命，促进了资源的高效循环。随着对可再生资源重视度的提升，废弃木材的再利用也成为循环经济的一个亮点。经过适当的处理，如去污、防腐、干燥等步骤，废旧木材可以转化为多种再生产品，如家具、地板、装饰板或作为建筑模板重复使用。这种再利用不仅减少了森林资源的压力，还赋予了废弃物新的生命，提升了资源的经济价值和社会价值。玻璃和塑料是另一类广泛存在于建筑废弃物中的材料，它们的回收利用同样具有重要意义。通过先进的分拣技术和清洗工艺，废弃玻璃可以被熔融再制成为新的玻璃制品，或是作为建筑材料的成分，如玻璃棉保温材料等。塑料材料则可通过物理或化学方法处理，转化为塑料颗粒，进而制造成新的塑料制品或建材，如塑料管道、板材等。这些再生产品的应用，显著降低了原生材料的需求，缓解了塑料垃圾造成的环境问题。综上所述，资源回收技术在推动建筑拆除材料的循环利用中扮演着至关重要的角色。通过科学管理和技术创新，原本被视为环境负担的废弃物转化为了宝贵的资源，不仅有助于保护自然环境，减轻资源压力，还促进了经济的绿色转型和可持续发展。未来，随着技术的不断进步和政策的支持，循环经济与材料再利用的实践将更加广泛和深入，为构建资源节约型和环境友好型社会奠定坚实基础。

1. 泡沫玻璃板

通过高温发泡工艺处理废玻璃而得到的泡沫玻璃保温板，是一种质地轻盈、强度出众的非金属多孔材料。它具有低密度、高强度、卓越的绝热性能，且微小的吸湿性、无毒、阻燃及良好的耐老化属性，同时具备自然的防水能力，如图 7-1 所示。特别适合应用于建筑物外立面、地下室墙壁以及屋顶，用以实现高效的防水与保温效果。此外，因其轻质特性，每立方米大约重 160kg，且导热系数维持在极低的水平，不超过 $0.058W/(m \cdot K)$，确保了长期稳定的热传导控制。在建筑外墙的装修工程中，泡沫玻璃板不仅作为保温层发挥作用，还能融入外墙的粘结层与装饰层体系。其中，抹灰层的作用至关重要，它确保泡沫玻璃板牢固附着于墙体基底，增强了墙体结构的整体稳固性与贴合度。设计时，泡沫玻璃保温层的适宜厚度需依据外墙结构的实际需求和节能规范来定制。作为一种创新的绿色建材，泡沫玻璃板还能够与其他类型的隔热材料搭配使用，协同提升外墙的防火与保温效能，进一步拓宽了其在现代建筑业中的应用范畴。

图 7-1　泡沫玻璃保温板

2. 膨胀珍珠岩保温隔热材料

膨胀珍珠岩保温隔热材料作为一种新兴的无机保温材料，正逐渐成为外墙装饰的优选，如图 7-2 所示。该材料源自创新的配方，包含轻型无机保温颗粒、功能性填料、防腐蚀添加剂、反应催化剂以及胶凝材料，这些组分共同作用，赋予了制品优异的绝热性和良好的耐老化性。此材料起源于美国亚利桑那州的天然酸性玻璃质火山熔岩，具有轻质、低导热性、出色的防火与隔声性能，同时，它还具备安全性、无毒性以及成本效益，是建筑保温抹灰的理想选择，并广泛应用于外墙保温工程。然而，应当注意到膨胀珍珠岩类材料存在的亲水性问题，由于水的导热性远高于干燥状态下的珍珠岩，吸水后材料的保温性能会明显下降。加之这类材料结构多孔且易碎，这不仅限制了其在运输过程中的便利性，也对实际应用构成了挑战。因此，为充分发挥这类材料的保温潜力，必须采取必要的改性措施，如疏水处理和结构强化，以确保其在建筑保温领域的有效利用。

图 7-2　膨胀珍珠岩

3. 玻璃纤维布

目前，这种材料在建筑外墙装饰中应用并不广泛，主要是因为使用这种装饰材料的成本较高，但其环保、节能和保温性能较好，且具有一定的耐碱性和较强的耐腐蚀性，这些优点是其他外墙装饰材料所不具备的。在使用玻纤布作为外墙装饰材料时，需要选择性能较好的玻纤布，待布料干燥后，方可应用于外墙保温装饰，见图 7-3。

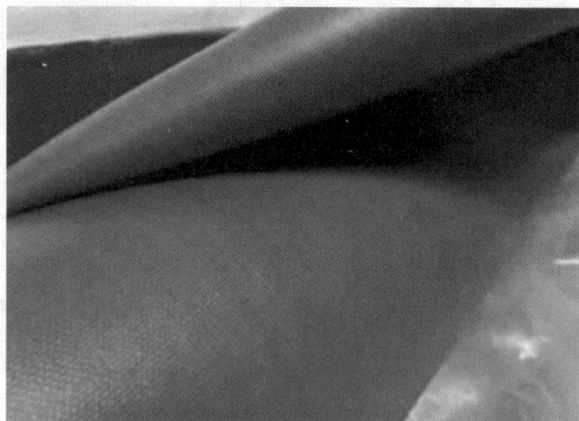

图 7-3　玻璃纤维布

4. 复合绝缘材料

保温复合材料的应用很多，在建筑外墙的装饰中发挥着重要作用，提高建筑外墙的保温和环保性能。保温复合材料一般由有机保温材料和无机保温材料制成，如玻璃化微珠、铝硅酸盐纤维等，加入一些无机矿物材料，再加入各种复合材料制成。该类外墙材料能满足外墙的节能需求，保温隔热性能好，材料具有优良的阻燃性，不含有毒有害物质，在特殊应用中，可直接涂装在墙面，施工方便。因此，此类保温、环保、节能材料在建筑外墙施工中得到了广泛应用。

5. 气凝胶材料

气凝胶材料是一种基于纳米技术生产的保温材料（图 7-4），这种材料多孔，所以在胶孔中也有空气对流存在，且这类材料的孔隙率非常高，固体所占体积也较低，导热系数低，所以在建筑保温中使用效果比较好。在应对热辐射中，相当于有多层隔热板，因此能够有效对抗热辐射，是目前发现的热导率最低的一类固体材料，其保温隔热性能优势突出。不过，气凝胶材料因为多孔网络结构复杂，导致其强度不足，所以想要将气凝胶材料有效应用到建筑保温中，需要对材料做好增强和增韧处理。研究发现，碳纳米管在 SiO_2 气凝胶中能够有效充当骨架支撑，提升材料强度，增强材料韧性。

图 7-4　气凝胶材料

7.2.3 设计考虑循环性

循环经济与材料再利用在建筑设计领域正逐渐成为一种新兴趋势。随着资源日益紧缺和环境保护意识的提高，设计师和建筑师们开始在新建筑项目中采用考虑循环性的设计理念，以便于未来的拆除和材料回收。在新建筑的设计阶段，通过考虑建筑的未来生命周期，设计师可以选择使用可回收或可再利用的材料，以及可以易于拆卸和分离的建筑组件。这种方法不仅有助于减少建筑废弃物的产生，还能降低处理这些废弃物所需的能源和成本。例如，使用可回收的钢材、铝材和玻璃等材料，可以在建筑达到其使用寿命后，通过简单的拆分过程，将这些高质量材料重新投入生产流程，用于制造新的建筑或其他产品。标准化构件的使用是实现设计考虑循环性的关键策略之一。通过采用标准化尺寸和连接方式的建筑材料和构件，设计师可以确保这些部件在未来的拆除过程中能够更容易地被识别、拆卸和分类。这种标准化方法不仅简化了建筑的组装和拆解过程，还促进了建筑材料的再利用和交换。标准化构件还能够降低维修和更换的成本，因为相同标准的部件可以在不同的项目中通用。此外，采用模块化设计也是推动循环经济的一种有效手段。模块化建筑允许将建筑物划分为多个独立的模块或单元，每个模块都在工厂中预先制造完成，然后运输到施工现场进行快速组装。这种方法不仅加快了建筑施工的速度，还使得未来的拆卸和重组变得更加容易。当建筑需要升级或功能需要改变时，可以单独更换或维护特定的模块，而不需要对整个建筑进行重建。连接方式的设计也至关重要。采用易于解除的连接方式，如螺栓连接而非焊接，可以在短时间内不需要特殊工具或技术的情况下安全地拆卸构件。这样不仅减少了拆卸过程中对材料的损伤，还保留了构件的完整性，使其更适合再次使用或再加工。然而，要实现设计考虑循环性的理念，还需要克服一些挑战。首先，需要建立一套全面的设计指南和标准，指导设计师如何选择合适的材料和建筑方法。其次，需要提高建筑师和设计师对循环经济重要性的认识，鼓励他们在实践中应用这些原则。此外，还需要加强与材料供应商和建筑承包商的合作，确保他们理解并支持这些设计理念，能够在建筑项目中顺利实施。政策支持和激励机制也是推动这一理念的重要手段。政府可以通过制定相应的法规和标准，鼓励或强制要求在新建筑中使用可回收材料和标准化构件。同时，通过提供财政补贴、税收优惠等激励措施，刺激市场对循环经济友好型建筑的需求。公众教育和社会意识的提升也是实现循环经济的关键因素。通过教育和宣传活动，提高公众对可持续建筑和材料再利用的认识，可以激发他们对于环保生活方式的追求和对循环经济的支持。总体来说，设计考虑循环性的建筑不仅有助于资源的高效利用和废弃物的减少，还能促进建筑行业的可持续发展。通过采用可回收材料、标准化构件、模块化设计和易于解除的连接方式，我们可以在建筑的整个生命周期中实现更大的经济效益和环境效益。这需要设计师、建筑师、政策制定者和公众的共同努力，以实现一个更加绿色和可持续的未来。

7.2.4 政策与激励机制

在全球范围内，循环经济已成为推动可持续发展的重要战略之一，它旨在通过最大限度地提高资源效率，减少废物产生，促进经济增长与环境保护的双赢。实现这一目标的关键，在于建立一套有效的政策与激励机制，这不仅包括政府的直接干预，也涉及市场机制的创新运用。本节将深入探讨如何通过立法、补贴、税收优惠等措施，鼓励材料的回收和再利用，限制一次性使用品，从而加速循环经济的发展步伐。政府在推动循环经济中发挥着不可替代的作用，首要任务是构建一套完善的法律与政策框架。这包括制定明确的资源循环利用目标、设定产品设计标准（如易拆解、易回收）、实施生产者责任延伸制度（EPR），要求制造商对其产品全生命周期负责，尤其是产品的回收处理阶段。例如，欧盟的《废弃物框架指令》和《循环经济行动计划》就明确了废弃物减量、再利用和回收的具体目标，以及相应的执行路径。通过法律约束力，确保经济活动中的各个主体遵循循环经济的原则，从根本上改变生产和消费模式。政府通过提供直接财政补贴，鼓励企业和个人参与资源回收和再利用活动。这些补贴可以应用于回收设施的建设、技术研发、回收物流体系的优化等方面，降低回收成本，提升经济效益。比如，对使用再生材料进行生产的制造业企业给予补贴，激励其采用更多回收材料，促进产业链上下游的循环链接。通过调整税收政策，对采取循环经济实践的企业和个人给予税收减免或返还，如减少对回收企业的所得税、增值税，或者对使用一次性产品征税（如塑料袋税），以此来调整市场行为，抑制资源浪费，鼓励环保消费。例如，丹麦的"绿色税收"体系就通过增加对非可再生能源的征税，同时降低对环保技术和服务的税收，有效引导了市场向低碳环保方向转型。建立循环经济产品的认证体系，如绿色标志、环境友好产品认证，为符合循环经济原则的产品和服务提供市场准入优势，增强消费者对循环经济产品的识别度和信任度。同时，政府采购优先考虑这类产品，以公共部门的示范效应带动全社会的绿色消费潮流。除了硬性的政策与经济激励，软性的公众教育与意识提升同样不可或缺。政府和非政府组织应开展广泛的宣传和教育活动，普及循环经济理念，增强公众对资源有限性和环境保护的认识。通过学校教育、媒体宣传、社区活动等多种渠道，倡导减少使用一次性产品，鼓励回收和二手交易，培养民众的环保消费习惯和生活方式。鼓励跨行业、跨区域的合作，形成循环经济的创新生态系统。政府可以设立专项基金，支持循环经济相关的技术研发和商业模式创新，如建立基于物联网的智能回收系统、开发新型生物降解材料等。同时，促进国际合作，分享最佳实践，协调国际标准，共同应对全球性的资源与环境挑战。政策与激励机制是推动循环经济与材料再利用的核心驱动力。通过构建全面的法律框架、实施经济激励措施、加强公众教育和推动创新合作，可以有效引导社会资源流向循环经济领域，促进经济结构的优化升级。政府、企业、公众及国际社会需携手合作，共同构建一个资源高效、环境友好的循环经济体系，为实现可持续发展目标贡献力量。随着这些政策与机制的不断深化和完善，循环经济将从理念逐渐变为现实，引领人类社会迈向更加绿色、健康、繁荣的未来。

7.2.5 产业链合作

在当前资源紧张和环保意识增强的背景下，循环经济与材料再利用已经成为推动可持续发展的重要策略。特别是在建筑行业，由于其对资源的大量需求和废弃物产生量的巨大，如何有效地回收和再利用建筑材料成为一个亟待解决的问题。为了实现这一目标，建立跨行业的合作机制至关重要。建筑商、回收企业、制造商和研究人员等各方面的紧密合作，共同探索创新的材料回收技术和商业模式，不仅可以提高材料的回收率，还能促进新技术的发展和应用，从而推动整个建筑行业走向绿色和可持续的发展道路。首先，建筑商在建筑废弃物的回收和再利用中扮演着关键的角色。他们不仅负责建筑的拆除工作，还负责将拆除后产生的材料进行分类和处理。通过与回收企业建立合作关系，建筑商可以确保这些材料得到适当的处理，而不是被随意丢弃或填埋。例如，建筑商可以在拆除前与回收企业沟通，制定出一套有效的材料回收计划，确保有价值材料得到回收，减少资源的浪费。其次，回收企业在材料回收过程中起到了核心作用。他们负责接收建筑废弃物，并通过专业的分拣、处理和再加工技术，将这些废弃物转化为可再次使用的原料。与制造商的合作关系尤其重要，因为回收企业需要将回收的材料卖给制造商，由其进一步加工成新的产品。例如，废弃的混凝土可以经过处理后用作新混凝土的骨料，废金属可以熔炼后制成新的钢材。制造商在这一合作链条中也发挥着重要作用。他们需要与回收企业合作，开发出能够使用回收材料的生产工艺。这不仅有助于降低生产成本，还能减少对原始资源的依赖。同时，制造商还可以通过与建筑商的合作，提供易于拆卸和回收的建筑材料，从而在未来的拆除过程中简化回收流程。研究人员在这一跨行业合作中同样不可或缺。他们通过对材料回收技术和商业模式的研究，为行业提供了新的思考和解决方案。例如，研究人员可以开发新的建筑材料，这些材料既具有优异的性能，又在使用寿命结束后易于回收。他们还可以研究和分析不同回收模式的经济性和可行性，帮助企业选择最适合自己的回收策略。然而，要实现这种跨行业的合作，并非没有挑战。首先，需要建立一个有效的沟通和协调机制，以确保各方能够顺畅地交流信息和分享资源。这可能需要一个中立的第三方机构来促进和监督合作的进展。其次，需要考虑如何合理分配合作带来的经济效益，确保所有参与方都能从中受益，这是维持长期合作关系的关键。此外，还需要克服技术和法规上的障碍，比如开发更高效的回收技术，以及制定鼓励材料回收和再利用的政策和标准。总之，通过建立跨行业的合作机制，建筑商、回收企业、制造商和研究人员可以共同探索创新的材料回收技术和商业模式，为实现建筑废物的零废弃目标作出贡献。这不仅是对企业自身可持续发展的追求，也是对社会责任的一种积极回应。随着技术的进步和政策的支持，这种合作将为建筑行业的可持续发展带来新的机遇。

7.2.6　公众意识提升

提高公众意识在推动建筑废弃物回收再利用与循环经济中扮演着至关重要的角色，是连接个体行动与宏观政策、市场及环境改善的桥梁。将循环经济与资源循环利用的概念纳入学校教育体系，从小培养孩子们的环保意识，理解废弃物的价值与资源的宝贵。利用电视、网络、社交媒体、广播、户外广告等多元化渠道，开展创意宣传活动，展示建筑废弃物回收的成功案例，强调其对环境的积极影响，提升公众认知度。组织废弃物回收工作坊、二手物品交换市场、绿色建筑材料展览等社区活动，让公众亲身体验循环利用的过程，感受环保的乐趣。建立在线互动平台，如 APP 或小程序，提供废弃物分类指南、回收点查询、二手交易等功能，提升便利性，鼓励公众参与。推行绿色建筑产品认证体系，如 "循环利用标识"，让消费者易于辨识认准绿色产品，提升其市场吸引力。通过名人效应、公益广告、环保组织倡导绿色消费，树立 "少买、买好、买对" 的消费观，减少浪费，增加循环产品的市场需求。对购买循环利用产品提供税收减免，如低 VATL 税，鼓励绿色消费。政府对积极参与回收、使用循环产品的单位或个人给予补贴、积分奖励，形成正向激励。政府与企业、非政府组织、社区合作，共同举办环保教育活动，推广绿色建筑理念。推动科研机构与企业合作，加快循环利用技术的研发与应用，降低产品成本，提高市场竞争力。提升公众对建筑废弃物回收再利用的认识，不仅促进了绿色消费文化，还显著增加了市场对循环利用产品的内在需求，形成良性循环。这不仅是对环境的贡献，也是经济转型升级的推动力，共同推动社会向着可持续发展方向前进。

7.2.7 技术创新

近年来，随着科技的进步，出现了许多创新技术，使得废弃物的回收和再利用变得更加高效和广泛。例如，通过利用废弃橡胶改性沥青的技术，可以将废旧轮胎转化为有价值的道路建筑材料。这一技术不仅解决了废旧轮胎的处理问题，减少了填埋带来的环境压力，还提高了道路的使用性能和耐久性。在这个过程中，废旧轮胎被粉碎成细小的颗粒，然后与沥青混合，制成改性沥青。这种改性沥青具有更好的弹性和抗裂性，能够提高道路的承载能力和延长道路的使用寿命。同样，废旧塑料的再利用也取得了显著进展。通过特殊的处理工艺，废旧塑料可以被转化为新型建筑材料，如塑料木材、塑料砖块等。这些材料不仅具有塑料的轻质、耐腐蚀等特点，还拥有与传统建筑材料相似的外观和性能。例如，塑料木材可以用于户外家具、围栏和甲板等，而塑料砖块则可以用于建筑的非承重部分。这些创新材料的使用，不仅减少了塑料垃圾对环境的污染，还节约了木材等天然资源。除了上述技术外，还有许多其他创新正在不断研发中。例如，利用建筑废弃物生产再生混凝土的技术，可以将废弃的混凝土块粉碎成骨料，替代天然砂石用于新的混凝土生产。这不仅解决了建筑废弃物的处理问题，还节省了自然资源。另外，还有技术正在研究如何将废旧玻璃转化为保温材料或新的玻璃制品，以及如何将废纸张和其他纤维材料转化为建筑用板材。然而，要实现这些技术的广泛应用，还需要克服一些挑战。首先，需要加强研发投入，不断提高技术水平，确保回收材料的质量能够满足建筑行业的标准。其次，需要建立和完善相关的法规和标准，鼓励和规范回收材料在建筑中的应用。此外，还需要加强市场推广，提高建筑行业对回收材料的认知和接受度。政策支持在这一过程中起着至关重要的作用。政府可以通过提供财政补贴、税收优惠等激励措施，鼓励企业投资于相关技术的研发和应用。同时，政府还可以通过制定强制性的建筑标准和规范，推动回收材料在建筑中的使用。教育和培训也是推动技术创新的重要手段。通过组织专业培训和交流活动，可以提高建筑行业从业人员对回收材料的认识和使用技能。公众意识的提升也是实现技术创新的关键因素。通过媒体宣传和教育活动，可以提高公众对循环经济和材料再利用的认识，激发他们参与和支持废弃物回收的积极性。总之，技术创新在推动循环经济和材料再利用方面发挥着关键作用。通过研发新技术提高回收材料的质量和应用范围，我们可以实现建筑废弃物的资源化利用，促进建筑行业的绿色发展。这需要政府、企业和公众的共同努力，通过政策支持、市场推广和教育培训等多种手段，共同推动技术创新的应用和发展。随着科技的不断进步和社会意识的提高，我们有理由相信，循环经济和材料再利用将在建筑行业中发挥越来越重要的作用。通过上述措施，循环经济不仅减少了建筑拆除对环境的负面影响，还促进了资源的高效循环和经济的可持续发展。随着技术进步和政策支持的加强，材料再利用在建筑行业中的作用将会越来越重要。

7.3　拆除废弃物的碳减排路径

7.3.1　废弃物减量化策略

在建筑拆除阶段的实施，是推动循环经济和可持续发展进程中的重要一环。这一策略的核心在于通过周密的前期规划和细致的评估，尽量减少建筑拆除过程中产生的废弃物总量，促进资源的最大化利用和环境影响的最小化。在拆除前进行彻底的建筑评估，了解建筑结构、材料组成、可再利用潜力和潜在的环境风险。基于评估结果，制定详细的拆除计划，明确哪些部分可以保留、哪些需要拆除，以及如何拆除以减少废弃物的产生。在规划阶段就确立"保留优先"的原则，尽量保持建筑结构和部分功能单元的完整，如墙体、屋顶、地板、梁柱子结构等，考虑是否可以通过改造而非完全拆除，转变为新用途。例如，旧仓库转换为办公室或公寓，保留原有的工业风格特色元素作为设计特色。采用精准的拆除技术，如选择性切割而非粗暴破拆，以减少附带损伤，提高材料的回收潜力。对于含有有害物质的区域，如含石棉、铅漆层，进行特别处理，防止污染扩散。提前规划废弃物分类体系，设置现场的临时存储区，确保拆除下来的材料按类型有序存放，如混凝土、金属、木材、玻璃、塑料等，以便后续回收或再加工利用。与社区沟通，了解是否有再利用需求或资源匹配的项目，如社区花园、公共艺术装置等，促进废弃物的本地循环。同时，公开拆除信息，提升公众对循环经济的认知和参与度。利用政策杠杆，如申请政府的减税优惠、补贴项目，鼓励采用环保拆除和废弃物减量化策略，以及与回收企业的合作，共同构建废弃物回收链条。废弃物减量化不仅在建筑拆除中成为可能，而且成为推动绿色建筑转型的有力实践，减少了对新建资源的依赖，降低了废弃物处理的环境负担，促进了经济和生态的双重效益。

7.3.2　分类与回收

分类与回收是建筑废弃物处理中一个至关重要的环节，它直接影响着材料的再利用效率和环保效果。在当前全球面临的环境挑战和资源节约压力下，严格执行废弃物分类制度成为推动可持续发展的关键措施之一。通过有效的分类与回收，不仅可以减少垃圾填埋和焚烧带来的环境问题，还能将废弃物转化为有价值的新资源，从而减少对原生材料的依赖和开采过程中产生的碳排放。在建筑拆除过程中，会产生大量不同类型的废弃物，如混凝土、钢材、木材、玻璃和塑料等。这些材料如果不经过分类直接作为垃圾处理，不仅浪费了其中蕴含的资源价值，还可能对环境造成污染。因此，建立一个科学的分类体系并严格执行分类制度是非常必要的。例如，可以通过人工或机械的方式，将拆除后的建筑废弃物进行初步分类，然后利用专业的分选设备进一步分离出各种纯材料。这样，不同种类的材料就可以被有针对性地处理和再利用。对于混凝土和砖石等无机材料，可以通过破碎和筛分的方式转化为骨料，用于生产新的混凝土或道路基层材料。这不仅实现了废弃物的资源化利用，还减少了天然砂石的开采。钢材作为建筑中的金属部分，具有很高的回收价值。通过磁选等技术可以将钢筋从混凝土中分离出来，然后经过熔炼工艺再次制成钢材。与传统的铁矿石炼钢相比，使用回收钢材可以大幅度降低能耗和碳排放。木材作为可再生资源，在拆除后同样可以进行再利用。通过检查和处理，完好的木料可以再次用于建筑或其他用途，而破损的木料则可以加工成木屑或颗粒，用于生产人造板材或作为生物质能源。玻璃和塑料虽然是两种不同的材料，但它们都有一个共同点，即可以通过清洗和破碎后重新熔化成新的原料。这不仅节省了原材料的成本，还减少了生产过程中的能源消耗。然而，要实现有效的分类与回收，还需要解决一些实际问题。首先，需要建立一套完善的收集和运输系统，确保拆除后的建筑废弃物能够及时有效地被运往分类处理中心。其次，需要提高分类技术和设备的自动化程度，减少人工成本并提高效率。此外，还需要加强政策引导和支持，通过立法或制定行业标准来规范建筑废弃物的处理行为，同时提供经济激励来鼓励企业参与废弃物的分类与回收工作。公众的参与也是推动分类与回收工作的重要力量。总之，严格执行废弃物分类制度是实现建筑废弃物资源化利用的前提和关键步骤。通过科学分类和高效回收，我们可以最大限度地挖掘废弃物的价值，减少对环境的负担，促进资源的循环利用。这需要政府、企业和公众的共同努力，通过完善体系、提升技术、加强宣传等多种手段，共同推动建筑废弃物的分类与回收工作向更高水平发展。随着社会对可持续发展的重视程度不断提高，相信未来建筑废弃物的分类与回收将会取得更加显著的成效。

7.3.3　资源回收与再利用

资源回收与再利用作为循环经济的基石，不仅在理论上提供了减少环境压力的途径，实践中更是对可持续发展策略的强有力支撑。在这一领域，技术的革新与应用发挥了至关重要的作用，将曾经视为废弃物的材料转变为新的资源，重新注入生产循环，不仅节约了宝贵的自然资源，还显著降低了生产过程中的能源消耗和碳排放，对抗全球气候变化作出贡献。混凝土，作为建筑行业的主力军，其废弃物量庞大。通过高级破碎和筛分选技术，废弃混凝土能被加工成不同规格的再生骨料，这些骨料不仅适用于道路基层、堤坝体的回填筑，更可以作为新混凝土的集料部分，替代天然石料。这种做法不仅减轻了对采石场的开采压力，还减少了运输过程中的碳足迹，同时，再生混凝土的生产能耗比原生混凝土低，有效控制了温室气体排放。钢铁回收，是循环经济中最具代表性的例子之一。从拆除的建筑、废弃汽车、家电中回收的钢铁，通过磁选分拣和破碎，进入电炉中熔炼重造，其过程虽需能耗，但相比铁矿石的开采、冶炼，能源消耗和碳排放量大大降低。钢铁的循环利用，是实现资源高效利用的范例，证明了即使是高强度的工业材料也能在循环经济中找到其新生。在木材回收利用方面，经过严格筛选与处理的废弃木材，如建筑废料、家具淘汰品，通过除虫、防腐处理，可以转化为再生木材制品，如地板、家具、装饰板、建筑模板等，甚至建筑结构部件。这不仅减少了森林资源的砍伐，还赋予废弃物以新的价值，降低了新木材加工的环境成本，减少了碳排放。玻璃和塑料，两种看似难以降解的材料，在回收技术的推动下也找到了循环路径。玻璃经过破碎、清洗，可以作为新玻璃制品或建筑材料的原料，如玻璃棉保温材料；塑料则通过清洗、熔融解，可以重塑为新的塑料制品或建材，如塑料管材、塑料板。这两种材料的循环利用，有效缓解了填埋填压力，减少了石油资源的依赖，降低了石化原料生产过程的碳排放。综上所述，资源回收与再利用通过各种技术手段，不仅实现了废弃物向资源的转化，还在生产循环中显著降低了能源消耗和碳排放，为实现低碳经济和环境可持续发展目标提供了强有力的支撑。这一过程是技术进步与环保意识的胜利，也是人类对地球未来负责的体现，展现了循环经济在实践中无限的潜力与希望。

7.3.4 能源效率提升

在当前全球面临的环境挑战和资源节约压力下，提升能源效率成为各行各业的重要目标。特别是在废弃物处理和回收过程中，采用高效节能的技术和设备不仅有助于降低运营成本，还能减少对环境的负面影响。通过使用低能耗的破碎机、分选机，并优化物流运输，我们可以在废弃物处理和回收的各个环节中实现能源效率的提升，从而减少整个流程的碳足迹。首先，破碎机作为废弃物处理过程中的关键设备，其能耗大小直接影响着整个处理过程的能效。传统的破碎机虽然能够满足基本的破碎需求，但往往存在着能耗高、效率低的问题。随着技术的进步，新型的低能耗破碎机开始得到广泛应用。这些破碎机通常采用先进的设计理念和制造工艺，能够在保证破碎效果的同时，大幅度降低能源消耗。例如，一些破碎机采用了液压驱动系统，相比于传统的电机驱动，能够更加高效地利用能源，减少能耗损失。分选机在废弃物处理过程中也扮演着重要角色。它负责将不同类的废弃物进行准确分类，以便于后续的回收和再利用。传统的分选机往往依赖于复杂的机械结构和大量的人工操作，不仅效率低下，而且能耗较高。然而，随着自动化和智能化技术的发展，新一代的分选机已经开始集成更多的智能元素，如传感器技术、图像识别技术等，从而实现了更高的分选效率和更低的能耗。这些分选机可以通过自动识别废弃物的类型和特征，精确地进行分类，大大提高了分选的准确性和效率。除了提升设备本身的能效外，优化物流运输也是提高整个废弃物处理和回收过程能源效率的重要途径。物流运输是连接废弃物产生地、处理中心和再利用场所的关键环节，其效率和能耗直接影响着整个系统的碳足迹。通过合理规划运输路线、采用高效的运输工具和优化运输方式，可以有效减少运输过程中的能耗和排放。例如，通过建立集中的废弃物处理中心，可以减少废弃物从分散的产生地到处理中心的运输距离；同时，采用电动或混合动力的运输车辆，可以在一定程度上减少燃油消耗和尾气排放。在这个过程中，政府和企业可以共同努力，推动高效节能技术和设备的开发和应用。政府可以通过制定相关政策和标准，鼓励企业采用低能耗的设备和优化的物流方案；同时，通过提供财政补贴或税收优惠等激励措施，降低企业的改造升级成本。企业则需要不断探索和创新，开发出更加高效和环保的废弃物处理和回收技术，以满足市场和环境的需求。总之，提升能源效率是废弃物处理和回收过程中的一项重要任务。通过采用低能耗的破碎机、分选机，并优化物流运输，我们可以在各个环节中实现能效的提升，从而为环境保护和资源节约作出积极贡献。这需要政府、企业和科研机构等多方面的共同努力，通过技术创新和政策支持，推动废弃物处理和回收行业向更加绿色和可持续的方向发展。

7.3.5 生物降解与堆肥化

在建筑拆除活动中，不可避免地会产生大量废弃物，其中有机废弃物如废弃木材、植物废料的处理尤为重要。生物降解与堆肥化技术为这些有机废弃物提供了绿色转化途径，不仅解决了废弃物处置问题，还促进了环境的正向循环与碳的自然固定。生物降解，是利用自然界微生物（细菌、真菌、放线菌等）的作用，将有机物质分解为简单化合物的过程。在适宜的温湿度条件下，微生物活跃分解木质废弃物，将其转化为土壤有机质，这一过程减少了有机碳的直接排放，同时为土壤增添了宝贵的有机质，有助于提升土壤肥力和保水保肥能力。堆肥化是更为系统的生物降解过程，将有机废弃物如木屑、落叶等混合，通过控制水分、氧气含量和温度，促进微生物活动，经过一段时间的发酵形成稳定的腐殖质——堆肥。这种堆肥富含营养，不仅可以直接施用于园林绿化，改良土壤结构，增强植物生长，还能促进碳的长期土壤固定，避免了有机碳作为温室气体直接排放到大气中。采用生物降解与堆肥化技术处理拆除废弃物，不仅实现了废弃物的资源化利用，减少了垃圾填埋场的负担，还通过土壤改良剂的生成，促进了生态系统的碳循环，间接增加了碳汇，对减缓全球气候变化具有积极意义。此外，这种方式也提升了公众对可持续发展理念的认知，鼓励了绿色拆除作业，促进了循环经济的发展，使得建筑拆除活动与环境保护并行不悖，而是相辅相成。通过技术与管理的创新，建筑废弃物不再是负担，而是转化为资源循环的宝贵一环，为地球的绿色未来添砖加瓦。

7.3.6 废弃物能源化

在当前资源紧张和环境污染严重的形势下，废弃物能源化成为一种重要的废弃物处理和能源回收方式。特别是对于那些不可回收的废弃物，如混合建筑垃圾等，通过热解、气化或焚烧等技术转化为能源，不仅可以减少废弃物的最终处置量，还能替代部分化石燃料的使用，从而降低碳排放。尽管这些过程可能伴随着一定的碳排放，但与直接填埋相比，它们能够显著减少甲烷等温室气体的排放。并且，如果结合碳捕获和储存技术，还可以进一步降低碳足迹，实现更加环保的能源回收。热解是一种在缺氧条件下将有机物加热至高温，使其分解为气态、液态和固态产物的过程。对于混合建筑垃圾中的有机成分，如木材、塑料等，热解不仅能够将其转化为可燃气体，还可以产生油和固体残留物。这些产物可以作为化工原料或燃料使用，从而实现能源的回收。与直接焚烧相比，热解能够减少二氧化硫和氮氧化物等污染物的排放，同时产生的燃气具有更高的热值，可以用于发电或供热。气化是一种将含碳物料在氧气不足的条件下转化为一氧化碳、氢气等可燃气体的过程。对于混合建筑垃圾中的无机成分，如混凝土、砖瓦等，气化技术同样适用。通过控制气化过程的条件，可以得到不同组成的可燃气体，这些气体可以用于燃烧发电或制造合成气。气化技术的优势在于能够将废弃物中的无机物转化为有用的能源，同时减少二氧化碳的排放。焚烧是一种直接将废弃物燃烧产生热量的过程。虽然传统的焚烧会产生大量的二氧化碳和其他污染物，但在现代废弃物能源化技术中，焚烧通常与能量回收相结合。通过先进的焚烧技术和余热利用系统，可以将废弃物燃烧产生的热量转化为蒸汽，进而发电或供热。这种方法不仅能够减少废弃物的体积，还能够提供大量的能量，实现废弃物的资源化利用。然而，为了进一步降低这些过程中的碳足迹，结合碳捕获和储存技术是非常重要的。碳捕获技术可以捕捉在热解、气化或焚烧过程中产生的二氧化碳，防止其排放到大气中。然后，通过碳储存技术，将这些二氧化碳压缩后运输到合适的地点进行长期储存，如地下岩层、枯竭的油气田等。这样，不仅可以减少温室气体的排放，还可以实现二氧化碳的资源化利用。

7.3.7 碳汇项目

在城市化进程加速的今天，建筑废弃物的处理成为一个亟待解决的环境问题。尤其是那些难以通过回收再利用或生物降解方式处理的废弃物，往往最终走向填埋场。然而，传统的填埋方式不仅占用大量土地资源，还会产生大量温室气体，尤其是甲烷，其温室效应远超二氧化碳，对全球气候变暖构成严重威胁。因此，探索实施填埋气体收集和利用项目，将这些必须填埋的废弃物转化为能源，成为实现碳减排和促进可持续发展的重要途径。填埋场中的有机废弃物，在厌氧条件下，由微生物分解产生甲烷、二氧化碳等气体，这些气体统称为填埋气体。甲烷占填埋气体总量的 $40\%\sim60\%$，其温室效应潜能值（GWP）是二氧化碳的 25 倍以上，对全球气候的负面影响不容忽视。未被有效管理的填埋气体，不仅加剧了温室效应，还可能造成安全隐患，如爆炸或火灾。首先，需要在填埋场安装先进的填埋气体收集系统。这包括设置垂直井或水平管道网络，以及配备气体抽提设备，用以捕捉并导出填埋场内产生的气体。收集系统的设计需依据填埋场的地形、废弃物类型、填埋深度等因素综合考虑，确保高效且持续的气体收集。收集到的甲烷气体可经净化处理后，用于发电、供暖、工业燃料等多个领域。例如，建设填埋气发电站，将甲烷燃烧产生的热能转换为电能，不仅减少了对化石燃料的依赖，还实现了废弃物的能源化利用。此外，甲烷也可以通过生物或化学方法转化为更高级的能源产品，如生物甲烷或合成天然气，进一步提高其经济价值和环保效益。参与填埋气体收集和利用项目的机构或企业，可以通过减少的温室气体排放量申请碳信用额度。在全球碳交易市场中，这些碳信用可以作为一种商品进行交易，为企业带来额外的经济效益，同时也激励更多的企业和组织参与到碳减排活动中来，形成良性循环。碳汇项目的实施不仅减轻了对环境的负担，还促进了当地经济发展和社会就业。通过提供清洁能源，改善空气质量，减少公共健康风险，提升居民生活质量，同时，项目的成功案例还能增强公众对环保行动的认可和支持，推动社会整体向低碳、循环经济转型。尽管填埋气体收集和利用项目前景广阔，但在实际操作过程中仍面临不少挑战，如初期投资成本高、技术难题、政策支持不足等。为应对这些挑战，政府应出台更多激励政策，如税收减免、补贴奖励、优惠贷款等，以降低企业参与的门槛。同时，加强国际合作，引进和自主研发先进技术，提高填埋气体收集和利用的效率与经济性。此外，加大公众教育和宣传力度，提升全社会对碳减排重要性的认识，形成良好的社会氛围，共同推进碳汇项目的广泛实施。总之，通过实施填埋气体收集和利用的碳汇项目，不仅能够有效减少温室气体排放，缓解全球气候变化，还能将原本被视为负担的废弃物转变为宝贵的能源资源，为构建可持续发展的未来贡献力量。这一过程不仅是技术与政策的革新，更是人类对自身发展模式深刻反思与积极调整的体现。

7.3.8　政策与市场机制

在全球范围内应对气候变化和推进可持续发展的大背景下，废弃物的减量化、资源化和无害化处理成为重要议题。为了实现这一目标，政府和相关机构可以发挥关键作用，通过制定政策、提供补贴以及建立碳交易市场等措施来激励相关的行动。这些政策和市场机制不仅能推动废弃物的有效处理，还能促进碳减排，对于保护环境和实现绿色发展具有重要意义。政府在废弃物处理和碳减排行动中扮演着引导者和监管者的角色。通过制定具有约束力的政策和法规，政府可以为废弃物的减量化、资源化和无害化处理确立明确的框架和标准。例如，政府可以出台建筑废弃物管理条例，规定所有建筑项目必须对产生的废弃物进行分类回收，并对未能达到规定比例的回收利用行为进行处罚。同时，政府还可以制定优惠政策，鼓励企业采用低碳技术和循环经济模式，比如对使用废弃物生产的绿色建材给予税收减免或财政补贴。此外，政府还可以通过提供补贴来降低废弃物处理和资源化利用的成本。补贴可以是直接的资金补助，也可以是税收优惠、贷款贴息等形式。这些补贴能够鼓励企业投资于废弃物处理和回收利用技术的研发和应用，提高这些技术的市场竞争力。例如，政府可以为采用高效节能的废弃物处理设备给予购置补贴，或者为废弃物能源化项目提供运营补贴，以降低企业的经营成本。建立碳交易市场是另一种有效的激励机制。碳交易市场通过为碳排放权定价，创造了一个交易碳排放配额的平台。在这个市场中，企业可以通过购买和出售碳排放配额来实现成本优化。对于那些实现碳减排的企业来说，它们可以通过出售多余的碳排放配额来获得收益，从而激励它们采取更多的碳减排措施。而对于未能达到碳排放标准的企业，则需要购买额外的配额以满足监管要求，从而促使它们改进生产工艺，减少碳排放。在实践中，政府和相关机构还需要关注政策的协同效应。这意味着在制定政策时，应该考虑到不同政策之间可能存在的相互影响和制约关系。例如，在制定废弃物处理政策时，应该与能源政策、交通政策等相协调，以确保整个政策体系的一致性和有效性。此外，还应该考虑到政策的实施成本和效益，确保政策既具有实际操作性，又能够达到预期的效果。最后，政府和相关机构还需要加强对废弃物处理和碳减排行动的监督和管理。这包括建立健全的监测体系，定期评估政策和市场机制的效果，及时调整和完善相关措施。同时，还需要加强执法力度，确保所有企业和个人都能遵守相关法律法规，维护市场的公平和秩序。总之，政府和相关机构在推动废弃物的减量化、资源化和无害化处理以及碳减排行动中发挥着至关重要的作用。通过制定政策、提供补贴以及建立碳交易市场等措施，可以有效地激励各方面的行动，促进废弃物的有效处理和资源的可持续利用。这需要政府、企业和公众的共同努力，形成合力，共同推动废弃物处理和碳减排事业的发展。随着社会对环境保护和可持续发展的重视程度不断提高，相信未来将会有更多更有效的政策和市场机制被引入到这一领域，为实现绿色发展贡献力量。

7.4 绿色建筑

融合创新的绿色建筑材料通过引入新颖的技术和材料，兼具多重优势。其中耐火性的提升使得建筑在高温环境下更具可靠性，隔热性的增强有助于提高建筑能效，环保性的强调则为可持续发展理念提供了更为切实的支持。并且新型的绿色建筑材料的涌现，不仅为建筑业注入了新的活力，也为建筑提供了全新的性能标准。这些材料的独特之处在于其微观结构和性能的调控，使其在多个方面都能达到优异的表现。同时，融合了创新科技的绿色建筑材料通常具备较轻的质量，有助于减轻建筑结构的负荷，进一步提高建筑的可持续性。绿色建筑材料在资源利用方面发挥了关键作用。通过减少资源浪费，如合理利用自然资源和降低原材料的消耗，在建筑施工中体现了可持续性的关键原则。与传统建筑材料相比，绿色建筑材料更注重对资源的合理利用，减缓了自然资源枯竭的速度，从而降低了在建筑过程中对环境的侵害程度。其次，绿色建筑材料的特点在于提升了环境品质。采用这类材料可以有效减少环境污染，提高建筑的耐久性，从而减少了对环境的负面影响。绿色建筑材料以其多样性，展现出卓越的应用灵活性，能够根据不同地理位置和居住者需求的差异，灵活选择最适合的材料，从而实现最佳效果，体现了绿色建筑在实际应用中的地域适应性。绿色建筑材料的灵活性在于其可与传统建筑材料相互搭配。在实际应用中，绿色建筑材料并非孤立存在，而是可以与传统材料相互融合，形成更为完善的建筑结构。这样的融合性使得绿色建筑既能够注重环保，又不失对传统建筑需求的满足，为建筑行业提供了更为灵活的选择。同时绿色建筑材料的地域适应性主要体现在其对不同气候和环境的良好适应性。例如，在寒冷地区，可选择具有良好保温性能的绿色建筑材料，以提高建筑的保温效果；在潮湿地区，则可采用具备防潮性能的材料，减少湿气对建筑的侵害。这种地域适应性，使得绿色建筑材料更贴近实际需求，为不同地区的建筑提供了个性化的解决方案。

1. 泡沫玻璃板的应用

随着全球对可持续发展和绿色建筑理念的推崇，建筑行业正面临前所未有的转型挑战。传统的建筑保温材料，如聚苯乙烯泡沫等，虽然具有一定的保温效果，但往往存在着易燃、耐候性差、难以降解等环境问题。因此，寻找新型的、环保的、高性能的保温材料成为建筑界迫切的需求。泡沫玻璃板正是在这种背景下脱颖而出，以其无毒、无害、可循环利用的特性，成为绿色建筑保温材料的优选。位于德国柏林的"Eco-Park"住宅项目，是泡沫玻璃板在绿色建筑应用中的一个典范。该项目从设计之初就秉持着生态环保的理念，旨在创建一个低能耗、高舒适度的居住环境，而泡沫玻璃板的选用，正是这一理念的具体体现。

泡沫玻璃板作为一种高性能的无机非金属材料，其内部充满了微小的闭孔气泡结构，这些气泡不仅赋予了材料极低的导热系数［通常不超过 $0.058W/(m \cdot K)$］，还保证了良好的隔声性能。由于其原材料来源于废弃玻璃，生产过程几乎不产生新的环境污染，且产品本身可循环利用，符合循环经济的原则。此外，泡沫玻璃板的耐老化性极强，能够在恶劣的外界环境中保持性能稳定，不易燃的特性更是大大提升了建筑的安全等级。

在"Eco-Park"项目中，设计师将泡沫玻璃板广泛应用于墙体的保温层，尤其是在北向和西向的墙体，这些位置更容易受到寒冷气流的影响。通过精确计算所需保温层厚度，确保了建筑在冬季有效保温，夏季适度隔热，显著降低了建筑的整体能耗。值得注意的是，项目团队还创造性地将泡沫玻璃板与外挂植物墙系统结合，不仅进一步增强了建筑的保温性能，还增加了城市的绿化面积，提升了居住环境的生态质量。由于在节能减排方面的显著成效，"Eco-Park"住宅项目不仅获得了德国 DGNB（德国可持续建筑委员会）的金级认证，还受到了国际绿色建筑界的广泛赞誉。

2. 膨胀珍珠岩的应用

传统建筑保温材料如聚苯板等虽具有一定的保温效果，但存在易燃、环境污染、耐久性不足等问题。相比之下，膨胀珍珠岩作为天然的火山玻璃质岩石，经过高温膨胀处理后形成多孔结构，不仅具有轻质、隔热、吸声、不燃等特性，还因其来源广泛、加工过程能耗低、可循环利用等环保优势，成为绿色建筑领域备受青睐的新型保温材料。位于中国成都的"绿动未来"办公园区项目，是一个将膨胀珍珠岩创新应用于绿色建筑的典型案例。该项目积极响应国家节能减排号召，旨在打造集高效、环保、智能于一体的现代化办公空间。设计团队深入挖掘膨胀珍珠岩的潜能，通过技术创新，将之与环保胶凝材料相结合，研发出了一种新型的轻质高强保温砌块，不仅提升了材料的实用性能，还极大地推动了绿色建筑材料的应用和发展。

项目中采用的保温砌块，通过特殊配方和工艺，将膨胀珍珠岩颗粒均匀混合于环保胶凝材料之中，形成密实而又多孔的结构。这一创新设计不仅保留了膨胀珍珠岩原有的保温隔热性能，还有效解决了珍珠岩天然亲水性强、易吸水导致保温性能下降的问题。表面处理技术的应用，如施加防水涂层或采用憎水改性处理，显著增强了砌块的防水性能，确保了建筑墙体在潮湿环境下的保温效果和耐久性。"绿动未来"办公园区的成功实施，充分展示了膨胀珍珠岩材料在绿色建筑中的经济性和实用性。轻质的保温砌块减轻了建筑自重，降低了结构负担，施工简便快捷，减少了建造成本。与此同时，良好的保温隔热性能显著降低了建筑的能耗，尤其是在夏季高温和冬季严寒时节，有效减少了空调和供暖系统的使用，长远来看，大大节约了运营成本，提升了建筑的能效比。

3. 玻璃纤维布的应用

在 21 世纪可持续发展的大潮中，绿色建筑成为建筑业发展的主流趋势，而外墙装饰材料的选择，作为影响建筑能效和环境影响的关键因素，尤为重要。玻璃纤维布，作为一种性能优异的合成纤维材料，以其独特的耐碱性、耐腐蚀性以及高强度、轻质的物理特性，逐渐成为绿色建筑外墙装饰的优选材料。它不仅能够有效保护建筑结构免受环境侵蚀，还能与多种环保技术相结合，提升建筑的生态效益与审美价值，体现了现代建筑对美学与环境责任的双重追求。

新加坡的"空中森林"住宅项目，是玻璃纤维布在绿色建筑外墙装饰应用中的一个典范。该项目巧妙地将高性能玻璃纤维布与垂直绿化技术相结合，创造了一种新型的生态外墙系统。在设计中，建筑师首先选用了一种经过特殊处理、具有更强耐候性和耐久性的玻璃纤维布作为外墙基底，有效抵御了热带气候中的紫外线、雨水侵蚀，为后续的植被生长提供了稳定且持久的支撑结构。更为创新的是，项目团队在玻璃纤维布覆盖的外墙上设计了一套精密的植物墙系统。通过精心挑选适合当地气候的植物种类，以及采用先进的滴灌和排水技术，确保了植物墙的健康生长，不仅美化了建筑外观，还大大提升了建筑的生态效益。植物的光合作用有效吸收了 CO_2，释放氧气，净化了周围空气，同时，植被覆盖的墙面还能显著降低建筑的热岛效应，减少夏季空调的使用，从而实现了高效保温和节能的目标。

"空中森林"项目不仅是一个住宅区，更是一个生动的城市绿肺，展现了人与自然和谐共生的现代城市理念。项目成功地将玻璃纤维布这一工业产品与自然生态融为一体，不仅美化了城市环境，提升了居民的生活质量，还为城市生物多样性提供了新的栖息地，增强了城市生态系统的服务功能。此外，项目作为绿色建筑的示范，对推动行业内外的环保意识提升和绿色技术应用起到了积极作用，鼓励更多建筑师和开发者探索可持续发展的建筑实践。

4. 复合保温材料的应用

随着全球对环境问题的关注和可持续发展目标的推进，绿色建筑作为缓解资源压力、降低碳排放的有效途径，越来越受到重视。在这一背景下，复合保温材料的开发与应用成为建筑节能技术领域的一大突破。这些材料通过将多种单一保温材料的优势集成，不仅提升了保温隔热性能，还兼顾了防火、环保等多方面要求，为绿色建筑的高质量发展提供了重要支撑。

上海中心大厦作为中国乃至世界范围内的超高层建筑标杆，其在绿色建筑领域的探索和实践，特别是在复合保温材料的应用上，展现了建筑科技与环保理念的深度融合。大厦的设计与建造充分考虑了节能减排与生态环保的需求，复合保温材料的集成解决方案在其中发挥了至关重要的作用。项目采用了包含玻璃化微珠和铝硅酸盐纤维在内的复合保温材料，这些材料不仅具有极低的导热系数，能够有效阻隔室内外热量交换，减少能耗，还因其良好的阻燃性，提升了建筑的安全等级。此外，材料的环保性确保了建筑全生命周期的绿色属性，符合可持续发展的要求。这些复合材料通过特殊工艺加工，形成既轻质又高强度的保温层，有效减轻了超高层建筑的自重压力。

上海中心大厦的复合保温材料应用并不仅仅局限于材料本身，而是与整个建筑的高效节能围护结构设计紧密相连。通过智能化建筑管理系统，实时监测建筑能耗，结合外围护结构的精细设计，如双层幕墙系统，不仅有效隔绝了外界气候影响，还利用自然通风和遮阳策略，进一步降低能耗。这种系统化的集成解决方案，使大厦在确保室内环境舒适的同时，大幅度降低了能源消耗，实现了超低能耗的目标。

5. 气凝胶材料的应用

传统的建筑保温材料如聚苯板、岩棉等虽然在一定程度上满足了保温需求，但往往存在密度大、防火性能不佳、环境友好性差等问题。而气凝胶，作为一类孔隙率极高、结构独特的固体材料，其内部纳米级的多孔结构赋予了其超低的导热系数，可低至 $0.013\mathrm{W/(m \cdot K)}$ 以下，远优于多数传统保温材料，成为解决这一需求的优选方案。美国加州"零能耗住宅"项目，将气凝胶材料的应用推向了新的高度。该项目旨在构建完全依赖可再生能源运行，全年能耗与产出相抵消的住宅，气凝胶在其中扮演了核心角色。设计团队在墙体和屋顶采用了气凝胶保温板，这种材料通过特殊工艺处理，不仅保持了气凝胶的超低导热性，还显著增强了其机械强度和耐久性，解决了气凝胶材料早期应用中强度不足的问题。

为了实现气凝胶的有效利用，项目团队克服了多个技术难题。首先，通过特殊的封装技术，确保气凝胶材料在潮湿和物理压力下保持结构稳定，延长使用寿命。其次，研发出易于施工的气凝胶模块化产品，便于现场安装，减少了施工难度和成本。此外，还通过精确的热工计算，确定了气凝胶保温层的最佳厚度，确保了建筑在极端气候下的热舒适性，同时也最大限度地减少了能源消耗。"零能耗住宅"项目通过采用气凝胶材料，实现了卓越的保温性能，显著降低了建筑的能耗，减少了温室气体排放，为实现建筑领域的碳中和目标作出了示范。更重要的是，该项目的成功不仅证明了气凝胶材料在绿色建筑中的巨大潜力，还激发了业界对高性能保温材料的深入研究和广泛应用的兴趣，促进了整个建筑行业向更加绿色、高效的方向发展。

综上所述，墙体及保温材料在绿色建筑中的应用展现了多元化、高效化与环保化的趋势，对推动建筑行业的可持续发展起到了至关重要的作用。本书通过分析泡沫玻璃板、膨胀珍珠岩、玻璃纤维布、复合保温材料和气凝胶等案例，如"Eco-Park""绿动未来""空中森林"上海中心大厦和"零能耗住宅"项目，揭示了这些材料在绿色建筑中的显著成效与创新应用，包括提升保温性能、生态效益、环境适应性及推动技术进步。这些材料不仅显著提高了建筑能效，降低了环境影响，还促进了居住舒适性和城市绿色发展的提升。面对成本、技术普及等挑战，通过持续创新、政策引导和市场机制优化，正转变为行业发展新机遇。未来，绿色建筑墙体及保温材料的应用将侧重于综合性能优化、技术集成创新和生态效益最大化，而 BIM 等数字化技术的应用将进一步提升项目经济性和可持续性，对构建环境友好型社会具有重大意义。拆除废弃物的碳减排路径是一个综合体系，涉及废弃物管理的全过程，从源头减量到末端处理，每一步都是减少碳排放的关键环节。通过技术创新、政策引导和市场机制的配合，可以有效地降低拆除活动对环境的影响。

参考文献

［1］ 成昆 . 研究城市建筑施工噪声污染防治对策［J］. 资源节约与环保，2019（11）：85-86.

［2］ 朱月 . 我国城市环境噪声污染防治法律制度完善研究［D］. 大连：东北财经大学，2020.

［3］ 孟倩玲 . 探究城市噪声污染的危害及其控制［J］. 环境与可持续发展，2021，41（6）：103-104.

［4］ 张欢 . 建筑施工噪声污染防治对策探讨研究［J］. 环境科学与管理，2021，39（7）：61-63.

［5］ 申琳，李晓刚 . 城市建筑施工噪声污染防治对策研究［J］. 环境科学与管理，2019，40（12）：120-123.

［6］ 刘佳慧，黄文芳 . 国外环保税收制度比较及对中国的启示［J］. 环境保护，2022，46（8）：71-74.

［7］ 黄识杰 . 城市施工噪声污染防治策略研究［J］. 环境与发展，2021，30（7）：89＋91.

［8］ 刘创 . 建筑施工噪声污染防治的法律问题研究［D］. 苏州：苏州大学，2020.

［9］ 赵加亮 . 城市建筑施工噪声环境污染与防治对策探究［J］. 绿色环保建材，2019（1）：48＋51.

［10］ 齐宝库，靳林超 . BIM 技术在绿色建筑全寿命周期的应用研究［J］. 成都建筑大学学报（社会科学版），2016（5）：465-469.

［11］ 宋爱苹 . BIM 虚拟施工技术在工程管理中的应用［J］. 经营管理者，2016，29：357-358.

［12］ 劳唯中 . BIM 在大型公建项目管理中的应用［J］. 城市住宅，2014（8）：52-55.

［13］ 于琳 . 浅议 BIM 技术对建设工程质量的影响［J］. 安徽建筑，2014（5）：148-150.

［14］ 王玉泽 . BIM 技术在轨道交通的应用探讨［J］. 铁路技术创新，2014（5）：19-22.

第8章 >>>
公共政策与市场机制在碳减排中的作用

8.1 国内外建筑碳排放政策比较

国内外在建筑碳排放政策上的比较显示了相似的目标导向和差异化的实施路径。以下是一些关键点的对比。

8.1.1 中国建筑碳排放政策的制定与实施

自 2022 年实施的《建筑节能与可再生能源利用通用规范》GB 55015—2021，将建筑碳排放的计算与控制正式纳入法律框架，这标志着中国在建筑减排领域的政策从指导性建议转变为具有法律效力的强制性要求。这一转变不仅体现了国家层面对于建筑行业节能减排的高度重视，更是向国内外展示了中国在应对气候变化上的决心和执行力。通过法律规范，确保新建建筑必须达到一定的节能标准，同时对既有建筑的改造升级提出明确要求，确保全行业向低碳转型。中国建筑碳排放政策覆盖建筑从设计、施工到运行管理的全生命周期，强调系统性与综合性管理的重要性。这意味着在建筑设计阶段就要考虑节能降耗，采用先进的节能设计方法；施工过程中注重环保材料和节能技术的使用；运行管理阶段则要确保建筑高效运营，减少能源浪费。特别是对既有建筑的节能改造，通过政策引导和财政支持，鼓励采用新技术、新材料进行能效提升，延长建筑使用寿命的同时减少其碳足迹。政策细化了对可再生能源在建筑中的应用要求，特别是太阳能、地热能等资源的集成，以替代传统化石能源，减少碳排放。通过政策激励措施，如补贴、税收优惠等，鼓励新建建筑集成光伏板、太阳能热水系统和地源热泵等，既有建筑改造中也积极推广这些技术。此举不仅减少了对非可再生能源的依赖，还促进了新能源产业的发展，为实现能源结构转型提供强大动力。政策积极促进节能技术的研发与应用，如高效绝热材料、智能建筑系统、绿色照明和通风技术等，同时鼓励使用低能耗、高性能的建筑材料，提升建筑的保温隔热性能，降低整体能耗。通过建立标准体系，对节能材料和产品进行认证，引导市场选择，推动整个建筑产业链的绿色升级。中国的建筑碳排放政策与国家层面提出的碳排放峰值（2030年前达到碳排放峰值）和碳中和（2060年前实现碳中和）目标紧密相连，建筑领域被视为实现这些长期战略目标的关键领域。通过设定具体量化指标，如建筑能效标准提升、可再生能源使用比例等，明确建筑领域减排路径。政策制定者、行业参与者和公众共同努力，确保建筑行业在国家低碳转型中扮演先行者角色，为全球应对气候变化贡献力量。

8.1.2 国外建筑碳排放政策的制定与实施

在国外，特别是欧美地区，建筑碳排放政策具有一些鲜明的特点。这些政策不仅反映了对环境责任的重视，也展现了对未来可持续发展的追求。下面详细探讨这些政策的特点及其实施方式。

（1）立法先行：在欧洲和美国，立法是推动建筑能效和减少碳排放的重要手段。欧盟通过《能源性能建筑指令》（EPBD）等法规，要求成员国设定最低能效标准，并推动近零能耗建筑的发展。这种立法先行的策略确保了建筑节能减排措施的法律效力和统一性，为低碳建筑的推广提供了坚实的法律基础。

（2）碳交易与税收激励：欧美国家还利用市场机制来促进建筑节能减排。例如，欧盟排放交易体系（ETS）允许建筑领域内的企业通过减少碳排放来获得额外的碳排放配额，这些配额可以在碳市场上出售，从而为企业带来经济收益。此外，税收减免、补贴等经济激励措施也被广泛用于鼓励建筑节能减排和低碳技术的应用。

（3）信息披露与认证体系：为了提升市场透明度，引导消费者和投资者偏好低碳建筑，欧美国家实施了建筑能效标识或绿色建筑认证体系。美国的LEED、英国的BREE-AM等认证体系为建筑提供了一套评估其能效和环境影响的标准。这些认证不仅有助于提高建筑的市场价值，还能促进绿色建筑技术的发展和应用。

（4）技术创新与研发支持：欧美国家非常重视建筑领域低碳技术的研发投入。政府和企业共同投资于被动房技术、零碳建筑技术等前沿科技的研发和示范项目。这些创新技术的应用不仅能够降低建筑的能耗，还能推动建筑行业的技术进步和产业升级。

（5）长期目标与路径规划：为了实现长远的碳减排目标，欧美国家制定了详细的路线图。例如，英国提出了"净零排放"目标，并规划了相应的建筑脱碳路径。这些长期目标和路径规划为建筑领域的碳减排提供了明确的方向和时间表，有助于各方共同努力实现减排目标。

（6）跨部门合作与整合资源：在欧美国家，建筑碳排放政策的实施往往涉及多个政府部门的合作。能源、环境、交通等部门之间需要进行协调和整合资源，以确保政策的一致性和有效性。此外，政府还会与私营部门、非政府组织和学术界合作，共同推动低碳建筑的发展。

（7）公众参与与教育普及：欧美国家非常重视公众的参与和教育。通过宣传活动、教育培训等方式，提高公众对建筑节能减排的认识和参与度。公众的参与不仅可以增加政策的接受度，还可以促进低碳生活方式的普及。

（8）监测与评估机制：为了确保政策的有效实施，欧美国家建立了完善的监测与评估机制。这些机制能够定期评估政策的效果，及时调整和完善政策措施。通过这种方式，政府可以确保建筑碳排放政策能够达到预期的目标，并根据实际需要进行调整。欧美国家在建筑碳排放政策方面采取了多元化、系统化的策略。这些策略不仅包括立法和市场机制，还涵盖了技术创新、社会参与等多个方面。通过这些综合措施，欧美国家致力于推动建筑行业的低碳转型，为全球应对气候变化作出了积极贡献。

8.1.3　比较总结

尽管全球各国普遍意识到了建筑领域在应对气候变化挑战中的关键作用，并纷纷推出相关政策以促进碳减排，中国与欧美国家在策略选择和实施路径上展现出明显的差异性与互补性，同时也预示着政策发展趋势的融合与创新。中国在建筑碳排放管控方面，其政策制定和执行策略更倾向于顶层规划与直接干预，通过国家层面的强制性规范和明确的节能标准，直接指导和规范行业实践。这种"自上而下"的模式强调了政策的统一性和执行力，确保了新建建筑必须符合高标准的节能要求，同时也加速了既有建筑的节能改造进程。此外，中国注重全链条管理，从设计、建造到运营的每一个环节都有明确的节能要求，确保了减排目标的系统性和近期成效的实现。相比之下，欧美国家在建筑碳减排政策上采取了更为多元化的策略，融合了法律框架的构建、市场激励机制的运用、技术创新的鼓励以及消费者行为的正面引导。这种复合型策略不仅关注法律法规的建立，更强调通过经济激励（如碳交易、补贴、税收优惠等）来刺激市场自我调节，推动企业主动寻求低碳解决方案。同时，欧美国家也十分重视技术创新的推动作用，鼓励研发节能新材料、新工艺，以及智能建筑系统等，以科技力量驱动行业升级。此外，通过教育和公众宣传，提升消费者对绿色建筑的偏好，形成市场需求的内在动力。欧美国家的政策更侧重于构建一个长效的市场机制，通过引导而非单纯强制，鼓励行业长期向低碳、可持续方向发展。尽管存在差异，中国与欧美国家之间也显现出相互借鉴的趋势。中国在强化规范性的同时，也开始探索市场机制的引入，如碳交易市场的建立，显示了对市场激励机制的重视。而欧美国家也开始在政策中加入更多直接的规范要求，如某些地区设定具体的建筑能效标准，体现了对短期目标紧迫性的认识。双方都在向政策工具的多样化发展，既注重短期成果的实现，也不忘长期规划的布局，体现出全球建筑领域碳减排政策的成熟度在不断提升，以及各国在应对气候变化问题上协同合作的意愿和努力。

8.2　碳交易与碳税激励机制

碳交易和碳税作为两种重要的市场激励机制，旨在通过经济手段促使企业和个人减少碳排放，推动社会向低碳经济转型。它们在激励机制上的运作方式和效果各有特点。

8.2.1　机制概述

碳排放交易机制是一种市场导向的环境政策工具，旨在通过市场机制实现温室气体排放的减少。这一机制的核心在于政府或监管机构设定一个总量上限（cap），即在一定时间内允许排放的碳总量。这个总量上限是基于国际或国内的减排承诺以及科学研究来确定的，以确保它能够满足应对气候变化的目标。在这个体系下，政府或监管机构将总量上限分配给各个参与企业，以碳排放配额的形式。这些配额代表了企业被允许排放的碳量，是企业进行生产和运营的许可。配额的分配可以基于历史排放数据、行业基准、拍卖或某种混合方式，以确保过程的公平性和效率。企业在实际运营中，如果其碳排放低于分配到的配额，那么它可以将剩余的配额在碳市场上出售。这些剩余的配额对于其他未能满足自身排放配额的企业来说是宝贵的资源，因为它们可以通过购买这些配额来弥补自己的不足，避免因未能达到排放目标而面临罚款。这样的市场机制鼓励了企业采用更清洁、更高效的生产方式，以减少碳排放并创造额外的收入。相反，如果企业的碳排放超过了分配到的配额，那么它需要在碳市场上购买额外的配额以满足监管要求。这种购买不仅增加了企业的成本，还反映了企业在碳排放管理方面的不足。如果企业无法通过市场购买足够的配额来覆盖其超额排放，那么它可能会面临政府的罚款或其他惩罚措施。这些惩罚旨在促使企业更加重视碳排放减少，以防止"污染者付费"的原则被破坏。碳排放交易机制的有效运作依赖于严格的监测、报告和核查（MRV）体系。企业需要定期测量和报告其碳排放量，以确保数据的准确性和透明性。监管机构通常会设立独立的核查机构来审核企业报告的排放数据，确保市场的公正性和诚信度。此外，为了确保碳市场的流动性和价格稳定，政府或监管机构还可以采取一些措施，如设立价格下限和上限、实施市场调节机制等。这些措施有助于防止价格过度波动，保持市场的正常运行。随着时间的推移，政府或监管机构可以根据国家减排目标和市场发展情况，逐步降低总量上限，以推动碳排放的持续减少。这样的动态调整既可以激励企业不断创新和改进，又可以确保碳排放交易机制与国家的长期气候目标保持一致。总的来说，碳排放交易机制通过设定总量上限、分配配额、建立市场交易平台以及实施严格的监测和惩罚措施，为企业提供了一个减少碳排放的经济激励。这一机制不仅有助于实现环境的可持续性，还可以促进经济的转型升级，推动绿色低碳技术的发展和应用。

8.2.2 激励效果

碳交易机制作为市场经济与环境保护的创新结合体，其激励效果不仅仅体现在为企业提供了一种灵活的减排途径，更深层次地激发了产业结构和技术创新的变革。通过建立一个基于市场的碳排放权交易系统，企业被赋予了碳排放配额，这一配额成为可以在市场上买卖的商品。如此一来，减排不再是一项单纯的成本负担，而是转变为蕴含经济价值的商业机会。高效减排的企业，由于其排放低于分配的配额，可以将剩余的碳信用出售给那些难以达到减排目标的企业。这一交易过程不仅为减排成效显著的企业创造了额外收入，实质上也是对环保投入的经济补偿和正面反馈，进一步增强了这类企业的积极性和市场竞争力。企业因此获得动力去探索并实施更为先进的减排技术和管理措施，如采用清洁能源、提升能源效率、优化生产流程等，以期在减少碳排放的同时，获得经济效益。而对于减排成本较高的企业，虽然需要付出更高的成本购买额外的排放配额，但这同样构成了强大的市场压力，迫使它们审视并优化自身的生产模式，寻求成本效益更高的减排方案。这一压力机制鼓励企业投资研发或引进低碳技术，加速技术革新，以降低成本，减少对高碳排放生产方式的依赖。长期来看，这将促进整个行业乃至经济体系的绿色转型，推动低碳技术的普及和产业升级。

碳交易市场的动态性还促进了信息交流与知识共享，企业通过市场交易过程了解到同行的减排技术和策略，形成了一种"竞争与合作并存"的氛围，共同推动减排技术的进步和应用。此外，碳交易市场通过价格信号清晰地反映了碳排放的社会成本，有助于引导资金流向低碳领域，为绿色金融产品和服务创造更大的发展空间。总之，碳交易机制通过市场价格发现和激励，不仅有效调动了企业的减排主动性，还促进了技术革新和产业升级，为构建低碳经济体系奠定了坚实的市场基础，展现了市场机制在解决环境问题上的独特魅力和深远影响力。

8.2.3 灵活性

碳交易体系的灵活性特征，作为其核心优势之一，极大地丰富了减排策略的多样性和实施的可行性，为参与企业带来了前所未有的自主性和适应性。在这一机制下，政府不再单一地规定每个企业必须采取何种具体措施来减少碳排放，而是设定总量控制目标，允许企业在一定的配额范围内自行选择最符合其经济利益与技术条件的减排路径。这种灵活性的赋予，对于促进减排成本的优化和经济效率的提升具有显著作用。首先，企业可以根据自身的实际情况，比如产业结构、技术条件、财务状况、能源消耗特点等，自由选择减排措施。例如，一家拥有充足资金和研发能力的高新技术企业可能会选择投资于先进节能技术或可再生能源项目，而一家资源密集型企业则可能更倾向于提高能效、优化生产流程来减少碳排放。这种"量体裁衣"式的策略选择，使得减排行动更加精准高效，避免了"一刀切"带来的资源错配。其次，碳交易市场机制鼓励了创新与合作。企业不仅可以内部挖掘减排潜力，还可以通过市场交易获得外部减排机会，比如购买其他企业因技术创新或管理优化而富余的碳排放配额。这种市场交易的灵活性，促使企业之间形成了一个相互协作、资源优化配置的网络，共同推进碳减排目标的实现。最后，灵活性还体现在时间维度上。碳交易体系允许企业根据自身减排能力的动态变化，灵活调整减排进度。短期内难以达成减排目标的企业，可以通过购买配额获得缓冲时间，期间内进行技术改造或结构调整，逐步提升自身减排能力，从而在长期内实现更加可持续的减排效果。综上所述，碳交易体系的灵活性不仅降低了总体减排成本，提高了减排行动的经济效率，还促进了技术创新、企业间的合作与市场竞争，为构建低碳经济体系创造了有利条件。这种市场机制的灵活性与效率，正是其在全球范围内被越来越多国家和地区采纳作为关键减排工具的重要原因。

8.2.4 比较与结合

1. 互补性

近年来，关于碳交易与碳税的政策工具应用，学术界和实践领域的探讨已经从最初的互斥观点转变为更加深入的互补性理解。这一转变背后，是基于对两者内在机制、实施效果及全球经济环境复杂性的深刻洞察。碳交易系统，以其市场机制为核心，通过设定排放上限和交易配额，激励企业寻找成本效益最高的减排途径；而碳税则是通过直接为每吨碳排放定价，提供稳定的价格信号，促使企业考虑长远的减排投资。两者虽机制各异，但目标一致，都是为了促进温室气体减排，应对气候变化。互补性体现在几个关键方面：

（1）政策覆盖范围与灵活性的互补：碳交易通常在特定行业或大排放源中实施，通过设定总量控制来实现宏观减排目标，而碳税则具有更广泛的适用性，几乎可以涵盖所有排放源。两者结合使用，可以在确保总量控制的同时，通过税收灵活调整覆盖更广泛的排放行为，弥补碳交易市场的缝隙。

（2）价格稳定与动态调整的互补：碳税提供了稳定的碳价信号，有利于企业进行长期规划和投资决策；而碳交易市场的价格随供需波动，更能反映短期减排成本的变化。两者结合，可以在稳定与动态之间找到平衡，既鼓励长期投资，又能灵活反映市场现状，提高减排效率。

（3）公平与效率的平衡：碳税在一定程度上能更好地体现"污染者付费"的原则，确保公平性；而碳交易通过市场机制鼓励低成本减排，追求效率。两者配合，可以设计出既考虑公平性又不失效率的政策组合。例如，碳税可以作为基本减排成本的底线，保证减排的基本公平性，而碳交易则在此基础上激励企业进一步寻找更高效的减排途径。

（4）政策工具的相互强化：在实践中，一些国家或地区选择同时实施碳税与碳交易系统，以形成互补。例如，碳税可以作为对未纳入碳交易体系的小规模排放者的补充措施，或对碳交易价格波动的稳定机制。同时，碳交易的收入可以用来抵消碳税对低收入群体或竞争力较弱行业的影响，实现社会公平与经济平稳过渡。碳交易与碳税之间的互补性不仅体现在技术层面，更在于政策设计的智慧，如何在注重公平与效率之间找到最优解，实现环境目标与经济发展的双赢。未来，随着全球气候治理的深入，两者之间的协调配合将更加精细化，为全球减排目标的实现提供更强有力的政策支撑。

2. 政策选择

在国际气候变化政策领域，不同国家和地区的政策选择通常反映了其独特的国情、管理水平和实施条件。这些因素包括经济结构、市场成熟度、政治意愿、环境目标以及行业特性等。因此，各国在应对碳排放问题时采取了不同的策略，有的侧重于碳交易，有的采用碳税，也有地区选择双轨制，即同时实施碳交易和碳税。

碳交易系统：碳交易是一种基于市场机制的减排策略，它允许企业在一定总量限制下买卖碳排放配额。欧盟排放交易体系（ETS）是最著名的碳交易示例，它涵盖了大型工业企业和航空公司，要求它们持有相应数量的碳排放配额。碳交易的优势在于其灵活性和激励性，它允许企业根据自身优势找到成本最低的减排途径。然而，碳交易体系的有效运作依赖于严格的监测、报告和核查机制，以及对市场操纵行为的监管能力。

碳税制度：与碳交易相反，碳税是一种直接的经济手段，通过征税来反映碳排放的社会成本。它为企业提供了一个明确的价格信号，鼓励其减少碳排放。与传统的命令控制型环境政策相比，碳税具有灵活性和激励性两大优势。首先，它允许被征税主体根据自身情况选择最经济的减排途径，无论是改进生产工艺、提高能效、还是采用清洁能源。其次，碳税为企业提供了持续的减排激励，因为任何未达到减税标准的排放都需要支付相应的税费。为了确保碳税政策的有效性和公平性，政府需要建立一套完善的监测和报告体系。这包括对企业的碳排放量进行准确的测量、记录和验证。同时，政府还需要定期评估碳税的税率和政策效果，确保其与国家的环境保护目标和国际承诺保持一致。

双轨制：一些国家和地区选择了同时实施碳交易和碳税的双轨制策略。这种模式旨在结合两种政策工具的优势，以适应不同行业和企业的情况。例如，对于大型工业排放源，碳交易可能更为适用，因为它们可以通过内部减排或市场交易来优化减排成本。而对于广泛分散的小型企业和非工业排放源，碳税可能更加高效，因为它提供了一个简单明了的价格信号，鼓励所有市场主体减少碳排放。双轨制不仅可以提高政策的灵活性和适应性，还可以增加政策的稳定性和预测性，有助于企业进行长期规划和投资。不同国家和地区在选择碳政策时需要考虑多种因素，包括环境目标、经济效益、社会影响和政治可行性等。有效的政策选择应当综合考虑这些因素，以确保实现减排目标的同时，促进经济的可持续发展和社会的公平转型。此外，国际合作和经验交流也至关重要，因为它们可以帮助各国学习和借鉴成功的政策实践，共同应对全球气候变化挑战。

3. 动态调整

随着全球经济的发展与气候变化挑战的日益严峻，碳交易和碳税作为重要的政策工具，其实施策略必须保持高度的灵活性与适应性，以应对不断变化的国际国内经济形势和环境需求，确保能够有效地促进碳减排目标的实现。以下几点是动态调整碳交易和碳税策略的关键考量。

经济形势适应性：经济增长速度、产业结构变迁、能源结构变化等因素直接影响碳排放量和减排成本。经济衰退期，企业盈利能力下降，可能影响其对减排投资的能力，此时政府可适当调整碳税税率或增加碳交易市场中的免费配额，减轻企业负担，避免经济活动进一步收缩。反之，在经济快速增长期，可适度提高税率或收紧配额供给，加速减排进程。

科技进步与成本变动：技术进步，尤其是清洁能源和能效技术的突破，会降低减排成本。碳交易市场和碳税机制应适时调整，反映这些技术进步，比如降低碳税基准或调整排放配额，激励企业更快采用新技术，加速低碳转型。

国际气候协议与合作：国际气候谈判结果，如巴黎协定的国家自主贡献（NDCs）更新，以及跨国碳市场规则的建立，都会对国内碳政策产生影响。适时调整碳交易与碳税策略，以符合国际承诺，同时利用国际碳市场机制，促进跨境减排合作与成本效益最大化。

社会公平考量：确保政策的公平性，防止对低收入群体或竞争力较弱行业产生过度冲击。通过动态调整税收收入的再分配机制，支持弱势群体和行业转型，或通过设计差异化的税率和配额分配，平衡区域与行业间的发展差异。

环境目标与评估：定期评估碳交易与碳税政策的减排效果，对比既定的碳减排目标，根据评估结果调整政策强度和方向。确保政策工具的灵活性，以应对不断变化的环境挑战，同时促进经济的绿色转型。

碳交易和碳税的动态调整是应对气候变化复杂性与不确定性的重要策略，需要政府、市场参与者及社会各界的紧密合作，通过持续的监测、评估与优化，确保这些政策工具能够有效地促进低碳发展，实现长期的环境与经济双赢。

8.3　绿色建筑认证与评价体系

绿色建筑认证与评价体系是衡量和推广可持续建筑设计、建造和运营实践的标准化工具。它们通过一套综合评价指标来评定建筑在环境保护、资源节约、能源效率、室内环境质量等方面的性能，进而鼓励和认证那些达到特定标准的建筑物。以下是一些全球知名的绿色建筑评价体系。

8.3.1　中国《绿色建筑评价标准》 GB/T 50378

中国《绿色建筑评价标准》GB/T 50378 自发布以来，一直是指导中国建筑业绿色转型和发展的重要纲领性文件，2024 年的最新修订版更是紧贴时代脉搏，充分体现了中国对生态文明建设和可持续发展目标的坚定承诺。该标准不仅关注建筑本身的物理属性，更涵盖了建筑全生命周期的环境影响，从规划、设计、建造、运营到拆除的每一个环节，都力求达到资源高效利用与环境友好。在安全耐久方面，标准强调了建筑结构的坚固性与抗震、防火、防灾能力，确保建筑物长期安全使用，同时要求建筑空间布局合理，采光、通风良好，营造对人体健康有益的室内环境，满足人们生理与心理健康需求。生活便利性方面，该标准倡导无障碍设计，便于各年龄段人群使用，同时鼓励智能化、信息化技术的应用，提高居住和办公的便捷度。资源节约则涉及能源、水资源、材料的高效利用，旨在减少资源消耗，提升能效，如通过太阳能、地热等可再生能源的集成使用，以及雨水收集与循环水系统等。环境宜居指标关注建筑与周边自然环境的和谐共生，要求保护原有生态环境，促进生物多样性，减少光污染和噪声污染，营造宜人的室外环境。运营管理方面，则强调绿色物业管理，通过持续的环境绩效监测与改进，确保建筑长期保持高能效和环境质量。该标准认证等级从基本级至三星级递增，每一星级对应更严格的评估标准和更高的性能要求。基本级达标意味着建筑满足了绿色建筑的基本要求，而三星级则是对绿色建筑最高水平的认可，表明该建筑在所有评价维度上均达到了领先水平，不仅在资源利用效率上表现卓越，更在环境影响、用户健康舒适度上实现了高水平平衡。《绿色建筑评价标准》GB/T 50378 2024 年版的实施，不仅为建筑行业提供了明确的技术指导和评价依据，也促进了相关产业链的绿色发展，增强了公众对绿色建筑的认同感，推动了中国建筑行业向低碳、环保、可持续方向迈进，是中国绿色建筑发展史上的一个重要里程碑。

8.3.2 美国 LEED（Leadership in Energy and Environmental Design）

美国绿色建筑委员会开发的 LEED 评价体系是全球广泛应用的一套绿色建筑评估标准。它旨在鼓励和推动建筑设计、施工和运营过程中的环境保护和资源高效利用。LEED 通过多个类别对建筑的环境性能进行综合评估，包括可持续场地、水资源利用效率、能源与大气、材料与资源、室内环境质量等。根据建筑在这些类别中的表现，LEED 将其分为四个等级：认证级、银级、金级和铂金级。可持续场地是 LEED 评估的一个重要方面，它关注建筑对土地的占用和影响。这包括建筑位置的选择、交通规划、雨水管理以及绿化和景观设计等。一个优秀的可持续场地设计应该尽量减少对自然环境的破坏，保护生态系统，同时提供便利的交通和舒适的户外环境。水资源利用效率是 LEED 评估的另一个关键类别。它主要考察建筑在节水措施、废水处理和雨水回收等方面的性能。通过采用高效的节水设备、合理的水系统设计和科学的水资源管理，建筑可以显著降低对水资源的消耗和污染。能源与大气是 LEED 评估的核心内容之一。它关注建筑的能源效率和对大气环境的影响。这包括建筑的能耗水平、可再生能源的使用比例以及对温室气体排放的控制等。通过优化建筑的能源系统设计、提高设备的能效性能以及采用清洁能源，建筑可以实现节能减排的目标，减少对大气环境的负面影响。材料与资源是 LEED 评估中关注建筑在材料选择和资源利用方面的环境友好性。它鼓励使用可再生、可回收和低环境影响的材料，同时提倡在建筑过程中减少废弃物的产生和资源的浪费。通过合理的材料选择和资源管理，建筑不仅可以降低对自然资源的消耗，还可以减少对环境的污染和破坏。室内环境质量是 LEED 评估中关注建筑内部环境对人体健康和舒适度的影响。它包括室内空气质量、自然采光、噪声控制和热舒适性等方面。通过优化建筑设计、采用环保材料和设备以及合理控制室内环境参数，建筑可以为人们提供健康、舒适和安全的居住和工作环境。LEED 认证不仅有助于提升建筑的市场价值和品牌形象，还能为建筑业主和使用者带来长期的经济和环境效益。因此，越来越多的建筑项目选择遵循 LEED 标准进行设计和运营，以实现可持续发展的目标。

8.3.3 英国 BREEAM（Building Research Establishment Environmental Assessment Method）

英国 BREEAM（Building Research Establishment Environmental Assessment Method）作为全球首个绿色建筑评估体系，自 20 世纪 90 年代初由英国建筑研究院（BRE）创立以来，一直是全球绿色建筑评价领域的先驱和领导者。BREEAM 不仅仅是一套评价标准，更是一种推动建筑行业可持续发展的全面策略，其影响力远远超出了英国本土，遍及全球多个国家和地区。BREEAM 评估体系的全面性体现在它覆盖了建筑的全生命周期，从设计构思的初始阶段，到施工建造，再到建筑的日常运营和维护，确保建筑在其整个使用周期内都能达到最优的环境性能。该体系强调了综合评估，认为真正的绿色建筑不仅要在节能减排上下功夫，还应关注建筑使用者的健康与福祉、促进交通可持续性、保护土地资源、维护生态系统平衡、减少污染、高效利用水资源、实现材料循环利用、妥善处理废物，以及实施有效的管理体系。在能源方面，BREEAM 鼓励采用高效能源系统和可再生能源，减少建筑的碳足迹。在健康与福祉方面，它强调良好的自然光照、室内空气质量、声学环境以及促进身心健康的建筑设计。交通标准则提倡低碳出行，如鼓励自行车使用和公共交通的便捷性。土地利用标准着重于保护自然生态系统和生物多样性，防止过度开发。污染控制标准限制有害物质的使用，减少空气和水污染。水资源管理则强调节水和雨水收集利用。材料方面，鼓励使用可回收和低碳材料，减少环境影响。废物管理则推广建筑废弃物的减量、分类与回收。最后，优秀的管理实践是确保建筑长期维持绿色性能的关键，包括持续的监测、维护和改进策略。BREEAM 通过详尽的评分系统，将建筑分为多个等级，从"通过"到"杰出"不等，以此来表彰那些在环保设计和实践中表现出色的建筑项目。这一评级不仅提升了建筑的市场价值，也增强了业主和使用者的环保意识，促进了整个社会对绿色建筑的接受和追求。随着全球对可持续发展和气候变化的关注加深，BREEAM 继续演进，引领着建筑行业向更加绿色、健康、低碳的未来迈进。

8.3.4 日本 CASBEE（Comprehensive Assessment System for Building Environmental Efficiency）

日本 CASBEE（Comprehensive Assessment System for Building Environmental Efficiency）是一个全面评估建筑环境性能的体系。它不仅关注建筑本身的节能和资源循环利用，还注重室内环境质量和对周边环境的影响。CASBEE 适用于新建和既有建筑，并且根据建筑物的用途和类型设定了不同的评价标准。CASBEE 的评价体系包括四个主要方面：能源效率、资源循环利用、室内环境质量和对周边环境的影响。这些方面共同构成了 CASBEE 的评价指标，通过对这些指标的评估，可以得出一个综合的环境效率得分，从而对建筑的环境性能进行全面评价。

在能源效率方面，CASBEE 主要考察建筑的能耗水平和可再生能源的使用情况。通过优化建筑设计、采用高效的能源系统和设备以及利用可再生能源，建筑可以显著降低能耗并减少温室气体排放。资源循环利用是 CASBEE 评估的另一个重要方面。它关注建筑在材料选择、废弃物管理和水资源利用等方面的可持续性。通过使用可回收、可再生的材料和合理的废弃物处理方式，建筑可以减少对自然资源的消耗并降低环境污染。室内环境质量是 CASBEE 评估中关注建筑内部环境对人体健康和舒适度的影响。它包括室内空气质量、自然采光、噪声控制和热舒适性等方面。通过优化建筑设计、采用环保材料和设备以及合理控制室内环境参数，建筑可以为人们提供健康、舒适和安全的居住和工作环境。对周边环境的影响是 CASBEE 评估中考虑建筑对周围环境和社区的影响。这包括建筑的位置选择、交通规划以及对周边景观和生态系统的保护等。一个优秀的建筑设计应该尽量减少对周边环境的负面影响，并与周围社区和谐共生。CASBEE 的评价结果以一个综合的环境效率得分来表示，该得分综合考虑了建筑在各个方面的表现。得分越高，说明建筑的环境性能越好。这种全面的评价方法有助于推动建筑设计和运营过程中的环境保护和可持续发展。CASBEE 不仅是一种评价工具，还是一种促进建筑行业可持续发展的理念和实践平台。它鼓励建筑师、设计师和业主在建筑项目中考虑环境因素，并通过设计和运营过程中的创新来实现环境效益和经济效益的双赢。随着全球对环境保护和可持续发展的关注日益增加，CASBEE 等绿色建筑评价体系将在未来的建筑设计和运营中发挥越来越重要的作用。

8.3.5　法国 HQE（Haute Qualité Environnementale）

法国 HQE（Haute Qualité Environnementale）绿色建筑标准，自推出以来，便成为欧洲乃至全球范围内极具影响力的绿色建筑评估体系之一。HQE 标准的核心在于其全面性和前瞻性，不仅关注建筑本身，更强调建筑与其周围环境的和谐共生，致力于打造一个健康、高效、可持续的建筑环境。HQE 标准将建筑用户的健康与舒适放在首位，强调良好的室内空气质量、充足的自然光照、适宜的声环境以及舒适的室温调控。通过优化建筑设计，确保室内空间布局利于自然通风，采用无害材料，减少室内污染物，从而创造一个有益于居住者身心健康的工作和生活环境。能源效率是 HQE 标准的另一重点，鼓励采用高效能源系统和可再生能源，如太阳能、地热能等，以减少建筑的能源消耗和碳排放。通过精细的能源模型模拟，确保建筑在设计和运行阶段都能达到最佳能效，实现能源的智能管理和高效利用。HQE 标准要求建筑在水的使用和管理上采取节约措施，包括雨水收集系统、废水回收利用系统和高效的水使用设备，以减少对淡水资源的依赖和污染。通过这些措施，不仅能缓解水资源短缺的问题，还能减少水处理过程中的能源消耗和化学物质排放。在材料的选择上，HQE 标准鼓励使用环保、可回收和本地来源的建筑材料，减少运输过程中的碳足迹。同时，对建筑废弃物的管理也提出了严格要求，提倡分类回收和再利用，减少建筑过程中的废弃物排放，促进资源的循环使用。HQE 标准的独特之处还体现在对生物多样性的重视，鼓励在建筑设计和施工中考虑对当地生态系统的保护，如保留和恢复自然景观、创建绿色屋顶和墙面、设置鸟类栖息地等，以促进生物多样性，构建人与自然和谐共存的环境。HQE 标准的一大亮点在于其全生命周期的考量，不仅局限于建筑的规划和建造阶段，还延伸到运营维护乃至最终的拆除回收，确保建筑在其整个生命周期内的环境影响最小化。这种全面性和前瞻性的思考，促使建筑业向更加可持续的方向发展，为未来城市的绿色转型提供了坚实的基础。总之，法国 HQE 绿色建筑标准以其全面、细致的评估体系，不仅提升了建筑的环境质量，更促进了建筑行业的绿色转型，为全球绿色建筑的发展提供了宝贵的实践经验与启示。

这些绿色建筑评价体系，如 LEED 和 CASBEE，不仅为建筑设计和建造提供了明确的可持续发展指南，而且在全球范围内推动了建筑行业向更加绿色和可持续的方向转型。它们通过制定一套严格的环境和能源性能标准，鼓励建筑行业采取更加环保和资源高效的建筑方法。获得这些认证的建筑通常能够在市场上享有更好的声誉，这有助于提高其吸引力和竞争力。对于商业和住宅建筑来说，这种增强的市场形象可以转化为更高的租赁率和资产价值。租户和购房者越来越倾向于选择那些能够提供更健康、更舒适生活环境的绿色建筑，这使得绿色认证成为提升物业市场竞争力的重要因素。除了市场优势，获得绿色建筑认证的项目还可能获得政府的政策优惠和财政激励。许多国家和地区为了推动绿色建筑的发展，出台了各种激励措施，如税收减免、补贴、低息贷款等。这些政策旨在降低绿色建筑的额外成本，鼓励更多的开发商和业主采用可持续的建筑实践。此外，绿色建筑评价体系还促进了创新设计和建筑技术的应用。为了满足评价标准中的各项要求，建筑师和工程师不得不寻求新的设计方法和材料，这推动了建筑技术的不断进步和创新。例如，为了提高能源效率，建筑行业开始广泛采用高性能的绝缘材料、智能楼宇系统和可再生能源技术。这些技术的应用不仅有助于降低建筑的能耗，还能提升居住者的舒适度和生活质量。同时，绿色建筑评价体系也强调了室内环境质量的重要性。通过优化建筑设计、采用环保材料和设备以及合理控制室内环境参数，建筑可以为人们提供健康、舒适和安全的居住和工作环境。这有助于减少因室内空气质量不佳而引起的健康问题，如头痛、疲劳和呼吸道疾病等。在对周边环境的影响方面，绿色建筑评价体系鼓励建筑与周围环境和社区和谐共生。这包括合理的交通规划、绿化和景观设计以及对周边生态系统的保护等。通过减少对自然资源的消耗和对环境的污染，绿色建筑有助于保护地球的生态平衡和生物多样性。总的来说，绿色建筑评价体系如 LEED 和 CASBEE 在推动全球建筑行业的可持续发展方面发挥了重要作用。它们不仅为建筑设计和建造提供了明确的指南，还带来了市场、政策和技术上的多重好处。随着全球对环境保护和可持续发展的关注日益增加，这些评价体系将继续在未来的建筑设计和运营中发挥关键作用，引领建筑行业向更加绿色、高效和人性化的方向发展。

第 9 章 >>> 案例研究

9.1 国内外典型民用建筑碳排放案例分析

国内外典型民用建筑碳排放案例分析可以帮助我们理解不同策略在实际项目中的应用及其效果，以下是一些示例。

9.1.1 上海中心大厦

上海中心大厦不仅是中国乃至世界范围内的一座超高层地标建筑，更是绿色建筑技术与可持续发展理念的杰出典范。这座高度达到 632m 的建筑在设计和建造过程中充分考虑了能源效率和环保要求，通过采用多项创新技术和设计策略，实现了节能减排和可持续运营的目标。在碳排放管理方面，上海中心大厦采用了多种绿色建筑技术。其中，双层皮肤幕墙系统是其显著特点之一。这种幕墙系统不仅具有美观的外观，更重要的是能够有效减少热量的吸收，降低建筑内部的温度，从而减少对空调等制冷设备的依赖。高效能的暖通空调系统则在确保室内空气质量的同时，最大限度地降低了能源消耗。此外，上海中心大厦还利用废热回收和地源热泵系统来进一步降低能耗。废热回收系统将建筑内部的废热进行回收利用，为大厦提供热水和供暖需求，从而减少了对外部能源的依赖。地源热泵系统则利用地下恒温的特性，为大厦提供了一种清洁、可再生的能源方式，进一步提高了能源利用效率。为了实现电力自给自足，上海中心大厦还在顶部安装了风力发电装置。这些装置不仅为大厦提供了部分自身所需的电力，还展示了其在可再生能源利用方面的决心和努力。在认证成就方面，上海中心大厦获得了中国绿色建筑三星认证和美国 LEED 铂金级认证。这些认证充分证明了大厦在节能减排和可持续设计方面的卓越表现。中国绿色建筑三星认证是对建筑在节能、环保、资源利用等方面达到国内领先水平的认可。而美国 LEED 铂金级认证则是国际上最为严格和权威的绿色建筑认证之一，它评估了建筑在能源效率、水资源利用、材料选择、室内环境质量等多个方面的综合表现。上海中心大厦的绿色建筑实践不仅体现在技术层面，还贯穿于整个项目的规划、设计、施工和运营过程中。例如，在规划阶段，大厦的位置选择充分考虑了交通便利性和周边配套设施的完善性，以减少居民和游客的出行距离和时间。在设计阶段，建筑师采用了多种节能设计和材料选择策略，确保了建筑的整体性能达到最佳状态。在施工阶段，施工单位采用了环保施工方法和材料，减少了对周围环境的影响。在运营阶段，大厦的管理团队制定了严格的能源管理和环境保护政策，确保了建筑的长期可持续发展。上海中心大厦的成功实践不仅为中国乃至全球的绿色建筑发展树立了榜样，也为未来超高层建筑的可持续发展提供了宝贵的经验和启示。它告诉我们，即使在城市密集和土地资源有限的情况下，通过科学的规划和创新的技术应用，我们仍然能够实现建筑与环境的和谐共生。

9.1.2 The Edge（阿姆斯特丹）

The Edge 位于阿姆斯特丹，这座建筑不仅是荷兰的地标，更是全球智能绿色建筑的典范，展示了未来办公环境的理想形态。它作为 DELL 和全球知名咨询公司 Deloitte 荷兰分部的总部，自诞生之日起便备受瞩目，其设计与运作理念体现了对未来工作空间的深刻洞察与创新实践。The Edge 的设计融入了最前沿的智能技术与可持续理念，旨在创造一个既高效又环保的办公环境。建筑内外均布满了传感器，能够实时收集数据，通过人工智能系统分析，自动调节光照、温度和湿度，在确保舒适度的同时最大限度地节约能源。这样的设计不仅提升了员工的幸福感和工作效率，也大幅度降低了建筑的运营成本，展现了科技与环保的完美结合。通过集成的智能系统，The Edge 能够实时监测和优化能源使用，如根据室内人员位置自动调节灯光亮度，利用自然光优化照明，减少电力消耗。这种动态适应性极大地提高了能源效率，减少了不必要的能源浪费。建筑顶部铺设了约 $3000m^2$ 的光伏板，不仅满足自身电力需求，还能将剩余电力回馈电网，实现了能源自给自足并盈余，极大减少了碳排放。建筑选用了大量回收和可持续来源的材料，减少对环境的影响。同时，其设计注重自然采光与通风，最大限度地减少了对人工照明和空调的依赖，进一步降低了能源消耗。The Edge 的卓越设计与实践得到了国际权威机构的高度认可，荣获了BREEAM-NL（英国建筑研究院环境评估方法的荷兰版本）"Outstanding"评级，得分高达 98.36，刷新了当时全球办公建筑的纪录。这一评级不仅肯定了其在能源效率、健康工作环境、可持续材料使用等方面的突出表现，还证明了智能技术与绿色建筑理念结合的巨大潜力。The Edge 的成功案例为全球建筑行业树立了新的标杆，证明了通过科技创新和环保设计，建筑可以成为节能减排的先锋，同时也为用户创造更加舒适、高效的工作空间，引领了未来办公场所的绿色智能趋势。

9.1.3 共同特点与启示

这两个国际和国内的绿色建筑案例证明了在面对全球气候变化挑战时，建筑业的积极转型和创新是可行之路。从设计之初，这些项目就将碳减排作为核心考量，确保了绿色理念渗透到建筑的每一个细节。在建材选择上，偏好于低碳、可回收或可再生材料，减少对环境的初次开采压力；施工方法上，推广模块化、干式施工，减少现场污染与浪费；运营维护阶段，则通过智能化管理，确保能效的持续优化。技术创新是这些绿色建筑的另一亮点。智能建筑管理系统能够根据环境变化自动调节建筑的能耗，如光照、温度，甚至根据室内人员分布调整空调供应，极大提高了能源利用效率。高效能源系统，如地源热泵、太阳能光伏板等，直接将自然界的清洁能源转化为建筑的运营动力，减少了对化石燃料的依赖。这些技术的应用，不仅减少了建筑的碳足迹，也为建筑的智能化、自动化铺垫了道路。参与国内外绿色建筑认证，如中国的绿色建筑三星标准、美国的 LEED，以及英国的 BREEAM，不仅为这些项目提供了国际认可的绿色建筑评价体系，还成为项目设计与建造的高标准执行依据。这些认证体系不仅考量了环境性能，还包含了健康、舒适性、社会责任等多维度，促使绿色建筑更加全面、高质量发展。环境与经济效益的双赢是这些案例的又一显著特点。在减少碳排放、节约资源的同时，绿色建筑因其高效的能源管理降低了长期运营成本，减少了维护费用。室内环境质量的提升，如更好的空气质量、自然光照和声环境，提高了居住和工作的舒适度，从而增加了租户满意度，提升了物业的市场竞争力和资产价值。此外，绿色建筑的品牌形象，符合了当前社会对可持续发展的追求，吸引了更多关注环保的消费者和投资者。这些案例生动展示了通过综合应用先进技术和管理策略，民用建筑在减少碳排放、应对气候变化的同时，实现了经济效益与环境效益的双重提升，为全球建筑业的绿色转型提供了实践样本和信心。未来，随着技术的不断进步和政策的支持，绿色建筑将更加普及，成为构建可持续城市和实现碳中和目标的关键一环。

9.2　成功经验与教训总结

从国内外典型民用建筑碳排放案例中，我们可以总结出一些成功经验和教训，为未来的民用建筑实践提供参考。

9.2.1　成功经验

1. 前期规划与设计的重要性

在当今社会，绿色建筑已成为全球范围内的热门话题。随着人类对环境保护意识的不断提高，越来越多的建筑项目开始关注可持续性、能源效率和环保要求。在这个过程中，前期规划与设计的重要性日益凸显。一个成功的绿色建筑项目必须在项目初期进行充分的环境影响评估和绿色设计规划，以确保建筑从源头上减少碳排放，实现真正的可持续发展。前期规划与设计是绿色建筑项目成功的关键。在这个阶段，建筑师和设计师需要充分考虑建筑的选址、朝向、布局、材料选择以及能源系统等因素，以确保建筑在未来的运营过程中能够实现高效能源利用和低碳排放。例如，通过合理的选址和朝向设计，可以充分利用自然光和通风，减少对人工照明和空调的需求；通过优化建筑布局和形态设计，可以提高空间利用率，减少不必要的建筑体积；通过选择具有良好环保性能的建筑材料，可以降低建筑对环境的负面影响。在前期规划与设计阶段，进行充分的环境影响评估也是至关重要的。通过对建筑项目所在地区的气候条件、地形地貌、生态环境等进行分析，可以预测建筑对周边环境的潜在影响，并提出相应的缓解措施。这有助于确保建筑项目的可持续性和生态友好性。此外，前期规划与设计还需要充分考虑建筑的功能需求和使用人群的特点。通过深入了解使用者的需求和习惯，可以为他们提供更加舒适、健康和便捷的生活和工作环境。同时，这也有助于提高建筑的使用效率和满意度，进一步推动绿色建筑的发展。在前期规划与设计阶段，建筑师和设计师还需要与多方利益相关者进行沟通和协调，包括业主、政府部门、社区居民等。通过充分听取各方意见和建议，可以确保建筑项目的可行性和可接受性。这也有助于形成共同的绿色发展理念和目标，为后续的设计和施工工作奠定坚实的基础。总之，前期规划与设计对于绿色建筑项目的成功至关重要。它不仅关系建筑的能源效率和环保性能，还影响建筑的使用效果和满意度。通过在项目初期进行充分的环境影响评估和绿色设计规划，可以确保建筑从源头上减少碳排放，实现真正的可持续发展。因此，我们应该高度重视前期规划与设计工作，为绿色建筑的发展贡献力量。

2. 集成化设计

集成化设计是绿色建筑中一种重要的设计理念和方法。它强调在建筑设计过程中，将节能、节水、材料选择、废弃物管理等多方面考虑融入整体设计中，以实现系统的最优化配置。与传统的单一技术应用不同，集成化设计注重各个要素之间的相互关系和综合效果，通过优化组合和协同作用，达到更高效、更环保的目标。在集成化设计中，节能是一个核心要素。建筑师通过合理的建筑形态、朝向、布局等设计策略，最大限度地利用自然光和通风，减少对人工照明和空调的依赖。同时，选择合适的保温材料和构造做法，提高建筑的保温性能，降低能耗。此外，集成化设计还结合了高效的能源系统，如太阳能光伏板、地源热泵等，进一步降低建筑的能耗水平。节水也是集成化设计中的重要考虑因素。建筑师通过设计雨水收集和利用系统、采用节水型器具和设备、优化水景观和灌溉系统等措施，实现建筑用水的最大化节约和循环利用。这些措施不仅降低了建筑的水消耗，还减少了对水资源的压力，有助于保护当地的水资源和生态环境。材料选择是集成化设计中的另一个关键环节。建筑师在选择建筑材料时，不仅要考虑其强度、耐久性、美观等基本性能，还要关注其环保性能和可持续性。优先选用可再生、可回收、低污染的建筑材料，减少对环境的负面影响。同时，合理利用地方材料和资源，降低运输成本和能耗。废弃物管理是集成化设计中不可忽视的一环。建筑师通过设计合理的废弃物分类、回收和处理系统，实现建筑废弃物的减量化、资源化和无害化处理。这不仅有助于减少对垃圾填埋场和焚烧厂的依赖，还能促进资源的循环利用和可持续发展。除了以上几个方面，集成化设计还综合考虑了室内环境质量、使用者需求、文化特色、经济可行性等多个因素。通过将这些因素有机结合和协调，实现建筑的整体优化和提升。这种设计理念和方法不仅提高了建筑的性能和品质，还为用户带来了更加舒适、健康、便捷的生活和工作环境。在实际应用中，集成化设计需要多学科的合作和协调。建筑师需要与结构工程师、设备工程师、景观设计师等多个专业紧密合作，共同研究和探讨最优化的设计方案和技术组合。同时，还需要与业主、政府部门、社区居民等多方利益相关者进行沟通和协商，确保设计方案的可行性和可接受性。总之，集成化设计是绿色建筑中一种综合性、系统性的设计理念和方法。它通过将节能、节水、材料选择、废弃物管理等多方面考虑融入整体设计中，实现系统的最优化配置。这种设计理念和方法不仅提高了建筑的性能和品质，还为可持续发展作出了积极贡献。在未来的绿色建筑发展中，集成化设计将发挥越来越重要的作用。

3. 技术创新与应用

在推动绿色建筑发展的浪潮中，技术创新与应用扮演着至关重要的角色，不仅促进了建筑行业向更高能效、更低碳环保的方向迈进，还为建筑使用者提供了更加舒适、智能的生活与工作环境。智能建筑管理系统（BMS）集成了物联网（IoT）、大数据分析、云计算和人工智能（AI）等前沿技术，实现了建筑运行的全面自动化与智能化。通过遍布建筑内外的传感器网络，系统能够实时收集环境参数（如温度、湿度、光照、空气质量等）和设备运行状态数据，结合预测性算法进行分析，自动调节空调、照明、遮阳、通风等系统，以优化能源使用，减少无效能耗。同时，智能管理系统还能提供个性化环境设定，提高用户舒适度，并通过远程监控与故障预警，降低了维护成本。高效能的能源系统，如地源热泵、太阳能光伏系统、热回收系统等，正逐步成为绿色建筑的标准配置。地源热泵利用地下恒温特性，夏季提取冷量供冷，冬季提取热量供暖，效率远高于传统空调和暖气系统。太阳能光伏板则直接将太阳能转化为电能，不仅自给自足，多余电力还能并网销售。热回收系统则在排风中回收热量或冷量，用于预处理新风，减少空调负荷。这些技术的广泛应用，显著减少了建筑对化石燃料的依赖，降低了碳排放。可再生能源技术的创新与应用是推动绿色建筑的关键一环。除了上述提及的太阳能光伏板外，还包括风能、生物质能、潮汐能等。在适合的地理位置，小型风力发电机可作为辅助能源供应。生物质能源系统，通过将有机废弃物转换为生物气或电力，既处理了废弃物，又产出能源。而沿海建筑则探索潮汐能，利用海洋潮汐变化产生的能量发电，虽技术尚在发展中，但潜力巨大。绿色建筑材料的创新也是技术进步的亮点。例如，使用生物基或再生塑料制成的绝缘材料，减少了对石油资源的依赖；自清洁生产到回收全过程环保的水泥替代品，降低了碳排放；透明的太阳能玻璃，既透光又能发电，为建筑立面增添美观与功能性。还有，能够感应环境变化调节透光率的智能窗户、自洁材料减少维护需求，这些新型材料在提升建筑性能的同时，也强化了环境友好性。总之，技术创新与应用是推动绿色建筑发展的强大引擎，通过智能建筑管理系统优化能源管理、高效能源系统的普及、可再生能源的整合，以及新型环保材料的创新，不仅降低了建筑全生命周期的能源消耗，减少了碳排放，还提高了建筑的居住与工作环境质量，为实现可持续发展目标作出了重要贡献。未来，随着技术的不断迭代升级和成本的进一步降低，这些绿色建筑技术的应用将更加广泛，成为建筑行业的标配。

4. 持续监测与优化

持续监测与优化是绿色建筑运营过程中至关重要的一环。为了确保建筑在长期运营过程中能够实现节能减排的效果，建立一个有效的能源和环境性能监测系统显得尤为重要。这样的系统可以实时收集和分析建筑的能源消耗、室内外环境参数等数据，为运营者提供及时、准确的反馈，以便根据数据反馈不断调整和优化运营策略。首先，一个完善的能源和环境性能监测系统应包括多个方面的监测指标。这包括但不限于建筑的能耗水平、用电负荷、用水情况、空气质量、温度、湿度等参数。这些指标能够全面反映建筑的能源和环境性能状况，为后续的数据分析和优化提供基础。其次，监测系统的建设和运行需要依靠先进的技术和设备。例如，可以利用智能仪表和传感器对建筑的各项参数进行实时监测和采集；通过无线网络将数据传输至中央控制系统进行分析和处理；利用大数据分析和人工智能技术对数据进行深入挖掘和预测，为运营决策提供科学依据。在监测系统运行过程中，持续的数据收集和分析是关键。通过对长期积累的数据进行对比和分析，可以发现建筑在不同季节、不同时间段的能源消耗规律和特点，从而找出存在的问题和改进空间。例如，如果发现某个区域的能耗明显高于其他区域，可以进一步调查原因并采取相应的节能措施，如加强保温、改善空调系统等。最后，持续监测与优化还需要建立一套完善的运营策略调整机制。根据监测系统提供的数据反馈，运营者可以及时调整建筑的运营模式和策略，以适应不同的环境和需求变化。例如，可以根据室内外温度变化调整空调系统的运行参数，实现更高效的能源利用；根据用电负荷的变化合理安排设备的运行时间和顺序，降低峰值负荷和能耗成本。为了确保持续监测与优化的效果，还需要建立一个跨学科的专业团队进行支持。这个团队应包括建筑师、工程师、数据分析师等多个领域的专家，共同负责监测系统的建设、运行和维护工作。他们需要密切关注最新的技术和发展趋势，不断更新和完善监测系统的功能和性能，确保其能够适应不断变化的建筑环境和需求。总之，持续监测与优化是确保绿色建筑长期节能减排效果的重要手段。通过建立有效的能源和环境性能监测系统，并根据数据反馈不断调整和优化运营策略，可以实现建筑的高效运营和可持续发展。这不仅有助于降低建筑的能耗和碳排放水平，还能为用户提供更加舒适、健康和便捷的生活和工作环境。

5. 利益相关者参与

在绿色建筑理念的实施过程中，业主、设计师、承包商、用户及社区等多方利益相关者的积极参与和共识形成对于项目的成功至关重要。他们不仅能够为项目提供多角度的建议和意见，还能够增强项目的社会接受度和市场竞争力。首先，业主作为项目的发起者和最终受益者，在绿色建筑项目中扮演着重要的角色。他们需要明确项目的目标和定位，并积极参与到项目的决策过程中。通过与设计师、承包商等合作方进行深入的沟通和交流，业主可以确保项目符合可持续发展的要求，并在项目的规划、设计、施工和运营等各个阶段发挥积极作用。其次，设计师作为绿色建筑项目的创意者和实施者，需要具备深厚的绿色建筑知识和技能。他们应该充分了解业主的需求和期望，结合项目的具体情况和环境特点，提出创新的设计方案和技术措施。同时，设计师还需要与承包商、用户及社区等其他利益相关者进行广泛的合作和协调，确保设计方案的可行性和可操作性。承包商作为绿色建筑项目的施工主体，承担着将设计方案转化为实际建筑的任务。他们需要具备丰富的施工经验和技术能力，严格按照设计方案进行施工，并积极采用环保材料和工艺。同时，承包商还需要与设计师、业主等其他利益相关者保持密切的沟通和协作，及时解决施工过程中出现的问题和难题。用户作为绿色建筑的最终使用者和受益者，他们的需求和满意度是衡量绿色建筑项目成功与否的重要标准。因此，在绿色建筑项目中，用户的声音和意见应该得到充分的重视和尊重。设计师和业主可以通过问卷调查、座谈会等方式收集用户的意见和建议，将其融入项目的设计和运营过程中。同时，用户还需要积极参与到绿色建筑的宣传和推广中，提高公众对绿色建筑的认识和接受度。最后，社区作为绿色建筑项目所处的社会环境，其支持和反对态度对于项目的社会接受度和市场竞争力具有重要影响。因此，在绿色建筑项目中，社区的利益和需求也应该得到充分的考虑和保障。设计师和业主可以通过与社区居民进行沟通和协商，了解他们的意见和建议，确保项目符合社区的利益和发展目标。同时，还可以通过组织社区活动、提供社区服务等方式增强社区对绿色建筑项目的认同感和支持度。综上所述，利益相关者参与是绿色建筑项目中不可或缺的一环。通过业主、设计师、承包商、用户及社区等多方利益相关者的积极参与和共识形成，可以共同推进绿色建筑理念的实施，增强项目的社会接受度和市场竞争力。在未来的绿色建筑发展中，我们应该更加注重利益相关者参与的重要性，积极促进各方之间的合作和协作，共同推动绿色建筑事业的发展。

6. 政策与市场机制的配合

政策与市场机制的密切配合是推动绿色建筑发展的双轮驱动，通过一系列精心设计的激励措施和市场导向工具，共同为绿色建筑的普及和可持续性建筑实践创造了有利条件。

这一策略不仅促进了环境的可持续性，还为经济转型和市场活力的激发提供了动力。政府通过制定税收优惠政策，直接降低了绿色建筑项目的成本负担。例如，对采用节能材料、实施绿色设计的项目提供税收减免，或对采用可再生能源系统的企业给予所得税优惠，这些措施显著提升了绿色建筑的经济可行性。此外，政府还直接提供财政补贴，鼓励绿色建筑技术的研发与应用，特别是在初期市场接受度不高但环境效益显著的技术上，如高效能热泵系统、建筑一体化光伏等，补贴降低了市场导入壁垒，加速了技术成熟与成本下降。碳交易机制为建筑减排提供了市场化的激励。纳入碳交易体系的建筑，可通过减少碳排放获得碳信用额度，并在市场出售，这一机制直接将减排行为转化为经济收益，鼓励企业主动采取减排措施。碳交易市场的发展，不仅促进了碳定价的透明化，还推动了跨行业间的碳减排合作与技术创新。绿色建筑认证制度，如美国的 LEED、英国的 BREEM 或中国的绿色建筑评价标准，为建筑的环保性能设立了明确标准，通过第三方认证，为绿色建筑提供了市场认可度和品牌价值。获得认证的建筑不仅在租赁市场更受欢迎，租金和资产价值往往也更高，这种市场奖励机制直接反馈给开发者和投资者，刺激了绿色建筑的建设需求。同时，认证制度的高标准要求，也不断推动建筑技术与设计的创新，促进建筑行业整体水平的提升。政策与市场机制的结合，形成了互补与强化效应。政策激励降低了绿色建筑的初期成本障碍，为市场机制的运作提供了启动条件；而市场机制的反馈，如碳价格、绿色认证的经济激励，又反过来验证了政策的有效性，促进了政策的持续优化。两者相互促进，共同构建了一个正向循环，使得绿色建筑从政策推动逐步过渡到市场自发需求，实现了绿色建筑的规模化推广。综上所述，政策与市场机制的配合策略是推动绿色建筑发展的关键，它通过税收优惠、补贴降低了成本门槛，通过碳交易和绿色认证制度激发了市场动力，形成了绿色建筑推广的良性循环，为建筑行业的可持续发展开辟了广阔前景。随着全球气候变化挑战的紧迫性增加，这种策略的协同作用将显得愈发重要，为全球绿色建筑转型提供强大动力。

9.2.2 教训总结

1. 成本与收益的平衡

在当今社会，绿色建筑已经成为一种趋势。它不仅有助于保护环境，还能提高建筑的能效和舒适度。然而，绿色建筑的初期投资相对较高，这给许多业主和开发商带来了一定的顾虑。因此，在进行绿色建筑项目时，需要对成本与收益进行平衡分析，以确保项目的可行性和可持续性。首先，我们需要认识到绿色建筑的长期经济效益。虽然绿色建筑的初期投资较高，但由于其节能、节水、减少维护成本等特点，长期来看能够为业主节省大量的运营费用。此外，绿色建筑还能够提高建筑的市场价值和租金水平，为用户带来更好的使用体验。因此，在进行成本效益分析时，需要综合考虑绿色建筑的长期收益，而不仅是短期的投资成本。其次，为了避免过度投资，合理规划预算是非常重要的。在制定预算时，业主和开发商应该充分考虑项目的实际需求和目标，选择合适的绿色建筑技术和策略。例如，可以优先考虑那些具有较高性价比的绿色建筑措施，如外墙保温、高效照明系统等。同时，还可以通过政府补贴、税收优惠等方式降低初期投资成本。另外，精细化的成本效益分析也是确保绿色建筑项目成功的关键。通过对不同绿色建筑措施的成本和收益进行详细的分析和比较，可以帮助业主和开发商作出更加明智的决策。这种分析可以借助专业的绿色建筑评估工具和方法进行，如生命周期评价、碳足迹分析等。这些工具和方法能够帮助我们更准确地预测绿色建筑的长期经济效益和环境影响。此外，业主和开发商还可以考虑采用创新的融资方式来降低绿色建筑的初期投资压力。例如，可以通过发行绿色债券、设立绿色基金等方式吸引社会资本参与绿色建筑项目。这些方式不仅可以提供额外的资金来源，还能够提高项目的社会认知度和影响力。在实施绿色建筑项目时，还需要关注项目的运营和维护成本。绿色建筑通常需要更精细的运营管理和维护策略，以确保其长期效益的实现。因此，业主和开发商需要加强对运营人员的培训和管理，提高他们的专业素质和技能水平。同时，还需要建立健全的维护制度和流程，确保建筑的各个系统能够正常运行和高效工作。成本与收益的平衡是绿色建筑项目中一个非常重要的环节。虽然绿色建筑的初期投资较高，但通过精细的成本效益分析、合理规划预算以及创新的融资方式等措施，我们可以实现绿色建筑的可持续发展并与之相应的长期经济效益。

2. 技术适用性与本土化

技术适用性与本土化是绿色建筑发展中不可或缺的策略，它强调在吸收和借鉴国际先进绿色建筑技术及标准的同时，必须结合本国或本地区的具体情况，进行必要的调整和创新，以确保技术的实用性和有效性。这一过程涉及对气候条件、资源分布、文化习俗、经济水平、技术水平等多个维度的深入分析和考量，确保绿色建筑解决方案真正根植于本土，服务于地方可持续发展的需求。气候是影响建筑能耗和舒适度的关键因素。不同地区有着截然不同的气候类型，从寒带到热带，从湿润到干旱，直接照搬国外技术往往不能完全适应。例如，北欧国家广泛应用的高效保温技术在热带地区可能过于闷热，而热带地区的遮阳和自然通风设计在寒冷地区则不够保暖。因此，设计时需考虑本地气候特征，如通过被动式设计策略（如自然通风、遮阳、日光利用、热质量控制）优化建筑的微气候，实现能源效率与使用者舒适度的平衡。资源的地域性决定了绿色建筑策略的本土化调整。不同地区自然资源禀赋差异显著，如水资源丰富的地区可侧重雨水收集和利用系统，而缺水地区则需强化节水技术。材料的选择也需考虑本土化，使用当地可再生资源，不仅减少运输碳足迹，还支持地方经济。如在竹材丰富的亚洲地区，竹材建筑既环保又经济，而欧洲可能更倾向于木材利用。建筑是文化的载体，绿色建筑亦需尊重和体现地方文化特色，与社区习俗相融合。例如，中东地区的建筑在绿色设计中保留了传统庭院布局以促进自然通风和遮阳，同时满足社交文化需求。本土化设计不仅提升建筑的文化认同感，还能促进社区的参与度和接受度，使绿色建筑成为推动社会可持续发展的积极力量。绿色建筑技术的应用还需考虑当地的经济发展水平和科技能力。高成本的国际先进技术可能在经济欠发达地区难以普及，这时需探索性价比高、易于实施的本土化技术。同时，通过技术转移和培训提升本地建筑行业的技能，为绿色建筑的长期发展打下坚实基础。综上所述，绿色建筑技术的适用性与本土化是一个复杂但至关重要的过程，它要求跨学科的合作，包括建筑师、工程师、环保专家、社会学家等共同参与，深入了解本地条件，创造性地融合国际经验与本土智慧，以发展出既符合国际绿色标准又深植于本土实际的建筑解决方案。这种本土化策略是推动全球绿色建筑事业全面、均衡发展的关键，确保了绿色建筑的可持续性、实用性和文化敏感性，为全球各地的环境和社区带来长期福祉。

3. 政策连续性和执行力

政策连续性和执行力对于绿色建筑的发展起着至关重要的作用。政策的稳定性和执行力度直接影响着市场信心、技术创新以及绿色建筑市场的健康发展。当政策频繁变动或执行不力时，将会对整个绿色建筑领域带来一系列负面影响。首先，政策的稳定性是吸引投资和促进市场发展的关键因素。对于投资者而言，长期稳定的政策环境能够降低投资风险，增强投资信心。绿色建筑涉及的资金投入往往较大，且回报周期较长，因此投资者更需要一个可预测的政策环境来作出明智的投资决策。如果政策频繁变动，将使得投资者难以准确把握市场动态，从而可能导致投资减少甚至撤资，进而影响绿色建筑项目的实施和市场的发展。其次，政策的执行力度也是推动绿色建筑发展的关键因素。一个好的政策如果得不到有效执行，那么其效果将大打折扣。在绿色建筑领域，政策执行不力可能会导致各种问题。例如，一些地方政府可能会因为追求短期经济增长而忽视绿色建筑的重要性，导致绿色建筑政策得不到有效执行；或者某些开发商可能会因为追求利润最大化而忽视绿色建筑标准，导致绿色建筑的质量得不到保障。这些问题都将阻碍绿色建筑技术的创新和应用，影响市场的健康发展。此外，政策连续性和执行力还与技术进步密切相关。绿色建筑技术的发展需要得到政策的支持和引导。如果政策能够保持稳定并得到有效执行，那么这将为绿色建筑技术的研发和创新提供有力支持。相反，如果政策变动频繁或执行不力，那么这将不利于绿色建筑技术的推广和应用，进而影响整个行业的技术水平和竞争力。为了确保政策连续性和执行力，政府在制定绿色建筑政策时应充分考虑各方利益，广泛征求行业意见，确保政策的科学性和合理性。同时，政府还应加强对政策执行情况的监督和评估，及时发现问题并采取措施加以解决。此外，政府还可以通过加强宣传和教育，提高公众对绿色建筑的认识和接受度，为政策执行创造良好的社会氛围。综上所述，政策连续性和执行力对于绿色建筑的发展具有重要意义。为了推动绿色建筑市场的健康发展，政府应保持政策的稳定性并加强执行力度。同时，各方也应积极参与和支持绿色建筑政策，共同促进绿色建筑技术的创新和应用。

4. 数据透明与分享

目前，尽管全球范围内不乏优秀的绿色建筑案例和创新实践，但由于信息传播渠道有限、数据共享不足，这些宝贵的经验和知识往往未能得到充分利用，导致行业整体进步受到限制。因此，建立开放的数据平台和有效的经验交流机制，对于加速绿色建筑技术与理念的普及至关重要。开放数据平台能够集中存储和展示来自世界各地的绿色建筑案例数据，包括设计参数、施工过程、性能监测结果、节能减排效果等，为研究人员、设计师、开发商及政策制定者提供翔实的数据支持，加速知识的积累与传播。通过平台提供的大量数据，行业从业者能够进行跨地域、跨类型的建筑项目比较分析，识别哪些设计策略在特定环境下最有效，哪些技术应用存在改进空间，从而持续优化设计方案，提高绿色建筑的性能表现。数据共享激励技术创新，为初创企业、科研机构提供验证新技术、新材料的机会，通过真实项目数据反馈，促进技术快速迭代和商业化进程，推动绿色建筑技术的前沿发展。建立在线案例库，收集并分类展示全球范围内的绿色建筑案例，包含详细的项目介绍、技术应用、实施过程、成本效益分析等，为业界提供直观的学习资源。定期评选并推广最佳实践，鼓励创新和模仿学习。组织线上线下研讨会、论坛、工作坊等活动，邀请行业专家、项目负责人分享经验，讨论挑战与解决方案。同时，建立社交媒体群组、专业论坛等线上平台，促进即时交流，打破地域限制，形成紧密的行业网络。搭建政策制定者、行业专家、绿色建筑实践者之间的沟通桥梁，通过数据共享和经验反馈，促进政策制定更加科学、实际，推动绿色建筑标准与国际接轨，提升整个行业的标准化、规范化水平。数据透明与分享机制的建立对于绿色建筑领域来说，是推动技术进步、理念普及、提升行业整体水平的关键。通过开放数据平台的搭建和有效的经验交流机制，不仅可以加速知识的传播和技术创新，还能促进政策优化，最终推动绿色建筑在全球范围内的广泛采用，为实现可持续发展目标贡献力量。

通过总结过去的经验与教训，我们可以看到，未来民用建筑项目在追求碳减排和可持续发展的过程中，面临着诸多挑战。为了应对这些挑战并确保既定目标的实现，我们需要更加科学、系统地制定策略，加强政策引导和支持。政府应该出台更加具体、明确的政策，鼓励民用建筑项目采用低碳、可持续的设计理念和技术。同时，政府还应该加大对绿色建筑项目的扶持力度，提供相应的税收优惠、资金支持等措施，降低项目的成本压力，激发市场活力。我们需要提高公众对碳减排和可持续发展的认识。通过加强宣传教育，让公众了解绿色建筑的重要性和益处，形成全社会共同参与的良好氛围。此外，我们还可以借鉴国际先进经验，引入专业的绿色建筑评估体系和认证标准，推动行业规范化发展。在技术层面，我们需要加强绿色建筑技术的研发和推广。通过鼓励企业加大研发投入，推动绿色建筑技术创新；同时加强产学研合作，促进科研成果的转化和应用。此外，我们还需要建立完善的技术服务体系，为民用建筑项目提供全方位的技术支持和服务保障。在项目管理方面，我们需要加强项目全过程的监管和管理。从项目的策划、设计到施工、运营等各个环节都要严格把控质量关和安全关；同时还要注重资源的节约利用和环境的保护治理等方面的问题。此外我们还需要建立健全的激励机制和考核机制，激发企业和专业人员的积极性和创造力，确保项目的顺利进行和目标的实现。在国际合作方面，我们需要积极参与全球碳排放权交易市场，与其他国家开展互利共赢的合作与交流，学习借鉴国际先进经验和技术推动我国民用建筑领域的绿色发展。通过以上措施的实施，我们可以更加科学、系统地制定出一套完整的策略来指导未来民用建筑项目在追求碳减排和可持续发展时的实践工作，确保既定目标的顺利实现。这不仅有助于提升我国民用建筑的整体水平，还将为全球环境保护事业作出积极贡献。

第 10 章 >>>
全生命周期碳排放预测模型

10.1 预测模型构建原理

全生命周期碳排放预测模型构建的原理是基于生命周期评价（Life Cycle Assessment，LCA）的方法论，旨在量化产品、服务或建筑物在其整个生命周期内（从原材料提取、生产、使用直至废弃处理）的温室气体排放。具体到建筑领域，全生命周期碳排放预测模型的构建一般遵循以下几个核心步骤。

10.1.1 确定系统边界

在构建绿色建筑的碳减排和可持续发展目标的预测模型时，我们首先需要确定系统边界。这个系统边界将定义模型的评估范围，确保我们能够全面地考虑建筑的各个阶段和相关的环境因素。系统边界的确定涉及建筑的全生命周期，从建材的生产与运输开始，一直到建筑的施工过程，再到建筑的使用、维护与翻新，直至最终的拆除和废弃物处理。在这个过程中，我们需要明确哪些活动和排放源将被纳入模型之中，以便更准确地评估建筑的碳足迹和环境影响。在确定系统边界时，我们需要考虑以下几个关键因素：①建筑类型和用途：不同类型的建筑（如住宅、商业、办公等）具有不同的使用特点和维护要求，因此其碳排放和环境影响也会有所不同。同时，建筑的用途也会影响能源消耗和排放情况，例如，一个大型商场的能耗和碳排放可能会高于一个普通的办公楼。②建材的选择和利用：建材的生产、运输和安装过程中会产生大量的碳排放，因此在构建模型时需要对这些环节进行细致的分析。此外，我们还需要考虑建材的可回收性和再利用性，以降低建筑拆除后产生的废弃物对环境的影响。③能源效率和可再生能源的利用：在建筑使用阶段，能源消耗是导致碳排放的主要原因之一。因此，在构建模型时，我们需要关注建筑的能源效率，包括保温性能、照明系统、空调系统等方面的优化。同时，我们还需要探讨如何充分利用可再生能源（如太阳能、风能等），以降低建筑在使用阶段的碳排放。④施工过程中的环境管理：施工过程中会产生大量的废弃物、扬尘和噪声等环境问题，因此在构建模型时需要对这些方面进行评估和管理。通过采取有效的环保措施和技术手段，可以最大限度地减少施工过程对环境的负面影响。⑤拆除和废弃物处理：建筑拆除后产生的废弃物如果处理不当会对环境造成严重污染。因此，在构建模型时，我们需要关注建筑拆除后的废弃物分类、回收和处理方式，以实现资源的循环利用和环境的可持续发展。通过综合考虑以上因素并确定系统边界，我们可以建立一个全面而准确的预测模型来评估绿色建筑的碳减排和可持续发展目标。这将有助于我们制定更有效的策略和措施来实现这些目标，并为未来的绿色建筑发展提供有力的支持和指导。

10.1.2　数据收集与处理

构建预测模型是现代建筑行业迈向碳减排和可持续发展的重要一步，而数据收集与处理是这一过程的基石。它要求全面、精确地记录建筑全生命周期中每一个环节的碳足迹信息，为模型提供坚实的数据支持。

1. 数据收集范围与内容

设计与规划阶段：收集建筑设计的详细资料，包括建筑类型、尺寸、结构设计、材料选用计划、能源效率设计（如建筑朝向、遮阳设计、自然采光等）。同时，记录初步估算的能源需求，如预计的供暖、制冷、照明和电气能耗。

施工阶段：详细记录施工过程中使用的各种材料数量，如混凝土、钢材、木材、玻璃等，以及这些材料的产地和运输距离，因为运输过程也会产生碳排放。此外，记录施工机械的能耗、现场临时设施的能源使用、废弃物处理方式等。

运营阶段：监测建筑实际运行中的能耗，包括水电气用量、供暖与制冷系统的效率、照明与电器设备的能效比。此外，还包括维护与修缮中材料的更换、废弃物处理等数据。

拆除与回收：虽然这一阶段在建筑的生命周期末端，但同样重要，需考虑拆除过程中的能源消耗、废弃物分类与回收利用率。

2. 数据处理与计算方法

数据清洗：首先，对收集来的原始数据进行清洗，剔除错误、重复或不完整的记录，确保数据质量。同时，标准化数据格式，方便后续分析。

碳排放因子计算：根据收集的数据，结合不同材料、能源和工艺过程的碳排放系数（碳排放因子），计算出各个环节的碳排放量。碳排放因子通常来源于科学研究、行业标准或专业数据库，需定期更新以保持准确。

生命周期评价（LCA）：运用生命周期评价方法，将从原材料提取、加工、制造、运输、建筑施工、运营到最终废弃处理的全过程的碳排放量综合起来，形成全生命周期碳足迹报告。

数据分析与建模：利用统计学和机器学习技术，对处理后的数据进行分析，识别碳排放的关键影响因素，构建预测模型。模型可以是回归模型预测能耗趋势，或是基于场景分析的决策支持模型，帮助评估不同减排策略的效果。

结果可视化与反馈：将模型预测结果以图表、报告等形式呈现，便于决策者理解。同时，反馈到设计与运营中，持续优化建筑的碳管理策略。

通过这样系统性的数据收集与处理，构建的预测模型不仅能准确预测建筑碳排放趋势，还能指导设计和运营策略的优化，是实现建筑行业"双碳"目标的有力工具。

10.1.3　计算碳排放因子

计算碳排放因子是绿色建筑预测模型构建原理中的一个重要步骤。这个碳排放因子将能源消耗、物料使用等数据转换为碳排放量的系数，通常以 CO_2 当量/单位能源或物料表示。这一步骤需要参考国内外权威的碳排放数据库或研究文献，以确保计算的准确性。

碳排放因子的确定是基于不同能源类型和物料的碳排放特性。例如，化石燃料（如煤炭、石油和天然气）在燃烧过程中会释放大量的二氧化碳，而可再生能源（如太阳能、风能等）则几乎不产生碳排放。此外，不同物料在生产过程中的碳排放也不同，需要根据其生产工艺和能耗情况进行具体分析。为了确保碳排放因子的准确性，我们需要参考权威的数据库或研究文献。这些数据库和文献通常会提供不同能源类型和物料的碳排放因子数据，这些数据是基于大量实验和监测结果得出的，具有很高的准确性和可信度。在国内方面，我们可以参照国家发展和改革委员会发布的《中华人民共和国温室气体排放清单》中的相关数据。该清单详细列出了我国不同能源类型和物料的碳排放因子数据，为我们进行碳排放计算提供了重要依据。在国外方面，我们可以借鉴国际能源署（IEA）、美国环保署（EPA）等权威机构发布的碳排放数据库。这些数据库包含了世界各地不同能源类型和物料的碳排放因子数据，可以帮助我们了解国际上的碳排放情况，并进行比较和分析。在计算碳排放因子时，我们还需要关注一些细节问题。首先，需要注意不同数据库和文献之间的数据差异。由于不同的数据库和文献可能采用不同的测试方法和标准，因此其公布的碳排放因子数据可能存在差异。在这种情况下，我们需要综合考虑各个数据库和文献的数据，并根据实际情况进行合理地选择和调整。其次，需要考虑时间和地域因素的影响。随着科技的进步和政策的变化，不同能源类型和物料的碳排放因子可能会发生变化。因此，在参考数据库和文献时，我们需要关注其发布时间和适用地域，以确保所选数据的时效性和适用性。最后，还需要关注数据的一致性和可比性。在计算碳排放因子时，我们需要确保所使用的数据单位和方法的一致性，以便进行准确的比较和分析。如果遇到单位不一致或方法不同的问题，需要进行相应的转换和调整，以确保计算结果的准确性。通过以上步骤和注意事项的考虑，我们可以计算出准确的碳排放因子，并将其应用于绿色建筑预测模型中。这将有助于我们评估建筑的碳排放情况，制定有效的减排策略和措施，并为未来的绿色建筑发展提供有力的支持和指导。

10.1.4　构建模型

结合上述信息，采用数学模型（如线性模型、回归分析、系统动力学模型等）来描述各阶段的碳排放量与相关变量之间的关系。模型可能需要考虑政策、经济、技术进步等外部因素对碳排放的影响。构建预测模型是连接数据与实践的桥梁，是将复杂的数据分析转化为实际应用的关键步骤。在绿色建筑领域，预测模型的构建尤为关键，因为它涉及众多变量，需要准确估计和理解不同因素如何影响建筑的碳排放量。下面是构建模型的详细步骤，结合了数学模型的使用和对外部因素的考虑。

1. 数学模型选择

线性模型：适用于预测建筑能耗与碳排放量及某些变量（如建筑面积、使用人数、设备功率等）之间的简单直接关系。线性模型简单明了、易于解释，但可能无法捕捉复杂关系。

回归分析：多元线性回归或非线性回归模型能够处理多个变量与碳排放量之间的复杂关系，比如考虑建筑类型、地理位置、季节变化、能源价格等因素对能耗的影响。

系统动力学模型：对于理解建筑系统内部动态变化和长期趋势尤为重要，如建筑能源系统反馈回路、材料老化对能效的影响。此类模型能够模拟不同情景下的动态变化过程，预测未来碳排放趋势。

2. 外部因素的整合

政策影响：政策变化如碳税、补贴政策、建筑能效标准变动等对建筑碳排放有直接影响。模型需考虑政策变量，如将政策调整作为输入参数，评估其对预测结果的潜在影响。

经济因素：经济增长、能源价格波动、投资成本等宏观经济变量也会影响建筑的建设和运维决策。模型中加入经济变量，通过敏感性分析，理解经济波动对碳排放的间接影响。

技术进步：技术进步，特别是能源效率的提升和可再生能源成本下降，对建筑减排至关重要。模型需要反映技术发展预期，如假设技术进步率，评估其对长期减排潜力的贡献。

3. 模型校准与验证

通过历史数据对模型进行校准，确保模型预测结果与实际情况吻合。这包括调整参数、优化模型结构，确保模型的准确性。

使用交叉验证或留一法等技术测试模型的泛化能力，确保模型不是过拟合于训练数据，而是在未知数据上也有较好的预测能力。

4. 灵敏性分析与情景模拟

执行敏感性分析，识别哪些变量对碳排放预测最为敏感，帮助决策者聚焦关键因素。

构建不同情景，如悲观、乐观、基准情景，评估不同政策、技术路径对碳排放的长期影响，为政策制定和企业战略规划提供依据。

通过上述步骤，构建的预测模型不仅能够提供碳排放的定量预测，还能揭示影响排放的关键因素，帮助决策者理解未来趋势，制定科学合理的减排策略。模型的持续优化和反馈机制对于确保预测的准确性和实用性同样重要，随着数据和外部环境的变化，模型也需要不断调整和更新。

10.1.5 验证与校准

在绿色建筑的碳减排和可持续发展目标的预测模型构建过程中，验证与校准是确保模型准确性和可靠性的重要步骤。通过历史数据或实际案例对模型进行验证，我们可以检验模型的预测能力，并根据实际情况对其进行调整和优化。首先，我们需要收集历史数据或实际案例来进行模型验证。这些数据可以包括建筑的能源消耗、碳排放量、室内环境质量等方面的信息。通过对这些数据进行整理和分析，我们可以了解建筑的实际运行情况，为模型验证提供依据。其次，我们需要将收集到的数据输入到预测模型中，进行模拟运行。通过对比模型的预测结果和实际数据，我们可以评估模型的准确性和可靠性。如果发现模型的预测结果与实际数据存在较大差异，我们需要进一步分析原因并进行相应的调整。在调整模型参数时，需要考虑以下几个方面：①模型结构和假设条件的合理性：检查模型的结构是否合理，假设条件是否符合实际情况。如果发现问题，我们需要对模型结构或假设条件进行修改和完善。②数据采集和处理方法的准确性：检查数据采集和处理过程是否存在误差或疏漏。如果有问题，我们需要重新采集数据或采用更准确的处理方法。③模型参数的取值是否合适：评估模型参数的取值是否合理，是否需要进行调整。我们可以根据实际情况和专家意见对模型参数进行优化，以提高模型的预测效能。经过验证与校准后的模型将更加准确和可靠，能够更好地指导我们在绿色建筑领域进行决策和实践。然而，我们也需要意识到，任何模型都存在一定的局限性和不确定性。因此，在实际应用中，我们需要持续关注模型的运行情况，并根据新的数据和信息对其进行更新和优化。此外，为了进一步提高模型的预测效能和适用性，我们还可以考虑以下几个方面的改进：①加强跨学科合作：绿色建筑涉及多个学科领域，包括建筑学、环境科学、能源工程等。通过加强跨学科合作，我们可以综合各方优势，共同推动绿色建筑的发展。②利用大数据和人工智能技术：随着大数据和人工智能技术的不断发展，我们可以利用这些技术对模型进行优化和提升。例如，可以利用机器学习算法对模型进行训练和优化，提高其预测准确性和效率。③建立反馈机制：在实际应用中，我们需要建立有效的反馈机制，及时收集用户和专家的意见和建议。这些反馈意见可以帮助我们不断改进模型，提高其实用性和可靠性。验证与校准是绿色建筑预测模型构建过程中至关重要的环节。通过严格的验证与校准流程，我们可以确保模型的准确性和可靠性，为绿色建筑的发展提供有力支持。同时，我们还需要不断探索新的方法和手段来改进模型，以适应不断变化的市场和环境需求。

10.1.6　应用与优化

完成构建的预测模型不仅是理论的堆砌，更是实践的指南针。在绿色建筑领域，其应用价值主要体现在以下几个方面。

1. 方案评估与优化选择

模型提供了一种量化评估工具，能够预测不同设计方案对建筑全生命周期碳排放的影响。这包括但不限于建筑设计阶段的建筑布局、结构类型、材料选择，以及能源系统配置等。通过输入不同的设计参数，模型输出对应的碳排放预测值，帮助设计团队直观比较各种方案的环境影响，优选低碳排放的方案。

2. 材料选择指导

建筑材料的碳足迹占建筑总排放的很大一部分。模型可以精确评估不同材料的碳排放因子，如生产、运输、安装、维护直至废弃的整个周期。这有助于设计师优先选择低碳材料，如再生材料、本地采购的材料，或是具有高能效性能的材料，从而减少建筑的整体碳排放。

3. 能效措施的经济性分析

模型不仅评估能效措施对碳减排的影响，还能结合成本数据，进行成本效益分析。比如，增加外墙保温层、采用高效能窗、安装太阳能光伏板等措施的初始投资与长期节能效果的对比。这帮助决策者在考虑经济可行性的基础上，作出最有利于减排的选择。

4. 情景模拟与适应性策略

模型可以模拟未来不同情景下的建筑表现，比如能源价格变动、技术进步、政策变化（如碳税实施）等。这种模拟帮助决策者预见未来，制定灵活的适应策略，确保建筑在长期内依然保持低碳竞争力。

5. 追踪与反馈机制

应用模型预测结果后，还需建立追踪机制，监测实际建筑的碳排放数据，与模型预测对比，评估预测的准确性，及时发现偏差并调整模型参数。这种持续优化的过程，确保模型长期有效，能够适应建筑运行中的动态变化，更好地服务于减排目标。

6. 教育与宣传

模型的透明度和应用过程也是教育与宣传的契机。通过展示模型如何工作，如何影响决策，可以提高公众和行业对绿色建筑的认知，增强对低碳生活方式的支持与参与度。模型的构建和应用是实现绿色建筑碳减排目标的科学依据，是决策优化、技术创新、成本效益分析、情景规划与长期战略制定的核心工具。通过不断地优化与实践反馈，模型将持续进化，引领建筑业向更加绿色、高效、可持续的未来迈进。

10.1.7　持续更新与完善

在绿色建筑的碳减排和可持续发展目标的预测模型构建过程中，持续更新与完善是确保模型长期有效性和准确性的重要环节。由于技术进步、政策变化和市场条件的动态性，模型需要定期更新数据和调整参数，以保持其预测的时效性和准确性。首先，技术进步对模型的影响是不可忽视的。随着新材料、新工艺和新设备的不断涌现，建筑行业的能效水平和碳排放特性也在不断变化。这些技术进步不仅能够提高建筑的性能和质量，还能够降低建筑在使用过程中的能源消耗和碳排放。因此，我们需要及时关注行业内的技术进步情况，并将其纳入模型的考虑范围中。通过定期更新技术参数和数据，我们可以确保模型能够准确反映当前技术水平下的碳排放情况。其次，政策变化也是影响模型准确性的重要因素。政府在推动绿色建筑发展的过程中，会出台各种政策和措施来鼓励或限制某些行为。这些政策变化可能会对建筑行业的运作方式和碳排放产生重大影响。例如，政府可能会提供补贴或税收优惠来鼓励使用可再生能源，或者制定更严格的建筑节能标准来限制传统能源的使用。这些政策变化需要及时纳入模型的考虑范围，并根据其对碳排放的影响进行调整。另外，市场条件的动态性也需要我们密切关注。市场需求、成本波动和竞争态势等因素都会影响建筑行业的运作方式和碳排放情况。例如，当市场需求增加时，建筑活动可能会更加频繁，从而导致碳排放的增加；而当成本上升时，建筑行业可能会寻求更节能、更环保的解决方案来降低成本。因此，我们需要定期收集市场数据并分析其变化趋势，以便及时调整模型中的相关参数和假设条件。为了实现持续更新与完善的目标，我们可以采取以下几个具体措施：

（1）建立数据采集和分析机制：建立一个系统性的数据采集和分析机制是持续更新与完善模型的基础。我们可以利用现代信息技术手段来收集和整理相关数据，包括政策法规、技术进步、市场动态等方面的信息。同时，我们还可以利用数据分析工具和方法来挖掘数据背后的规律和趋势，为模型的更新提供有力支持。

（2）加强与行业专家的合作与交流：与行业专家的合作与交流是获取最新技术和市场

信息的重要途径。我们可以定期组织研讨会、座谈会等活动来邀请行业专家分享经验和见解；同时也可以加入相关的行业协会或组织来参与行业标准的制定和修订工作。通过与专家的合作与交流，我们可以及时了解最新的技术和市场动态，并将其纳入模型的考虑范围。

（3）建立反馈机制：建立一个有效的反馈机制是持续更新与完善模型的关键。我们可以设立专门的渠道来收集用户和专家对模型的意见和建议；同时也可以定期对模型进行评估和审查来发现问题和不足之处。根据收集到的反馈意见和评估结果，我们可以及时调整模型的相关参数和假设条件以提高其准确性和可靠性。持续更新与完善是确保绿色建筑预测模型长期有效性和准确性的重要环节。通过建立数据采集和分析机制、加强与行业专家的合作与交流以及建立反馈机制等措施，我们可以不断提高模型的时效性和准确性为绿色建筑的发展提供有力支持。全生命周期碳排放预测模型的构建是一个复杂而动态的过程，它要求跨学科知识的整合、详尽的数据支撑和持续的优化调整，以有效指导建筑行业的低碳转型。

10.2 大数据分析与机器学习应用

在全生命周期碳排放预测模型中，大数据分析与机器学习技术的应用能够显著提高预测的准确性和效率，以下是几种主要的应用方式。

10.2.1 数据整合与预处理

数据整合与预处理是绿色建筑预测模型构建过程中的关键环节。随着大数据技术的发展，我们可以获得来自不同来源的海量数据，这些数据包括但不限于建筑材料供应链数据、能源消耗记录、气象数据、政策文件等。这些数据对于预测模型的构建具有重要意义，但也需要经过一系列的预处理工作才能转化为模型可用的特征集。首先，我们需要利用大数据技术整合来自不同来源的数据。这些数据可能具有不同的格式和结构，因此需要进行统一化的处理。我们可以采用数据清洗算法来识别并填补缺失值，去除异常值，以及进行特征工程。通过这些步骤，我们可以将原始数据转化为模型可用的特征集。在数据清洗过程中，我们需要特别注意异常值的处理。异常值可能是由数据采集错误、设备故障或其他因素导致的，会对模型的预测结果产生不良影响。因此，我们需要采用适当的方法来识别和处理异常值。常用的方法包括基于统计的方法（如 3σ 原则）、基于聚类的方法（如 K-means 算法）和基于分类的方法（如决策树算法）。根据具体情况选择合适的方法进行处理后可以有效减少异常值对模型预测结果的影响。特征工程是数据预处理的另一个重要环节。特征工程的目的是将原始数据转化为模型可用的特征集。这个过程包括特征提取、特征选择和特征转换等步骤。特征提取是从原始数据中提取出有用的信息作为特征；特征选择是从众多特征中挑选出对模型预测结果影响最大的特征；特征转换是将原始特征进行某种数学变换以得到新的特征。通过特征工程我们可以有效地提高模型的预测性能和准确性。在完成数据整合与预处理后我们就可以利用机器学习算法来建立预测模型了。机器学习算法可以根据已标记的数据来学习输入与输出之间的映射关系，从而对新的输入数据进行准确地预测。在选择机器学习算法时需要考虑数据集的特点和问题的性质。常用的机器学习算法包括线性回归、支持向量机、神经网络等。根据具体情况选择合适的算法进行训练后可以得到一个有效的预测模型。

数据整合与预处理是绿色建筑预测模型构建过程中不可或缺的环节。通过利用大数据技术和机器学习算法对海量数据进行整合和预处理，我们可以为模型提供准确可靠的特征集，从而提高模型的预测效能和准确性。同时，持续的数据更新和完善也是确保模型长期有效性的重要措施。只有不断优化和更新模型才能更好地适应不断变化的市场和技术环境满足绿色建筑发展的需求。

10.2.2　高级预测模型

高级预测模型的引入，特别是基于机器学习的方法，是对传统统计模型在处理建筑领域碳排放预测中复杂性与非线性关系的一种重要补充和升级。相较于传统的线性回归、时间序列分析等方法，虽然在处理简单或线性趋势数据上有较好表现，但在面对建筑碳排放这类涉及多重交互影响因素、非线性关系及动态变化的复杂系统时，其局限性逐渐显现。因此，采用更高级的机器学习模型成为优化预测精度、提升决策支持能力的关键途径。随机森林通过集成学习的思想，构建多个决策树并综合它们的预测结果，来提高预测的准确性和鲁棒性。它擅长处理高维数据，能够捕捉变量间复杂的非线性关系，且对异常值相对不敏感，非常适合处理建筑碳排放预测中的多因素影响分析。支持向量机通过最大边界间隔的概念，在特征空间中找到最优分割超平面，尤其擅长处理小样本、高维空间的分类问题。在建筑碳排放预测中，它能有效区分不同建筑类型或策略对碳排放的影响，即使在数据量不大时也能提供较为准确的决策边界。神经网络，尤其是深度学习模型，如卷积神经网络（CNN）、循环神经网络（RNN）或长短时记忆网络（LSTM），在处理序列数据和图像识别上具有独特优势。在建筑领域，这些模型可以应用于分析建筑能耗图谱、卫星图像等复杂数据，识别建筑能耗模式或预测建筑性能，甚至模拟建筑外观对能效的影响。对于建筑图像分析，卷积神经网络可以识别设计元素（如窗户大小、墙体材质）与建筑能耗的关系，为设计优化提供依据。在处理时间序列数据上，如历史能耗数据，循环神经网络和 LSTM 能捕捉时间依赖关系，预测未来能耗趋势，优化能源管理策略，尤其是针对建筑的动态能耗预测，如季节性变化、用户行为模式影响。实践中，往往结合多种模型的优势，形成混合模型或集成模型，以提高预测精度和稳定性。通过模型间互补，更好地处理建筑碳排放预测中的复杂性，实现更精准的减排策略指导。总之，高级预测模型特别是机器学习方法的引入，为建筑碳排放预测提供了更强大的工具，不仅能够捕捉复杂非线性关系，还能更准确地预测趋势，为决策提供科学依据，指导建筑业向低碳、高效、可持续的未来发展。

10.2.3　动态 LCA 模型

动态 LCA 模型是一种利用机器学习技术来动态调整生命周期评价中的参数的新型模型。相比于传统的静态 LCA 模型，动态 LCA 模型能够更好地适应建筑材料价格波动、能源价格变化或新的环保政策等因素的影响，实时更新碳排放预测，使得模型预测更加贴近实际情况。在动态 LCA 模型中，机器学习模型被用来分析和学习历史数据中的规律和趋势。通过对历史数据进行训练和学习，机器学习模型可以建立起输入与输出之间的映射关系。这种映射关系可以用来预测未来的碳排放情况，并根据实时数据进行动态调整。具体来说，动态 LCA 模型可以通过以下步骤来实现：

（1）数据收集：首先需要收集大量的历史数据，包括建筑材料价格、能源价格、环保政策等信息。这些数据可以从相关的数据库、政策文件或市场报告中获取。

（2）特征工程：对收集到的数据进行特征工程处理，提取出有用的信息作为特征。这个过程包括特征提取、特征选择和特征转换等步骤。通过特征工程可以将原始数据转化为机器学习模型可用的特征集。

（3）模型训练：利用机器学习算法对特征集进行训练和学习。根据问题的性质和数据集的特点选择合适的算法进行训练后可以得到一个有效的预测模型。

（4）参数调整：根据实时数据对模型中的参数进行调整。例如，当建筑材料价格上涨时，可以相应地调整模型中与材料成本相关的参数；当新的环保政策出台时，可以根据政策要求调整模型中与排放标准相关的参数。

（5）结果预测：将调整后的参数输入到模型中进行预测。通过比较不同时间点的预测结果可以评估模型的准确性和可靠性。如果发现模型的预测结果与实际情况存在较大差异则需要进一步分析和调整模型。

通过以上步骤，动态 LCA 模型能够实时地根据建筑材料价格波动、能源价格变化或新的环保政策等因素调整参数并更新碳排放预测结果。这种灵活性使得动态 LCA 模型更加贴近实际情况，能够为绿色建筑的设计和管理提供更准确的决策支持。然而，需要注意的是，动态 LCA 模型虽然具有很高的灵活性和准确性但也面临着一些挑战。首先，数据的质量和完整性对于模型的训练和应用至关重要。如果数据质量不高或者存在缺失值等问题则会对模型的预测结果产生不良影响。其次，机器学习算法的选择和应用也需要具备一定的专业知识和经验。不同的算法适用于不同的问题和场景，选择合适的算法并进行合理的调参是确保模型准确性的关键。最后，动态 LCA 模型需要不断地进行更新和完善以适应不断变化的市场和技术环境。只有不断优化和更新模型才能更好地满足绿色建筑发展的需求。动态 LCA 模型是一种利用机器学习技术来动态调整生命周期评估中的参数的新型模型。通过实时地根据建筑材料价格波动、能源价格变化或新的环保政策等因素调整参数并更新碳排放预测结果，动态 LCA 模型能够更加贴近实际情况，为绿色建筑的设计和管理提供更准确的决策支持。然而，在应用过程中需要注意数据质量、算法选择和应用以及模型更新等问题以确保模型的准确性和可靠性。

10.2.4　情景分析与优化

情景分析与优化是利用机器学习模型进行绿色建筑碳排放预测的高级应用阶段，它不停留在数据预测，更深入到策略制定与决策优化，为实现低碳建筑提供科学依据。以下是该过程的深入解析。

1. 多情景构建

情景分析首先基于对未来的多种设想，如不同的经济发展水平、政策背景（如碳税、补贴政策）、技术进步（如能效提升、可再生能源成本下降）、社会行为变化等。这些情景构建了建筑运营的未来环境，是预测分析的基础。

2. 参数敏感性分析

通过机器学习模型，可以快速进行参数敏感性分析，识别哪些变量（如建筑材料的碳足迹、能效标准、可再生能源使用比例）对建筑碳排放的影响最为敏感。这有助于聚焦关键决策点，优化资源分配。

3. 策划策略评估

机器学习模型的强大在于其处理大量数据的能力，能够快速评估在不同策略下的碳排放情况。例如，改变建筑材料（如从传统混凝土到竹材、再生材料）、优化建筑设计（增加自然采光利用、被动式设计）、实施高效能效措施（智能控制系统、热泵系统）等，模型可以模拟这些改变对碳排放的即时与长期影响。

4. 成本效益分析

情景分析不仅考虑环境影响，还需结合经济成本。机器学习模型能综合分析不同策略的成本效益，比如初始投资、运营成本、维护费用与潜在的节约（能源费用、税收优惠等），找出成本效益比最高且环境影响最小的方案。

5. 动态调整与适应性

基于机器学习的模型可以实时更新，随着新数据的输入不断优化预测能力，使得情景分析更加准确。这使得决策者能灵活适应环境变化，适时调整策略，确保长期目标的实现。

6. 可视化与决策支持

最后，通过数据可视化工具，将复杂的模型结果转化为决策者易于理解的图表、仪表盘，直观展示不同情景下的碳排放、成本效益，支持直观决策，加速决策过程。

机器学习模型在情景分析与优化中的应用，不仅提供了对建筑碳排放的深入理解，更转化为实际的减排策略与成本效益平衡，推动建筑行业向低碳、高效、可持续的转型。这一过程强调了数据科学、技术与决策的紧密融合，是绿色建筑发展的核心驱动力。

10.2.5　鲁棒性与不确定性分析

鲁棒性与不确定性分析是绿色建筑预测模型构建过程中的重要环节。利用机器学习方法评估模型预测的不确定性和鲁棒性，可以帮助我们了解哪些输入变量对预测结果影响最大，从而指导数据收集和模型改进的方向。不确定性分析是评估模型预测结果可靠性的关键步骤。在绿色建筑预测模型中，由于数据的多样性和复杂性，以及模型本身的假设条件和简化处理等因素，预测结果往往存在一定的不确定性。为了量化这种不确定性，我们可以采用蒙特卡洛模拟等方法来进行不确定性分析。通过多次随机抽样并计算预测结果的分布情况，我们可以得到预测结果的置信区间和可靠性指标。同时，还可以利用贝叶斯网络等方法来进行概率推理和不确定性传播分析，以进一步评估模型预测结果的不确定性。鲁棒性分析是评估模型对于输入变量变化的稳定性和可靠性的过程。在绿色建筑预测模型中，由于输入变量可能存在波动或不确定性，因此需要评估模型对于这些变化是否具有较高的鲁棒性。可以通过敏感性分析来了解哪些输入变量对预测结果影响最大。具体来说，可以采用局部敏感性分析和全局敏感性分析两种方法。局部敏感性分析是通过改变某一个输入变量的值并观察预测结果的变化情况来评估该输入变量的重要性；而全局敏感性分析则是通过同时改变多个输入变量的值并观察预测结果的变化情况来评估各输入变量之间的相互作用和重要性。根据敏感性分析的结果，我们可以确定哪些输入变量对于模型预测结果具有较大影响，从而有针对性地进行数据收集和模型改进。除了以上两个主要方面外，还可以结合其他方法和工具来进行鲁棒性与不确定性分析。例如，可以利用决策树、随机森林等机器学习算法来进行特征选择和重要性评估；可以利用支持向量机、神经网络等方法来进行非线性拟合和预测；可以利用集成学习的方法来提高模型的泛化能力和稳定性。此外，还可以利用可视化工具将分析结果以图表的形式展示出来，以便更好地理解和解释模型的行为和性能。鲁棒性与不确定性分析是绿色建筑预测模型构建过程中不可或缺的环节。通过利用机器学习方法评估模型预测的不确定性和鲁棒性，并通过敏感性分析了解哪些输入变量对预测结果影响最大，我们可以指导数据收集和模型改进的方向，从而提高模型的准确性和可靠性。然而，需要注意的是，在进行鲁棒性与不确定性分析时需要具备一定的专业知识和经验，并且需要根据实际情况选择合适的方法和工具进行分析和应用。只有不断优化和完善分析过程才能更好地满足绿色建筑发展的需求。

在绿色建筑管理中，实时监测与反馈机制是确保持续优化与高效减排的关键环节，特别是在结合了物联网（IoT）与机器学习技术之后。这一融合不仅提升了建筑的智能程度，还极大地增强了碳排放管理的时效性和精准性。物联网技术通过部署在建筑中的各类传感器（如温度、湿度、光照、能耗计量、二氧化碳浓度、设备运行状态等）实时采集建筑运营数据，这些数据涵盖了建筑能耗、环境条件、设备效率、人员行为等多个维度，为机器学习模型提供实时、全面的输入。机器学习模型利用这些实时数据流，进行即时分析，通过模式识别和异常检测算法，能够迅速识别能耗模式的偏离或碳排放量的异常增加，这可能是由于设备故障、系统效率下降、不当使用或环境条件变化引起。机器学习的强大学习能力使得模型能够从大量数据中自动学习并识别这些模式，无须手动设置固定阈值，提升了异常检测的灵活性和准确性。一旦发现异常或排放增加的趋势，机器学习模型立即通过智能建筑管理系统生成警报文或通知，直接发送给建筑管理者或维护团队。这些即时反馈包含了异常详情、可能的原因分析及建议的应对措施，为决策者提供了即时响应的依据，缩短了问题识别到解决的时间差，有效遏制了能源浪费和不必要的碳排放。基于这些反馈，管理者可以快速调整运营策略，如调整设备运行参数、优化设备调度、改善维护计划，甚至重新训练员工行为。同时，机器学习模型也在持续学习这些反馈循环中自我优化，不断改进预测能力和异常检测的精确度，形成数据驱动的闭环优化机制，提升建筑的能效与碳管理智慧水平。结合历史数据与实时监测，机器学习模型进一步预测未来能耗趋势与潜在的碳排放问题，为预防性维护与策略调整提供依据。通过提前识别潜在的能耗高峰或设备效率下降，建筑管理者能采取预防措施，如提前维护，避免未来的大规模维修成本和碳排放增加。最后，这一系统还能通过智能界面向建筑用户反馈能耗信息，如员工、租户，提升他们的能源意识，鼓励节能行为，形成积极的用户参与，进一步促进建筑整体的低碳目标。总之，物联网与机器学习结合的实时监测与反馈机制，为绿色建筑提供了一个动态、高效、精准的管理平台，不仅即时响应问题，更持续优化策略，推动建筑向更高效、更可持续的未来迈进。

10.2.6 自动化与智能化

自动化与智能化是当前绿色建筑领域的重要发展趋势。在碳排放管理方面，机器学习模型的自动化训练和调优能力可以减少人工干预，提升模型构建和更新的效率，使碳排放管理更加智能化和高效。自动化训练是指利用计算机自动完成机器学习模型的训练过程，而无需人工进行干预。传统的机器学习模型训练往往需要人工设置参数、调整算法等，这不仅耗时耗力，而且容易受到主观因素的影响。而自动化训练则可以利用计算机的计算能力和智能算法自动完成这些工作，大大提高了训练效率。例如，可以使用网格搜索算法来自动寻找最优的超参数组合；可以使用自动化建模工具来自动选择和组合不同的特征和算法。通过自动化训练，我们可以更快地构建出准确可靠的机器学习模型，为碳排放管理提供有力支持。

智能化调优是指利用智能算法对机器学习模型进行自动调优，以提高其性能和准确性。在实际应用中，由于数据的变化和环境的不确定性，机器学习模型往往需要进行实时调优以适应新的情况。而传统的调优方法往往依赖于人工经验和试错法，效率低下且容易出错。而智能化调优则可以利用智能算法自动寻找最优的调优策略，从而提高模型的性能和准确性。例如，可以使用强化学习算法来自动调整模型的参数；可以使用遗传算法来自动搜索最优的特征组合。通过智能化调优，我们可以实现对机器学习模型的实时优化和调整，使其更加适应实际需求。

除了自动化训练和智能化调优外，自动化与智能化还可以应用于其他方面的碳排放管理。例如，可以利用物联网技术对建筑物进行实时监测和数据采集，然后将数据输入到机器学习模型中进行分析和预测；可以利用大数据分析技术对大量的碳排放数据进行挖掘和分析，发现潜在的规律和趋势；可以利用人工智能技术对碳排放管理进行智能化决策和支持。通过这些应用，我们可以实现对碳排放管理的全面智能化和自动化，提高管理效率和准确性。然而，需要注意的是，自动化与智能化虽然带来了许多优势，但也面临着一些挑战和问题。例如，如何确保数据的安全性和隐私性？如何避免算法的偏见和歧视？如何解释和理解复杂的机器学习模型？这些问题需要我们在推进自动化与智能化的过程中加以重视和解决。同时还需要加强对相关人员的培训和教育以提高他们的专业素养和技术能力。只有克服了这些挑战和问题才能更好地发挥自动化与智能化在碳排放管理中的优势和潜力。自动化与智能化是绿色建筑领域的重要发展趋势之一。在碳排放管理方面，机器学习模型的自动化训练和调优能力可以减少人工干预提升模型构建和更新的效率使碳排放管理更加智能化和高效。通过自动化与智能化的应用我们可以实现对碳排放管理的全面智能化和自动化提高管理效率和准确性。但同时也需要关注和解决相关的挑战和问题以确保自动化与智能化的顺利实施和应用效果。综上所述，大数据分析与机器学习在全生命周期碳排放预测模型中的应用，不仅增强了预测的精准度和实时性，还提升了模型的适应性和决策支持能力，是推动建筑领域碳减排管理现代化的重要工具。

10.3 区域性与类型化预测案例

区域性与类型化预测案例在全生命周期碳排放预测模型中，主要是指针对不同地理区域特性和建筑类型进行定制化的碳排放预测。以下是一些具体的案例说明。

10.3.1 区域性预测案例

在中国北方某城市，冬季供暖是关系到民生福祉和社会经济发展的重大事项。然而，传统的供暖系统多依赖燃煤锅炉，不仅能源效率低下，且是重要的碳排放源，加剧了环境污染和气候变化问题。为应对这一挑战，地方政府积极探索供暖系统的绿色转型，其中利用机器学习模型进行区域性预测成为一项创新举措，旨在优化供暖系统，减少碳足迹。该城市位于中国北方，冬季漫长而寒冷，供暖需求巨大。近年来，随着全球气候变暖，虽然极端低温事件频次减少，但供暖期的总体需求并未显著降低，反而因气候变化的不确定性增加了供暖系统的管理难度。因此，如何在满足居民供暖需求的同时，实现节能减排，成为地方政府面临的一大挑战。首先，项目组收集了过去数十年的当地气象数据，包括平均气温、降雪量、风速等，以建立地区气候模型，并考虑未来气候变暖趋势对供暖需求的潜在影响。其次，通过问卷调查、智能电表数据和历史记录，分析居民的供暖习惯，包括室内温度偏好、供暖时段选择等，以理解需求侧的变化。此外，详尽收集现有供暖系统的能耗数据，包括燃煤锅炉的燃料消耗、热效率、碳排放量等，以及热网的输送效率和损失率。基于上述数据，项目组构建了一个综合机器学习模型，该模型集成了时间序列分析、回归分析、聚类分析等多种算法，旨在预测不同节能改造方案对供暖系统未来几年碳排放的影响。模型设计考虑了多种因素的交互作用，如气候因素与供暖需求的关系、节能技术的经济效益与减排潜力、居民行为改变对供暖负荷的影响等。模型分析了多种节能改造方案，特别是热泵系统替代传统燃煤锅炉的可行性。热泵作为一种高效、清洁的供暖方式，其工作原理是利用少量的电能搬运环境中大量的低位热能至高位热能，供室内取暖。模型评估了热泵在不同气候条件下的能效比，以及在逐步淘汰燃煤锅炉过程中的阶段性减排效果。

特别地，模型还考虑了区域气候变暖趋势对供暖需求的潜在减少，这意味着在某些年份，供暖系统的负荷可能会有所下降，热泵系统因其良好的可调节性，能够更加灵活地适应这种变化，进一步节省能源。通过模拟不同气候情景下的供暖需求变化，模型帮助政府预测未来几年内可能的能源节约量和碳减排量。基于机器学习模型的预测结果，地方政府获得了宝贵的决策依据。一方面，了解到热泵系统替换传统燃煤锅炉在长期运营中不仅能显著降低碳排放，还能在特定条件下降低运营成本；另一方面，也认识到需要结合气候变暖趋势，灵活调整供暖策略，避免过度投资于高负荷能力的供暖设施。此外，模型还揭示了通过提高居民节能意识、推广智能温控设备等措施，进一步优化供暖需求侧管理的重要性。通过此项目的实施，中国北方某城市不仅找到了一条供暖系统优化升级的科学路径，也为其他类似地区的供暖改革提供了参考模板。机器学习模型的应用展示了数据驱动决策的力量，强调了在复杂环境变化中采用先进技术进行精准预测和规划的必要性。未来，随着技术的进步和更多数据的积累，该模型有望进一步优化，为实现碳中和目标贡献力量。

10.3.2 类型化预测案例

在北美地区，办公楼绿色改造潜力评估是一个具有重要意义的研究课题。为了全面了解不同类型办公楼的绿色改造潜力，我们选取了多种类型的办公楼作为样本，包括甲级、乙级和历史建筑等。通过对这些样本进行大数据分析，我们可以了解其现有能效水平、建材组成及维护记录等信息。然后应用机器学习算法识别影响碳排放的关键因素为每种类型的办公楼生成个性化的改造建议和碳排放减量预测。这将有助于业主和投资者评估改造投资回报并为决策提供有力支持。首先，我们对选取的样本进行大数据分析。通过收集和整理这些办公楼的能源消耗数据、建筑材料信息以及维护记录等信息，我们可以建立起一个全面的数据库。这个数据库将为我们后续的分析和应用提供基础数据支持。其次，我们应用机器学习算法对收集到的数据进行分析。聚类分析是一种常用的机器学习算法它可以将具有相似特征的数据归为一类。通过聚类分析我们可以将这些办公楼划分为不同的类别并发现它们之间的共性和差异。随机森林模型是另一种常用的机器学习算法它可以用于分类和回归任务。通过随机森林模型我们可以识别出影响碳排放的关键因素并生成个性化的改造建议和碳排放减量预测。在识别出关键因素后我们可以为每种类型的办公楼生成个性化的改造建议和碳排放减量预测。这些建议将根据各办公楼的特点和实际情况制定包括改进能源系统、优化建筑材料、提高设备效率等方面的措施。同时我们还将根据预测结果帮助业主和投资者评估改造投资回报为他们提供决策依据。为了验证我们的方法的有效性我们还进行了实证研究。我们选取了几座具有代表性的办公楼作为测试样本并应用我们的方法和算法对其进行了分析和应用。结果表明我们的方法能够准确地识别出影响碳排放的关键因素并为每种类型的办公楼生成个性化的改造建议和碳排放减量预测。同时我们的预测结果也与实际情况相符合证明了我们的方法的可靠性和实用性。北美办公楼绿色改造潜力评估是一个具有重要意义的研究课题。通过大数据分析和应用机器学习算法，我们可以为每种类型的办公楼生成个性化的改造建议和碳排放减量预测，帮助业主和投资者评估改造投资回报。这将有助于推动北美地区的办公楼绿色改造进程促进可持续发展目标的实现。同时我们的方法也可以为其他地区的办公楼绿色改造提供借鉴和参考。在今后的工作中我们将继续深入研究和完善我们的方法以更好地服务于实际需求并推动绿色建筑领域的发展。

10.3.3　综合案例

　　欧洲住宅区全生命周期碳足迹分析是一个具有重要意义的研究课题。针对欧洲不同气候带的住宅区如北欧的被动房、地中海地区的低能耗住宅，我们构建了区域与类型相结合的预测模型。这个模型整合了建筑材料的碳足迹、建筑构造特性、居民生活习惯等数据，利用深度学习技术如 LSTM 网络预测不同住宅类型在不同气候条件下从建设到拆除的全生命周期碳排放。在构建预测模型的过程中，我们首先收集了大量关于欧洲不同地区住宅区的数据包括建筑材料的碳足迹、建筑构造特性以及居民生活习惯等信息。这些数据来自于实地调研、数据库查询以及相关文献资料的整理。通过对这些数据的分析和处理我们得到了一个包含丰富信息的数据集为后续的模型构建提供了基础。接下来，我们利用深度学习技术对收集到的数据进行训练和学习。LSTM（长短期记忆）网络是一种常用的深度学习算法，它能够有效地处理时间序列数据并捕捉长期依赖关系。通过将收集到的数据输入到 LSTM 网络中我们可以训练出一个能够预测不同住宅类型在不同气候条件下全生命周期碳排放的模型。在训练过程中我们还采用了交叉验证等方法来优化模型的参数和性能，确保模型的准确性和可靠性。通过研究发现，对于寒冷地区优化墙体保温性能是减少碳排放的关键，而对于温暖地区则重点在于提高制冷系统的能效。这一发现对于制定区域政策、优化建筑设计以及推动建筑行业绿色转型具有重要的指导意义。同时，我们的模型还可以为决策者提供更为精细化和针对性的碳排放预测结果帮助他们更好地了解不同地区、不同类型住宅的碳排放情况从而制定更加科学、合理的政策措施。此外，我们的研究还发现居民生活习惯也是影响碳排放的重要因素之一。因此，在推动建筑行业绿色转型的同时，还需要加强公众意识的培养和教育引导居民养成良好的节能习惯。只有通过多方共同努力才能实现建筑行业的可持续发展目标。欧洲住宅区全生命周期碳足迹分析是一个复杂而有意义的研究课题。通过结合地理位置、建筑类型、气候条件、建筑材料及使用模式等因素，大数据分析与机器学习能够提供更为精细化和针对性的碳排放预测结果，为制定区域政策、优化建筑设计、推动建筑行业绿色转型提供科学依据。在今后的工作中，我们将继续深入研究和完善相关方法和模型，以更好地服务于实际需求并推动绿色建筑领域的发展。

第 11 章 >>>
碳排放减缓与适应策略

11.1 碳排放减量技术创新

碳排放减量技术创新是应对气候变化挑战的核心策略之一，旨在通过新技术的研发和应用减少人类活动产生的温室气体排放。以下是一些关键领域的碳排放减量技术创新示例。

11.1.1 清洁能源技术

太阳能光伏技术：光伏技术作为最具潜力的可再生能源之一，正经历着前所未有的技术创新和成本革命。科学家们正致力于提高光伏电池的转换效率，目标是实现商业化电池超过30％的转换率，同时降低成本，使之更广泛可负担得起。材料科学的突破，诸如钙钛矿石太阳能电池和多节太阳能电池（结合不同材料以吸收更宽光谱段）的研究，不仅提升了效率，还增强了电池的耐用性和环境适应性，延长使用寿命。

风能技术：在风能领域，大型海上风电机组的兴起是技术前沿，它们不仅单机容量巨大，且能在风力更稳定的海风速条件下更高效发电。智能风电场管理系统，结合天气预测、动态负载控制和电网调度优化，确保风能的高效捕获并入网和电网的兼容性。这不仅提高了风能的可预测性和稳定性，还降低了对传统能源备用需求，使风能在能源结构中占比显著增长。

储能技术：作为清洁能源大规模应用的关键瓶颈，储能技术的突破至关重要。锂离子电池成本的大幅度下降，得益于生产规模经济和材料科学的优化，让电动车和小型储能应用普及。固态电池的研发，以其高安全性、长寿命和快充放电特性，预示着下一代储能解决方案。此外，长时储能技术如抽水储能（Pumped hydro）利用水电站储存电能转换为水位能，压缩空气储能（CAES）将电能转化为压缩空气储存，然后释能发电，这些技术在平衡可再生能源间歇性上发挥重要作用，确保电力供应稳定。

这些清洁能源技术的持续创新不仅推动了能源生产和消费模式的绿色转型，也促进了全球经济结构的低碳发展，为实现环境和经济效益的双赢局面提供了可能。随着技术进步和政策支持，我们期待一个更清洁、高效、经济可行的能源未来。

11.1.2 能源效率提升

能源效率提升是实现可持续发展的关键之一。随着科技的进步和经济的增长，对能源的需求也在不断增加。然而，传统的能源供应方式已经无法满足现代社会的需求，同时也带来了严重的环境问题。因此，提高能源效率成为当务之急。智能电网与微电网是利用物联网、大数据和人工智能优化电网运营，实现供需平衡和高效能源分配的重要手段。通过实时监测和数据分析，智能电网可以自动调整电力供应和需求，确保电力系统的稳定运行。同时，微电网技术可以将小规模的可再生能源（如太阳能、风能）集成到电网中，提高能源利用效率。这些技术的应用不仅可以降低能源成本，还可以减少对环境的污染。

高效建筑技术也是提高能源效率的重要方向。被动式建筑设计通过优化建筑物的形状、朝向、材料等方面，最大限度地减少建筑物的能量损失。智能建筑管理系统可以实时监测室内温度、湿度、光照等参数，并根据需要自动调节空调、照明等设备的运行状态，从而实现节能效果。此外，高效隔热材料和窗户可以有效地减少建筑物的能量损失。建筑一体化光伏（BIPV）技术可以将太阳能电池板与建筑材料相结合，实现太阳能的直接利用。这些技术的应用不仅可以降低建筑物的能耗，还可以提高居住者的舒适度。

工业节能技术也是提高能源效率的重要手段。过程优化可以通过改进生产工艺和设备选型等方面，减少能源消耗和浪费。余热回收可以利用工业生产过程中产生的废热进行供暖或发电，实现能源的循环利用。高效电机和驱动系统可以提高设备的运行效率，降低能耗。碳捕捉、利用与封存（CCUS）技术可以将工业生产过程中产生的二氧化碳进行捕集、利用或封存，减少温室气体排放。这些技术的应用不仅可以降低工业生产的能耗，还可以减少对环境的污染。提高能源效率是实现可持续发展的关键之一。通过智能电网与微电网、高效建筑技术和工业节能技术等手段的应用，我们可以实现供需平衡和高效能源分配，降低能耗和减少环境污染。然而，要实现这一目标，还需要政府、企业和个人共同努力加强技术创新和推广应用。只有通过多方合作才能实现可持续发展的目标并为我们的未来创造一个更加美好的世界。

11.1.3 交通领域的低碳化

交通领域的低碳化进程是全球减缓气候变化行动的关键组成部分，涉及多方面的技术革新与系统性变革，旨在降低交通运输的碳排放，提升能源效率。以下是对几个核心领域发展的深入探讨：

1. 电动汽车（EV）的发展

电池技术进步：电动汽车的续航里程焦虑一直是消费者的主要顾虑之一，但随着电池技术的飞速进步，尤其是锂离子电池的能量密度提升和成本降低，使得电动汽车的续航能力显著增强，接近甚至超越燃油车。此外，固态电池的研发有望进一步提升安全性和能量密度，减少充电时间。

快速充电基础设施：构建密集的快速充电网络是推动电动汽车普及的另一关键，包括高速公路沿线的直流快速充电桩和城市公共充电站，以及家庭和工作场所的慢充设施。智能充电技术，如V2G（车辆到电网）互动，使电动汽车在非高峰时段充电，甚至反哺电网，进一步优化能源分配。

轻量化设计：采用轻质材料如碳纤维、铝合金和高强度钢，以及先进的制造技术，减轻车身重量，提高能效，延长续航。

2. 氢能与燃料电池汽车

氢能源生产和储存技术：氢气态、液态、固态氢储存及高压气瓶技术的创新，以及电解水制氢的可再生能源集成，尤其是太阳能和风能，使得氢能源的绿色生产成为可能，降低了碳足迹。

燃料电池效率提升：提高燃料电池的能量转换效率和耐久性，降低铂等贵金属催化剂的需求，以及模块化、小型化设计，使得燃料电池车更具竞争力，实现更长寿命和快速加氢体验。

3. 共享出行与智能交通系统

减少车辆空驶率：共享出行服务，包括拼车、共享单车、电动汽车分时租赁等，减少了个人拥有车辆需求，有效提升车辆使用率，降低了人均碳排放。

优化路线规划：利用大数据和人工智能的智能交通管理系统，实时分析交通流量，为驾驶员提供最优行驶路线，减少拥堵，同时降低油耗和排放。

推广电动自行车和公共交通：电动自行车作为零排放的短途出行方式，结合公共交通系统，如电动公交车、地铁、轻轨，形成绿色出行链，尤其在城市中心区域，鼓励低碳出行，减少对私家车依赖。

交通领域的低碳化转型是一个系统工程，涉及技术革新、政策引导、基础设施建设及消费者行为改变等多方面的协同推进。随着这些技术与策略的深入实施，交通行业正逐步走向更加环保、高效、可持续的未来。

11.1.4 农业与土地利用

精准农业技术是现代农业发展的重要方向之一。通过使用卫星和无人机等先进技术手段，我们可以实时监测土壤湿度、作物健康状况等信息，从而减少化肥和农药的过度使用。这种技术的应用不仅可以提高农业生产效率，还可以保护环境、节约资源。

首先，精准农业技术可以实现对农田的精细化管理。传统的农业生产方式往往采用大规模的统一作业模式，导致资源浪费和环境污染。而精准农业技术则可以根据不同地块的实际情况进行有针对性的管理。例如，通过遥感技术获取土壤湿度数据后，我们可以为每个地块制定合适的灌溉方案，避免水资源的浪费；同时，根据作物的生长情况，我们可以精确施肥和喷洒农药，减少化肥和农药的过量使用。其次，精准农业技术还可以促进农业可持续发展。传统的农业生产方式往往依赖于大量的化肥和农药来提高产量，这不仅会对环境造成污染，还会对人体健康产生潜在风险。而精准农业技术则可以通过优化农业生产过程来实现可持续发展的目标。例如，通过保护性耕作和有机农业等方式，我们可以改善土壤结构、增加土壤有机质含量，从而提高土壤的肥力和保水能力；同时，通过植树造林等措施，我们可以增加森林覆盖率，提高生态系统的稳定性和抗逆性。最后，精准农业技术还可以推动农业产业升级和经济转型。随着人口的增长和城市化的发展，对粮食和农产品的需求也在不断增加。然而，传统的农业生产方式已经无法满足现代社会的需求。因此，我们需要寻求新的解决方案来提高农业生产效率和质量。而精准农业技术正是这样一种有效的解决方案。通过引入先进的技术手段和管理理念，我们可以推动农业产业的升级和经济转型，提高农民的收入水平和生活质量。精准农业技术是现代农业发展的重要方向之一。通过使用卫星和无人机等先进技术手段监测土壤湿度、作物健康状况等信息，我们可以减少化肥和农药的过度使用实现对农田的精细化管理和农业可持续发展的目标。同时，精准农业技术还可以推动农业产业升级和经济转型提高农民的收入水平和生活质量。在今后的工作中，我们需要进一步加强技术研发和应用推广工作，不断完善相关政策和法规体系，为精准农业技术的发展提供有力支持。

11.1.5　工业流程创新

工业流程创新是推动工业领域绿色转型的关键路径，它不仅要求对现有生产方式进行优化和改进，还强调从源头设计到终端产品的全链条革新，以实现环境影响最小化。其中，循环经济与低碳材料的开发是两大核心策略，正深刻改变着工业生产的面貌。

1. 循环经济的推进

产品设计的可循环性：循环经济的核心在于设计之初即考虑产品的可回收性、可修复性及再利用潜力。设计师们采用模块化设计，使产品易于拆解，选用可回收材料，延长产品寿命，减少废物产生。生命周期评价（LCA）成为产品设计的标准工具，帮助决策者理解并优化产品对环境的影响。

废物回收利用技术：提升废物分类的效率与回收技术，如光学分拣选、磁选、浮选等，以及化学回收技术，使得更多废弃物得以转化成原料，重返生产链。例如，废旧塑料通过化学回收转化为初级塑料原料，废电子产品通过精细化拆解回收贵重金属。

再制造：再制造行业通过专业技术和流程，将旧产品恢复至如同新品的状态，不仅节约资源，还延长了产品寿命。从汽车部件到电子设备，再制造正被越来越多行业采纳，成为循环经济中不可或缺的一环。

2. 低碳材料的研发

低碳水泥与钢铁：作为高碳排放的两大行业，水泥和钢铁的低碳化是关键。研发低碳水泥，如利用工业副产品如粉煤渣、硅酸盐等替代部分熟料，或开发新型低能耗的生产工艺如碳捕获与封存（CCS）。低碳钢铁则侧重于氢气炼钢技术，替代传统的焦炭还原铁矿石，以及提升材料利用率，减少能耗。

生物基材料与化学品：生物基材料，如 PLA（聚乳酸）、PHA（聚羟基脂肪酸）等，源于可再生资源，可生物降解，减少了对化石燃料的依赖。在化学品生产中，通过微生物发酵或酶催化合成路线替代传统化学合成，开发生物基表面活性剂、塑料单体等，降低碳足迹。

工业流程的这些创新不仅有助于减少温室气体排放，减轻对自然资源的依赖，还促进了经济的多元化与竞争力。政府政策支持、技术创新、企业投入以及消费者意识提升三者的合力，是推动这一转变成功的关键。未来，随着技术成熟和成本降低，循环经济与低碳材料将成为工业生产的主流，引领全球工业走向可持续发展的新时代。

11.1.6　数字化与智能化

数字化与智能化是当前社会的重要发展趋势之一。在能源管理、供应链优化和气候模型预测等领域，人工智能与大数据的应用可以减少资源浪费和排放，实现更加高效和可持续的发展。区块链技术则可以用于建立透明的碳足迹追踪和碳信用交易体系，促进碳排放权的有效分配和监管。人工智能与大数据在能源管理方面的应用可以实现对能源需求的精准预测和优化调度。通过对历史数据的分析挖掘以及实时监测的数据获取，人工智能可以建立起准确的能源需求预测模型，为能源供应提供决策支持。同时，通过智能调度算法，可以实现对能源供需的动态平衡调整，避免能源浪费和过度消耗。此外，人工智能还可以通过优化设备运行参数和控制策略来提高能源利用效率降低能耗强度。在供应链优化方面，人工智能与大数据的应用可以实现对供应链各环节的智能分析和优化调整。通过对供应链数据的实时监测和分析挖掘，可以发现潜在的瓶颈问题和改进机会，从而提高供应链的运作效率和响应速度。同时，通过对供应链中的物流运输、库存管理等环节进行智能化管理和控制，可以减少运输成本和库存积压，降低碳排放量。此外，人工智能还可以通过机器学习等技术手段。不断优化算法模型，提高供应链的整体性能和效益。在气候模型预测方面，人工智能与大数据的应用可以提高气候模型的预测准确性和精度。气候模型是用于模拟和预测气候变化的重要工具之一，其预测结果对于制定应对气候变化的政策和措施具有重要意义。然而传统的气候模型往往存在计算量大、参数复杂等问题，导致预测结果存在一定的不确定性。而人工智能技术可以通过对大量历史数据的学习和训练，建立起更加准确和可靠的预测模型，为气候变化的预测提供有力支持。同时，通过对不同气候情景下的模拟分析和比较评估，可以为政策制定者提供更加全面和科学的决策依据。除了以上几个方面的应用外区块链技术也在数字化与智能化领域中发挥着重要作用。区块链技术具有去中心化、不可篡改等特点，可以建立起透明、可追溯的碳足迹追踪和碳信用交易体系。通过区块链技术的应用，可以实现对企业或个人碳排放情况的实时监测和记录，确保数据的真实性和可信度；同时可以利用区块链的智能合约功能实现自动化的交易结算和激励机制，推动企业和个人积极参与碳排放权的分配和使用工作；此外还可以利用区块链的分布式账本特性实现跨地域、跨行业的信息共享和协同合作，打破信息壁垒，推动全社会共同参与应对气候变化的行动中来。数字化与智能化是当前社会的重要发展趋势之一。在能源管理、供应链优化和气候模型预测等领域，人工智能与大数据的应用可以减少资源浪费和排放实现更加高效和可持续的发展；区块链技术则可以用于建立透明的碳足迹追踪和碳信用交易体系促进碳排放权的有效分配和监管。这些技术的应用将为数字化与智能化领域的发展带来更多机遇和挑战需要我们不断探索和创新以适应时代的需求。这些技术创新不仅有助于直接减少碳排放，还促进了经济的绿色增长和可持续发展。各国政府、企业和科研机构正加大投资力度，推动这些技术的商业化和规模化应用，以期实现全球气候目标。

11.2　建筑业碳中和路径规划

建筑业实现碳中和的路径规划是一个系统性工程，涉及建筑设计、施工、运营、维护和拆除的全生命周期。

11.2.1　提升建筑能效标准

提升建筑能效标准是推动建筑行业向低碳、可持续方向发展的重要步骤，它涉及政策制定、技术创新、市场机制以及公众意识的共同推进。以下是对提升建筑能效标准的深入探讨：

1. 设立严格的建筑能效规范与绿色建筑标准

国际与国家标准的融合：全球范围内，诸如美国的 LEED、英国的 BREEAM 以及中国的绿色建筑评价标准等，都设定了高能效和环保要求，鼓励采用绿色建材、优化建筑设计，促进能源的高效利用。这些标准不仅限于新建建筑，也鼓励既有建筑通过改造达标，形成全面覆盖。

政策执行与激励措施：政府需通过立法确保这些标准的严格执行，比如提供税收减免、补贴或融资优惠等激励措施，鼓励开发商和业主遵循高标准建设或改造。同时，建立能效标识制度，提升绿色建筑的市场吸引力。

2. 对既有建筑的能效改造策略

保温与隔热：增强建筑围护结构的保温隔热性能，如外墙、屋面和门窗，是减少能耗的关键。采用高效保温材料，如真空绝热板、气凝胶玻璃棉等，以及优化建筑朝向和遮阳设计，减少冷热桥效应。

通风与照明改善：通过自然通风设计和高效机械通风系统优化，如热回收通风装置，减少空调能耗。推广 LED 照明和智能照明系统，结合日光控制，按需调节光照强度，提高能源利用效率。

设备升级：更换老旧的暖通空调、热水系统为高效能效比的热泵系统，以及采用节能电梯、智能楼宇管理系统，通过物联网技术监控和调节建筑运行，实现能源的精细管理，减少浪费。

3. 技术创新与市场机制的促进

技术革新：持续的研发投入推动新型节能材料与设备的创新，如光伏建筑一体化、相变材料等，以及智能控制技术，提升建筑能效和用户舒适度。

市场机制：推动绿色金融产品，如绿色建筑债券、绿色信贷，为能效改造项目提供资金支持。建立碳交易市场，将建筑纳入碳减排体系，通过市场机制激励减排行动。

4. 社会意识与教育

公众参与：提升公众对建筑能效重要性的认识，通过教育和宣传活动，鼓励采用节能生活方式，如合理使用电器，参与社区节能改造项目。

专业培训：加强建筑师、工程师等专业人员的能效设计与绿色建筑培训，提升行业整体的能效设计能力。

提升建筑能效标准是一个系统工程，需要政策引导、技术创新、市场激励、公众参与和教育提升的全方位努力。通过这些措施，建筑行业不仅能够有效减少能源消耗和碳排放，还能提升居民生活质量，推动经济的绿色转型。

11.2.2 推广可再生能源利用

推广可再生能源利用是当前社会发展的重要任务之一。随着全球气候变化和环境问题的日益严重，传统的以化石能源为主的能源结构已经无法满足可持续发展的需求。因此，推广可再生能源利用成为当务之急。在建筑中集成太阳能光伏板、风力发电等可再生能源系统可以实现能源自给自足或部分自给的目标。太阳能光伏板是一种利用太阳能进行光电转换的装置，它可以将太阳能转化为电能供建筑物使用。通过在建筑物的屋顶、墙面等位置安装太阳能光伏板，可以充分利用建筑物的表面积来收集太阳能，从而实现能源的自给自足。同时，风力发电也是一种具有潜力的可再生能源形式。通过在建筑物附近设置风力发电机可以充分利用风能来产生电能进一步降低对外部电网的依赖程度。除了太阳能和风能之外地热能、生物质能等也是重要的可再生能源形式。地热能是指地球内部蕴藏的热能可以通过地热泵等地热利用设备进行开采和利用。地热能具有清洁、可再生、稳定等特点是一种理想的补充能源形式。生物质能是指利用有机物质（如植物秸秆、畜禽粪便等）进行燃烧或发酵产生的能源形式。生物质能具有资源丰富、可再生性强等特点也是一种具有广泛应用前景的能源形式。为了推广可再生能源利用，我们需要采取一系列措施来鼓励和支持相关工作的开展。首先，政府应该加大对可再生能源的政策支持力度，制定相关法律法规和政策措施为可再生能源的发展提供良好的环境和条件。其次，企业应该加强技术研发和创新提高可再生能源的技术水平和成本效益，促进其在市场上的竞争力和应用范围的扩大。此外，公众也应该增强环保意识和节能意识，积极参与到可再生能源的利用工作中来共同推动可再生能源事业的发展。推广可再生能源利用是解决当前能源和环境问题的重要途径之一。在建筑中集成太阳能光伏板、风力发电等可再生能源系统以及利用地热能、生物质能等地热能和生物质能作为补充能源可以减少对化石燃料的依赖实现能源的可持续发展目标。为了实现这一目标我们需要全社会共同努力加强政策支持、技术创新和公众参与等方面的工作为推广可再生能源利用创造良好的条件和环境。

减少建材碳排放是当前建筑行业面临的重要挑战之一。建筑材料在生产和运输过程中会产生大量的碳排放，对环境和资源造成严重影响。因此选用低碳或零碳建材优化供应链管理减少运输距离和包装材料提高材料循环利用率成为当务之急。首先，选用低碳或零碳建材是减少建材碳排放的关键措施之一。再生材料是指通过回收和再利用废旧建筑材料而制成的新型建筑材料，具有资源消耗低、环境污染小等特点。竹材是一种生长迅速、可持续利用的天然材料，其生产过程中排放的二氧化碳较少，同时具有良好的环保性能。低环境影响混凝土和钢铁是通过改进生产工艺和技术手段，降低其生产过程中的碳排放量。这些低碳或零碳建材的应用不仅可以降低建筑物的碳排放，还可以推动建筑行业的绿色转型，促进可持续发展目标的实现。其次，优化供应链管理是减少建材碳排放的重要手段之一。供应链管理是指通过对供应链各环节进行优化调整和管理控制来实现成本降低、效率提升和风险控制等目标。在建材领域，优化供应链管理可以减少运输距离和包装材料提高材料循环利用率。具体来说可以通过建立集中采购平台加强供应商之间的合作与协调来降低运输成本；同时可以利用信息化手段实现对供应链信息的实时监测和管理避免过度库存和浪费现象的发生。此外还可以推广使用可回收、可降解的包装材料替代传统塑料等不可降解材料减少环境污染问题。最后，提高材料循环利用率也是减少建材碳排放的重要途径之一。材料循环利用是指将废旧建筑材料进行回收处理后再重新用于新的建筑项目中，从而实现资源的节约和环境的友好。为了提高材料循环利用率，我们需要采取一系列措施来鼓励和支持相关工作的开展。首先，政府应该加大对循环经济的政策支持力度，制定相关法律法规和政策措施为废旧建筑材料的回收利用提供良好的环境和条件。其次，企业应该加强技术创新和研发能力，提高废旧建筑材料的回收利用率和再利用水平。最后，公众也应该增强环保意识和参与意识积极参与到废旧建筑材料分类回收和资源化利用工作中来，共同推动循环经济的发展。减少建材碳排放是当前建筑行业面临的重要挑战之一。选用低碳或零碳建材优化供应链管理减少运输距离和包装材料提高材料循环利用率成为当务之急。为了实现这一目标我们需要全社会共同努力加强政策支持、技术创新和公众参与等方面的工作为减少建材碳排放创造良好的条件和环境。只有通过多方合作才能实现建筑行业的绿色转型促进可持续发展目标的实现。

11.2.3　优化建筑设计与功能

优化建筑设计与功能是实现绿色建筑目标的重要环节，它不仅关注于减少建筑的环境足迹，还着眼于提升空间的长期价值与用户体验。

1. 被动式设计原则的应用

自然光的最大化：通过建筑朝向、窗户设计和天窗等手段，优化自然光照，减少白天的人工照明需求。采用光导管、反射材料等技术，将光线引入深层空间，确保室内明亮而均匀。

高效自然通风：考虑地形、风向与建筑布局，设计合理的开口，促进自然气流穿堂风，改善室内空气质量，减少空调依赖。采用智能控制窗扇或风塔等技术，根据环境条件自动调节通风量。

遮阳与隔热：通过建筑的形状、阳台、遮阳板、绿化屋顶和可调节的窗帘等设计，减少夏季过热，降低空调负荷。选择高性能隔热材料，减少冬季热量流失，保持室内温暖。

2. 建筑设计的灵活性与适应性

模块化与可变空间：设计时考虑空间的灵活性，采用模块化、可移动隔墙系统，便于根据不同需求调整布局，如居住转办公、商业到教育空间的转换。

结构预留与接口：在初期设计中预设建筑承重、管线接口和扩展空间，便于未来技术升级或扩建，避免重复建设造成的资源浪费。

可持续性与智能系统集成：建筑集成智能控制系统，如建筑自动化、环境监测和能效管理，不仅提高当前运营效率，也为未来技术升级留下接口，保证建筑的"智慧"适应性。

3. 生态与社区融合

绿色空间整合：设计时考虑周边环境，如绿带、屋顶花园、垂直绿化和生物池塘，不仅美化环境，还能提供生态系统服务，如雨水管理、生物多样性保护。

社区参与与功能多样化：建筑功能设计考虑社区需求，如多功能公共空间、共享设施，促进社区活动，增强建筑的社会价值和居民归属感，延长建筑使用寿命。

4. 长期视野的评估与维护

生命周期评价在设计初期进行建筑全生命周期评价，考虑材料、构造的耐用性、维护成本与环境影响，确保长期效益最大化。

维护与升级计划：建立前瞻性的维护策略与定期评估机制，确保建筑性能随时间保持，及时采用新技术进行系统升级，延长建筑的使用寿命。

通过这些策略的实施，建筑设计不仅实现了对环境的最小干预，还确保了建筑的功能性、灵活性和长期适应性，为用户创造了一个健康、舒适且可持续的环境，同时提升了建筑资产的长期价值。

11.2.4　电气化与电力脱碳

电气化与电力脱碳是当前社会发展的重要趋势之一。随着全球气候变化和环境问题的日益严重，传统的以化石燃料为主的能源结构已经无法满足可持续发展的需求。因此，推进建筑电气化进程并支持电网的清洁转型成为当务之急。首先，推进建筑电气化进程意味着使用电力而非化石燃料来满足能源需求。在建筑物中，我们可以采用各种电气化设备和技术来替代传统的燃气设备和燃烧方式。例如，使用电热泵代替传统的燃气锅炉进行供暖；使用电热水器代替燃气热水器供应生活热水；使用电动汽车代替燃油汽车作为交通工具等。这些电气化设备的使用不仅可以减少对化石燃料的依赖，降低碳排放，还可以提高能源利用效率，降低能耗强度。其次，支持电网的清洁转型是确保电力供应来自风能、太阳能等可再生能源的重要手段。为了实现这一目标，我们需要加大对清洁能源的投资和支持力度，推动清洁能源技术的发展和应用。同时还需要加强电网建设和改造工作，提高电网的智能化水平和调度能力，确保清洁能源能够高效地接入和传输到用户端。最后，还需要建立完善的市场机制和政策体系，鼓励企业和个人选择清洁能源和使用电气化设备，为清洁能源的发展创造良好的环境和条件。

在推进建筑电气化进程中，我们还需要注意一些关键问题。首先，需要确保电力供应的稳定性和可靠性以满足用户的正常用电需求。这需要加强对电网的维护和管理确保电网的安全运行；同时还需要建立应急备用电源系统以应对可能出现的突发情况。其次，需要关注电气化设备的安全性问题。在使用电气化设备时，需要严格按照操作规程进行操作避免发生安全事故；同时还需要加强对电气化设备的监测和维护工作确保其正常运行和使用安全。最后，还需要加强对公众的教育和宣传工作，提高公众对电气化与电力脱碳的认识和理解程度，激发公众参与和支持相关工作的积极性。电气化与电力脱碳是当前社会发展的重要趋势之一。通过推进建筑电气化进程并支持电网的清洁转型，我们可以减少对化石燃料的依赖，降低碳排放，实现更加绿色、低碳的发展目标。然而，要实现这一目标，我们需要全社会共同努力加强政策支持、技术创新和公众参与等方面的工作为电气化与电力脱碳创造良好的条件和环境。只有通过多方合作才能实现建筑行业的绿色转型，促进可持续发展目标的实现。

11.2.5　碳汇与固碳技术

碳汇与固碳技术在建筑领域的应用是实现碳中和目标的重要组成部分，它不仅有助于减少建筑行业对环境的负面影响，还能提升城市的生态质量和居民的生活品质。以下是该领域的具体策略和应用的深入探讨：

1. 增加建筑碳汇

屋顶绿化：在建筑屋顶建立屋顶花园，不仅能够吸收二氧化碳，还能提供隔热降温、减少建筑能耗，增加城市绿地面积，提升生物多样性。选择本地植物，减少灌溉需求，提高生态效益。

垂直绿化墙：利用建筑立面进行垂直绿化，不仅美化环境，还能在城市空间有限的情况下增加碳汇。通过智能化滴灌系统，维持植物生长，减少水分浪费。

绿色基础设施：在建筑周边打造生态景观，如湿地、林荫道、公园等，不仅提升碳汇能力，还能改善微气候，提供休闲空间，促进社区互动。

2. 碳捕捉与储存技术的应用

建筑材料创新：研究和开发能固定碳的建筑材料，如碳化混凝土（利用工业废气中的二氧化碳固化）、生物质建材（木质素混凝土、竹材），在建筑结构中储存碳。

碳捕捉系统：探索在建筑中集成碳捕捉技术，如利用建筑排出的废气通过化学反应捕捉二氧化碳，虽技术成熟度较低，但长远看有潜力减少建筑运营期间的碳足迹。

碳储存与利用：将捕捉的碳转化为建筑材料或其他产品，如塑料、燃料，实现碳循环利用。建筑废弃物也可视为碳储存资源，通过再利用减少排放。

3. 整合策略与规划

绿色建筑认证：将碳汇与固碳技术作为绿色建筑认证的一部分，如 LEED、BREE-AM 中的加分项，激励更多项目采纳。

城市规划：在城市层面整合碳汇策略，将绿色建筑与城市绿地、开放空间规划结合，形成碳汇网络，提升城市碳吸收能力。

公众参与与教育：提升公众对碳汇与固碳技术的认识，鼓励居民参与绿化屋顶、墙面绿化，了解建筑中的碳固定材料，形成低碳生活共识。

通过上述策略的实施，建筑不仅成为减少碳排放的主体，还转变为碳汇和碳固定的重要场所，为实现碳中和目标贡献显著力量。随着技术的不断进步和政策的支持，碳汇与固碳技术在建筑领域的应用将会越来越广泛，引领建筑行业的绿色转型。

11.2.6 数字化与智能化管理

数字化与智能化管理是当前社会发展的重要趋势之一。随着信息技术的飞速发展和物联网、大数据等技术的广泛应用，我们可以利用这些技术来优化建筑运维实时监测能耗实现精准管理。同时促进建筑信息模型（BIM）在设计和施工中的应用提高效率减少浪费。首先，利用物联网、大数据和人工智能优化建筑运维是数字化与智能化管理的重要内容之一。物联网技术可以实现对建筑物内部的各种设备和系统的实时监测和数据采集，如温度、湿度、照明等参数的变化情况；大数据技术可以对这些数据进行深度分析和挖掘发现其中的规律和趋势为决策提供支持；人工智能技术可以根据分析结果自动调整设备的运行状态和参数以达到节能效果。通过这种方式，我们可以实现对建筑物的精细化管理和控制降低能耗强度减少碳排放量。其次，促进建筑信息模型（BIM）在设计和施工中的应用也是数字化与智能化管理的重要方向之一。BIM 技术是一种基于三维数字技术的建筑设计和管理工具，可以将建筑物的各种信息集成在一个统一的平台上进行管理和协同工作。通过 BIM 技术的应用可以提高设计效率和质量，减少设计错误和变更的次数；同时可以在施工阶段实现对工程进度、材料用量等方面的实时监控和管理，避免资源浪费和工期延误等问题的发生。此外，BIM 技术还可以为建筑物的运营和维护提供便利和支持，实现建筑物全生命周期的信息化管理和维护。最后，为了实现数字化与智能化管理的目标，我们需要全社会共同努力加强政策支持、技术创新和公众参与等方面的工作。政府应该加大对数字化与智能化管理的政策支持力度，制定相关法律法规和政策措施为相关工作的开展提供良好的环境和条件；企业应该加强技术研发和创新能力，提高数字化与智能化管理的技术水平和市场竞争力；公众也应该增强环保意识和节能意识，积极参与到数字化与智能化管理工作中来，共同推动可持续发展目标的实现。数字化与智能化管理是当前社会发展的重要趋势之一。通过利用物联网、大数据和人工智能优化建筑运维实时监测能耗实现精准管理；促进建筑信息模型（BIM）在设计和施工中的应用提高效率减少浪费。为了实现这一目标，我们需要全社会共同努力加强政策支持、技术创新和公众参与等方面的工作为数字化与智能化管理创造良好的条件和环境。只有通过多方合作才能实现建筑行业的绿色转型促进可持续发展目标的实现。

11.2.7　政策引导与市场机制

政策引导与市场机制在推动绿色建筑发展中的作用不可小觑，它们共同构成了促进绿色转型的框架，通过激励措施、市场激励和公众参与，加速了可持续建筑实践的普及和深化。

1. 政策措施的制定与实施

税收减免与补贴：政府通过提供税收优惠政策，如减少绿色建筑项目的增值税、企业所得税，以及对采用绿色建材和节能设备的个人所得税减免，直接降低绿色建筑的成本负担。同时，对绿色建筑项目给予财政补贴，支持其研发和初期的额外投入，鼓励更多的绿色建筑实践。

碳交易制度：纳入碳交易体系，允许绿色建筑项目通过节能减排获得碳排放配额，可在市场上交易，转化为经济收益。这种机制不仅激励减排，还为绿色建筑提供了额外的盈利途径。

绿色建筑标准与认证：建立或强化绿色建筑标准，如 LEED、BREEAM 或中国绿色建筑评价标准，通过认证体系给予政策优惠，如优先土地使用权、容积率奖励，增强绿色建筑的市场竞争力。

2. 市场机制的创新与完善

绿色金融：推广绿色信贷、绿色债券、绿色基金等金融产品，为绿色建筑项目提供专属融资渠道，降低融资成本。同时，鼓励保险公司开发绿色建筑保险，保障绿色建筑的特殊风险。

能效合同管理（EPC）：推广能效合同管理模式，由专业公司负责建筑的能效改造和运行，通过节省的能源费用回收投资，降低了业主初始投资风险，加速能效提升。

3. 公众教育与意识提升

公众宣传：通过媒体、公益活动、教育项目增强公众对绿色建筑的认知，展示绿色建筑带来的健康、经济和环境益处，提升社会对绿色建筑的接受度。

绿色消费倡导：培养绿色消费习惯，如购买节能家电、绿色家居用品，通过认证的绿色住宅，提升市场需求，促使开发商提供更多绿色产品。

教育培训：在学校和职业培训中纳入绿色建筑知识，提升未来建筑师、工程师、项目经理等专业人士的绿色建筑技能，确保绿色理念深入行业。

通过这些政策引导和市场机制的相互配合，不仅为绿色建筑提供了强有力的经济推动力，还促进了公众意识的觉醒和参与，共同构建了一个有利于绿色建筑发展的良好生态环境。随着这些措施的深化，绿色建筑将从政策推动逐步转化为市场自发需求，引领建筑行业进入全面绿色转型的新时代。

11.2.8　全生命周期视角的碳排放管理

全生命周期视角的碳排放管理是一种全面考虑建筑从设计、建造、使用到拆除全过程中碳排放的管理方法。这种方法强调在建筑设计和决策过程中就应考虑其整个生命周期内的碳足迹，从而最大限度地减少温室气体排放。首先，实施全生命周期评价（LCA）是全生命周期视角碳排放管理的核心环节之一。LCA 是一种评估产品或服务在整个生命周期中所产生的环境影响的方法，包括原材料的开采、加工、制造、运输、使用以及废弃等各个阶段。通过对建筑进行 LCA 评估，我们可以全面了解其碳排放的情况，找出主要的排放源并制定相应的减排策略。在设计阶段就考虑建筑的碳足迹，意味着我们需要选择低碳或零碳建材优化建筑结构设计，提高能源利用效率等措施以降低建筑物在使用过程中的碳排放量。其次，鼓励建筑拆解设计是实现全生命周期视角碳排放管理的重要手段之一。传统的建筑拆除方式往往伴随着大量的资源浪费和环境污染，而通过建筑拆解设计可以最大限度地实现材料的回收和再利用，减少建筑拆除阶段的碳排放。具体来说，建筑拆解设计要求在建筑设计阶段就考虑将来的拆除工作，使建筑物易于拆卸和分类回收。例如，采用可拆卸的连接方式使用可回收的材料等。这样可以大大降低建筑物在拆除过程中产生的碳排放量，并为后续的材料回收和再利用提供便利。最后，为了实现全生命周期视角的碳排放管理目标，我们还需要建立完善的政策体系和技术标准。政府应该加大对低碳建筑的政策支持力度，制定相关法律法规和政策措施，为低碳建筑的发展提供良好的环境和条件；同时还需要加强对低碳建筑的宣传和推广工作，提高公众对低碳建筑的认识和接受度。企业应该加强技术研发和创新能力，提高低碳建筑的技术水平和市场竞争力；同时还需要积极参与国际合作和交流，学习借鉴国际先进经验和技术成果，不断提升自身的设计和建造水平。全生命周期视角的碳排放管理是一种全面考虑建筑从设计、建造、使用到拆除全过程中碳排放的管理方法。通过实施全生命周期碳评价（LCA）和鼓励建筑拆解设计等措施，我们可以最大限度地减少温室气体排放，实现更加绿色、低碳的发展目标。为了实现这一目标，我们需要全社会共同努力，加强政策支持、技术创新和公众参与等方面的工作，为全生命周期视角的碳排放管理创造良好的条件和环境。只有通过多方合作，才能实现建筑行业的绿色转型，促进可持续发展目标的实现。

11.3　社会经济因素对策略实施的影响

社会经济因素对建筑业碳中和策略的实施具有深远的影响，这些因素可能会促进或阻碍策略的推进。以下几点是关键的社会经济考量。

11.3.1　经济成本与投资回报

经济成本与投资回报问题是绿色建筑及碳减排技术普及的核心考量因素，它直接关系到企业的财务状况、投资意愿以及个人的接受度。尽管绿色建筑和减排技术的长期效益显而易见，包括能源成本节约、环境质量提升、健康效益以及资产增值，但其较高的初始投资成本常常成为推广的一大障碍，阻碍了更广泛的采纳。

1. 初始投资成本的挑战

技术与材料成本：绿色建筑通常采用高性能的节能材料、高效的能源系统和创新设计，这些技术与材料的初期成本通常高于传统选项。

设计与施工复杂性：为了实现能效最大化，绿色建筑的设计往往更为复杂，要求更高的设计标准与施工技术，增加了初期成本。

认知与信息不对称：市场对绿色建筑的了解不足，以及缺乏关于投资回报的具体数据，可能导致投资者低估长期收益，从而犹豫不决。

2. 经济激励措施的作用

补贴与税收优惠：政府提供的直接补贴和税收减免可以显著降低企业与个人的初始投资压力，提高绿色建筑的经济可行性。例如，对绿色建材、高效能效系统的购置给予补贴，或对绿色建筑项目减免所得税。

低息贷款：绿色金融产品，如低利率的绿色建筑贷款，降低了资金成本，使项目更具吸引力，加速资金流入绿色建筑项目。

碳交易与碳抵消收益：参与碳交易市场，通过碳减排获得碳信用，可以转化为直接经济收益，补偿部分初期投资，或通过碳抵消机制获得额外资金。

公共采购政策：政府及大型机构通过绿色采购政策，优先选择绿色建筑和低碳服务，为市场提供稳定需求，激励私营部门跟进。

3. 提高投资吸引力的综合策略

示范项目与案例分享：通过建设示范项目，展示绿色建筑的成功案例，包括实际的经济回报数据，增强市场信心。

教育与培训：提升行业内外对绿色建筑经济性的认识，包括设计、施工、运营人员的培训，以及公众教育，增加市场对绿色建筑价值的理解。

长期视角的财务评估：鼓励采用生命周期成本分析，考虑长期的运营节约、维护成本减少和资产增值，而非仅仅聚焦于初期投资成本，展现绿色建筑的全面经济优势。

通过综合运用经济激励措施降低转型成本，提升绿色投资的吸引力，同时加强市场教育与长期视角的财务评估，能够有效克服绿色建筑和碳减排技术的经济障碍，推动其在更广泛领域的普及与应用，为可持续发展奠定坚实基础。

11.3.2　政策法规与标准

政策法规与标准在推动建筑业实现碳中和目标中扮演着至关重要的角色。强有力的政策支持能够引导行业转型，明确的法规和强制性建筑能效标准为建筑业提供了清晰的发展方向和目标，而碳排放上限则成为衡量行业减排成效的重要指标。首先，强有力的政策支持是推动建筑业碳中和的关键。政府应该加大对低碳建筑的政策扶持力度，制定相关法律法规和政策措施，为低碳建筑的发展提供良好的环境和条件。例如，可以通过税收优惠、补贴等经济手段鼓励企业投资低碳建筑领域；同时还可以设立专项基金支持低碳建筑技术的研发和推广。此外，政府还可以通过制定强制性的建筑能效标准来推动建筑业的绿色转型。这些标准可以包括建筑物的能耗要求、材料使用限制以及可再生能源利用等方面的内容，从而确保建筑物在整个生命周期内的碳排放得到有效控制。其次，明确的法规和强制性建筑能效标准为建筑业提供了清晰的发展方向和目标。这些法规和标准明确了建筑业在节能减排方面应达到的标准和要求，使得企业有了明确的目标和方向。同时这些法规和标准也对建筑业产生了一定的约束作用，促使企业加强技术创新和管理提升，以提高自身的竞争力。通过实施这些法规和标准，可以有效地促进建筑业的绿色转型，实现可持续发展的目标。最后，国际合作与协议为国家间设定共同目标促进了跨国界的技术交流与资金流动。巴黎协定是一项具有里程碑意义的国际气候协议，它旨在限制全球温室气体排放以应对气候变化的挑战。该协议为各国提供了一个共同的目标和框架，鼓励各国加强合作共同推动全球绿色低碳发展。在这个背景下各国之间加强了技术交流和资金流动，分享经验和技术成果，推动全球建筑业的创新和发展。同时，一些国际组织和机构也积极开展工作为发展中国家提供技术支持和资金援助，帮助他们提高建筑节能水平实现可持续发展的目标。政策法规与标准在推动建筑业实现碳中和目标中发挥着举足轻重的作用。强有力的政策支持明确的法规和强制性建筑能效标准以及碳排放上限，为建筑业提供了清晰的发展方向和目标；国际合作与协议则促进了跨国界的技术交流与资金流动为国家间的合作提供了平台和机遇。为了实现这一目标，我们需要全社会共同努力加强政策制定、技术创新和公众参与等方面的工作，为建筑业的绿色转型创造良好的条件和环境。只有通过多方合作，才能实现建筑行业的绿色转型促进可持续发展目标的实现。

11.3.3　公众意识与接受度

提升公众对气候变化的认识和对绿色建筑的偏好是当今社会面临的重要任务之一。随着全球气候变化问题的日益严重，公众对于低碳、环保的生活方式和文化的渴望也日益增强。因此，教育和宣传在形成低碳生活方式的文化中扮演着举足轻重的角色。教育是提高公众对气候变化认识的重要途径。学校应该加强对气候变化的教育内容，让学生了解气候变化的原因、影响以及我们如何应对气候变化的措施。同时，政府和社会组织可以开展各种形式的宣传活动，如举办讲座、展览、研讨会等，向公众普及气候变化的知识，引导他们认识到每个人都有责任参与到应对气候变化的行动中来。此外，媒体也应该发挥其舆论引导作用，通过报道气候变化的相关信息和案例，引起公众的关注和思考。提升公众对绿色建筑的偏好也是推动市场接受绿色建筑产品和服务的关键。绿色建筑是指在设计、施工和运营过程中充分考虑节能、环保和资源利用效率的建筑。由于绿色建筑具有节能减排、改善室内环境质量等优点，越来越受到人们的青睐。为了进一步提高公众对绿色建筑的认知度和接受度，政府可以制定相关政策和措施来鼓励和支持绿色建筑的发展。例如，对购买和使用绿色建材的消费者给予税收优惠或补贴；对企业投资绿色建筑领域提供贷款支持和技术指导等。同时，企业也应该加大宣传力度介绍绿色建筑的优点和价值吸引更多的消费者选择绿色建筑产品。用户对舒适度、健康和环保性能的重视程度影响着绿色建筑的需求进而影响市场供给。随着人们生活水平的提高和对环境保护意识的增强越来越多的用户开始关注建筑物的舒适度、健康性和环保性能。这些需求的变化促使建筑业不断进行技术创新和管理升级以满足市场需求。例如，在建筑设计阶段，设计师可以根据用户的个性化需求进行定制化设计；在施工阶段，施工单位可以采用先进的施工技术和材料确保建筑物的质量和使用安全；在运营阶段，运营商可以实施智能化管理和维护降低能耗提高运营效率。通过这些努力可以提高用户对绿色建筑的满意度和忠诚度进一步推动市场的发展和繁荣。提升公众对气候变化的认识和对绿色建筑的偏好是当今社会面临的重要任务之一。通过教育和宣传我们可以形成低碳生活方式的文化提高公众对气候变化的认识；通过政策扶持和技术创新我们可以推动市场接受绿色建筑产品和服务提高用户对舒适度、健康和环保性能的重视程度从而促进市场的发展和繁荣。只有全社会共同努力才能实现这一目标并为可持续发展作出贡献。

11.3.4　技术研发与创新能力

技术研发与创新能力是推动绿色建筑和减排行动的引擎，其核心在于不断降低实施成本、提升能效，并促进整个建筑行业的可持续发展。以下是对该领域的深入探讨。

1. 持续技术进步与研发投入的重要性

降低成本：随着技术的进步，原本高昂的绿色建筑技术和材料成本逐渐降低，变得经济可行。例如，太阳能光伏板和 LED 照明的成本在过去十年大幅度下降，使得其在建筑中的应用更为普遍。

提高能效：技术创新不断突破能效极限，如高效热泵系统、智能建筑管理系统等，显著降低建筑运行能耗，提高能源利用效率。

政策与市场驱动：政府及私营部门的研发投入、创新激励政策是技术进步的关键推手。例如，研发税收抵扣、政府资助的研发项目、风险投资等，为绿色技术的商业化提供动力。

2. 创新激励机制

竞赛与奖项：举办绿色建筑创新竞赛、颁发设计奖，激励设计师和企业开发新技术和解决方案，提升行业标杆。

知识产权保护：加强对绿色建筑技术专利的保护，鼓励企业投资研发，确保创新者获得合理回报。

开放创新平台：建立产学研合作平台，促进技术共享，加速实验室成果向市场转化，减少重复研发。

3. 跨学科合作与整合创新

建筑学与材料科学：结合建筑美学与环境性能，开发高性能、低碳的建筑材料，如自清洁涂料、生物基和可再生材料，提高建筑可持续性。

信息技术：智能建筑的集成，运用大数据、云计算、物联网等技术优化建筑运维，实现能源管理、环境控制的自动化，提升用户舒适度和能效。

环境科学：环境影响评估与生态设计，结合生物多样性保护、雨水管理、绿色基础设施，使建筑与自然和谐共存。

经济学与社会学：研究绿色建筑的经济模型、社会接受度，设计符合市场需求的绿色建筑方案，提升公众对绿色建筑的意识和参与度。

技术创新与创新能力的提升，依赖于持续的研发投入、有效的激励机制和跨学科的深度整合。通过这些策略，建筑行业不仅能够实现能效的飞跃，更能从根本上推动绿色转型，应对气候变化挑战，促进环境与经济的双赢发展。随着全球对可持续发展目标的追求，技术创新将成为建筑业绿色转型的主导力量，塑造未来的城市与居住环境。

11.3.5 金融市场与资本流动

金融市场与资本流动在推动绿色建筑发展中扮演着举足轻重的角色。随着全球气候变化问题的日益严重，越来越多的投资者开始关注环境、社会和治理（ESG）因素，并促使资本流向低碳项目。在这个过程中，绿色金融产品的开发如绿色债券、绿色基金等为绿色建筑项目提供了资金渠道。绿色金融产品的开发是满足绿色建筑项目资金需求的重要手段之一。与传统金融产品相比，绿色金融产品更加注重环保和可持续发展的理念。通过发行绿色债券企业可以获得用于资助绿色建筑项目的资金，同时这些债券也满足了投资者对于环保和社会责任的投资需求。此外绿色基金作为一种专门投资于绿色领域的基金形式也为绿色建筑项目提供了重要的资金来源。这些绿色基金可以通过股票、债券等多种方式投资于具有良好环境效益的绿色建筑项目中获得长期的稳定回报。投资者对环境、社会和治理（ESG）因素的关注增加促使资本流向低碳项目。随着全球气候变化问题的日益严重，越来越多的投资者开始认识到传统的投资模式已经不能满足社会和环境的需求。因此他们开始将目光转向那些具有良好环境效益和社会价值的投资项目上。这种转变趋势促使金融市场上的资本流向更加绿色、低碳的项目包括绿色建筑领域。对于那些能够有效降低能耗、减少碳排放的绿色建筑项目来说无疑具有很强的吸引力，能够吸引更多的资本投入进来推动其发展。然而要实现金融市场与资本流动的良性互动还需要解决一些关键问题。首先需要加强政策引导和支持力度制定更加完善的绿色金融政策和法规为绿色金融产品的开发提供有力的保障和支持。其次需要建立完善的信息披露机制提高透明度让投资者能够更加全面地了解绿色建筑项目的环境效益和社会价值从而作出更加明智的投资决策。此外还需要加强国际合作和交流借鉴国际先进经验和技术成果不断提升我国绿色金融的发展水平和竞争力。金融市场与资本流动在推动绿色建筑发展中发挥着举足轻重的作用。通过开发绿色金融产品如绿色债券、绿色基金等为绿色建筑项目提供资金渠道；同时投资者对环境、社会和治理（ESG）因素的关注增加促使资本流向低碳项目。为了实现这一目标，我们需要全社会共同努力加强政策引导和支持力度，建立完善的信息披露机制以及加强国际合作和交流等方面的工作，为绿色建筑的发展创造良好的条件和环境。只有通过多方合作才能实现金融市场与资本流动的良性互动，促进我国绿色建筑事业的繁荣与发展。

11.3.6 劳动力技能与就业转型

劳动力技能与就业转型是绿色建筑革命中不可或缺的一环，它不仅关乎技术的革新与应用，更触及了人的发展与社会公平。建筑业向绿色转型意味着对传统技能组合的重新定义，以及对新兴绿色技能的迫切需求，这包括但不限于绿色建筑设计、节能材料的使用、高效能源系统的安装与维护、可再生能源技术的集成等。因此，如何有效促进劳动力的技能提升与顺利转型，成为确保这一过程平稳进行的关键。

1. 劳动力技能需求的变化

绿色设计能力：建筑师与设计师需掌握绿色建筑标准、被动设计策略，如自然采光、通风和遮阳设计，以及绿色建材的选择与应用。

高效施工技术：施工人员需学习节能施工方法，包括保温、隔热、密封、节水节材等施工细节，以及熟悉新的建筑信息模型（BIM）技术。

可再生能源安装与维护：电工与机械师需掌握太阳能板安装、风力涡轮机维护、地热系统集成等技术，以及能源管理系统操作。

环境监测与评估：新增岗位如能源审计员、绿色建筑认证顾问，负责建筑性能评估、环境影响分析与认证申请。

2. 促进技能提升与再教育

政府与行业协会角色：制定培训标准、认证体系，提供补贴和培训资金支持，合作开展绿色技能认证课程，如欧盟的"绿色技能伙伴关系"。

校企合作：高等教育与职业学校与企业合作，开设绿色建筑课程、实习实训基地，确保理论与实践结合，如绿色建筑管理专业。

在职培训：企业内部培训，对现有员工进行绿色技能升级，如节能设备操作、新软件应用，减少技术断层，促进平滑过渡。

终身学习平台：建立线上学习资源库，如慕课（MOOC）、专业平台，提供灵活、便捷的学习途径，鼓励自学与专业进阶。

就业过渡援助：为受转型影响的传统领域工人提供职业咨询服务、转岗培训补贴、失业保险，确保生活保障。

公平就业机会：促进性别、年龄、技能背景多样性的包容性，确保所有人都有机会参与到绿色建筑行业的成长中，如女性绿色技能发展项目。

行业沟通与规划：加强行业内外部沟通，提前预警技能需求变化，为劳动力市场转型做好规划，减少技能错配，提升就业市场的灵活性。

总之，劳动力技能的提升与就业转型是绿色建筑成功实施的基石，它要求政府、教育机构、企业和个人的共同努力，构建一支学习型、适应性强的劳动力队伍，确保绿色建筑转型不仅高效，而且公平，为所有人创造机遇。

11.3.7 经济结构调整

经济结构调整是实现碳中和目标的重要手段之一。在全球气候变化的大背景下，各国纷纷提出了减少碳排放、实现绿色低碳发展的目标。为了达到这些目标，产业结构调整势在必行。高碳行业可能面临收缩，而绿色建筑、可再生能源等低碳行业迎来发展机遇。然而在经济结构调整的过程中，需要政策和社会保障措施的帮助，以确保受负面影响的行业和工人能够平稳过渡维持社会稳定。碳中和目标推动产业结构调整。在传统模式下，许多产业都是依赖于高碳排放的模式进行生产和经营的。然而随着全球对于气候变化的认识加深，以及对于环境保护的重视程度提高，这些高碳行业面临着越来越大的压力和挑战。为了适应新的市场需求和发展要求这些行业需要进行转型升级向更加绿色、低碳的方向转变。同时一些新兴的低碳行业如绿色建筑和可再生能源等领域也迎来了发展的机遇。这些领域具有巨大的市场潜力和应用前景可以为经济增长提供新的动力和支持。需要政策和社会保障措施来帮助受负面影响的行业和工人平稳过渡。在经济结构调整的过程中一些传统行业可能会面临萎缩甚至倒闭的风险这对于相关行业的从业者来说是一个严峻的挑战。因此政府需要制定一系列政策措施来保障这些受影响的行业和工人的权益。例如可以提供财政补贴或税收优惠等经济支持帮助企业渡过难关；同时还需要加强对失业人员的培训和再就业服务帮助他们重新找到工作机会。此外还需要完善社会保障体系为那些失去工作的人提供基本的生活保障和维护社会稳定的措施。维持社会稳定也是经济结构调整过程中不可忽视的重要方面。在经济结构调整的过程中可能会出现一些社会不稳定的因素例如企业倒闭导致的大规模失业问题以及由此引发的社会矛盾和冲突等。为了避免这些问题的发生政府需要采取积极的措施来应对挑战维护社会稳定。具体来说政府可以加强与企业和社会各方面的沟通和协调及时了解他们的需求和诉求并采取相应的措施加以解决；同时还需要加强对社会的教育和引导提高公众对于经济结构调整的认识和理解增强他们的支持度和参与度。经济结构调整是实现碳中和目标的重要手段之一。在这个过程中高碳行业可能面临收缩而绿色建筑、可再生能源等低碳行业迎来发展机遇。然而为了确保经济结构调整的顺利进行，需要政策和社会保障措施的帮助来帮助受负面影响的行业和工人平稳过渡，以维持社会稳定。只有通过全社会的共同努力才能实现经济的可持续发展和社会的长治久安。

总之，社会经济因素与建筑业碳中和策略的深度融合，揭示了可持续发展路径的复杂性和多维性。在这个过程中，政府、企业、金融机构、社会团体以及公众的角色不可或缺，他们共同编织着一张促进绿色转型的网络，这张网络的每一环都承载着平衡经济、社会和环境可持续性的重任。政府作为政策的制定者和监管者，扮演着引导和推动的角色。通过立法明确建筑碳排放标准，如设定绿色建筑法规、能效指标，政府为建筑业的低碳转型提供了法律依据。同时，政府通过财政补贴、税收优惠、绿色债券发行等经济激励措施，降低绿色建筑的初期成本，吸引投资。此外，政府还需要推动基础设施建设，如充电站、绿色交通网络，以支持绿色建筑的配套使用。企业，特别是建筑公司和房地产开发商，是绿色建筑实践的直接实施者。他们需要积极响应政策，采用低碳建材、优化建筑设计，实施节能技术，如高效暖通空调系统、太阳能光伏板安装，同时探索建筑数字化、智能化管理，以提升能效和降低成本。企业间的合作，共享最佳实践，推动技术创新，也是加速行业转型的关键。金融机构，包括银行、投资机构和保险公司，通过绿色金融产品和服务，如绿色贷款、绿色债券、绿色保险，为绿色建筑项目提供资金支持，降低融资成本。金融机构的风险评估和投资导向，对引导资本流向绿色建筑起到关键作用，通过环境、社会和治理（ESG）标准，筛选投资项目，推动建筑业的可持续发展。社会团体，包括环保组织、学术机构、研究单位，通过宣传、教育和研究，提高公众对绿色建筑的认识和接受度。公众作为消费者和使用者，其环保意识和选择对市场有直接反馈作用。通过倡导绿色消费、参与社区绿色建筑评价，公众的力量推动市场向低碳、健康建筑倾斜。综上所述，实现建筑业碳中和目标，需要一系列综合政策和措施的协调配合。这不仅包括经济激励、法规制定，还有教育宣传、科技创新支持、社会参与的全面覆盖。在推进绿色建筑的同时，必须关注经济的健康发展，确保转型过程中的就业稳定，避免社会分化，同时保护弱势群体利益，实现经济、社会、环境的共赢。总之，通过全社会的共同努力，建筑业的碳中和路径将是一条既符合经济规律，又兼顾社会公平，且环境友好的可持续发展之道。

第12章 >>> 结论与展望

12.1 研究成果总结

12.1.1 全生命周期视角的重要性

全生命周期视角在民用建筑碳排放管理中的重要性，是基于对建筑物从摇篮到坟墓（cradle-to-grave）各个阶段的深入理解和量化分析，这包括从原材料的开采与生产、加工、建筑设计与建造、使用阶段的能源消耗、维护与翻新，直到最终拆除与废弃物处理的全过程。这一视角强调了建筑碳足迹不仅是运营阶段的能源消耗，更是贯穿其整个存在周期的综合影响，这对于制定有效的减排策略至关重要。

1. 材料生产与建造阶段

原材料提取与加工：建筑材料的获取，如钢铁、水泥、砖块、木材和玻璃，直接关联到采矿、林木砍伐等高碳排放活动。通过选择低碳材料，如再生材料、竹材或低碳水泥替代品，能在源头减少碳排放。

建造过程：施工过程中的能源使用，包括机械作业、运输材料到现场的能耗，以及施工废弃物的处理，都是碳排放的重要来源。优化施工流程、采用模块化建筑和现场组装技术可以减少这些排放。

2. 运营阶段

能源效率：建筑运营期间的能源使用，主要是供暖、冷却、照明和电器设备，占据了建筑生命周期大部分碳排放。高效能效设计，如被动式房屋、高效 HVAC 系统、LED 照明和智能建筑管理系统，能显著降低这部分排放。

用户行为：用户的日常行为习惯，如开关灯、调节温度偏好，也影响能源消耗。通过用户教育和智能建筑技术引导节能行为，可以进一步减排。

3. 维护与翻新阶段

维护策略：定期维护能确保建筑高效运行，减少能源浪费，延长使用寿命，减少频繁翻新材料需求。采用低 VOC（挥发性有机化合物）涂料等环保维护材料减少室内污染。

翻新改造：随着技术进步，对老旧建筑进行能效翻新，如增加绝缘、换装节能窗、升级设备，是减少长期碳排放的有效途径。

4. 拆除与废弃物处理阶段

拆除过程：建筑拆除本身能耗和废弃物处理需考虑，尽量回收利用建筑材料，减少填埋或焚烧。

废弃物循环利用：推动建筑废弃物的分类回收、再利用机制，如混凝土作为骨料，木材再加工，实现资源循环。

全生命周期视角的重要性在于其揭示了建筑碳排放的全面性，强调任何单一阶段的减排措施都不足以应对挑战，必须综合考虑整个周期内的碳管理。这要求跨学科合作、政策制定、技术创新和市场机制的配合，共同推动建筑行业的低碳转型，实现环境与经济的双赢。

12.1.2　数据驱动的精确评估

数据驱动的精确评估是当今社会应对气候变化挑战的重要手段之一。随着科技的不断进步和大数据技术的广泛应用，我们有了更多的机会来深入了解民用建筑碳排放的情况并制定相应的减排策略。利用大数据分析技术整合多个环节的数据是实现民用建筑碳排放精确量化的关键。建筑材料生产、物流、建筑施工及运营维护是民用建筑碳排放的主要来源。通过收集这些环节的数据，可以全面了解民用建筑在整个生命周期中的碳排放情况。具体来说，在建筑材料生产阶段，可以收集不同材料的生产工艺、能耗以及排放因子等数据；在物流阶段，可以收集运输方式、距离以及运输工具的能耗等数据；在建筑施工阶段，可以收集施工工艺、设备使用情况以及施工现场的环境因素等数据；在运营维护阶段，可以收集建筑物的能耗、用电量以及维修保养等情况的数据。通过对这些数据的整合和分析，可以建立精确的民用建筑碳排放量化模型为制定减排策略提供坚实的基础。制定减排策略是实现民用建筑碳中和目标的核心内容之一。根据数据分析的结果我们可以制定针对性的减排措施，以达到降低碳排放的目标。例如，在建筑设计阶段，可以选择低碳或零碳建材，优化建筑结构设计，提高能源利用效率；在施工阶段，可以采用先进的施工技术和设备，减少施工过程中的能耗和废弃物排放；在运营维护阶段，我们可以实施智能化管理和维护降低能耗提高运营效率。此外，还可以通过政策扶持和技术创新等方式推动绿色建筑的发展和应用，促进民用建筑领域的绿色转型。持续改进和监测是确保减排策略有效性的重要保障。随着科技的进步和社会的发展，我们需要不断地对减排策略进行优化和完善，以适应新的需求和挑战。同时还需要加强对民用建筑碳排放的监测和管理，确保各项减排措施得到有效执行，并达到预期的效果。具体来说，可以建立完善的碳排放监测系统，对民用建筑的碳排放情况进行实时监测和管理，及时发现问题并进行整改；同时还需要加强与相关部门和机构的沟通和合作，分享经验和技术成果，推动民用建筑领域的整体减排工作取得更好的成效。

12.1.3　预测模型的创新应用

预测模型的创新应用在现代建筑碳排放管理中扮演着至关重要的角色，尤其在追求精准预测和高效减排策略定制方面。随着大数据技术的迅猛发展和计算能力的提升，机器学习算法，特别是深度学习与时间序列分析，已经成为构建预测模型的首选工具。这些先进算法能够处理复杂的非线性关系，捕捉数据中的隐含模式，并在海量数据中提炼出有价值的洞察，进而显著提高了对建筑碳排放未来趋势预测的准确性。

1. 深度学习的深度挖掘

深度学习，以其多层次的神经网络结构，能够对数据进行逐层抽象和特征提取，不仅处理数值型数据，还能有效分析图像、文本等非结构化信息。在建筑领域，这使得模型能够学习从建筑的设计图纸、地理位置卫星图像中识别节能特性，到分析建筑材料的碳足迹，甚至预测不同气候条件下建筑的能耗模式。深度学习的这种多维度分析能力，为预测模型增添了前所未有的深度和广度。

2. 时间序列分析的动态预测

时间序列分析则是处理随时间变化数据的强有力工具，特别适合于分析历史排放数据以预测未来趋势。通过分析季节性、趋势、周期性变化以及随机波动，模型能够准确捕捉到碳排放随时间的动态变化规律。结合深度学习，时间序列模型能够进一步细化预测，考虑经济波动、政策变动对建筑运营模式的潜在影响，如能源价格上升导致的节能措施调整，或是新政策激励下的技术革新。

3. 考虑地域特性与建筑类型

创新预测模型的另一个关键在于其能够高度个性化，即充分考虑地域特性和建筑类型的差异。例如，寒带地区建筑供暖需求对碳排放的贡献显著，模型需融入气候因素；而热带建筑则更注重遮阳和通风设计。同时，不同类型建筑（如住宅、商业楼、工业厂房）的能耗模式大相异，模型需细分处理，确保预测的针对性和精确性。

4. 经济与政策变动的融入

经济环境的不确定性以及政策的变动对建筑碳排放预测构成挑战，但也是机遇。模型通过集成宏观经济指标（如 GDP 增长率、能源价格）、政策数据库（如碳税、补贴政策变化），能够模拟不同经济情境下建筑行业的响应，为决策者提供基于数据的前瞻视角。在政策变动频繁的背景下，模型的灵活性和实时更新能力显得尤为重要，确保预测始终贴近现实。

预测模型的创新应用，尤其是通过深度学习和时间序列分析的结合，不仅在技术层面上提升了预测的精度，更在策略层面为建筑碳排放管理提供了科学依据，助力政策制定者、建筑师和业主作出更明智的决策，向低碳、可持续的建筑未来迈进。

12.1.4 减排策略的多样性

减排策略的多样性是实现民用建筑碳中和目标的关键所在。面对日益严峻的气候变化挑战，单一的减排措施已难以满足当前的需求，因此综合性的减排措施应运而生。这些措施包括采用低碳建材、优化建筑设计、提升能效标准、集成可再生能源以及实施绿色运维等多个方面，共同构成了民用建筑碳中和路径的多维度解决方案。采用低碳建筑材料是实现民用建筑碳中和的重要手段之一。传统的建筑材料在生产过程中会产生大量的碳排放，而低碳建材则通过减少对化石燃料的依赖以及改进生产工艺等方式降低碳排放。例如，可以使用可再生材料如木材、竹材等替代传统的高碳材料；同时还可以推广使用具有良好保温性能的材料以提高建筑物的能源利用效率。此外，还可以通过回收利用废旧建筑材料来减少新材料的生产和使用，从而进一步降低碳排放。优化建筑设计也是实现民用建筑碳中和的关键措施之一。通过合理的建筑设计可以提高建筑物的自然通风和采光效果，减少对空调和照明系统的依赖；同时还可以优化建筑结构，以减少热量的损失，提高能源的利用效率。此外，还可以通过设计合理的绿化景观来改善室内外环境质量增加碳汇的作用。提升能效标准也是实现民用建筑碳中和的重要途径之一。随着科技的进步和社会的发展，人们对建筑物的能源需求也在不断增加。因此，提高建筑物的能源利用效率成为当务之急。可以通过制定严格的能效标准来引导企业进行技术创新和管理升级；同时还可以推广使用高效节能的设备和技术来降低建筑物的能耗水平。此外，集成可再生能源也是实现民用建筑碳中和的有效途径之一。太阳能、风能等可再生能源具有清洁无污染的特点可以在建筑物中得到有效利用。例如，可以在建筑物的屋顶或墙面安装太阳能光伏板来发电；同时还可以结合雨水收集系统等技术实现资源的循环利用。实施绿色运维也是实现民用建筑碳中和的重要环节之一。通过对建筑物进行智能化管理和定期维护可以有效降低能耗提高运营效率。例如，可以使用智能控制系统对建筑物内的照明、空调等设备进行自动调节以达到最佳的运行状态；同时还可以建立完善的维修保养制度来确保设备的正常运行并延长其使用寿命。

12.1.5 政策与市场机制的推动作用

政策与市场机制的推动作用是民用建筑碳减排策略实施不可或缺的驱动力。它们共同构成了一个激励与规范并行的框架，不仅指导行业发展方向，还加速了绿色技术与实践的市场化进程。以下是对其具体作用的深入分析。

1. 政策引导的影响力

法律框架：国家及地方层面的法律法规为建筑碳减排设立了基本框架，如能效标准、绿色建筑评价体系，为行业设定了最低门槛。

目标设定：明确的碳排放目标和时间表，如净零排放承诺，为建筑行业提供了清晰的方向，激励长期规划与投资。

示范项目：政府主导的绿色建筑示范项目，展示最佳实践，通过实例教育市场，提升公众认知，降低市场接受度。

2. 经济激励的推动

财政补贴：对绿色建筑项目、节能改造提供直接补贴，降低初期成本，鼓励采用高成本但长期效益明显的节能技术。

税收优惠：税收减免、抵扣政策，如对绿色建材、高效设备的投资，减轻企业负担，提升投资回报率。

碳定价与交易：建立碳交易市场，为建筑碳排放设定成本，通过市场机制激励减排，同时为减排项目提供额外收入来源。

3. 市场准入与标准

绿色标准：不断提高的建筑标准和认证体系，如 LEED、BREEAM，引导市场向更高能效、低碳方向发展。

性能披露：强制性建筑能效标识与碳排放信息披露，提高透明度，增强市场压力，促使业主与投资者重视能效。

采购政策：政府与大型企业采用绿色采购政策，优先选择绿色建筑产品与服务，为市场提供稳定需求，推动供应链转型。

4. 市场机制创新

绿色金融：发展绿色债券、绿色基金、绿色保险等金融产品，拓宽绿色建筑项目的融资渠道，降低资金成本。

性能合同：推行能效保证合同（EPCs），由服务提供商承担节能改造的前期成本，根据节能效果回收投资，降低业主风险。

多方合作平台：构建公私合作平台，促进技术交流、知识共享，加速绿色建筑技术与产品创新，提升市场竞争力。

5. 强调政策框架与市场机制的重要性

政策与市场机制的结合，不仅为建筑碳减排提供了明确的规范与激励，还创造了公平竞争的市场环境，鼓励技术创新与商业模式的迭代。政策框架为市场机制的运行提供了规则和基础，而市场机制则反馈市场需求，促使政策的持续优化与创新，二者相辅相成，共同推动民用建筑领域的低碳转型。通过这种互动，不仅促进了能效提升和减排目标的实现，还激发了经济增长新动力，形成了环境、经济与社会效益的多赢局面。

12.2 展望未来

12.2.1 技术创新与标准化

技术创新与标准化是当前社会经济发展的重要趋势之一。随着全球气候变化问题的日益严重和碳排放减少的紧迫性加强，越来越多的国家开始重视绿色建筑领域的发展。在这个背景下，预期未来将有更多创新技术涌现，如新型建筑材料、智能化建筑系统等，同时国际和国内也将推进碳排放计算与评估标准的统一，以增强数据互操作性和评估的一致性。这些举措将为民用建筑碳中和路径提供强有力的支持。技术创新是推动民用建筑碳中和的关键动力之一。随着科技的不断进步和创新能力的提升，我们有望看到更多具有突破性的技术和产品问世。例如，在建筑材料方面，可能会出现更环保、节能的新型材料，如高效保温材料、低碳排放的水泥替代品等；在建筑技术方面，可能会出现更先进的设计理念和方法，如模块化建筑、3D打印建筑等。这些创新技术和产品的出现将极大地提高民用建筑的能源利用效率和减排能力，为民用建筑碳中和目标的实现提供有力支撑。标准化是保障技术创新有效应用和推广的重要手段之一。随着国内外绿色建筑市场的不断扩大和技术的不断更新换代，建立一套统一且具有权威性的标准体系变得尤为重要。通过制定和完善相关标准，可以规范市场行为，促进技术创新和管理升级，推动整个行业的健康发展。此外，国际标准统一也有助于加强国际合作和交流，分享经验和技术成果，推动全球绿色建筑事业的共同进步。此外，数据互操作性和评估的一致性也是实现民用建筑碳中和目标的重要因素之一。随着大数据技术的广泛应用和数据分析手段的不断完善，对建筑物的碳排放进行精确量化和评估已成为可能。然而，由于不同地区和国家之间的数据收集和处理方法存在差异，导致数据的互操作性和评估结果的一致性受到影响。因此，需要加强国际合作和交流制定统一的数据收集和处理标准，以提高数据的可靠性和准确性，促进不同地区和国家之间的数据共享和比较分析。政策引导和支持是推动技术创新与标准化发展的重要保障。政府应该加大对绿色建筑领域的研发投入力度鼓励企业进行技术创新和管理升级；同时还需要完善相关法律法规和政策措施为技术创新与标准化的发展提供良好的环境和条件。此外还需要加强对公众的教育和宣传工作提高公众对绿色建筑的认识和接受度形成全社会共同参与的良好氛围。

12.2.2 数字化转型加速

数字化转型正以前所未有的速度重塑着民用建筑领域，特别是在碳排放管理方面，其影响尤为显著。数字化转型的核心在于数字孪生技术、建筑信息模型（BIM）技术以及物联网（IoT）的深度融合，这些技术的集成应用为建筑的碳排放管理带来了前所未有的精细化、动态化与智能化水平，开启了碳足迹管理的新篇章。

1. 数字孪生技术的应用

数字孪生技术是创建物理建筑与其虚拟映射模型的过程，通过模拟和数据分析，实现对建筑性能的实时监控与预测。在碳排放管理上，数字孪生不仅能够模拟建筑在不同环境条件下的能耗情况，预测未来碳排放趋势，还能在虚拟环境中测试各种节能减排措施的效果，如优化建筑布局、改进通风策略，而无须在实体建筑上直接实施，降低了试错成本。

2. BIM 技术的深度整合

建筑信息模型（BIM）技术的加入，为建筑的碳排放管理增添了精确度和协同性。BIM 模型整合了建筑全生命周期的数据，从设计、施工到运维，使碳排放管理能够基于翔实的数据基础进行。通过 BIM，管理者能够精确追踪材料的碳足迹，评估不同设计方案的环境影响，甚至在施工阶段就进行优化，减少浪费。此外，BIM 与运营维护系统的集成，确保了建筑运行的能效优化，如通过智能调控 HVAC 系统减少不必要的能耗。

自改革开放以来，我国正处于工业化、城镇化和新农村建设快速发展的历史时期，深入推进建筑节能、绿色发展，加快发展绿色建筑面临难得的历史机遇。然而，目前我国建设方式仍然存在发展质量和效益不高的问题。装配式建筑作为一种新兴的建筑形式，具有节能、环保、高效等优点，符合我国当今的绿色发展战略，已经成为建筑行业重要的发展方向之一。在科学技术快速发展的背景下，应用 BIM 技术于装配式结构设计已经成为大势所趋。BIM 技术可以实现检测、深化以及优化设计，为整个设计过程提供更加精确的信息和数据，提升整体结构的合理性，更加符合现场施工的标准，有助于提高工程的效率和降低资源的消耗，符合绿色发展的要求。BIM 技术能够实现建筑信息的数字化和集成化，提高设计效率和精度。BIM 技术能够实现装配式建筑结构设计的模块化和标准化，提高建筑物的质量和安全性。BIM 技术能够实现建筑信息的共享和协同，促进各专业间的合作和沟通，提高建筑项目的整体效益。利用太阳能、风能等可再生能源，装配式建筑可实现能源自给自足，进一步减少碳排放。施工过程中，应关注环保施工，减少噪声、尘土、污水等污染排放，并加强现场管理，确保施工安全和环保。装配式建筑投入运营后，注重绿色运营至关重要。通过安装节能设备、使用绿色能源等措施，降低运营成本，提高能源利用效率。与欧美发达国家相比，我国在建筑信息模型（BIM）技术的应用上起步较晚。我国首次引入 BIM（建筑信息模型）的概念是在 2001 年，但国内真正开始深入了解并应用 BIM 技术是在 2005 年。当时，为了拓展中国市场，Autodesk 公司进行了广泛的宣传推广活动。住房和城乡建设部高度重视 BIM 技术的推广和应用，自 2011 年起，几乎每年都会出台相关政策方针，以促进 BIM 技术在国内建筑行业的广泛应用和发展。2008年北京奥运会场馆建设期间，BIM 技术首次被大规模应用于工程项目管理，标志着我国正式步入 BIM 技术的应用阶段。此后，通过将实物复制扫描（即 3D 激光扫描）和全景扫描技术相结合，BIM 技术在上海中心大厦工程的设计和施工阶段得到了深度应用，显著提升了建设效率和项目管理水平，并节约了成本，带来了显著的经济和社会效益。这一成功案例极大地推动了 BIM 技术在建筑行业的普及和应用。

住房和城乡建设部在《2011—2015 年建筑业信息化发展纲要》中明确指出，要加快 BIM 等新技术在工程中的应用，促进建筑企业信息系统的普及。国内技术先进的设计团队、施工企业和有实力的地产公司积极响应国家政策，对 BIM 技术在建筑全生命周期的应用进行了广泛研究。这一系列举措加速了 BIM 技术在国内的发展，并为建筑行业的数字化转型奠定了坚实的基础。美国是早期推广应用 BIM 技术的国家之一，其在 BIM 技术的应用研究方面也处于世界领先地位。美国 BIM 技术的快速发展和普及，得益于美国总务署（GSA）、美国陆军工程兵团（USACE）和 Building SMART 联盟（bSa）等机构的大力推动。2003 年，美国总务署首次提出了 3D-4D-BIM 技术概念。2007 年，美国总务署规定所有招标级别的项目都必须使用 BIM 技术，并鼓励采用 3D-4D-BIM 技术。2006 年10 月，美国陆军工程兵团发布了为期 15 年的 BIM 发展路线图。Building SMART 联盟则专注于 BIM 技术的应用推广和研究，并负责制定美国的国家 BIM 标准。根据统计，2007年美国工程建筑行业采用 BIM 技术的比例为 28%，到 2009 年增至 49%，2012 年更是达到了 71%。

在英国，NBS 在 2010 年和 2011 年进行了全国范围的 BIM 调研。调研结果显示，2010 年有 43% 的人从未听说过 BIM 技术，实际使用 BIM 技术的人仅有 13%。到了 2011年，对 BIM 技术一无所知的人降至 21%，48% 的人表示听说过 BIM 但未使用过，31% 的人已经在使用 BIM 技术。这表明英国在 BIM 技术推广方面取得了一定成效。值得一提的是，英国政府强制要求使用 BIM 技术，这一点与其他国家不同。

新加坡的 BIM 技术推广和发展主要由建筑管理署负责。为了推动 BIM 技术在新加坡的应用，建筑管理署于 2010 年设立了 BIM 基金项目，供所有企业申请。自 2013 年起，建筑管理署要求所有新建项目必须提交建筑 BIM 模型。2014 年起，进一步要求新建项目必须提交包括建筑、结构和机电在内的综合 BIM 模型。并且，新加坡设定了在 2015 年之前，所有建筑面积超过 5000 平方米的新建项目都必须提供 BIM 模型的目标。丹麦、挪威、瑞典和芬兰是 BIM 技术系列软件的主要研发地，例如 Tekla 软件和 Solibri 等都是这几个国家的研发成果。自 20 世纪 50 年代起，装配式建筑技术在我国开始兴起，并持续发展到 20 世纪 80 年代。这一时期，我国在第一个五年计划中便明确提出了发展装配式建筑的方针，并主要借鉴了苏联和东欧国家的经验。在这一阶段，预制构件如预制屋面梁、预制空心楼板、预制屋面板等得到了广泛应用。然而，由于当时技术水平的限制，装配式建筑的质量普遍不高，存在着漏水、保温和隔声效果差等问题，因此并未得到广泛的认可和发展。

进入 20 世纪 90 年代，我国装配式建筑的发展经历了一段低迷期。在这一时期，预制构件的制造精度和技术水平仍然较低，无法满足日益增长的建筑需求。此外，唐山大地震中装配式房屋的严重破坏，使人们对其结构整体性和安全性产生了深深的质疑。同时，随着大量农民工涌入城市，劳动成本降低，以及各类模板、脚手架和商品混凝土的普及，现浇施工技术得到了快速发展，这些因素共同导致了装配式建筑的发展陷入停滞。进入 21 世纪的第一个十年，随着我国经济的快速增长，劳动力成本的上升，以及降低劳动强度、改善作业条件和节能环保的需求日益增强，装配式建筑技术逐渐成熟，并得到了国家政策的支持。这些因素共同推动了装配式建筑在我国的恢复和发展。已经形成了一套完整、成熟的装配式建筑技术体系和技术标准。预制构件的制造精度和技术水平得到了显著提升，能够满足各种建筑需求。装配式建筑在降低劳动强度、提高作业效率、节能环保等方面具有显著优势，成为我国建筑行业的重要发展方向。在国家政策的支持下，我国装配式建筑将继续保持快速发展势头，为推动建筑行业转型升级和绿色发展贡献力量。装配式建筑起源于 20 世纪 50 年代的西欧，当时的欧洲许多国家在第二次世界大战后面临严重的住房短缺问题。为了解决战后住房和经济复苏问题，欧洲国家开始大力发展装配式建筑，推动建筑工业化。这一趋势在 20 世纪 60 年代左右迅速扩展到了美国、日本、加拿大等国家。

在英国，装配式建筑的推动力来自两次世界大战带来的巨大住房需求和建筑行业中的工人和材料短缺。从 1918 年到 1939 年，英国建造了 450 万套房，其中约 5% 采用现场搭建和预制构件装配而成。第二次世界大战后，英国政府为弥补传统建造方式的不足，重点发展国家工业化制造能力，修建了大量装配式房屋。到了 20 世纪 90 年代，英国的住宅紧缺问题基本解决，建筑行业开始追求建筑品质，装配式施工逐渐成为主流建造方式。

美国的建筑工业化始于 20 世纪 30 年代，最初的工业化住宅是用于野营的汽车房屋。1976 年，美国通过了国家工业化住宅建造及安全法案。到了 1997 年，美国新建的 147.6 万套住宅中有 113 万套属于工业化住宅，主要为木结构。到 2001 年，美国的装配式住宅数量达到 1000 万套，占全美住宅数量的 7%。

德国的装配式建筑发展可分为三个阶段：1945 年至 1960 年的初期阶段，重点是建立装配式建造与构件生产体系；1960 年至 1980 年的发展阶段，重点提高装配式住宅质量并降低成本；1981 年后的成熟期，重点发展资源节约型、环境友好型住宅。

日本的装配式住宅产业发展历程可分为四个阶段：20 世纪 60 年代的起步期，70 年代的发展期，80 年代的黄金期，90 年代以后的成熟期。日本的装配式住宅根据主体结构材料分为木结构、PC 结构（预制钢筋混凝土结构）和钢结构三种。

法国是世界上最早推行装配式建筑的国家之一，从 1959 年开始形成体系，主要采用混凝土结构体系，其次是木结构体系和钢结构体系。

加拿大从 20 世纪 20 年代开始探索预制混凝土建筑的应用，到了 60 年代已经推广使用了装配式技术，主要应用于住宅建筑和一些公共建筑。

新加坡在解决住宅问题方面做得比较好，主要采用建筑工业化技术建造住宅。20 世纪 80 年代，新加坡引入了装配式建筑理念，逐渐推广应用。到 90 年代初，装配式住宅在新加坡的应用已经颇具规模。

以某中学教学楼扩建项目为例（图 12-1）。项目的具体数据如下：总建筑面积 6220.68m²，建筑基底面积 1605.77m²，建筑的高度 19.5m。每一层的净高度设定为 4.0m。项目的层数设定为 4 层，结构上采用了框架结构，抗震设防烈度为 7 度，防水等级为 2 级，使用年限设定为 50 年，符合一般建筑的使用要求。通过运用 BIM 技术详细展示了建筑的基础结构和布局，为更直观地了解这个项目提供了帮助。

本工程采用了 BIM 技术，以优化设计和指导安装，并体现装配式结构的特点。BIM

图 12-1　中学教学楼项目效果图

技术具有多种特点，如可视化、协同性、模拟性、优化性和可出图等，这些特点都符合建筑工业化的要求。为了展示 BIM 技术在本项目中的应用效果，我们提供了中学教学楼项目的 BIM 技术施工流程图（图 12-2）。该流程图展示了 BIM 技术在本项目中的具体应用，从而更好地指导设计和施工过程。

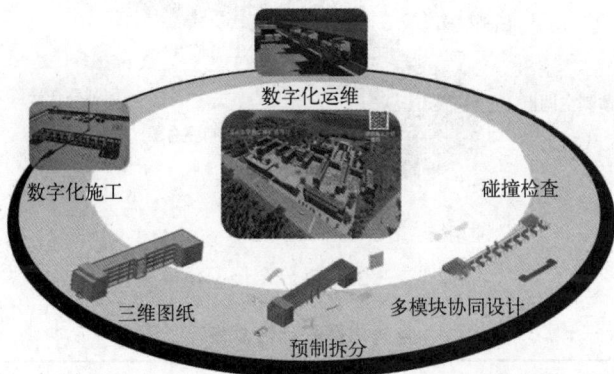

图 12-2　中学教学楼项目 BIM 技术施工流程图

　　在建筑的全生命周期中，建筑信息模型（BIM）会随着项目从概念阶段到设计、施工以及运营阶段的发展而不断演变和丰富。初始的概念阶段模型勾勒出基本的设计构想，随着项目进展到设计阶段，模型细化分为建筑、结构和 MEP（机械、电气、管道）等专项设计模型，各专业团队开始深入协作。施工阶段模型进一步精确，包含了详细的施工信息和构件数据，确保施工过程的顺利进行。最终，在运营维护阶段，模型不仅反映了建筑的实际状态，还包含了运营管理所需的各种信息，支持高效的设施管理。在整个过程中，BIM 作为一个动态资源，帮助各参与方更好地沟通、协作，确保信息的连贯性和准确性，从而提升项目质量和效率。结构工程师可以利用 Revit 软件平台建立 BIM 模型，进而进行结构设计和分析。基于 Revit 软件平台建立 BIM 模型，能够有效解决建筑结构模型因独立于其他模型而导致的不能协调沟通、共享设计数据信息的问题。BIM 的实现方法有两种：一种是分类建立各专业模型，然后使用联合数据库将各专业的模型整合在一个数据库里，以达到信息交流的目的；另一种是在 BIM 核心建模软件里建立一个复杂的综合模型，这种模型不仅包含建筑模块，还包含了结构分析、疏散分析、能耗分析、碰撞检查等模块。BIM技术在装配式建筑结构设计中的应用主要体现在利用三维建模技术对建筑结构中的构件进行精细建模。在这一过程中，BIM软件提供了丰富的工具和功能，极大地提升了设计人员的工作效率，使他们能够更加高效地完成设计任务。通过使用广联达系列的BIM软件，设计人员能够实现三维可视化设计，有效减少因设计方案不合理导致的资源浪费问题。

通过使用相关软件对中学教学楼图纸进行了模型翻制，并采用PKPM-PC进行了深化设计。装配式拆分全楼深化模型如图12-3所示。此外，应用BIM技术完成了结构装配式设计工作，装配式指标符合国家标准《装配式建筑评价标准》GB/T 51129—2017中的相关要求，对整个结构的装配率进行了计算。本工程结构竖向构件中预制部品部件 q_{1a} 得分为 26.7 分，计算结果详见表 12-1，高于评价标准表规定的最低分值 20 分；结构楼（屋）盖中预制部品部件 q_{1b} 得分为 20 分，等于规定的最低分值计算结果详见表 12-2，可以认定本工程为装配式建筑。这不仅提高了设计质量，也更加符合绿色建筑的理念。

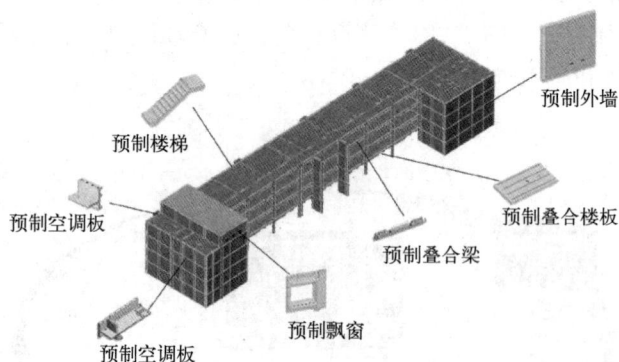

图 12-3　装配式拆分全楼深化模型

竖向构件统计汇总表　　　　　　　　　　　　　　　　　　表 12-1

楼层	参照物楼层	竖向预制构件总体积(m³)	竖向构件总体积(m³)	调整后竖向构件总体积(m³)	应用比例
1	自然层1	369.424	558.474	558.474	0.661
2	自然层2	369.424	558.474	558.474	0.661
3	自然层3	369.424	558.474	558.474	0.661
4	自然层4	363.072	558.474	558.474	0.650
5	自然层5	30.450	67.214	67.214	0.453
合计		1501.793	2301.110	2301.110	0.653

注：$q_{1a}=V_{1a}/V_x100\%=65.3\%$附加得分 0.0 分，实得分值 q_{1a} 【26.7 分】。

水平构件统计汇总表　　　　　　　　　　　　　　　　　　表 12-2

楼层	参照楼层	水平预制构件投影总面积(m²)	建筑平面总面积(m²)	调整后建筑平面总面积(m²)	应用比例
1	自然层1	1123.415	96.071	96.071	1.000
2	自然层2	1123.415	96.071	96.071	1.000

楼层	参照楼层	水平预制构件投影总面积(m²)	建筑平面总面积(m²)	调整后建筑平面总面积(m²)	应用比例
3	自然层 3	1123.415	96.071	96.071	1.000
4	自然层 4	1123.415	96.071	96.071	1.000
5	自然层 5	0.000	0.000	0.000	1.000
合计		4493.659	384.283	384.283	1.000

注：$q_{1b}=a_{1b}/a_x100\%=100.0\%$，附加得分 0.0 分，实得分值 q_{1b}【20.0 分】

通过应用建筑信息模型（BIM）技术，可以将设计方案与施工图纸进行精确对比，这样能够有效预防由于设计方案缺陷可能导致的资源浪费问题，并减少工程项目在结构设计方面的潜在缺陷。本书作者利用 SATWE 2021 V1.3.1 软件进行了详尽的结构分析计算，顺利完成了该工程的结构设计工作。根据结构整体指标汇总信息表（表 12-3），所有指标均符合《混凝土结构设计标准》GB/T 50010—2010（2024 年版）和《高层民用建筑钢结构技术规程》JGJ 99—2015 的相关要求。具体而言，该工程的质量比控制在 1.5 以下，楼层剪力与层间位移刚度比达到或超过了 1.0 的标准，楼层抗剪承载力与相邻上一层比值的最低限度为 0.80，而有效质量系数则超过了 90%，这些数据充分体现了工程设计的可靠性。

结构指标汇总信息　　　　　　　　表 12-3

计算结果		计算值	标准①（规程②）限值	判别	备注
质量比		1.00	<1.5	满足	5 层 1 塔
楼层剪力/层间位移刚度比	X:1.00		≥1.00	满足	5 层 1 塔
	Y:1.00			满足	
楼层抗剪承载力与相邻上一层比值	X:1.00		≥0.80	满足	5 层 1 塔
	Y:1.00			满足	
有效质量系数	X:90.01%		>90%	满足	
	Y:90.37%			满足	

①即为《混凝土结构设计标准》GB/T 50010—2010（2024 年版）。
②即为《高层民用建筑钢结构技术规程》JGJ 99—2015。

BIM 技术，即建筑信息模型技术，能够将建筑物的所有信息集成到一个统一的模型中。在装配式结构中，节点的处理尤为重要。将复杂节点的建模和优化与 BIM 技术相结合，能显著提升建模效率和优化效果。利用 BIM 技术，我们能够更好地模拟和展示复杂节点，优化设计，降低施工难度和成本，从而提高建筑质量和使用体验。BIM 技术在复杂节点建模及优化运用方面具有广阔的应用前景和巨大价值。此外，本工程采用了结构模型和机电模型同时进行协同配合设计的方法，形成了全专业模型。

在综合了土建、管线及设备的 BIM 模型基础上，我们可以进一步进行管线的碰撞检测。PKPM 提供了较简单的碰撞检测工具，这个工具能够实现模型内按类别区分的硬碰撞检测，并给出检测报告逐一列出各碰撞点的情况。通过输出碰撞检测结果报告，我们还可以对照查看碰撞模型。以图 12-4 为例，在预制构件局部拼装过程中，通过碰撞检查发现存在影响安装的问题，需要进行调整。这样的检测过程能够确保施工过程中的安全性和后期使用的稳定性。

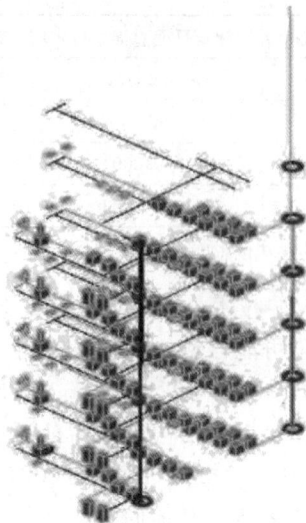

图 12-4　中学教学楼项目给水排水模型碰撞截图

　　BIM 技术，作为现代建筑工程管理的一项创新工具，通过数字化手段，为工程项目提供了一个三维可视化的管理模式。这种技术的核心在于它能够整合建筑项目的所有信息，包括设计图纸、结构分析、施工计划、材料属性以及成本预算等，进而在一个统一的平台上进行模拟和分析。这使得项目参与方能够更加直观、全面地了解项目进展，提前预判可能出现的问题，从而作出更加精准的决策。在设计阶段，能够帮助设计师更准确地模拟建筑结构，预测不同设计方案的施工效果和成本，从而优化设计，减少后期施工中出现的设计变更。在竣工验收阶段，BIM 技术通过对比设计模型与实际施工结果，能够快速发现偏差，确保工程质量符合预期。在装配式建筑领域，BIM 技术的应用尤为重要。装配式建筑强调预制构件的工厂化生产与现场快速拼装，这要求建筑设计、结构工程、设备安装等多个专业之间必须紧密配合，确保每个预制构件的精确度和整体结构的稳定性。BIM 技术提供了一个协同工作的平台，使得不同专业团队能够实时交流信息，及时调整设计方案，有效避免了由于沟通不畅导致的误差和返工，大大提高了工作效率和工程质量。鉴于施工团队在 BIM 技术方面的知识不足，施工阶段遇到了众多挑战。为了克服这些问题，必须将 BIM 技术集成到建筑工程的施工过程中。特别是在装配式建筑设计中，数字化施工成为我们应当着重关注的领域，它将为施工人员带来极大的便利。BIM 技术能够辅助数字化施工，确保建筑构件的精确放置，并通过模拟来控制安装的精度。专业人员需不断地深入分析和研究 BIM 技术，以确保其能够被有效利用，进而推动建筑行业的持续进步。BIM 技术在装配式建筑设计领域的应用，标志着这一领域的一场深刻变革。它不仅为设计者提供了直观、便捷的交流工具，还显著提升了设计方案的科学性、合理性和可执行性。随着互联网和物联网技术的深入应用，BIM 技术平台的协同能力得到进一步加强，实现了设计、生产、施工等环节的无缝对接和实时协作，极大提高了工作效率和精准度。此外，BIM 技术与生产、施工管理系统的融合，将实现全流程的协同作业，这将有效提升装配式建筑的质量，降低成本和风险，推动行业向更高水平发展。展望未来，BIM 技术将在装配式建筑领域扮演越来越关键的角色，引领行业迈向更多创新与突破。

3. 物联网技术的赋能

物联网技术则为建筑碳排放管理提供了实时数据采集与远程控制的能力。通过部署在建筑内的传感器，如能耗计量器、温湿度传感器、二氧化碳探测器等，物联网系统能够持续监测建筑的环境状态和能源使用情况，即时反馈异常，实现动态管理。这些数据与数字孪生、BIM 模型的联动，进一步强化了决策支持系统的智能化，使碳排放管理更加精准和高效，能够即时响应环境变化，执行节能减排策略。

4. 精好协同效应

这些技术的深度融合，不仅提升了民用建筑碳排放管理的精细化水平，还推动了管理的动态化与控制的智能化。数字孪生技术提供了模拟与预测的平台，BIM 技术确保了数据的准确性和管理的协同性，而物联网技术则赋予了系统实时响应的能力。三者结合形成了一套闭环系统，能够持续监测、分析、预测并优化建筑的碳排放，为实现低碳、高效的建筑运维模式提供了强大的技术支持。

12.2.3 政策与市场的深度融合

随着全球对气候变化应对的共识加深，预计未来将有更多强制性和激励性政策出台，同时绿色金融产品和服务也将更加丰富，促进资本向低碳建筑项目流动。这些举措将为民用建筑碳中和路径提供有力支持。首先，强制性政策的出台是推动民用建筑碳中和的关键手段之一。政府可以通过制定相关法律法规和政策措施来规范市场行为，引导企业和个人采取更加环保、低碳的生产和生活方式。例如，政府可以实施严格的建筑能效标准，限制高碳排放建筑项目的建设；同时还可以加强对现有建筑的节能改造，提高能源利用效率。此外，政府还可以通过税收优惠、补贴等经济手段鼓励企业投资绿色建筑领域，推动技术创新和管理升级。这些强制性政策的出台将有助于形成良好的市场环境，促进民用建筑碳中和目标的实现。其次，激励性政策的出台也是推动民用建筑碳中和的重要手段之一。政府可以通过财政支持、税收减免等方式来激励企业和个人积极参与绿色建筑领域的投资和建设。例如，政府可以对购买和使用绿色建材的消费者给予一定的补贴或税收优惠；同时还可以对企业投资绿色建筑领域提供贷款支持和技术指导等。这些激励性政策的出台将有助于激发市场活力，吸引更多的资本流向绿色建筑项目。绿色金融产品和服务的丰富也是推动民用建筑碳中和的重要手段之一。随着全球绿色金融市场的快速发展，越来越多的金融机构开始提供与绿色建筑相关的金融产品和服务。这些产品包括绿色债券、绿色基金、绿色信贷等多种形式，为绿色建筑项目提供了资金渠道。通过这些绿色金融产品和服务的丰富和完善，可以进一步促进资本向低碳建筑项目流动推动整个行业的健康发展。政策与市场的深度融合，需要全社会共同努力来实现。政府应该加大对绿色建筑领域的研发投入力度，完善相关法律法规和政策措施，为技术创新与标准化的发展提供良好的环境和条件；同时还需要加强对公众的教育和宣传工作，提高公众对绿色建筑的认识和接受度，形成全社会共同参与的良好氛围。此外还需要加强国际合作和交流，分享经验和技术成果，推动全球绿色建筑事业的共同进步。只有通过多方合作，才能实现民用建筑领域的可持续发展和社会的长治久安。

12.2.4 社会意识与行为变革

社会意识与行为变革在推动民用建筑领域实现长期碳减排目标中扮演着至关重要的角色。它不仅是技术进步和政策制定的补充，更是促进绿色建筑理念深入人心，形成广泛社会共识的关键。以下是几个方面的深入探讨：

1. 提升公众认知

教育普及：通过教育体系、媒体宣传、公共讲座、在线课程等方式普及绿色建筑理念，提升公众对低碳建筑、节能减排重要性的认知。展示绿色建筑的实际效益，如健康舒适度提高、能源费用节省，增强吸引力。

案例展示：利用成功案例，如绿色建筑示范项目、节能改造前后对比，直观展示绿色建筑的优势，提升公众直观感受，激发模仿与采纳愿望。

2. 倡导低碳生活方式

生活实践：鼓励低碳生活实践，如减少使用一次性用品、推广节能家电、鼓励公共交通和骑行步行，形成绿色生活风尚，这些行为的累积效应对建筑整体碳排放有着间接但显著的影响。

社区参与：建立绿色社区，鼓励居民参与社区绿化、垃圾分类、共享设施，通过社区活动增强环保意识，形成集体行动，促进低碳生活氛围。

3. 行为改变与参与

使用者参与：鼓励建筑使用者参与建筑的日常管理，如通过智能系统反馈能耗异常、参与能效优化建议，形成主人翁意识，提升建筑能效。

行为调整：倡导灵活工作制、远程办公减少通勤，优化使用时段以匹配能源峰谷值，通过行为调整减少能耗。教育使用者理解并适应智能建筑的自动调节，如自动遮阳、温控，减少人为干预。

4. 政策激励与反馈

激励机制：政府可通过积分奖励、税收优惠、绿色信贷等政策激励个人和家庭采取绿色行为，如安装太阳能板、使用绿色建材装修。

反馈系统：建立碳足迹追踪平台，使公众了解个人或家庭碳排放，提供减排建议，通过可视化数据提升责任感和成就感。

5. 社会动员与协作

多方参与：鼓励企业、NGO、学校、政府、媒体等多方协作，共同举办绿色建筑展览、竞赛、公益活动，形成全社会关注。

文化营造：构建绿色建筑文化，将绿色生活视为时尚、品质象征，通过艺术、设计体现绿色元素，提升情感认同。

总之，社会意识与行为变革是推动民用建筑碳减排的软实力，通过教育普及、政策激励、文化营造、多方协作，形成全民参与的绿色浪潮，为实现长期碳减排目标奠定坚实的社会基础。这种自下而上的力量与技术革新、政策引导相结合，将共同推动民用建筑领域的绿色转型，迈向可持续未来。

12.2.5 国际合作与知识共享

在民用建筑领域，加强国际合作和分享最佳实践以及技术转移将有助于克服地域差异促进全球民用建筑行业整体向低碳转型。加强国际合作是实现民用建筑碳中和目标的关键之一。不同国家和地区在气候、经济和文化等方面存在差异，这导致了各地在绿色建筑发展上面临不同的挑战和机遇。通过国际合作，各国可以共同研究制定具有普适性的绿色建筑标准和技术规范，推动全球范围内的绿色建筑发展。同时，国际合作还可以促进各国之间的经验交流和技术合作，加速技术创新和管理升级提高整体发展水平。例如，发达国家可以通过技术援助和资金支持等方式，帮助发展中国家提高绿色建筑的研发和应用能力；而发展中国家则可以借鉴发达国家的成功经验和技术成果推动本国绿色建筑的发展。这种国际合作模式不仅有助于缩小不同国家和地区之间的发展差距，还能为全球民用建筑行业的低碳转型提供有力支持。分享最佳实践也是促进全球民用建筑行业整体向低碳转型的重要手段之一。随着绿色建筑领域的快速发展，越来越多的国家和地区开始探索适合自己的发展模式和技术路线。通过分享最佳实践，各国可以相互学习借鉴成功经验和技术成果推动本国绿色建筑的发展。例如，一些国家在绿色建筑设计、材料利用、能源管理等方面取得了显著成效，这些经验和技术成果可以通过国际会议、研讨会等形式进行分享和推广让更多的国家和地区受益。此外，还可以建立国际性的绿色建筑数据库或信息平台，收集整理各国的绿色建筑案例和技术资料，供全球范围内的从业者查询和使用，进一步提高了信息的可获取性和利用率。技术转移也是促进全球民用建筑行业整体向低碳转型的重要途径之一。随着科技的不断进步和创新能力的提升，越来越多的高新技术被应用于绿色建筑领域。然而由于技术水平和经济条件等方面的差异，一些高新技术往往只在少数发达国家得到应用，而在广大发展中国家尚未普及。通过技术转移可以将发达国家的先进技术和管理经验引入发展中国家，提高其绿色建筑的研发和应用能力，推动全球范围内的技术进步和发展。例如，发达国家可以通过技术培训、技术转让等方式，帮助发展中国家提高相关领域的技术水平和创新能力；而发展中国家则可以通过引进先进的技术和设备，推动本国绿色建筑的发展，以提高整体竞争力。这种技术转移模式，不仅有助于缩小不同国家和地区之间的技术差距，还能为全球民用建筑行业的低碳转型提供有力支持。

民用建筑全生命周期碳排放的分析与预测不仅是技术挑战更是推动建筑业绿色转型实现可持续发展目标的关键。未来通过持续的技术创新、政策支持、市场机制的完善和社会各界的共同努力，民用建筑领域有望在减缓气候变化方面发挥重要作用。技术创新是推动民用建筑领域绿色转型的核心动力。随着科技的不断进步和创新能力的提升，越来越多的高新技术被应用于民用建筑领域。这些技术包括新型建筑材料、高效节能设备、智能化管理系统等，能够有效降低建筑物的能耗水平和碳排放量。同时，还可以通过大数据分析和人工智能等手段对建筑物的运行状态进行实时监测和优化调整提高能源利用效率和减排效果。因此，持续的技术创新将为民用建筑领域的绿色转型提供有力支撑。政策支持也是推动民用建筑领域绿色转型的重要因素之一。政府可以通过制定相关法律法规和政策措施来规范市场行为引导企业和个人投资绿色建筑领域。例如，可以实施严格的建筑能效标准限制高碳排放建筑项目的建设；同时还可以给予购买和使用绿色建材的消费者一定的补贴或税收优惠激励更多的人参与到绿色建筑领域中来。此外，政府还可以加大对绿色建筑领域的研发投入力度，鼓励企业进行技术创新和管理升级推动整个行业的健康发展。只有通过政策的引导和支持才能形成良好的市场环境促进民用建筑领域的绿色转型。市场机制的完善也是推动民用建筑领域绿色转型的重要保障。随着全球绿色金融市场的快速发展越来越多的金融机构开始提供与绿色建筑相关的金融产品和服务。这些产品包括绿色债券、绿色基金、绿色信贷等多种形式为绿色建筑项目提供了资金渠道。通过这些绿色金融产品和服务的丰富和完善，可以进一步促进资本向低碳建筑项目流动推动整个行业的健康发展。同时还需要建立完善的碳排放权交易市场，让企业可以通过购买和出售碳排放权来实现成本的最优化，控制碳排放量的同时获得经济效益。只有通过市场机制的完善，才能更好地发挥市场在资源配置中的作用，促进民用建筑领域的绿色转型。社会各界的共同努力也是推动民用建筑领域绿色转型的关键所在。除了政府和企业外公众也应该积极参与到绿色建筑领域中来，提高自身的环保意识和责任感。例如可以选择购买和使用具有环保标识的产品减少对环境的污染；同时还可以参加各种志愿者活动宣传绿色建筑的理念和方法推动社会的可持续发展。只有全社会共同参与才能形成强大的合力推动民用建筑领域的绿色转型取得更好的成效。

12.3 未来发展方向

12.3.1 深度情景分析与模拟

随着全球气候变化问题的日益严峻，各国政府、企业和社会各界都在积极寻求应对策略。在这一过程中，深度情景分析与模拟作为一种重要的决策支持工具，逐渐受到广泛关注。气候变化是当今世界面临的最大挑战之一，其影响已经渗透到社会、经济和环境的各个层面。为了减缓气候变化的影响，各国纷纷提出了减排目标，并采取了一系列措施。其中，民用建筑领域作为能源消耗和碳排放的重要来源，其碳排放管理显得尤为重要。然而，传统的预测方法往往难以准确捕捉到未来可能出现的各种情况，这就需要借助于深度情景分析与模拟技术。深度情景分析是一种基于对未来不确定性的全面考虑，通过构建多个可能的未来情景来探索不同决策路径下的潜在影响的方法。它强调对未来的多种可能性进行深入思考和分析，而不是仅仅依赖于单一的预测结果。而模拟则是通过计算机模型等手段，对现实世界中的问题进行抽象表示和实验验证的过程。通过将深度情景分析与模拟相结合，可以更加全面地了解未来可能出现的情况，为决策者提供更加科学、合理的决策依据。政策制定者需要了解不同政策对民用建筑领域碳排放的影响程度和方向，以便制定出更加有效的减排政策。通过深度情景分析与模拟技术，政策制定者可以构建多个可能的未来情景，包括经济增长、技术进步、人口变化等因素的不同组合情况。然后，通过模拟这些情景下的碳排放情况，可以评估不同政策的减排效果和可行性。这有助于政策制定者更加科学地制定减排目标和政策措施，推动民用建筑领域的绿色发展。行业领导者需要了解市场趋势和竞争态势，以便制定出更加适应市场需求的战略和规划。通过深度情景分析与模拟技术，行业领导者可以构建多个可能的市场情景，包括市场需求、竞争格局、政策法规等因素的不同组合情况。然后，通过模拟这些情景下的市场反应和企业行为，可以评估不同战略和规划的市场适应性和竞争力。这有助于行业领导者更加准确地把握市场机遇和挑战，制定出更加科学合理的发展战略和规划。投资者需要了解投资项目的风险和收益情况，以便作出更加明智的投资决策。通过深度情景分析与模拟技术，投资者可以构建多个可能的投资情景，包括宏观经济环境、行业发展状况、企业财务状况等因素的不同组合情况。然后，通过模拟这些情景下的投资回报情况，可以评估不同投资项目的风险和收益水平。这有助于投资者更加理性地进行投资选择和风险管理，实现资本的保值增值。深度情景分析与模拟在民用建筑领域的碳排放管理中发挥着至关重要的作用。它不仅可以帮助政策制定者制定出更加有效的减排政策，还可以帮助行业领导者制定出更加适应市场需求的战略和规划，同时也可以为投资者提供更加科学的投资决策依据。随着气候变化问题的日益严重和民用建筑领域碳排放管理的日益重要，深度情景分析与模拟技术将会得到更广泛的应用和发展。

以下是对这一方法的深入探讨：

1. 深化政策情景构建

碳税是一种通过对碳排放进行定价来激励减排的经济手段。在建筑行业中，碳税的实施可以促使企业减少高碳材料的使用，提高能源利用效率，从而降低碳排放。然而，碳税政策的实施需要考虑时机、覆盖面和执行力度等因素。如果碳税过高或过低，都可能对市场行为产生不利影响。因此，需要通过深度情景分析与模拟技术来评估不同碳税水平下的市场反应和减排效果。补贴机制是一种通过财政支持来激励低碳技术采用的政策手段。在建筑行业中，补贴机制可以鼓励企业采用先进的节能技术和可再生能源系统，从而降低碳排放。然而，补贴机制的实施需要考虑资金的可持续性和分配公平性等因素。此外，还需要关注补贴机制与其他政策的协同作用，以避免出现重复补贴或政策冲突的情况。建筑能效标准是规定建筑物在不同气候条件下所需达到的最低能效要求的政策工具。通过提高建筑能效标准，可以促使企业在设计和建造过程中更加注重能源利用效率和环境保护。然而，提高建筑能效标准需要考虑技术的可行性和经济成本等因素。此外，还需要关注提高能效标准与可再生能源政策之间的协同作用，以实现更好的减排效果。能效标准和可再生能源政策是促进低碳技术采用的两种重要手段。通过将两者相结合，可以共同推动建筑行业的低碳转型。例如，提高建筑能效标准可以降低建筑物的能耗需求，而可再生能源政策则可以为建筑物提供清洁、可再生的能源供应。这种协同作用不仅可以降低建筑物的碳排放，还可以促进可再生能源产业的发展。政策和市场机制是影响建筑行业碳排放的两个方面。通过将两者相结合，可以更好地发挥各自的优势，实现减排目标。例如，政府可以通过制定相关政策来引导市场需求和投资方向；同时，市场机制也可以通过竞争和价格信号来激励企业采用低碳技术和产品。这种协同作用可以实现政策效果和市场效益的最大化。政策变量与协同效应在建筑行业碳排放管理中发挥着重要作用。为了实现更好的减排效果，需要深入分析不同政策强度下对建筑行业碳排放的直接影响；同时考虑政策实施的时机、覆盖面和执行力度等因素；并评估其对市场行为的预期反应。此外还需关注政策之间的协同作用如何共同促进低碳技术的采用以及对建筑全生命周期碳排放的综合影响。针对这些问题提出以下建议：一是加强政策研究和设计工作确保政策的科学性和有效性；二是加强政策宣传和培训工作提高市场主体对政策的理解和认同度；三是加强政策监测和评估工作及时发现问题并进行调整和完善。只有这样才能确保各项政策措施得到有效落实并取得预期的减排效果。

2. 技术进步展望

技术发展路径是指基于现有技术的发展现状和趋势，预测未来不同技术在不同时间节点的成熟度和成本下降情况。通过模拟不同技术的渗透率变化及其对减排潜力的贡献，可以更好地了解各项技术在未来的发展和应用前景。这对于政策制定者和企业决策者来说具有重要的参考价值。光伏技术是利用太阳能发电的一种重要方式。随着光伏技术的不断成熟和成本下降，其在建筑行业的应用也日益广泛。通过模拟不同年份下光伏技术的渗透率变化及其对减排潜力的贡献，可以发现光伏技术在未来将成为建筑行业减排的重要手段之一。尤其是在城市地区建筑物密集的情况下，光伏发电系统可以充分利用屋顶和墙面等空间进行安装，实现零排放的目标。储能技术是解决可再生能源间歇性和不稳定性问题的关键。在建筑行业中，储能技术可以将多余的电能储存起来，以备不时之需。通过模拟不同年份下储能技术的渗透率变化及其对减排潜力的贡献，可以发现储能技术在未来将成为建筑行业减排的重要手段之一。尤其是在使用可再生能源较多的地区或时段，储能系统可以提高能源利用效率并减少对外部电网的依赖。高效建筑围护结构技术是指通过优化建筑设计和材料选择等手段来提高建筑物的保温性能和降低能耗的技术。通过模拟不同年份下高效建筑围护结构技术的渗透率变化及其对减排潜力的贡献，可以发现该技术在未来将成为建筑行业减排的重要手段之一。尤其是在冬季供暖季节较长的地区或老旧建筑改造项目中，采用高效建筑围护结构技术可以显著降低能源消耗并减少碳排放。智能控制技术是指通过自动化控制系统来实现建筑物内环境的舒适性和节能性的技术。通过模拟不同年份下智能控制技术的渗透率变化及其对减排潜力的贡献，可以发现该技术在未来将成为建筑行业减排的重要手段之一。尤其是在大型公共建筑或商业综合体中，采用智能控制系统可以实现更加精准的温度调节和照明控制等功能，从而降低能源消耗并减少碳排放。量子点太阳能电池技术是一种利用纳米材料制成的新型太阳能电池技术。相比传统的太阳能电池技术具有更高的转换效率和更宽的光吸收范围等特点。如果能够在未来的某个时间点实现产业化应用的话，将会对建筑行业的碳排放产生颠覆性的影响。因为它可以在不增加额外成本的情况下实现更高的发电量和更长的使用寿命等优点，从而推动建筑行业的绿色发展进程。碳捕捉与利用技术是一种将二氧化碳从大气中捕获下来并进行资源化利用的技术。相比传统的碳捕集与封存技术具有更高的经济性和可行性等特点。如果能够在未来的某个时间点实现产业化应用的话，将会对建筑行业的碳排放产生颠覆性的影响。因为它可以在不增加额外成本的情况下实现二氧化碳的资源化利用从而推动循环经济的发展进程，并为建筑行业的低碳转型提供有力支持。为了实现更好的减排效果需要关注技术发展路径与创新突破在建筑行业碳排放管理中的作用：一是加强技术研发和推广工作提高各项技术的成熟度和应用范围；二是政策引导和支持力度推动各项技术的广泛应用；三是加强国际合作与交流学习借鉴国际先进经验和技术成果；四是加强监管和管理建立健全的法律法规体系保障各项技术的健康发展和应用安全。只有这样才能确保各项政策措施得到有效落实并取得预期的减排效果。

3. 经济与社会行为假设

在探讨经济动态与社会行为变化对建筑行业的影响时，我们需深入理解宏观经济波动、能源价格走势、经济增长速度如何塑造建筑业的发展轨迹，同时考虑社会层面的人口结构变迁、消费观念的转变，特别是环保意识的提升，以及新兴的生活与工作模式如共享经济、远程工作等对建筑使用模式产生的深远影响。宏观经济环境的起伏直接影响到建筑行业的投资信心与市场需求。在经济上行期，企业盈利增加，消费者信心增强，这通常会促进住宅和商业地产的投资与建设，从而带动整个建筑行业的繁荣。相反，在经济衰退期，由于资金链紧张、投资减少，建筑项目可能面临延期或取消，导致行业收缩。政府往往会通过财政政策和货币政策调节经济周期，如实施减税降费、增加公共支出等措施，以刺激建筑业复苏，进而推动经济增长。能源价格的波动对建筑成本有显著影响，尤其是建筑材料生产、运输及建筑运营中的能耗成本。高能源价格会推高建材成本，增加建筑项目的总成本预算，可能导致项目延期或缩小规模。此外，能源效率成为建筑设计的新焦点，促使行业向绿色建筑转型，采用节能材料和技术以降低长期运营成本。政府对可再生能源的补贴和对能效标准的提高也促进了这一转变。经济增长直接关联到建筑活动的活跃度。经济增长带动城市化进程，增加对住宅、商业设施、基础设施的需求。建筑行业作为经济发展的晴雨表，对经济增长的响应体现在快速适应市场需求，创新建筑技术，提高施工效率。面对经济刺激政策，如大规模基础设施建设计划，建筑企业不仅需要快速扩大产能，还需提升项目管理能力，确保项目按时按质完成，有效利用政策红利促进自身发展。人口老龄化、家庭规模小型化等人口结构变化直接影响住宅需求类型，推动了对适老化住宅、小户型公寓的需求增加。年轻一代更加注重生活品质与个性化，偏好灵活多变、智能化的居住空间。这些变化要求建筑设计更加人性化，融入智能科技，满足不同年龄层和生活方式的多样化需求。随着全球气候变化问题的日益严峻，公众环保意识显著增强，促使建筑行业向绿色、可持续方向发展。绿色建筑不仅体现在节能、减排上，还强调使用环保材料，优化自然光利用，实现与自然环境的和谐共生。消费者对绿色建筑的偏好，促使开发商和设计师在项目规划初期就融入绿色理念，以提高市场竞争力。共享经济的兴起改变了人们对于空间使用的观念，从共享办公空间到短租房，都体现了资源高效利用的趋势。这要求建筑设计更加灵活，便于空间功能的转换和共享。另一方面，远程工作的普及减少了对传统集中式办公空间的需求，但同时促进了对家庭办公室、社区共享工作空间的需求增长。建筑行业需适应这一变化，提供更加舒适、高效的居家工作环境，以及支持远程协作的社区设施。综上所述，经济动态与社会行为变化对建筑行业的影响是多维度且相互交织的。建筑行业要在波动的经济环境中保持韧性，需紧跟市场趋势，不断创新，同时积极响应政府政策，把握绿色建筑、智能化、灵活性等发展趋势，以满足不断变化的社会需求。通过这些努力，建筑行业不仅能够促进自身的持续发展，还能为经济社会的全面进步作出贡献。

4. 复杂系统动力学模型与多情景模拟

复杂系统动力学模型是一种通过建立数学方程组来描述系统中各个变量之间相互作用关系的模型。它可以帮助我们理解系统中的反馈机制、非线性关系以及时间延迟等特性。在建筑行业中，碳排放管理涉及多个经济社会因素的相互作用，如人口增长、城市化进程、经济发展水平、技术进步等。因此，采用复杂的系统动力学模型来模拟这些因素之间的相互作用对于制定有效的减排政策具有重要意义。系统动力学模型是一种基于反馈控制理论的模型构建方法。它通过建立状态变量、速率变量和辅助变量之间的数学关系来描述系统的动态行为。在建筑行业中，我们可以建立一个包括人口、经济、技术等多个子系统的系统动力学模型来模拟碳排放的动态变化过程。例如，人口增长会导致住房需求的增加进而刺激建筑业的发展；而经济的发展又会带来更多的投资用于技术研发和推广等方面，从而推动低碳技术的普及和应用。代理基模型是一种基于个体行为规则和相互作用关系的模型构建方法。它通过模拟个体的行为决策过程来解释整体现象的产生机理。在建筑行业中，我们可以建立一个包括开发商、消费者、政府等多个主体的代理基模型来模拟市场行为的变化对碳排放的影响。例如，开发商可能会根据市场需求和成本收益等因素来决定是否采用低碳建筑材料和技术；而消费者则可能会根据自己的收入水平和环保意识等因素来决定是否购买绿色建筑产品。多情景设计 为了应对不确定性和风险，我们需要构建多种情景来进行分析和预测。这些情景应该涵盖不同变量的组合情况并考虑极端情况下的系统响应能力。具体来说可以包括以下几种情景：乐观情景假设未来经济增长迅速且技术进步明显同时政府也出台了一系列有利于减排的政策措施；基准情景则假设未来经济增长平稳且技术进步有限同时政府也没有出台新的减排政策；悲观情景则假设未来经济增长缓慢且技术进步不明显同时政府也没有出台有效的减排政策措施；政策驱动情景则假设未来政府出台了一系列的减排政策措施并取得了一定的效果。通过对不同情景下的系统响应进行分析，我们可以更好地了解未来可能出现的各种情况并为政策制定提供有力的支持。在进行多情景模拟时我们需要识别出关键参数并通过敏感性分析来理解哪些因素对排放路径影响最大。这有助于我们找到最有效的减排措施并提供聚焦点。例如我们可以分析人口增长率、能源价格、技术进步速度等参数对碳排放的影响程度并进行比较分析。通过敏感性分析我们可以发现一些关键因素并针对性地制定相关政策和措施以达到最佳的减排效果。复杂系统动力学模型与多情景模拟在建筑行业碳排放管理中发挥着至关重要的作用。它们可以帮助我们更好地理解系统中各个变量之间的相互作用关系并为政策制定提供有力的支持。为了实现更好的减排效果我们需要进一步加强相关领域的研究和实践工作不断提高模型的精度和可靠性；同时还需要加强政策引导和支持力度推动各项政策的落实和应用；最后还需要加强监管和管理，建立健全的法律法规体系保障各项政策的顺利实施和有效运行，只有这样才能确保我国建筑行业的可持续发展并为全球应对气候变化作出积极贡献。

5. 决策支持与沟通

决策工具：将分析结果转化为直观的图表、报告、交互式决策支持工具，方便决策者快速理解不同决策路径的后果。

公众参与：通过透明沟通，提升公众对情景分析的理解，增加对减排政策的支持，促进社会共识。

通过深度情景分析与模拟，决策者不仅能获得更详尽的未来排放路径预测，还能洞察不同决策的潜在影响，为制定灵活、适应性强的策略提供依据，加速民用建筑领域的低碳转型，实现气候目标。

12.3.2 闭环建筑系统研究

推动对循环经济在建筑领域的应用研究，包括建筑材料的循环利用、废弃物的资源化利用以及建筑的可逆设计，探索如何在全生命周期内实现物质流和能量流的闭环管理。加强建筑学、环境科学、经济学、社会学等多学科交叉融合，研究建筑碳排放的社会经济驱动因素和反馈机制，以及碳减排措施对经济、就业、健康等社会福祉的综合影响。继续拓展 AI 和大数据在建筑碳排放管理中的应用，如利用深度学习预测建筑能源消耗、优化建筑运维策略，以及开发智能碳足迹跟踪系统，提高数据收集、处理和分析的效率与精度。鉴于不同地区在经济发展水平、气候条件、资源禀赋等方面的差异，深入探究适用于特定区域的建筑碳减排策略，包括地方性建材的开发利用、适应性建筑技术等。研究如何将碳捕捉与封存（CCS）、碳汇增强技术与建筑结合，比如通过植被屋顶、城市绿肺项目等自然解决方案，以及探索建筑直接捕获大气 CO_2 的新技术。更细致地理解建筑使用者的行为模式及其对建筑能效的影响，开发促进节能行为的干预措施和技术，如智能家居系统、行为改变策略等。评估现有政策工具的有效性，探索新的激励机制、监管框架和市场设计，如绿色建筑认证的优化、碳税与碳交易体系的改进，以及公共采购对绿色建筑的促进作用。通过这些研究方向的深入探索，可以为实现民用建筑领域的碳中和目标提供更加科学、系统和可行的路径，促进全球建筑行业的绿色低碳转型。

12.4 对政策制定者的建议

针对政策制定者，以下是一些建议，旨在促进民用建筑领域的碳减排与绿色转型：

（1）制定长期且具体的碳中和目标：确立清晰的建筑领域碳排放减少目标，包括短期、中期和长期目标，并将其纳入国家和地区的总体气候行动计划中。确保目标具有科学性、可测量性和可行性。

（2）强化法律法规与标准：更新并严格执行建筑能效标准和绿色建筑认证体系，引入或提高最低能效要求，鼓励甚至强制执行低碳建筑设计和建造标准，包括建筑材料的环保标准。

（3）经济激励措施：实施财政激励政策，如提供绿色建筑补贴、税收减免、低息贷款和绿色债券发行，以降低绿色建筑的初始投资成本。同时，考虑碳税或碳交易机制，增加高碳排放建筑的成本。

（4）推动技术创新与应用：增加对建筑科技研发的投资，特别是在低碳材料、能效提升、可再生能源整合、智能建筑系统等领域的研发。建立产学研合作平台，加速技术从实验室到市场的转化。

（5）促进信息透明与公众参与：建立建筑碳排放数据库和公开透明的信息披露机制，让公众、投资者和消费者能够获取建筑的碳足迹信息，增强市场对绿色建筑的认可度和需求。

（6）教育培训与能力建设：加强对建筑师、工程师、施工人员和物业管理人员的培训，提高他们对绿色建筑理念和技术的了解和应用能力。在学校教育中加入绿色建筑和可持续发展内容。

（7）鼓励公私合作：通过公私合作伙伴关系（PPP）模式，鼓励私人部门参与绿色建筑项目，特别是在基础设施建设、老旧建筑改造和绿色社区开发等方面。

（8）支持区域与国际合作：参与国际气候谈判，学习借鉴其他国家的成功经验，参与或发起国际绿色建筑标准和认证的合作，促进技术交流与资金流动。

（9）关注社会公平与包容性：确保绿色转型过程中不加剧社会不平等，通过制定政策保护低收入群体免受能源价格上涨的影响，提供经济援助和技术支持，确保所有人群都能从绿色建筑中受益。

（10）持续监测与评估：建立完善的建筑碳排放监测和评估体系，定期审查政策效果，根据实际情况及时调整策略，确保政策目标的实现。通过上述建议的实施，政策制定者可以有效地引导和支持民用建筑行业向低碳、绿色、可持续的方向发展，为实现全球气候目标作出积极贡献。

参考文献

[1] 李俊峰，林增华，张传俊．BIM 技术在装配式建筑结构设计中的应用［J］．中华建设，2024（4）：100-102.

[2] 赵国宾．探讨 BIM 技术在绿色建筑及装配式建筑设计中的应用［J］．大众标准化，2024（6）：175-177.

[3] 李怡憬．BIM 技术在装配式建筑初步设计中的应用［J］．大众标准化，2024（4）：163-165.

[4] 齐华伟，王东旭．BIM 技术在装配式建筑装配方案设计中的应用研究［J］．工程技术研究，2024，9（1）：191-193.

[5] 罗珊珊，王乙童，林圭佳栋．BIM 技术在装配式建筑设计中的应用［J］．中国住宅设施，2023（12）：31-33.

[6] 彭睦．BIM 技术在装配式建筑设计中的应用探讨［J］．住宅与房地产，2023（35）：70-72.

[7] 葛宏亮．BIM 技术在装配式建筑结构设计中的应用［J］．中国建筑金属结构，2023，22（7）：123-125.

[8] 陈宇航．A 公司跨境物流成本优化研究［D］．杭州：浙江大学，2023.

[9] 詹祖圣．BIM 技术在装配式建筑设计中的应用［J］．中华建设，2023（7）：92-94.

[10] 黄文泓．BIM 技术在装配式建筑设计中的应用探讨［J］．建筑与预算，2023（5）：38-40.

[11] 张艺瀚．BIM 技术在装配式建筑设计中的应用［C］//中国智慧城市经济专家委员会．2023 年智慧城市建设论坛西安分论坛论文集．安徽师范大学美术学院，2023：2.

[12] 杨颖娟．跨境物流水平对中国与 RCEP 成员国双边货物贸易的影响研究［D］．东华大学，2023.

[13] 任逸群．BIM 技术在装配式建筑设计中的应用［J］．江苏建材，2023（2）：65-66.

[14] 魏方．BIM 技术在装配式建筑深化设计中的应用探讨［J］．散装水泥，2023（2）：108-110.

[15] 张玉秀．BIM 技术在装配式建筑结构施工中的应用探讨［J］．中国住宅设施，2023（3）：133-135.

[16] 李琦．BIM 技术在装配式建筑设计中的应用研究［J］．工程技术研究，2023，8（6）：157-158.

[17] 张又辉．集货直邮跨境物流模式下 CODP 定位与订单分配优化研究［D］．郑州：河南财经政法大学，2023.

[18] 李伟，张鹏，高登松．BIM 技术在装配式建筑装修一体化设计中的应用分析［J］．住宅与房地产，2023（Z2）：136-138.

[19] 耿君．BIM 技术在装配式建筑深化设计中的应用［J］．佛山陶瓷，2022，32（10）：54-56.

[20] 李乙．BIM 技术在装配式建筑设计中的应用分析［J］．工程与建设，2022，36（5）：1295-1297.